普通高等教育“十三五”规划教材

武器系统设计中的有限元应用

Application of Finite Element Method in Weapon System Design

李晓峰 徐豫新 王亚斌 ◎ 编著

北京理工大学出版社
BEIJING INSTITUTE OF TECHNOLOGY PRESS

内 容 简 介

为了加快武器装备的发展，适应不断变化的战场环境，多种现代化设计手段伴随着科技的进步应运而生，并在武器装备设计中深入应用。作为武器系统论证、分析、设计的重要方法与手段，有限元分析基本贯穿了武器装备设计的全过程。本书针对有限元在武器设计中的主要应用方向，结合具体案例进行了简要梳理和阐述。

本书介绍了有限元方法的历史发展和分析流程；讨论了武器系统所涉及的力学问题与有限元方法；介绍了有限元的前处理及网格划分方法；结合实例，对静/动态载荷下的武器结构强度校核、弹体空气动力学、弹体高速侵彻、武器系统模态分析、爆炸效应分析中的有限元方法基础知识和应用进行了系统讲解。

本书可用于“武器系统与工程”本科专业的有限元应用教学，并可作为“弹药工程与爆炸技术”“安全工程”等相关专业本科生和研究生的教学参考用书。

图书在版编目（CIP）数据

武器系统设计中的有限元应用/李晓峰，徐豫新，王亚斌编著. —北京：北京理工大学出版社，2019.6

ISBN 978-7-5682-7055-7

Ⅰ.①武…　Ⅱ.①李…　②徐…　③王…　Ⅲ.①武器系统-系统设计-有限元分析-应用程序　Ⅳ.①E92-39

中国版本图书馆 CIP 数据核字（2019）第 091764 号

出版发行 / 北京理工大学出版社有限责任公司
社　　址 / 北京市海淀区中关村南大街 5 号
邮　　编 / 100081
电　　话 / (010) 68914775（总编室）
(010) 82562903（教材售后服务热线）
(010) 68948351（其他图书服务热线）
网　　址 / http://www.bitpress.com.cn
经　　销 / 全国各地新华书店
印　　刷 / 保定市中画美凯印刷有限公司
开　　本 / 787 毫米×1092 毫米　1/16
印　　张 / 15.5
彩　　插 / 5
字　　数 / 377 千字
版　　次 / 2019 年 6 月第 1 版　2019 年 6 月第 1 次印刷
定　　价 / 48.00 元

责任编辑 / 钟　博
文案编辑 / 钟　博
责任校对 / 周瑞红
责任印制 / 李志强

PREFACE

前言

武器系统是指军用航空器的武器弹药及其各种辅助装置所构成的综合系统，用于杀伤和摧毁空中、地面、水面和水下各种目标。现代化战争中武器装备更新换代较快，并且呈现出快速发展的趋势，而武器运用环境却更为极端和恶劣。武器系统设计过程中，利用计算机技术实现快速分析和计算以及虚拟仿真试验，不但可以减少人力，快速完成对武器装备的设计，而且可以减少试验量与试验成本，还可以模拟极端环境，解决特殊环境下无法进行试验的问题，掌握试验无法测试的细节信息，是未来现代化武器设计发展的方向，已被被各国所重视。智能弹药技术的发展，对武器系统的设计提出了更高层次的需求。

有限元分析（Finite Element Analysis，FEA），是利用数学近似的方法对真实物理系统（几何和载荷工况）进行模拟和求解，是工程设计与研究中的重要方法和手段，在众多现代化武器装备设计中有着广泛的应用，尤其在动/静态载荷强度校核、气动/水动力、系统模态、高速侵彻和爆炸效应等分析中较为常用，基本已贯穿了武器设计的全过程。

武器系统的效能是研制和使用该系统所追求的总目标，是规划、研制和部署武器系统的基本依据，是评价武器系统优劣的重要的综合性能指标，是军事运筹研究的出发点和归宿。通过武器系统的效能分析，可以解决武器装备建设和使用中的许多问题，如武器装备（方案）的综合性评估、武器装备建设工程的优化管理、武器装备使用的决策分析等。系统效能是预期一个系统能够满足一组特定任务要求的程度的量度，是系统的可用性、可信性和能力的函数。

第 1 章从复杂工程技术问题引出求解的一般过程和数值求解的特点，讲述了有限元方法的发展历史，并详细解释了有限元的概念、思路、一般流程以及有限元在武器系统设计中的应用方面。有限元分析是现代化分析设计方法中的一种，利用数学近似的方法对真实物理系统（几何和载荷工况）进行模拟和求解，是工程设计与研究中的重要方法和手段，近年来备受重视，并发展迅速。本章主要关注复杂工程技术问题求解的步骤、数值求解的特点、有限元的发展情况及水平以及有限元的分析流程。现代有限元方法思想的萌芽可追溯到 18 世纪末，欧拉在创立变分法时就曾用与现代有限元相似的方法求解轴力杆的平衡问题。20 世纪 40 年代，航空事业的飞速发展对飞机结构提出了越来越高的要求，即重量轻、强度高、刚度好，人们不得不进行精确的设计和计算。在这一背景下，在工程中逐渐产生了矩阵分析法。经过短短数十年的努力，随着计算机技术的快速发展和普及，有限元方法迅速从结构工程强度分析计算扩展到几乎所有的科学技术领域，成为一种丰富多彩、应用广泛并且实用高效的数值分析方法。

第2、3章主要讲述了现代武器系统设计的特点和有限元分析方法、武器系统设计所涉及的力学问题与有限元方法，主要包括现代设计分类及特点和现代化武器设计的特点、力学概念与术语、有限元分析中的基本概念以及有限元分析中的力学建模，并从有限元前处理的作用及流程出发，介绍了有限元前处理及网格划分方法，并附有相关实例作练习，介绍了其他网格划分相关软件，同时阐述了其各自的优点与长处。有限元分析方法最早应用于航空航天领域，主要用来求解线性结构问题，实践证明这是一种非常有效的数值分析方法。用于求解结构线性问题的有限元方法和软件已经比较成熟，其发展方向是结构非线性、流体动力学和耦合场问题的求解。

第4章重点讨论了静/动态载荷作用下的结构强度校核分析基础与实例，介绍了强度理论及线性本构关系和结构强度校核有限元分析方法与实例。传统的理论分析研究，将侵彻过程中的静/动态载荷体作为刚性体或简单柔性体考虑，并对其内部结构特征进行较大程度的简化，甚至直接作为无内部结构的实心弹体处理。

第5章讲述了气动力分析基础理论与实例，主要包括弹体飞行所关注的空气动力学问题、气动动力有限元分析基础理论、弹体飞行有限元分析方法与实例等内容。

第6章讲述了高速侵彻分析基础理论和方法，主要关注：LS－DYNA算法的运用方法弹体高速侵彻分析过程所关注的内容、高速侵彻分析基础理论的内容。

第7、8章重点讲述了武器系统模态及爆炸效应分析理论基础与实例，首先讲述了结构振动动力学特性与模态分析的作用、模态分析基础理论，并举出实例对武器系统模态分析方法加以考证，其次讲述了武器系统设计中爆炸效应研究的相关内容，对炸药状态方程及流固耦合算法原理和爆炸效应有限元分析方法作出了详细阐述与介绍，最后以大量实例加以验证。

本书以面向“武器系统与工程”本科专业教学为主要特色，针对有限元在武器设计中的应用，结合具体案例进行了系统讲解，以期为“武器系统与工程”本科专业的有限元应用教学活动提供有益帮助和支撑，并可应用于“弹药工程与爆炸技术”“安全工程”等专业的本科教学。书中大部分插图来自英文原始资料，编者对书中图表进行了翻译整理。本书既可以作为一本技术参考书，为行业内的科研人员提供必要的参考，也可以作为武器系统、有限元专业的学生学习武器学科知识的辅助材料。

由于时间紧迫，编者水平有限，书中可能存在疏漏和不足之处，欢迎读者批评指正。

编　者

2018年11月

目　录
CONTENTS

第1章
绪　论

武器装备是军队现代化的重要标志，是国家安全和民族复兴的重要支撑。现代化战争中武器装备不断翻新，更新换代快，呈现出快速发展的趋势，此外，现代化战争中武器运用环境更为极端和恶劣，因此，现代化武器的系统设计并不同于以往多人协作的计算分析后的试验迭代，以及在常规环境中的“画（设计）—加（加工）—打（试验）”，计算机辅助设计（CAD）、计算机辅助工程（CAE）和虚拟现实技术这种新兴的设计手段已经开始深入地应用于武器装备的设计中。通过计算机技术实现武器设计中的快速分析和计算以及虚拟仿真试验，一是可以减少人力，快速完成对武器装备的设计；二是可以减少试验量，降低试验成本；三是可以模拟极端环境，解决在特殊环境下无法进行试验的问题；四是可以掌握试验无法测试的细节信息，做到“知其然，知其所以然”。这是未来现代化武器设计发展的方向。

有限元分析（Finite Element Analysis，FEA）是现代化分析设计方法中的一种，是利用数学近似的方法对真实物理系统（几何和载荷工况）进行模拟和求解，是工程设计与研究中的一种重要方法和手段，在近年来备受重视，并发展迅速。有限元分析在众多现代化的武器装备设计中有着广泛的应用，尤其在动/静态载荷强度校核、气动/水动力、系统模态、高速侵彻和爆炸效应等分析中较为常用，基本已贯穿了武器设计的全过程。

本书以面向“武器系统与工程”本科专业教学为主要特色，针对有限元在武器设计中的应用，结合具体案例进行系统讲解，以期为“武器系统与工程”本科专业的有限元应用教学活动提供有益帮助和支撑，并可应用于“弹药工程与爆炸技术”“安全工程”等专业的本科教学。

1.1　复杂工程技术问题求解的一般过程与数值求解的特点

1.1.1　复杂工程技术问题求解的一般过程

高科技的发展所提出的需求，带动计算机科学突飞猛进地发展，而计算机的高速、大容量、多功能，又为现代科学技术的发展提供了最优、最快的新途径。武器设计中包含很多复杂的工程技术问题。任何复杂工程问题一般都可按工程问题数学化（数学建模）、数学问题数值化（算法与分析）、数值问题机器化（程序设计）和科学试验四个阶段进行。这四个阶段的具体内容如下。

1）工程问题数学化（数学建模）

工程问题数学化是任何工程问题分析的核心环节。其内涵是采用恰当的数学语言，描述自然科学、社会科学、管理和决策科学各领域中关键而核心的问题，常称为数学建模。通常要建立一个好的数学模型，对于单方面的专家都是很困难的，必须由各相关领域的专家和数学工作者，特别是从事计算数学、应用数学研究工作的学者，紧密结合，相互取长补短才有可能。这是因为评价一个模型的优劣主要有两点：

（1）用什么样的数学语言才能真正反映工程实际；

（2）所用数学语言可否在计算机中实现求解。

上述二者缺一不可，因此，要求参与建模的工程专家必须在精通专业的同时，具有一定的数学和计算数学的基础知识，对于数学工作者，要掌握宽广的数学知识，还要了解该工程问题在国内外的现状和面临的主要问题，以确定采用哪种数学语言来描述此问题更为恰当。目前，工程中的数学模型一般可分为三类：其一，连续型（确定型），即能用数学解析式刻画工程问题；其二，离散型（统计型），找不到确定数学解析式来描述该工程问题，只能不断地逼近真实解；其三，不确定型（随机型），如导弹打靶，总是受各种因素的影响，存在一个随机分布。本书讨论的有限元分析属于离散型。

2）数学问题数值化（算法与分析）

若工程问题所建立的数学模型都能解析求解，似乎也就用不上计算机强大的计算能力了。通常，从工程实际中抽象出的数学问题，绝大多数都不能直接用计算机语言来识别。因此，先进的计算工具——计算机，不能直接求解相应的数学问题，自然不能用于解决相应的工程问题。把数学问题数值化，就是根据不同的数学问题，寻求相应的方法，此方法（常称为“数值方法”）只能用四则运算和一些逻辑运算或者直接用计算机语言描述相应的数学问题，以便于用计算机求解数学问题。此方法的优劣，直接关系到能否把计算机用于解决高科技问题。由此可知数值计算在当代科技中的地位和作用，它直接关系到能否用现代的数学方法，最先进的计算工具去解决现代科学技术中的管理问题、规划和决策问题，各领域中高科技中的关键性问题。因此，对数值计算的算法的构造，优劣的分析，是每一个科技工作者、决策者不可缺少的基础知识，对于即将走上工作岗位的本科生，特别是硕士生、博士生来说也是必须掌握的。

3）数值问题机器化（程序设计）

程序设计者应能够用最简练的机器语言、最快的速度、最少的存储量来设计软件，并获得准确的计算结果。要达到这些要求，程序设计者必须掌握数值方法的构思途径和算法的关键和难点；熟悉计算机软/硬件的基础知识，能灵活应用某种机器语言，准确无误地描述每个算法，并能以最快的速度发现并解决计算过程中出现的各种异常问题。这是检验程序设计者水平的客观标准，也是衡量决策者、工程设计师、管理工作者水平的重要标志。程序设计对于每一个科技工作者、管理工作者而言，都是必须具备的技能，这种技能入门快，见效也快，但要真正作一个高级程序设计者也是十分困难的，必须具备丰富的想象力、总结归纳和设计的能力，具有总工程师、总设计师的能力和水平。

本书所介绍的有限元分析软件基本为商用软件，即数值问题机器化（程序设计）过程已经完成，但对这些商用软件的计算过程要有所了解，同时需要根据实际情况选择使用何种算法，这需要一定的理论基础和经验。这些了解有利于解决问题，也可以很好地支撑问题求解模型的建立。

4）科学试验

前面三个阶段只是为现代科学技术提供了一种途径，也可以说是捷径，但这种途径是否真正能解决科技中的问题，被实际生产部门直接采用，还必须将第三阶段获得的计算结果在科学试验室进行检验，看其是否与工程实际相符，是否能推广应用，若不相符，还应分析其不符的根源，返回到前三阶段中的某一阶段重新开始，重复上述工作直到满意为止。科学试验是必不可少，且很成熟的，只要有相应的试验设备和原材料即可进行。前三阶段的实质就是把一个实际工程问题置入计算机中，在计算机中可做大量的模拟试验，当基本与实际问题相符时，再进行科学试验，这样可以减少实际试验次数，节省大量的原材料，缩短设计周期，还能使性能达到最佳。不采用现代科学技术的分析方法和手段，只埋头做试验，将远远跟不上现代科学技术的发展。

当试验成功后，就可试制新产品，推广应用，实现“研制—生产—销售”一体化，有助于提高产品质量，增强产品市场竞争能力，获得不可估量的社会效益和经济效益。

任何一个有竞争力的新产品、任何一项能产生社会和经济效益的科研课题，必须经过上述四个阶段。第一阶段是根本，模型是否反映工程实际问题的需要，取决于当代高级科技人员的理论水平；第二阶段是桥梁，所构造的算法是否能真正取代原数学模型、它的有效性和可实现性，取决于从事计算数学的研究人员的理论水平和创新能力；第三阶段是检验前两个阶段工作的有效性和可行性的方法和手段；第四阶段检验该项研究成果是否有实际应用价值，同时也检验了前三阶段研究工作的可靠性，是取得经济效益和社会效益的关键。

1.1.2 数值求解的特点

数值求解（或称为“数值分析”）是以电子计算机为主要手段，运用一定的计算技术寻求各种复杂工程技术问题的离散化数值解的过程。应注意以下问题：

（1）所求为数值解而非解析解；

（2）计算理论与计算技术是关键；

（3）数值求解与计算机发展密切相关。

对于大量的复杂工程问题，数值求解已经成为不可替代的手段，其特点如下：

（1）“数值试验”比“物理试验”具有更大的自由度和灵活性，例如可“自由”地选取各种参数等；

（2）“数值试验”可以进行“物理试验”不可能或很难进行的项目，例如天体内部的温度场数值模拟、可控热核反应的数值模拟等；

（3）“数值试验”的经济效益极为显著，而且将越来越显著；

（4）物理机理不明的问题，数值工作无法进行；

（5）数值工作自身仍然有许多理论问题有待解决；

（6）离散化不仅引起定量的误差，同时也会引起定性的误差，所以数值工作仍然离不开试验的验证。

1.2 有限元方法的发展历史

有限元是那些集合在一起，能够表示实际连续域的离散单元。有限元的概念早在几个世纪前就已产生并得到了应用，例如用多边形（有限个直线单元）逼近圆来求得圆的周长，但其作为一种方法被提出，则是最近的事。有限元方法最初被称为矩阵近似方法，应用于航空器的结构强度计算，并由于其方便性、实用性和有效性而引起从事力学研究的科学家的浓厚兴趣。经过短短数十年的努力，随着计算机技术的快速发展和普及，有限元方法迅速从结构工程强度分析计算扩展到几乎所有的科学技术领域，成为一种丰富多彩、应用广泛并且实用高效的数值分析方法。

有限元方法的思想最早可以追溯到古人的“化整为零”“化圆为直”的做法，如“曹冲称象”的典故，我国古代数学家刘徽采用割圆法对圆周长进行计算。这些实际上都体现了离散逼近的思想，即采用大量的简单小物体来“充填”出复杂的大物体。

现代有限元方法思想的萌芽可追溯到18世纪末，欧拉在创立变分法的同时就曾用与现代有限元相似的方法求解轴力杆的平衡问题，但那个时代缺乏强大的运算工具解决其计算量大的困难。20世纪40年代，航空事业的飞速发展对飞机结构提出了越来越高的要求，即重量轻、强度高、刚度好，人们不得不进行精确的设计和计算，在这一背景下，逐渐在工程中产生了矩阵分析法。结构分析的有限元方法是在20世纪50—60年代创立的。有限元分析可以追溯到A. Hrennikoff（1941）和R. Courant（1943）的工作。1941年，A. Hrennikoff首次提出用构架方法求解弹性力学问题，当时称为离散元素法，仅限于用杆系结构来构造离散模型。1943年，纽约大学教授R. Courant第一次尝试应用定义在三角形区域上的分片连续函数和最小位能原理相结合，来求解St. Venant扭转问题。虽然这些先驱者使用的方法彼此不同，但它们都有一个基本特性：把连续域的网格离散化，进入一组离散的子域里。

1954—1955年，德国斯图加特大学的Argyris在航空工程杂志上发表了一组能量原理和结构分析论文，为有限元研究奠定了重要的基础。

1956年，波音公司的Turner、Clough、Martin、Topp在纽约举行的航空学会年会上介绍了将矩阵位移法推广到求解平面应力问题的方法，即把结构划分成一个个三角形和矩形“单元”，在单元内采用近似位移插值函数，建立单元节点力和节点位移关系的单元刚度矩阵，并得到了正确的解答。

1960年，Clough在他的名为“The finite element in plane stress analysis”的论文中首次提出了“有限元”这一术语。

与此同时，数学家们则发展了微分方程的近似解法，包括有限差分方法、变分原理和加权余量法。

1963年前后，经过J. F. Besseling、R. J. Melosh、R. E. Jones、R. H. Gallaher、T. H. H. Pian（卞学磺）等许多人的工作，人们认识到有限元方法就是变分原理中Ritz近似法的一种变形，从而发展了用各种不同变分原理导出的有限元计算公式。

1965年，O. C. Zienkiewicz和Y. K. Cheung（张佑启）发现能写成变分形式的所有场问题，都可以用与固体力学有限元方法相同的步骤求解。同年，冯康发表了论文《基于变分原理的差分格式》，这篇论文是国际学术界承认我国独立发展有限元方法的主要依据。

1967年，Zienkiewicz和Cheung出版了世界上第一本有关有限元分析的专著《The Finite Element Method in Structural Mechanics》，以后和Taylor改编出版《The Finite Element

Method》，它是有限元领域最早、最著名的专著。

1969 年，B. A. Szabo 和 G. C. Lee 指出可以用加权余量法，特别是 Galerkin 法，导出标准的有限元过程来求解非结构问题。

1970 年以后，有限元方法开始应用于处理非线性和大变形问题，Oden 于 1972 年出版了第一本关于处理非线性连续体的专著。

1974 年，我国著名力学家、教育家徐芝纶院士编著了我国第一部关于有限元方法的专著《弹性力学问题的有限单元法》，从此开创了我国有限元应用及发展的历史。

随着计算机技术的飞速发展，有限元方法中人工难以完成的大量计算工作能够由计算机来实现并快速地完成，基于有限元方法原理的软件大量出现，并在实际工程中发挥了越来越重要的作用。国际上早在 20 世纪 50 年代末、60 年代初就投入大量的人力和物力开发具有强大功能的有限元分析程序。其中最为著名的是由美国国家宇航局（NASA）在 1965 年委托美国计算科学公司和贝尔航空系统公司开发的 NASTRAN 有限元分析系统。该系统发展至今已有几十个版本，是目前世界上规模最大、功能最强的有限元分析系统。从那时到现在，世界各地的研究机构和大学也发展了一批规模较小，但使用灵活、价格较低的专用或通用有限元分析软件，主要有德国的 ASKA，英国的 PAFEC，法国的 SYSTUS，美国的 ABQUS、ADINA、ANSYS、BERSAFE、BOSOR、COSMOS、ELAS、MARC 和 STARDYNE 等公司的产品。

1.3 有限元的概念、基本思路及其分析的一般流程

1.3.1 有限元的概念

通俗地讲，有限元就是对一个真实的系统，用有限个单元来描述，类比于连接多段微小直线逼近圆的思想，是利用数学近似的方法对真实物理系统（几何和载荷工况）进行模拟，利用简单而又相互作用的元素，即单元进行计算，亦即用有限数量的未知量去逼近无限未知量的真实系统。

有限元分析是用较简单的问题代替复杂问题后再求解。它将求解域看成由许多称为有限元的小的互连子域组成，对每一单元假定一个合适的（较简单的）近似解，然后推导求解这个域总的满足条件（如结构的平衡条件），从而得到问题的解。因为实际问题被较简单的问题所代替，所以这个解不是准确解，而是近似解。由于大多数实际问题难以得到准确解，而有限元不仅计算精度高，而且能适应各种复杂形状，因而成为行之有效的工程分析手段。因此，利用简单而又相互作用的元素（即单元），就可以用有限数量的未知量去逼近无限未知量的真实系统。

有限元模型是真实系统理想化的数学抽象。问题可分为两类：

（1）第一类问题：研究对象称为离散系统。离散系统可直接按组成的单元分解，例如电阻及其组成的网络、杆件及其组成的桁架、水管及其组成的水管网络。

（2）第二类问题：研究对象称为连续系统。连续系统只有在非常简单的情况下才能精确计算求解，例如薄板弯曲问题（矩形板或圆形板载荷简单时能求解析解）。工程中构件形状一般都很复杂，如内燃机活塞温度分布、连杆的应力分布等。通常可以采取这种思路：连

续系统→离散系统→原型。

1.3.2 有限元的基本思路

有限元的基本思路是“分割—组合”。将系统分割成有限个单元（离散化）；对每个单元提出一个近似解（单元分析）；将所有单元组合成一个与原有系统近似的系统（整体分析），如图 1.1 所示。

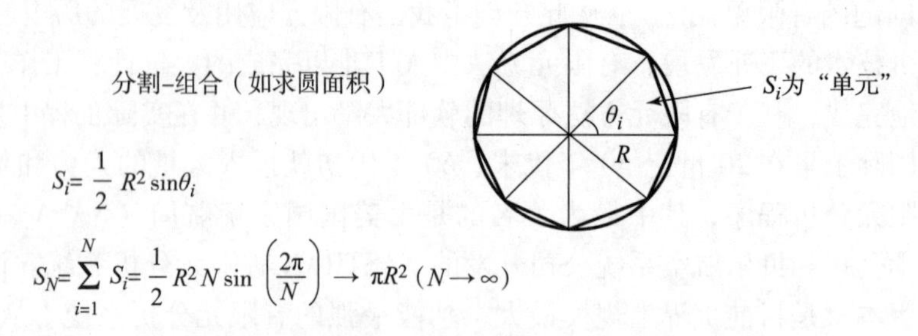

图 1.1 有限元“分割—组合”的基本思路示意

因此，有限元方法具有如下特点：

（1）化整为零，积零为整，把复杂的结构分解为有限个单元组成的整体；

（2）未知数个数可以成千上万，为解决大型、复杂问题（复杂的结构形状、复杂的边界条件、非均质材料等）提供了有效工具。

（3）有限元方法采用矩阵形式表达，便于编制计算机程序。

1.3.3 有限元分析的一般流程

有限元分析的流程一般分为以下 7 步：

（1）根据实际问题和需要分析的结果抽象出计算模型。

根据实际问题和需要分析的结果抽象出计算模型是有限元前处理的核心，也是关键，要依靠建模者的多年经验，即在建立模型的开始阶段，抓住问题的主要矛盾，明确模型抽象和简化部分，确定计算网格类型以及计算算法，为模型建立提供支撑。

（2）将连续体变换为离散化结构。

该步主要是将连续体变换为离散化结构，从某种意义上来说就是“画网格”。网格的形式、结构以及细化部分需根据实际问题进行处理，很多时候需要依靠经验。

（3）设置材料模型及参数。

对于同一种材料，因为问题的不同可能会选择不同的材料模型进行计算，而材料模型参数的获得是一项基础工作，需要大量的测试和试验。这是有限元分析的难点。

（4）施加边界条件、初始条件等。

边界条件和初始条件是求解得以顺利进行的关键因素之一，这需要根据实际情况进行分析，得到相关参量，并在有限元模型上进行施加。

（5）对单元分析进行计算。

取各节点位移 $\boldsymbol{\delta}_i = [u_i, v_i]^{\mathrm{T}} (i=1,2,\cdots)$ 为基本未知量，然后对每个单元分别求出各物理量，并均用 $\boldsymbol{\delta}_i (i=1,2,\cdots)$ 表示。

①应用插值公式，由单元结点位移 $\boldsymbol{\delta}_e=[\boldsymbol{\delta}_i,\boldsymbol{\delta}_j,\boldsymbol{\delta}_m]^{\mathrm{T}}$，求单元的位移函数：

$$\boldsymbol{d}=[u(x,y),v(x,y)]^{\mathrm{T}} \tag{1-1}$$

这个插值公式称为单元的位移模式，为 $\boldsymbol{d}=N\cdot\boldsymbol{\delta}_e$。

②应用几何方程，由单元的位移函数 $\boldsymbol{d}$ 求出单元的应变，表示为 $\boldsymbol{\varepsilon}=B\cdot\boldsymbol{\delta}_e$。

③应用物理方程，由单元的应变 $\boldsymbol{\varepsilon}$ 求出单元的应力，表示为 $\boldsymbol{\sigma}=S\cdot\boldsymbol{\delta}_e$。

④应用虚功方程，由单元的应力 $\boldsymbol{\sigma}$ 求出单元的结点力，表示为 $\boldsymbol{F}_e=[F_i,F_j,F_m]=k\cdot\boldsymbol{\delta}_e$。

对于商业软件，这一步可交给计算机完成。

（6）对整体进行分析计算。

通过求解联立方程，得出各结点位移，从而求出各单元的应变、应力、密度变化量等。对于商业软件，这一步也可交给计算机完成。

（7）提取及分析结果。

这一步需要根据实际问题进行，根据需要提取计算结果中的应力、应变、剩余速度等参数用于分析。

进一步对上述7个步骤进行归纳，有限元分析可以分为3个主要步骤（图1.2）：

（1）前处理，包括：

①根据实际问题和需要分析的结果抽象出计算模型；

②将连续体变换为离散化结构；

③设置材料模型及参数；

④施加边界条件、初始条件等。

（2）求解，包括：

①对单元进行分析计算；

②对整体进行分析计算。

（3）后处理，包括：

提取及分析结果。

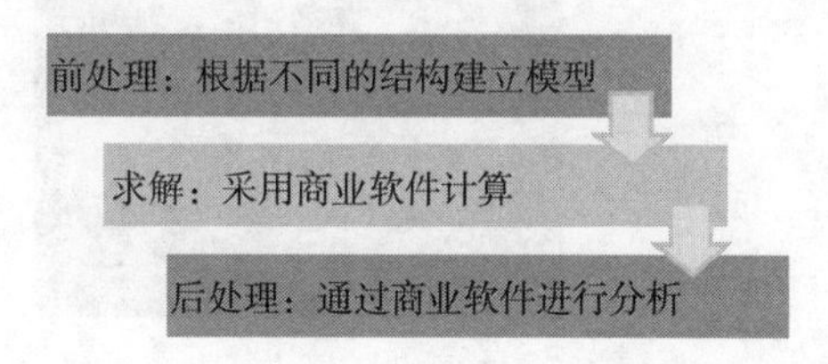

图1.2 有限元分析的3个主要步骤

1.3.4 有限元分析在武器系统设计中的应用

1. 有限元分析的应用范围

1）结构（强度）分析

结构分析是有限元分析最常用的一个应用领域。结构分析中计算得出的基本未知量（节点自由度）是位移，其他的未知量，如应变、应力和反力可通过节点位移导出。如果考虑到材料的失效准则，可以将之用于结构失效分析。典型结构（强度）分析如图1.3所示。

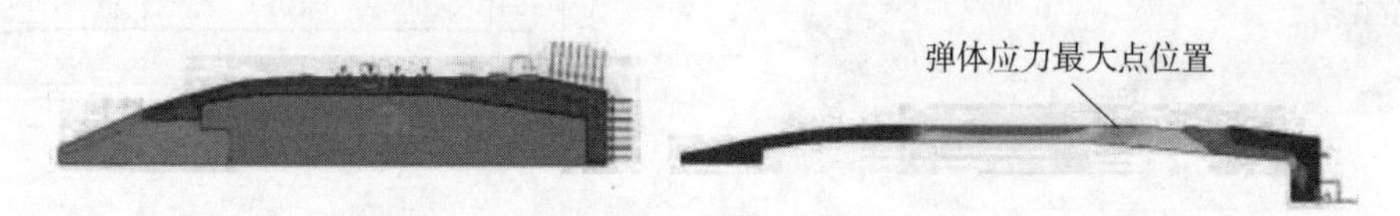

图1.3 通过有限元分析结构的最大应力点

2）热分析

通过热分析可以计算物体的稳态或瞬态温度分布，以及热量的获取或损失、热梯度等。在热分析之后往往进行结构分析，计算由于热膨胀或收缩不均匀引起的应力。典型热分析如图 1.4 所示。

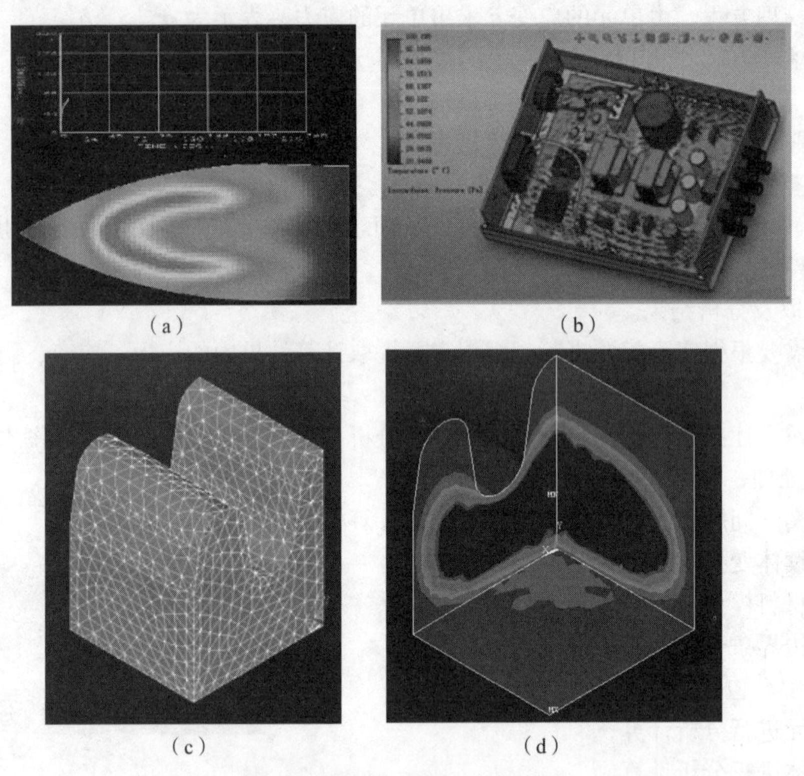

图 1.4　通过有限元进行热分析

（a）电熨斗瞬间热分析；（b）电脑主板的热分析；

（c）待淬火工件有限元模型；（d）工件淬火 3.06 min 时的温度分布

3）流场及气动力分析

流场及气动力分析用于确定流体的流动及热行为，可以处理不可压缩或可压缩流体、层流及湍流，以及多组分流等，如作用于气动翼（叶）型上的升力和阻力分析、超声速喷管中的流场分析、弯管中流体的复杂的三维流动分析等。典型流场及气动力分析如图 1.5 所示。

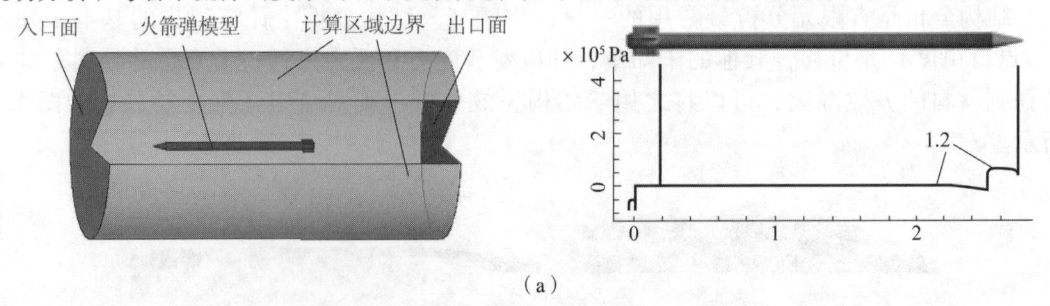

（a）

图 1.5　通过有限元进行流场及气动力分析

（a）弹体运动流场及气动力分析

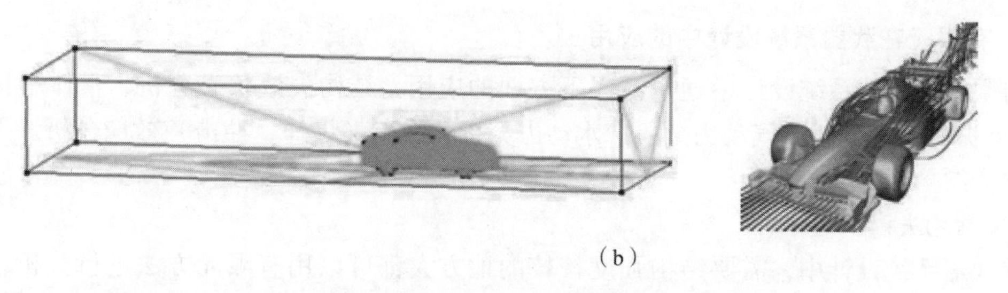

（b）

图1.5　通过有限元进行流场及气动力分析（续）

（b）汽车运动流场气动力分析

4）流固耦合场分析（多物理场分析）

对于多物理场仿真，最为常用的是流固耦合场分析。流固耦合力学是流体力学与固体力学交叉而生成的一门力学分支，它是研究变形固体在流场作用下的各种行为以及固体位形对流场的影响这二者相互作用的一门科学。流固耦合力学的重要特征是两相介质之间的相互作用，变形固体在流体载荷作用下会产生变形或运动。变形或运动又反过来影响流体运动，从而改变流体载荷的分布和大小，正是这种相互作用将在不同条件下产生形形色色的流固耦合现象。典型流固耦合场分析如图1.6所示。

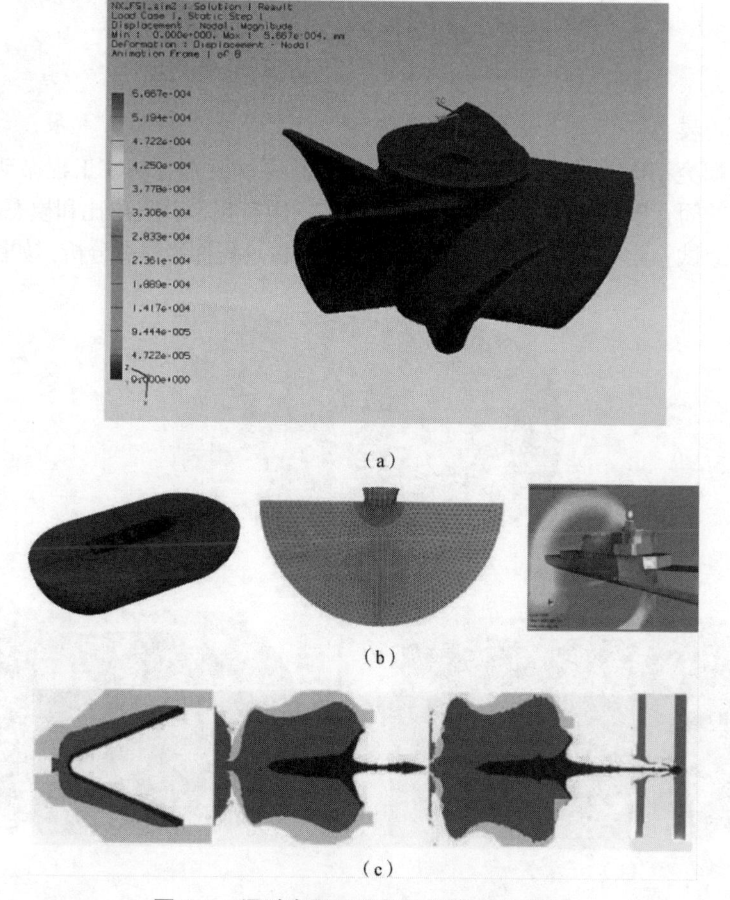

（a）

（b）

（c）

图1.6　通过有限元进行流固耦合场分析

（a）船桨叶运动与水流的耦合计算；（b）水下爆炸载荷和船体结构的耦合分析；（c）射流和目标结构的耦合分析

2. 有限元在武器系统设计中的应用

有限元在武器系统设计中通常有以下方面的应用：结构失效状态分析、整体结构模态（固有共振特征）分析、气动力分析、水动力分析和终点（爆炸、冲击）效应分析。下面进行简单介绍。

1）结构失效状态分析

在武器系统设计中，需要结构强度校核的地方大都可以用有限元方法进行分析，如图1.7所示。

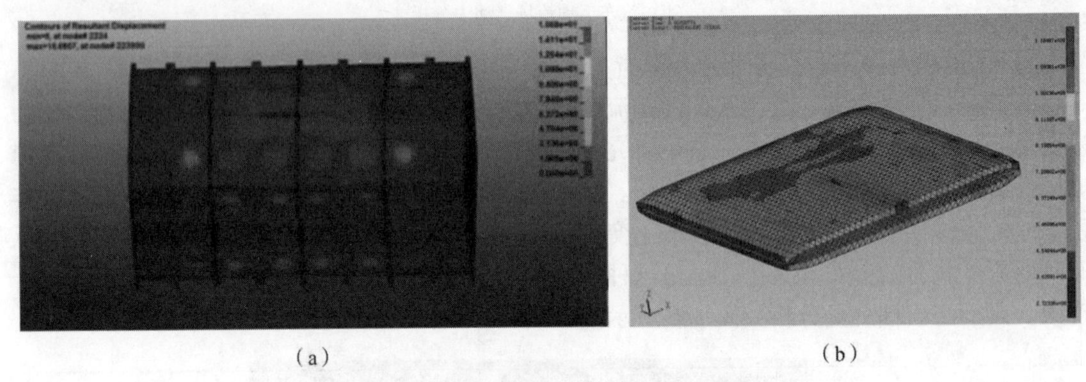

（a）　　（b）

图1.7　有限元用于结构失效状态分析

（a）舱体结构抗爆分析；（b）机翼结构强度分析

2）整体结构模态（固有共振特征）分析

模态分析是研究结构动力特性的一种近代方法，是系统辨别方法在工程振动领域中的应用。模态是机械结构的固有振动特性，每个模态具有特定的固有频率、阻尼比和模态振型。这些模态参数可以由计算或试验分析取得，这样的计算或试验分析过程称为模态分析，如图1.8所示。

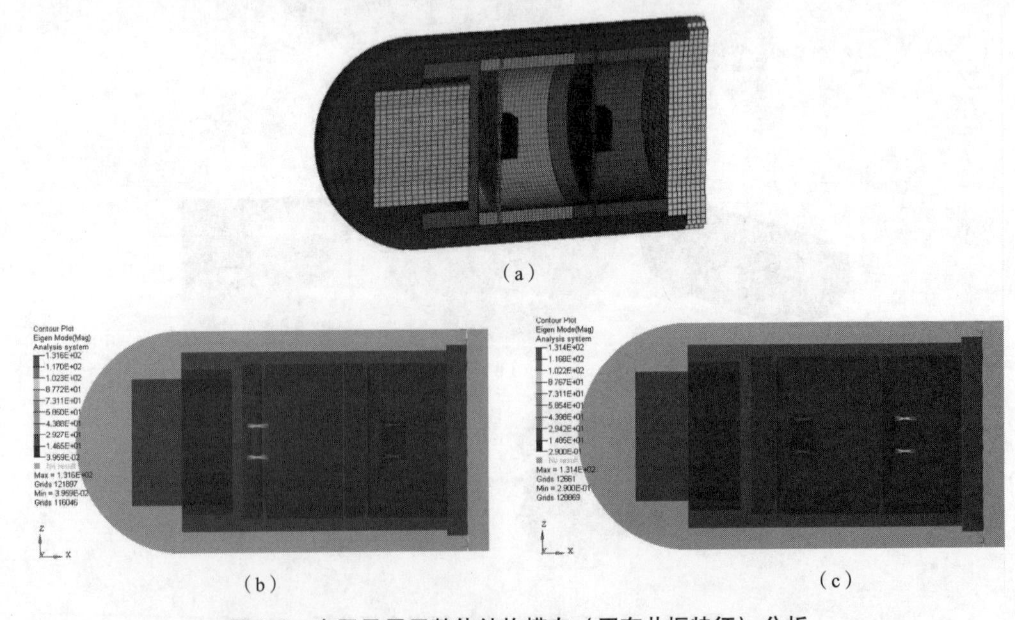

（a）

（b）　　（c）

图1.8　有限元用于整体结构模态（固有共振特征）分析

（a）原状态；（b）第七阶振型（2 795.690 Hz）；（c）第八阶振型（2 813.714 Hz）

3）气动力分析

在武器系统设计中，飞行器、航行器的气动力、水动力特性可以通过流体（有限元）分析获得，如图1.9所示。

4）终点（爆炸、冲击）效应分析

在武器系统设计中，因终点毁伤的安全性、周期、费用和测试难度等问题，多采用有限元方法进行终点（爆炸、冲击）效应分析，这是一类复杂的动力学问题分析，如图1.10所示。

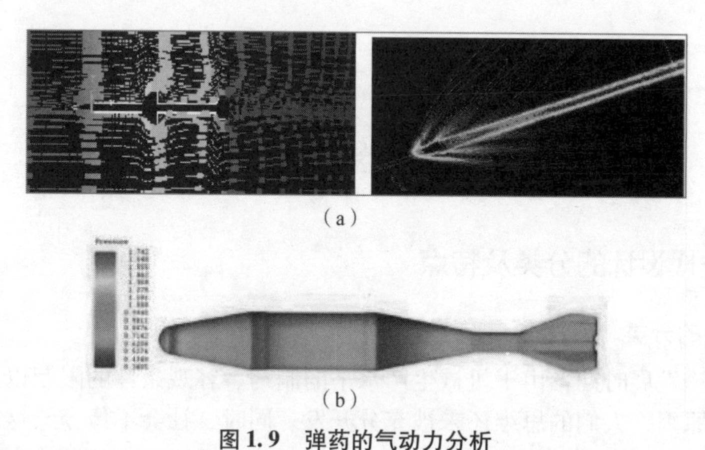

（a）

（b）

图1.9 弹药的气动力分析

（a）导弹的气动力分析；（b）迫弹的气动力分析

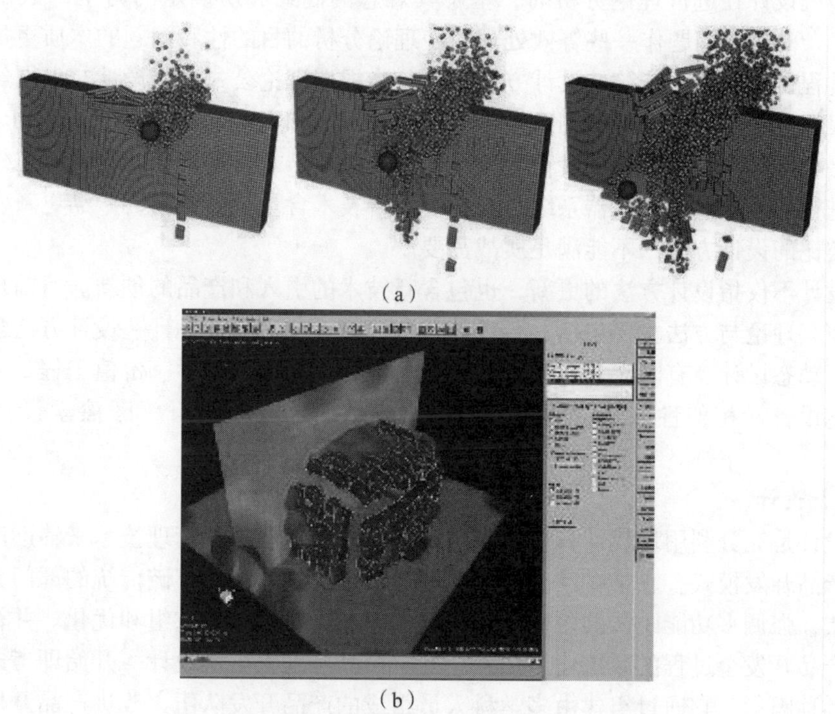

（a）

（b）

图1.10 利用有限元进行终点（爆炸、冲击）效应分析

（a）弹体侵彻分析；（b）爆炸效果分析

第2章
武器系统设计的特点与有限元分析方法

2.1 现代化武器系统设计的特点

2.1.1 现代设计的分类及特点

1. 现代设计的分类

传统设计理论发展时期，由于机械生产水平的制约、客观条件的限制以及当时计算手段的局限等一系列原因，人们的思维还未被充分开发。同时，社会不像今天这样要求机械生产向高速、高效、精密、轻量化、自动化的方向发展，武器系统和产品结构也不像今天这样日趋复杂。传统设计在进行理论分析时，基于其观念的制约和所确定的力学-数学模型的需要，常对复杂的具体问题作一些等效处理，使理论分析的目的性和问题的本质更加明确，也使分析的过程得以简化。传统的设计方法主要分为根据理论公式进行设计与根据经验公式进行设计。根据理论设计是根据长期总结出来的设计理论和实验数据所进行的设计。根据经验公式设计是根据某类零件已有的设计方法与经验关系式，或根据设计者个人的工作经验用类比办法所进行的设计。随着武器系统越来越复杂，技术含量不断提高，产品更新发展速度加快，经验类比的设计方法已不能满足实战需要。

现代设计不仅指设计方法的更新，也包含新技术的引入和产品的创新。目前现代设计方法所指的新兴理论与方法主要包括并行设计、优化设计、可靠性设计、设计方法学、计算机辅助设计、动态设计、有限元法、工业艺术造型设计、人机工程学、价值工程、逆向工程设计、模块化设计、相似性设计、虚拟设计、疲劳设计、三次设计、摩擦学设计、绿色设计等。

1）并行设计

并行设计是充分利用现代计算机技术、现代通信技术和现代管理技术来辅助产品设计的一种现代产品开发模式。它站在产品设计、制造全过程的高度，打破传统的部门分割、封闭的组织模式，强调多功能团队的协同工作，重视产品开发过程的重组和优化。并行设计又是一种集成产品开发全过程的系统化方法，它要求产品开发人员从设计一开始即考虑产品生命周期中的各种因素。它通过组建由多学科人员组成的产品开发队伍，改进产品开发流程，利用各种计算机辅助工具等手段，使产品开发的早期阶段能考虑产品生命周期中的各种因素，以提高产品设计、制造的一次成功率。并行设计可以缩短产品开发周期、提高产品质量、降低产品成本，进而达到增强企业竞争力的目的。

2）优化设计

第二次世界大战期间，美国在军事上首先应用了优化技术。1967年，美国的R·L·福克斯等发表了第一篇机构最优化论文。1970年，C·S·贝特勒等用几何规划解决了液体动压轴承的优化设计问题后，优化设计在机械设计中得到应用和发展。随着数学理论和电子计算机技术的进一步发展，优化设计已逐步成为一门新兴的、独立的工程学科，并在生产实践中得到了广泛的应用。通常设计方案可以用一组参数来表示，这些参数有些已经给定，有些没有给定，需要在设计中优选，称为设计变量。如何找到一组最合适的设计变量，在允许的范围内，使所设计的产品结构最合理、性能最好、质量最高、成本最低（即技术经济指标最佳），有市场竞争力，同时设计的时间又不太长，这就是优化设计所要解决的问题。

3）可靠性设计

可靠性设计是指保证机械及其零部件满足给定的可靠性指标的一种机械设计方法。其包括对产品的可靠性进行预计、分配、技术设计、评定等工作。所谓可靠性，则是指产品在规定的时间内和给定的条件下，完成规定功能的能力。它不但直接反映产品各组成部件的质量，而且还影响到整个产品质量性能的优劣。可靠性分为固有可靠性、使用可靠性和环境适应性。可靠性的度量指标一般有可靠度、无故障率、失效率3种。

4）设计方法学

设计方法学是研究产品设计规律、设计程序及设计中思维和工作方法的一门综合性学科。设计方法学以系统工程的观点分析设计的战略进程和设计方法、手段的战术问题。在总结设计规律、启发创造性的基础上促进研究现代设计理论、科学方法、先进手段和工具在设计中的综合运用。设计方法学对开发新产品、改造旧产品和提高产品的市场竞争力有积极的作用。

5）逆向工程设计

逆向工程是一种产品设计技术再现过程，即对一项目标产品进行逆向分析及研究，从而演绎并得出该产品的处理流程、组织结构、功能特性及技术规格等设计要素，以制作出功能相近，但又不完全一样的产品。逆向工程源于商业及军事领域中的硬件分析。其主要目的是在不能轻易获得必要的生产信息的情况下，直接从成品分析，推导出产品的设计原理。

6）人机工程学

所谓人机工程学，亦即应用人体测量学、人体力学、劳动生理学、劳动心理学等学科的研究方法，对人体结构特征和机能特征进行研究，提供人体各部分的尺寸、重量、体表面积、比重、重心以及人体各部分在活动时的相互关系和可及范围等人体结构特征参数；还提供人体各部分的出力范围，以及动作时的习惯等人体机能特征参数，分析人的视觉、听觉、触觉以及肤觉等感觉器官的机能特性；分析人在各种劳动时的生理变化、能量消耗、疲劳机理以及人对各种劳动负荷的适应能力；探讨人在工作中影响心理状态的因素以及心理因素对工作效率的影响等。

7）虚拟设计

虚拟设计技术是由多学科先进知识形成的综合系统技术，其本质是以计算机支持的仿真技术为前提，在产品设计阶段，实时地、并行地模拟出产品开发全过程及其对产品设计的影响，预测产品性能、产品制造成本、产品的可制造性、产品的可维护性和可拆卸性等，从而提高产品设计的一次成功率。虚拟设计有利于更有效、更经济灵活地组织制造生产，使工厂和车间的设计与布局更合理、更有效，以达到产品的开发周期及成本的最小化、产品设计质量的最优化、生产效率的最高化。

8）模块化设计

所谓模块化设计，简单地说就是将产品的某些要素组合在一起，构成一个具有特定功能的子系统，将这个子系统作为通用性的模块与其他产品要素进行多种组合，构成新的系统，产生多种不同功能或相同功能、不同性能的系列产品。模块化设计是绿色设计方法之一，它已经从理念转变为较成熟的设计方法。将绿色设计思想与模块化设计方法结合起来，可以同时满足产品的功能属性和环境属性，一方面可以缩短产品研发与制造周期，增加产品系列，提高产品质量，快速应对市场变化；另一方面，可以减少或消除对环境的不利影响，方便产品的重用、升级、维修和产品废弃后的拆卸、回收和处理。

2. 现代设计的特点

由传统设计方法与现代设计方法的比较可以看出，现代设计方法的基本特点如下：

1）程式性

研究设计的全过程，要求设计者从产品规划、方案设计、技术设计、施工设计到试验、试制进行全面考虑，按步骤有计划地进行设计。

2）创造性

突出人的创造性，发挥集体智慧，力求探寻更多突破性方案，开发创新产品。

3）系统性

强调用系统工程处理技术系统问题，设计时应分析各部分的有机关系，力求使系统整体最优；同时考虑技术系统与外界的联系，即“人—机—环境”的大系统关系。

4）最优化

设计的目的是得到功能全、性能好、成本低的价值最优的产品，设计中不仅考虑零部件参数、性能的优劣，更重要的是争取产品的技术系统整体最优。

5）综合性

现代设计方法是建立在系统工程、创造工程的基础上，综合运用信息论、优化论、相似论、模糊论、可靠性理论等自然科学理论和价值工程、决策论、预测论等社会科学理论，同时采用集合、矩阵、图论等数学工具和电子计算机技术，总结设计规律，提供多种解决设计问题的科学途径。

6）计算机数字化

将计算机全面地引入设计，通过设计者和计算机的密切配合，形成数字化的设计方案，采用先进的设计方法，提高设计质量和速度；计算机不仅用于设计计算和绘图，同时在信息储存、评价决策、动态模拟、人工智能等方面将发挥更大的作用；数字化的设计方案可实现数据的大量积累，结合智能算法就可逐步实现智能化的设计。

2.1.2 现代化武器设计的特点

现代化武器设计已不再是拥有丰富经验的设计者凭借自身经验将设计构思明确画出来，然后进行加工、试制和试验的过程。近年来，科技的迅猛发展，特别是计算机硬件、软件技术的不断更新，使武器设计发生了飞跃式的发展。采用大规模数值计算、三维重构与虚拟试验以及多目标函数优化设计等理论，通过计算机进行武器的快速设计已经实现，并不断地向着智能化方向发展。

1. 大规模数值模拟计算

对于复杂问题总是需要对复杂的数学方程进行求解。在求解组件特性相关的方程式时，大多数的时候都要去求解偏微分或积分式，才能求得其正确的解。依照求解方法的不同，解可以分成两类：解析解和数值解。

解析解（analytical solution）就是一些严格的公式，给出任意的自变量就可以求出其因变量，也就是问题的解，他人可以利用这些公式计算各自的问题。解析解是一种包含分式、三角函数、指数、对数，甚至无限级数等基本函数的解的形式。用来求得解析解的方法称为解析法（analytic techniques、analytic methods），解析法是常见的微积分技巧，例如分离变量法等。解析解为一封闭形式（closed - form）的函数，因此对任一独立变量，皆可将其代入解析函数求得正确的相依变量。因此，解析解也被称为闭式解（closed - form solution）。

当偏微分方程组比较复杂时，解析解往往无法求得，这时数值方法变成求解过程的重要媒介。目前，数值解解决了很多理论分析得到方程组无法求解的问题，它是求解复杂方程的一个重要方法。在进行数值分析的过程中，首先将原方程式加以简化，以利后来的数值分析，例如先将微分符号改为差分符号等。然后用传统的代数方法将原方程式改写成另一方便求解的形式。这时的求解步骤就是将一独立变量代入，求得相依变量的近似解。因此利用此方法所求得的相依变量为一个个分离的数值（discrete values），不似解析解为一连续的分布，而且因为经过上述简化，其正确性不如解析法高。

武器运动过程中的气/水动力分析、爆炸冲击问题以及高速运动问题总是涉及大规模的方程组，数值模拟计算是目前进行数值求解的有效方法，通过数值仿真计算既可得到宏观结果，也可获得试验无法获得的细节，同时可以解决理论分析工作量大且适用性弱的问题。目前，大规模数值模拟计算已成为武器设计中的必须环节，代替了不少试验和理论分析；同时，武器使用的复杂性增加，不断呈现出“多物理、多介质、多尺度、强非线性、强间断”等复杂特征，对数值求解算法提出了新的需求。

2. 三维重构与虚拟试验

三维重构是指对三维物体建立适合计算机表示和处理的数学模型，是在计算机环境下对其进行处理、操作和分析其性质的基础，也是在计算机中建立表达客观世界的虚拟现实的方法。通过三维重构可实现物理试验细节信息的三维显示（如爆炸物理场、水流场等），也可通过数据驱动实现场景的逼真再现，并可结合3D打印等先进制造技术实现武器装备设计和制造的一体化。目前，尽管CAD技术发展迅速，但是对于一些复杂零件，采用正向设计的周期长、难度高，进而影响研发设计进度，因此通常采用逆向工程的方法，使用黏土或泡沫模型代替CAD设计，三维重构技术可以方便地将实物模型转变为数字模型，实现复杂零件的外形设计。此外，在模具制造中经常需要通过试冲和修改模具型面才能得到最终符合要求的模具，对最终符合要求的模具进行测量并重构出其CAD模型。

在武器设计中，三维重构技术除了可以辅助设计、提升设计人员的直观感受外，还可以有效推进无人装备走向实战化应用。一方面，实时获取生成三维环境，有助于实现无人装备的自动导航。例如：在美国国防部高级研究计划局（DARPA）的支持下，波士顿动力公司联合福斯特·米勒公司、JPL和哈佛大学共同研究“大狗”（Bigdog）四足军用机器人，用以在一些军用车辆难以使用的险要地方助士兵一臂之力，进行作战物资的运输。“大狗”机器人配有环境感知电子眼，能够结合立体视觉和激光扫描仪产生精确的三维地形模型，从而能够分辨出前方的安全道路。另一方面，获取目标的三维特征，可以实现目标自动识别和分类，并判断目标的行为动作，为人机协同提供有力支持。

此外，三维重构技术也是虚拟试验的重要支撑。虚拟试验是指借助多媒体、仿真和虚拟现实（又称 VR）等技术在计算机上营造可辅助、部分替代，甚至全部替代传统试验各操作环节的相关软/硬件操作环境，试验者可以像在真实的环境中一样完成各种试验项目，所取得的试验效果等价于，甚至优于在真实环境中所取得的效果。在虚拟试验时，三维虚拟战场构建是一项重要内容，三维虚拟战场构建定位于为真实战场环境建立高精度、真三维、可量测、真实感强的模型，可实现目标环境内建筑物、地形、植被以及其他地物地貌的建模。例如，美国国防高级项目研究计划局的仿真网络项目（Simulator Networking，SIMNET）形成了约 260 个地面装甲仿真器及通信网络、指挥所和数据处理设备等互联的网络，节点分布在美国和德国的 11 个城市，形成了一个包括海陆空多兵种、3 700 个仿真实体参与、地域覆盖范围达 500 km × 750 km 的军事演练环境。

3. 多目标函数优化设计

武器设计涉及多个参量，尤其是应对现代高科技局部战争的高新武器，现代战争的多维化、复杂性等特点也带来了武器结构等的复杂性。近年来为了适应信息化作战的需求，高新武器装备相对于传统武器应用了众多新技术、新材料，技术含量高、服役环境苛刻、功能要求多、性能要求高，且强调武器功能模块的集成与配置以实现多维度一体化作战，因此，武器装备呈现出零部件多，集成复杂，可用空间、质量有限，功能多，操作要求简单等需求特点。例如：现今大力发展和使用的制导弹药，已不再是传统弹药的“炸药 + 钢壳”形式，在有限的空间和质量要求下传统的机械结构融合了制导探测、机电控制等多个装置，系统集成性大为提升；同时，弹药威力要求不低于普通弹药，采用的高能炸药既要起爆可靠又要平时钝感，弹药的整体设计是一个复杂的系统工程。未来进一步发展的智能化弹药，要在现今制导弹药的基础上具有自主意识、隐身特性，打击目标更为广泛，系统更为复杂，如图 2.1 所示。

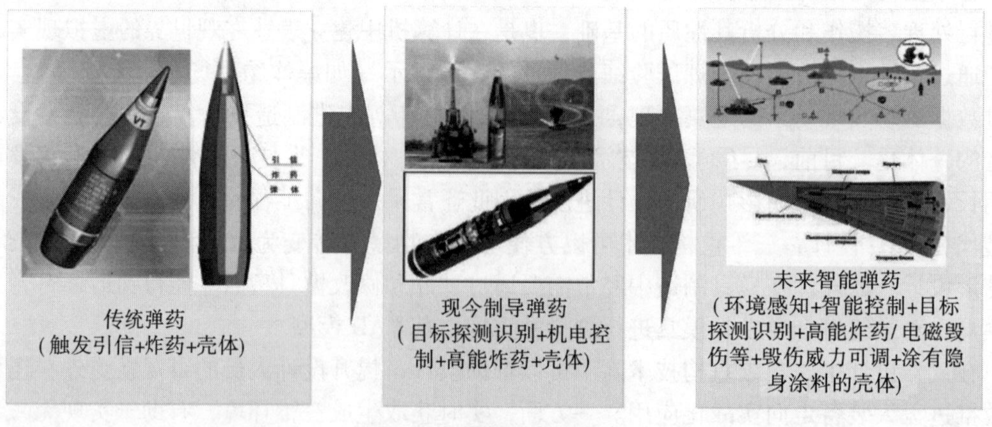

图 2.1　弹药系统的发展

目前，对于简单的传统武器设计，通常采用“画加打”的方式实现设计；对于高新武器因其作用过程难以试验测试，武器设计面临多个变量，且相互之间可能存在“矛盾”和“依赖”关系，传统方法设计周期较长，且不适合于参量较多的复杂系统。因此，对于存在多目标函数优化问题的现代武器设计，多学科参量智能优化设计是一有效途径；目前，采用先进的智能算法进行武器整体或部件的优化已经成为一种趋势，如：毛亮（2015）采用引入多父体杂交算子的改进型遗传算法，从而改善了传统优化算法所遇到的病态梯度、初始点敏感和局部收敛等问题。以某聚焦式破片杀伤战斗部为例，运用此优化方法对破片杀伤威力和战斗部总质量两项指标进行了优化。

2.2　武器系统设计所涉及的力学问题与有限元方法

2.2.1　力学概念与术语

1. 外力（External Force）

外界作用在物体上的作用力，可以分为两大类。

1）体积力（Body Force）

穿越空间作用在所有流体元上的非接触力，是反映物体内在属性的一种力，与物体体积成正比，包括重力、惯性力、磁性力等。

2）面积力（Surface Force）

作用在所研究物体外表面上与表面积大小成正比的力，如气压、水压等，又可细分为集中力与分布力。

2. 弹性变形（Elastic Deformation）

材料在外力作用下产生变形，当外力取消后，材料变形即可消失，并能完全恢复原来形状的性质称为弹性。这种可恢复的变形称为弹性变形。

3. 塑性变形（Plastic Deformation）

材料在外力作用下产生变形，当施加的外力撤除或消失后该物体不能恢复原状的一种物理现象。

4. 应力（Stress）

物体由于外因（外力、湿度、温度场变化等）而变形时，在物体内各部分之间产生相互作用的内力，以抵抗这种外因的作用，并试图使物体从变形后的位置恢复到变形前的位置。在所考察的截面某一点单位面积上的内力称为应力，即弹性体受到外力作用后，内部产生的抵抗变形的内力。单元体上的应力分量如图2.2所示。

在受力构件截面上，围绕 O 点取微小面积 ΔA，ΔA 上分布内力的合力为 ΔF，则 O 点的应力 p 可用公式表示为：

$$p = \lim_{\Delta A \to 0} \frac{\Delta F}{\Delta A} \tag{2-1}$$

$\boldsymbol{p}$ 是分布内力系在 O 点的集度，反映内力系在 O 点的强弱程度。$\boldsymbol{p}$ 是一个矢量，一般既不与截面垂直，也不与截面相切。通常把应力 $\boldsymbol{p}$ 分解成垂直于截面的分量 $\boldsymbol{\sigma}$ 和切于截面的分量 $\boldsymbol{\tau}$。$\boldsymbol{\sigma}$ 称为正应力或法向应力（Normal Stress），$\boldsymbol{\tau}$ 称为切应力或剪应力（Shear Stress）。

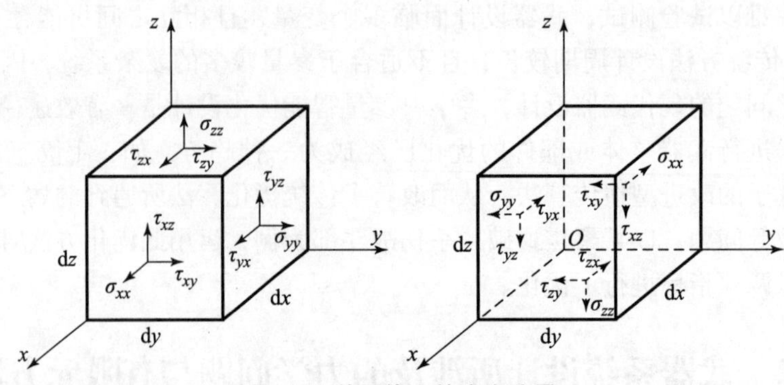

图 2.2　单元体上的应力分量

在我国法定计量单位中，应力的单位为 Pa，称为“帕斯卡”，1 Pa = 1 N/m²。由于这个单位太小，使用不便，通常用 MPa 或 GPa，1 Pa = 10^{-6} MPa，1 Pa = 10^{-9} GPa。工程上有时也用 Bar（巴）作为单位，1 Bar = 10^5 Pa。

5. 应变（Strain）

应变是在外力和非均匀温度场等因素作用下物体局部的相对变形。通常认为，物体在受到外力作用下会产生一定的变形，变形的程度称为应变。应变有正应变 ε（线应变）、切应变 γ（角应变）及体应变 θ。

应用最广的正应变公式为：

$$\varepsilon = \lim_{L \to 0} \frac{\Delta L}{L} \tag{2-2}$$

式中，L 是变形前的长度，ΔL 是变形后的伸长量。

1）线应变（Linear Strain）

对一根细杆施加一个拉力 F，这个拉力除以细杆的截面积 S，称为线应力；细杆的伸长量 $\mathrm{d}L$ 除以原长 L，称为线应变。线应力除以线应变就等于杨氏模量 E：$F/S = E(\mathrm{d}L/L)$。

2）剪切应变（Shear Strain）

对一块弹性体施加一个侧向的力 f（通常是摩擦力），弹性体会由方形变成菱形，这个形变的角度 γ 称为剪切应变，相应的力 f 除以受力面积 S 称为剪切应力。

3）体积应变（Bulk Strain）

对弹性体施加一个整体的压强 p，这个压强称为体积应力，弹性体的体积减小量 $-(\mathrm{d}V)$ 除以原来的体积 V 称为体积应变。

一般弹性体的体积应变都是非常小的，即体积的改变量和原来的体积相比，是一个很小的数。在这种情况下，体积相对改变量和密度相对改变量仅正负相反，大小是相同的。例如：体积减小 0.01%，密度就增加 0.01%。

6. 应变率（Strain Rate）

应变率是表征材料变形速度的一种度量，为应变对时间的导数。目前，研究材料动态力学性能的系列试验按应变率大小排列有：中应变率试验（$10 \sim 10^3\ \mathrm{s}^{-1}$）、高应变率试验（$10^3 \sim 10^5\ \mathrm{s}^{-1}$）、超高应变率试验（$10^5 \sim 10^7\ \mathrm{s}^{-1}$）。在不同应变率下，同一材料的应力应变行为是有差异的，此即材料的应变率效应。一般来说，材料流动应力随应变率的增加而增大，屈服强度随应变率的增加而增强。应变率效应涉及合金钢、混凝土、陶瓷、塑料等很多工程材料，因此，应变率的概念在结构动力学有限元分析中常被使用。

7. 位移（Displacement）

位移是用来表示物体（质点）位置变化的量。其定义为：由初位置到末位置的有向线段。其大小与路径无关，方向由起点指向终点。它是一个有大小和方向的物理量，即矢量。

任一点的位置移动用 u、v、w 表示它在坐标轴上的三个投影分量。

$$\boldsymbol{\delta} = [u \quad v \quad w]^{\mathrm{T}} \tag{2-3}$$

符号规定：沿坐标轴正向为正，反之为负。

8. 泊松比（Poisson's Ratio）

在材料的比例极限内，由均匀分布的纵向应力 σ_y 所引起的横向应变 ε_x 与相应的纵向应变 ε_y 之比的绝对值为：

$$\varepsilon_x = -\nu\varepsilon_y \tag{2-4}$$

式中，ν 为材料的一个弹性常数，称为泊松比，是量纲为 1 的量。

在材料弹性变形阶段内，ν 是一个常数。理论上，各向同性材料的 3 个弹性常数 E、G、ν 中，只有两个是独立的，因为它们之间存在如下关系：

$$G = \frac{E}{2(1+\nu)} \tag{2-5}$$

材料的泊松比一般通过试验方法测定。

9. 模量（Modulus）

模量可以理解为一种标准量或指标。材料的模量一般前面要加说明语，如弹性模量、压缩模量、剪切模量等。这些都是与变形有关的指标，单位为 Pa。但是通常在工程的使用中，因各材料的模量的量值都十分大，所以常以 MPa 或 GPa 为单位。

1）弹性模量（Elastic Modulus）

材料在弹性变形阶段，其应力和应变成正比例关系（即符合胡克定律），其比例系数称为弹性模量。对于有些材料在弹性范围内应力－应变曲线不符合直线关系的，则可根据需要人为定义切线弹性模量、割线弹性模量等代替它的弹性模量。根据不同的受力情况，分别有相应的拉伸弹性模量（杨氏模量）、剪切弹性模量（刚性模量）、体积弹性模量。

（1）杨氏模量（Young's Modulus）。

杨氏模量又称拉伸模量（Tensile Modulus），是弹性模量中最常见的一种，杨氏模量衡量的是一个各向同性弹性体的刚度（stiffness），是与材料有关的常数，与材料本身的性质有关。其定义为在胡克定律适用的范围内，单轴应力和单轴形变之比，即

$$E = \frac{\sigma}{\varepsilon}$$

钢的杨氏模量大约为 200 GPa，铜的杨氏模量是 110 GPa。

（2）剪切模量（Shear Modulus）。

剪切模量是指剪切应力与剪切应变之比。剪切模量，也称剪切模数或切变弹性模量，是材料的基本物理特性参数之一，与弹性模量、泊松比并列为材料的三项基本物理特性参数，在材料力学、弹性力学中有广泛的应用，其定义为：

$$G = \frac{\tau}{\gamma}$$

（3）体积模量（Bulk Modulus）。

体积模量是指体积应力与体积应变之比，可描述均质各向同性固体的弹性，表示材料的不可压缩性。物体在 p_0 压力下的体积为 V_0，若压力增加为 $p_0+\mathrm{d}p$，体积减小为 $V_0-\mathrm{d}V$，则体积模量定义为：

$$K=-\frac{\mathrm{d}p}{\mathrm{d}V/V_0}$$

如在弹性范围内，则专称为体积弹性模量。体积模量是一个比较稳定的材料常数。因为在各向均压下材料的体积总是变小的，故 K 值永为正值，单位为 MPa。体积模量的倒数称为体积柔量（体积柔量：物体的体积变化和所受的流体力学静压力的比值）。体积模量和拉伸模量、泊松比之间有关系：$E=3K(1-2\nu)$，具体推导过程如下：

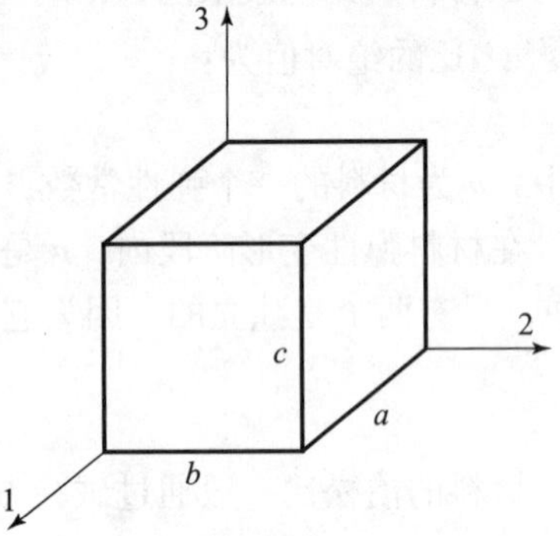

如图 2.3 所示，某点处主轴方向为 1－2－3，在该点切取一主单元体，变形前各边长为 a，b，c，变形前体积为 $V=abc$，变形后，该点的主单元体各边长变为 $a+\Delta a$，$b+\Delta b$，$c+\Delta c$，变形后的体积为 $V+\Delta V$，则有 $V+\Delta V=(a+\Delta a)(b+\Delta b)(c+\Delta c)=abc(1+\varepsilon_1)(1+\varepsilon_2)(1+\varepsilon_3)$，略去高阶小量，上式可展开为

$$V+\Delta V=abc(1+\varepsilon_1+\varepsilon_2+\varepsilon_3)$$

图 2.3 主单元体

即

$$\Delta V=abc(\varepsilon_1+\varepsilon_2+\varepsilon_3)$$

某点处单元体的单位体积改变量称为体应变，用 θ 表示，即

$$\theta=\lim_{V\to 0}\frac{\Delta V}{V}=\varepsilon_1+\varepsilon_2+\varepsilon_3$$

根据胡克定律有

$$\varepsilon_1=\frac{1}{E}[\sigma_1-\nu(\sigma_2+\sigma_3)]$$

$$\varepsilon_2=\frac{1}{E}[\sigma_2-\nu(\sigma_1+\sigma_3)]$$

$$\varepsilon_3=\frac{1}{E}[\sigma_3-\nu(\sigma_1+\sigma_2)]$$

将胡克定律代入体应变表达式中有

$$\theta=\frac{1-2\nu}{E}(\sigma_1+\sigma_2+\sigma_3)$$

若记 3 个主应力的平均值为 σ_{m}，称为平均应力，等于静水压力 $-p$，即

$$\sigma_{\mathrm{m}}=\frac{1}{3}(\sigma_1+\sigma_2+\sigma_3)$$

则体应变 θ 仅与 σ_{m} 成正比，且

$$\theta=\frac{3(1-2\nu)}{E}\sigma_{\mathrm{m}}=\frac{1}{K}\sigma_{\mathrm{m}}$$

故

$$E = 3K\ (1 - 2\nu)$$

2）压缩模量（Compression Modulus）

压缩模量就是物体在受单向或单轴压缩时应力与应变的比值。实验上可由应力－应变曲线起始段的斜率确定。径向同性材料的压缩模量值常与其杨氏模量值近似相等。

3）切线模量（Tangent Modulus）

切线模量就是在塑性阶段，屈服极限和强度极限之间的曲线斜率，是应力－应变曲线上应力对应变的一阶导数。其大小与应力水平有关，并非一定值。切线模量一般用于增量有限元计算，切线模量和屈服应力的单位都是 MPa 或 GPa。

在弹性阶段，各种模量可以通过表 2.1 进行相互转换。

表 2.1　各种模量之间的转换关系

	E	ν	K	G	λ
E,ν	E	ν	$\frac{E}{3(1-2\nu)}$	$\frac{E}{2(1+2\nu)}$	$\frac{E\nu}{(1+\nu)(1-2\nu)}$
E,K	E	$\frac{3K-E}{6K}$	K	$\frac{3KE}{9K-E}$	$\frac{3K(3K-E)}{9K-E}$
E,G	E	$\frac{E-2G}{2G}$	$\frac{GE}{3(3G-E)}$	G	$\frac{G(E-2G)}{3G-E}$
E,λ	E	$\frac{2\lambda}{E+\lambda+R}$	$\frac{E+\lambda+R}{6}$	$\frac{E-3\lambda+R}{4}$	λ
ν,K	$3K(1-2\nu)$	ν	K	$\frac{3K(1-2\nu)}{2(1+\nu)}$	$\frac{3K\nu}{1+\nu}$
ν,G	$2G(1+\nu)$	ν	$\frac{2G(1+\nu)}{3(1-2\nu)}$	G	$\frac{2GV}{1-2\nu}$
ν,λ	$\frac{\lambda(1+\nu)(1-2\nu)}{\nu}$	ν	$\frac{\nu(1+\nu)}{3\nu}$	$\frac{\lambda(1-2\nu)}{2\nu}$	λ
K,G	$\frac{9KG}{3K+G}$	$\frac{3K-2G}{6K+3G}$	K	G	$K-\frac{2}{3}G$
K,λ	$\frac{9K(K-\lambda)}{3K-\lambda}$	$\frac{\lambda}{3K-\lambda}$	K	$\frac{2}{3}(K-\lambda)$	λ
G,λ	$\frac{G(3\lambda+2G)}{\lambda+G}$	$\frac{\lambda}{2(\lambda+G)}$	$\frac{3\lambda+2G}{3}G$	λ	
注：表中 $R=\sqrt{E^2+9\lambda^2+2E\lambda}>0$。					

工程上常用的常数与拉梅常数(λ,μ)[①]之间的关系如下：

① 在连续力学中，拉梅常数为应变－应力关系中的 λ 和 μ 两个材料相关量。

$$\nu=\frac{\lambda}{2(\lambda+\mu)},\ G=\mu=\frac{E}{2(1+\nu)},\ E=\frac{(3\lambda+2\mu)\mu}{\lambda+\mu}$$

11. 本构模型（Strength Model）

本构模型，又称为本构关系，是反映物质宏观性质的数学模型。最为人熟知的反映纯力学性质的本构关系有胡克定律、牛顿内摩擦定律（牛顿黏性定律）、圣维南理想塑性定律；反映热力学性质的有克拉珀龙理想气体状态方程、傅里叶热传导方程等。把本构关系写成具体的数学表达形式就是本构方程，又称为本构模型。关于本构模型，需要注意以下几点：

（1）本构关系有材料层次、构件截面层次、构件层次、结构层次等几个层次，本构关系多是构件层次上的，对于结构层次的本构关系研究较少，不过这是以后的研究方向。

（2）工程上常见的多是一维本构，其经验模型已基本定型，而多维本构方面的强度准则的经验模型还有待进一步完善，多维本构也是以后的发展趋势。

（3）本构关系多是不考虑时间影响的静本构关系，也发展到考虑短时间内影响的（譬如地震作用下几十秒内）动本构关系，其发展方向是即时（随时间发生变化的）本构关系。

工程上常用的本构模型归纳如下。

1）常用弹性本构模型

胡克定律是力学弹性理论中的一条基本定律，其表述为，固体材料受力之后，材料中的应力与应变（单位变形量）之间呈线性关系：

$$\sigma=E\varepsilon$$

满足胡克定律的材料称为线弹性材料或胡克型（Hookean）材料。胡克的发现直接导致弹簧测力计——测量力的基本工具的诞生，并且直到今天还在物理试验室中被广泛使用。

2）常用弹塑性本构模型

（1）Cowper－Symonds 模型。

1957 年，Cowper－Symonds 基于悬臂梁的弯曲冲击测试获得了金属材料动态屈服强度与静态屈服强度及应变率的关系式：

$$\overline{\sigma}_0=\sigma_Y\left[1+\left(\frac{\dot{\varepsilon}}{D}\right)^{\frac{1}{q}}\right]$$

式中，σ_Y 为静载荷条件下的初始屈服应力；$\overline{\sigma}_0$ 为动载荷条件下的初始屈服应力；$\dot{\varepsilon}$ 为应变率；q、D 为经验系数。

该本构模型进行稍微变形后已应用于 LS－DYNA 中，对应的是 3 号流体弹塑性模型（MAT_PLASTIC_KINEMATIC），如图 2.4 所示，其具体形式如下：

$$\overline{\sigma}_0=\left[1+\left(\frac{\dot{\varepsilon}}{D}\right)^{\frac{1}{q}}\right]\ (\sigma_Y+\beta E_t\varepsilon_p^{\mathrm{eff}})$$

式中，β 为硬化系数；E_t 为切线模量；$\varepsilon_p^{\mathrm{eff}}$ 为等效塑性应变。

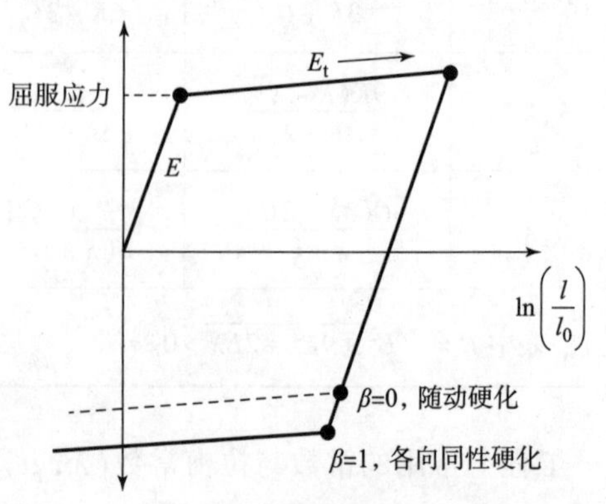

图 2.4　考虑随动硬化与各向同性硬化的材料弹塑性行为

（2）Johnson－Cook 模型。

Johnson 和 Cook 在 20 世纪 80 年代就利用霍普金森杆对 4340 钢进行不同应变速率、不同温度下的动态力学响应测试，并提出了一直沿用至今的 Johnson – Cook 模型。Johnson – Cook 模型是现实中最常用的一种本构模型：

$$\sigma = (A + B\varepsilon_p^n)(1 + C\ln\dot{\varepsilon}^*)[1 - (T^*)^m]$$

Johnson – Cook 模型假设材料是各向同性硬化的，且将二维应变和应变率张量利用简单的标量形式进行表述。式中，σ 为流动应力，ε_p 为等效塑性应变，ε^* 为无量纲化的塑性应变率，$\varepsilon^* = \dot{\varepsilon}/\dot{\varepsilon}_0$，$\dot{\varepsilon}_0$ 为参考应变率；T^* 为同系温度（homologous temperature），为某物质在室温下的绝对温度与该物质熔点换算成绝对温度后的比值，即 $T^* = (T - T_r)/(T_m - T_r)$，$T$ 为试验温度、T_r 为室温、T_m 为熔点温度；当同系温度大于一定值时，许多材料便会发生蠕变。

Johnson – Cook 模型作为最常用的模型已嵌入 LS – DYNA、AUTODYN 等众多有限元仿真程序中，如 LS – DYNA 程序中的 15 号 MAT_JOHNSON_COOK 材料模型和 98 号 MAT_SIMPLIFIED_JOHNSON_COOK 材料模型。

Johnson – Cook 模型的应用存在一些限制，如在过高应变率条件下（$10^4\ s^{-1}$以上）不适用。大量试验表明，在应变率高于 $10^4 s^{-1}$时，绝大多数金属材料的应力 – 应变率的对数关系发生剧烈变化，流动应力猛增。这表明材料的塑性流动发生了本质性的变化，通常认为控制塑性流动的物理机制已由位错运动的热激活机制让位于一种新的机制——黏性机制。

Johnson – Cook 描述的材料动态本构关系在数值模拟时往往没有给出明确应变率范围的限制，这就使 Johnson – Cook 模型在高应变率情况下，过低估计了流动应力屈服强度。针对这种情况，通常通过两种方法解决，一是通过增加状态模型予以解决，二是增加应变率效应的敏感性改进本构模型。RJC（Revised Johnson – Cook）模型如下：

$$\sigma = (C_1 + C_2\varepsilon^n)\left[1 + C_3\ln\dot{\varepsilon}^* + C_4\left(\frac{1}{C_5 - \ln\dot{\varepsilon}^*} - \frac{1}{C_5}\right)\right](1 - T^{*m})$$

式中，C_4 和 C_5 是增加的经验系数。

12. 状态方程（Equation of State）

状态方程是表征流体压强、流体密度、温度等 3 个热力学参量的函数关系式。不同流体模型有不同的状态方程，它可用下述关系表示：

$$P = P(\rho, T)$$

工程上常用的状态方程归纳如下。

1）理想气体状态方程

理想气体状态方程，又称理想气体定律、普适气体定律，是描述理想气体（忽略气体分子的自身体积，将分子看成有质量的几何点；假设分子间没有相互吸引和排斥，即不计分子势能，分子之间及分子与器壁之间发生的碰撞是完全弹性的，不造成动能损失）处于平衡态时，压强、体积、物质的量、温度间关系的状态方程，其形式为：

$$PV = nRT$$

这个方程包含 4 个变量与 1 个常量：P 是指理想气体的压强，V 为理想气体的体积，n 表示气体物质的量，T 表示理想气体的热力学温度，R 为理想气体常数。此方程以其变量多、适用范围广而著称，对常温常压下的空气也近似适用。

2）Mie – Gruneisen 状态方程

Mie – Gruneisen 状态方程是目前研究高压下固体中应力波传播时最常用的一种内能形式

状态方程，其定义压缩材料的压力为：

$$P=\frac{\rho_0C^2\mu\left[1+\left(1-\frac{\gamma_0}{2}\right)\mu-\frac{a}{2}\mu^2\right]}{\left[1-(S_1-1)\mu-S_2\frac{\mu^2}{\mu+1}-S_3\frac{\mu^3}{(\mu+1)^2}\right]^2}+(\gamma_0+a\mu)E$$

定义膨胀材料的压力为：

$$P=\rho_0C^2\mu+(\gamma_0+a\mu)E$$

式中，C 为体积声速，是冲击波波速 - 波后质点粒子速度曲线的截距；S_1、S_2 和 S_3 是冲击波波速 - 波后质点粒子速度曲线的多项式拟合斜率；γ_0 是材料的 Gruneisen 参数；a 是对 γ_0 的一阶体积修正系数；$\mu=\rho/\rho_0-1$；E_0 是初始内能，常温下通常设为 0；V_0 是初始相对体积，即相对没有任何变形的体积，初始无体积时则设为 1。

13. 失效准则（Failure Criterion）

失效准则的目的是以数学方式预报在任何给定载荷条件下失效是否发生。它的准确性只能通过预报结果和实验结果的吻合度来判定。定义失效准则时，其理想情况是，所定义的失效参数要尽可能少，就各向同性材料而言，这容易办到。而对于复合材料，其失效与各向同性材料大不一样，它与载荷作用方向密切相关，所以所需的描述参量更多。描述参量越多，对有限元分析准确度的影响越大。常用的失效准则有应力失效、应变失效、几何失效、应变能失效等。在有限元计算中，根据准则形式，给出相应的阈值，判断材料或结构是否发生失效。

2.2.2 有限元分析中的基本概念

1. 单元（Element）

单元指整体中自为一组或自成系统的独立单位，不可再分，也不可叠加。在有限元分析中，单元是分割成的计算最小近似解的整体部分。单元类型往往在有限元计算中需要首先选取，如图 2.5 所示。

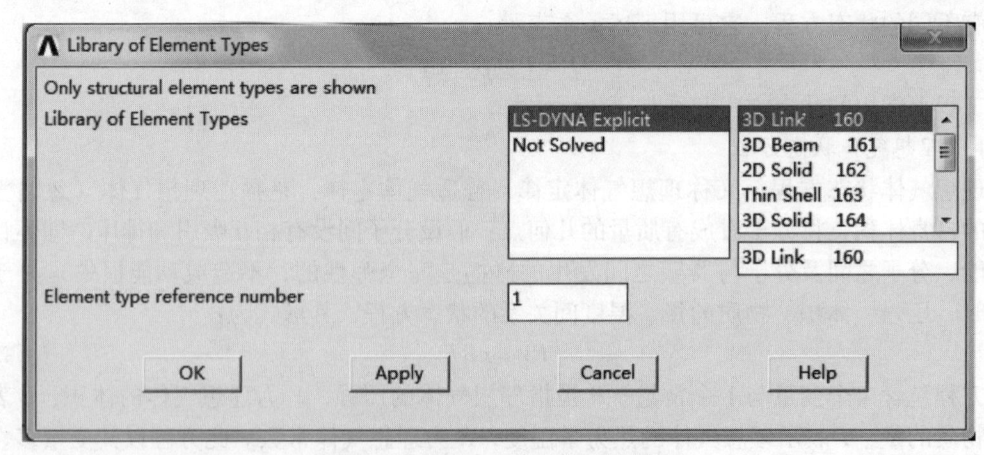

图 2.5 ANSYS 中单元类型的选取

单元按照其类型可分为点单元、线单元、面单元、体单元。

1）点单元

几何形状为点型的结构，可用点单元计算。点单元一定用于非变形结构的质点模型。“点”在数学上表示空间中的一个位置，它没有大小，也没有形状。“质点”即有质量的点。在分析问题中，可简化为质点模型的主要有以下三种情况：

（1）研究对象相对于其所处空间非常小；

（2）物体上各点运动完全一致时可简化为质点；

（3）依据一定的研究目标可以简化为质点。

典型的点单元如MASS，MASS单元主要用于动力学分析质量块结构的计算，如图2.6所示。

2）线单元

几何形状为线型的结构，可用线单元模拟。

线单元包括LINK、BEAM、PIPE和COMBIN等。

（1）LINK单元，用于桁架、螺栓、螺杆等连接件；

（2）BEAM单元，用于梁、螺栓、螺杆等连接件；

（3）PIPE单元，用于管道、管件等结构；

（4）COMBIN单元，用于弹簧、细长构件等。

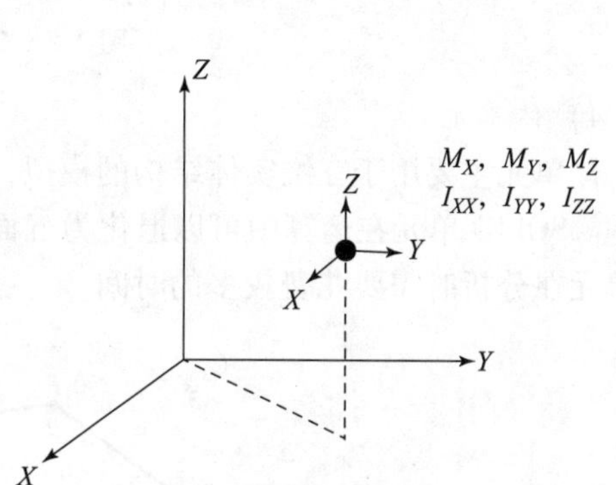

图2.6 点单元示意

二维BEAM单元示意如图2.7所示。

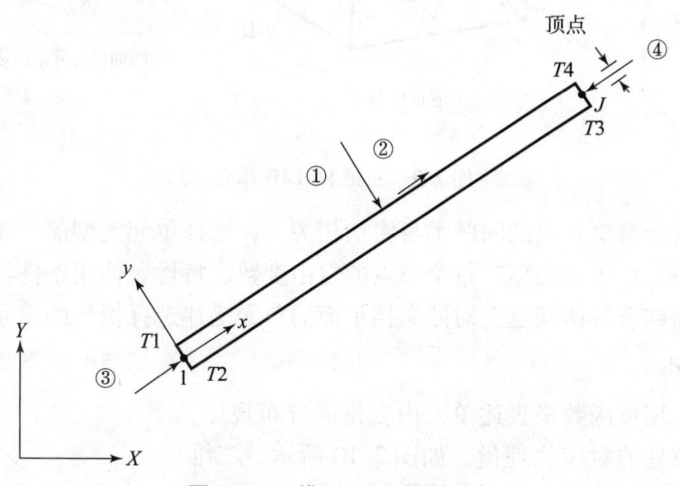

图2.7 二维BEAM单元示意

3）面单元

面单元主要用于薄板或曲面结构的模拟，如SHELL单元、PLANE单元（图2.8）。

面单元的应用原则如下：

(1) 每块面板的主尺寸不低于厚度的10倍，即$t \ll b$；

(2) 平行于板面且沿厚度均布，板面上不受力；

（3）只平行于板面的 3 个应力分量不为零。

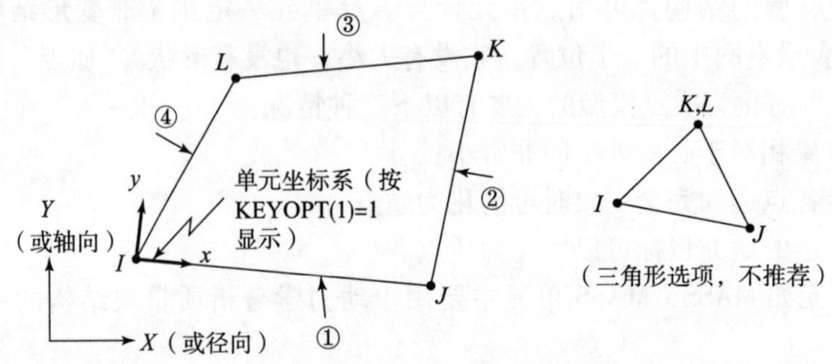

图 2.8　二维 PLANE 单元

4）体单元

体单元主要用于三维实体结构的模拟，如 SOLID 单元（图 2.9）主要用于分析局部应力问题。SOLID 单元在运算中可以退化为五面体单元和四面体单元。较一维单元和二维单元，体单元在分析时需要花费较多的时间。

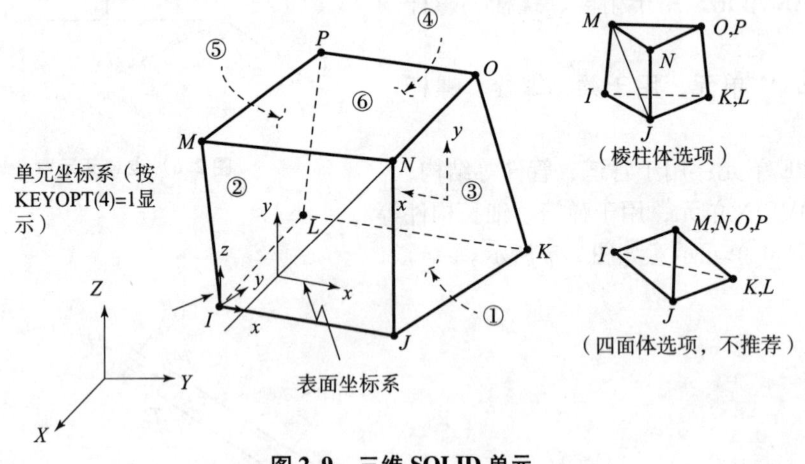

图 2.9　三维 SOLID 单元

单元类型的选择与要解决的问题本身密切相关。在选择单元类型前，要对问题本身有非常明确的认识。每一种单元类型，每个节点的自由度数、特性、使用条件等在软件的使用文档里都有介绍，需结合具体问题，对照文档里面的单元描述选择恰当的单元类型。

2. 节点（Node）

在单元内，采用形函数来表述单元内变量的分布规律，而节点值是在节点处的对应物理量。如图 2.10 所示，二维三节点三角形单元内任意一点的物理量值可由 i，j，m 三节点处的对应物理量值计算得到：

$\{F\}^e = \{U_i, V_i, U_j, V_j, U_m, V_m\}^{\mathrm{T}}$——单元节点力向量

$\{\delta^*\}^e = \{u_i^*, \nu_i^*, u_j^*, \nu_j^*, u_m^*, \nu_m^*\}^{\mathrm{T}}$——单元节点虚位移向量

$\{\sigma\} = \{\sigma_x, \sigma_y, \tau_{xy}\}^{\mathrm{T}}$——单元内一点的应力向量

$\{\varepsilon^*\} = \{\varepsilon_x^*, \varepsilon_y^*, \gamma_{xy}^*\}^{\mathrm{T}}$——单元内一点的虚位移向量

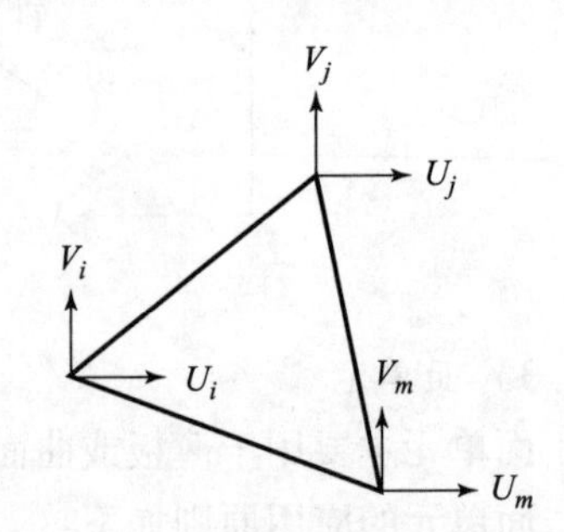

图 2.10　二维三节点三角形单元

节点通常由节点号和节点的 X，Y，Z 坐标构成，多个节点号就可共同构成一个单元，例如：

节点：1，16. 0000000，0. 0000000，0. 0000000

单元：1，1，2，3，4，5，6，7，8

常见单元和节点的对应关系见表 2. 2。

表 2. 2　常见单元和节点的对应关系

单元图形	单元名称
	一维二节点杆单元
	一维三节点杆单元
	二维三节点三角形单元
	二维四节点矩形单元
	二维六节点三角形单元

3. 部件（Part）

若一个零件中含有两种材料或两种单元类型，则可以定义成两个不同的部件。一个部件是由相同的单元类型、实常数和材料组合成的一个单元集。通常，部件是模型中的一个特定部分。有时候为了分析方便，相同单元类型、实常数和材料组合的单元集也可以是不同的部件。节点、单元和部件的逻辑关系如图 2. 11 所示。

图 2. 11　节点、单元和部件的逻辑关系

在应用 ANSYS 软件进行静力学分析时，不是十分强调部件的概念，它只是默认的一个存在，但在动力学分析中（如 LS - DYNA），如图 2. 12 所示，可以建立起由 Node 到 Element、由 Element 和 Mat 形成 Part 进行计算的一种分析逻辑。

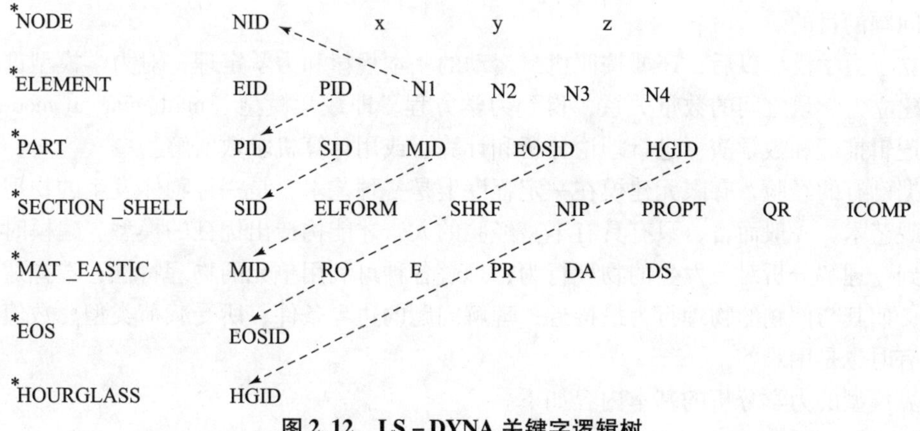

图 2. 12　LS - DYNA 关键字逻辑树

4. 接触（Contact）

在工程结构中，经常会遇到大量的接触问题，如火车车轮与钢轨之间齿轮的啮合就是典型的接触问题。在 LS－DYNA 有限元分析程序中，不同运动物体之间的接触作用不是直接用接触单元模拟的，而是通过定义接触表面，用接触算法实现不同接触面之间力的传递。LS－DYNA 程序处理接触－碰撞界面主要采用 3 种不同的算法，即节点约束法、对称罚函数法和分配参数法。用静力学理论分析对象时输入条件为已知外力，与此不同，由于无法预知作用外力的大小，LS－DYNA 程序的输入条件往往是几何上的接触条件，所以在程序的计算过程中需要保证接触面之间不发生穿透。其原理是：在每个时间步长计算开始前都进行检查，看这个时步完成后接触界面是否发生穿透，若发生穿透，对于节点约束法可以将时步缩小，对于对称罚函数法可以引入一个较大的界面接触力，对罚函数值进行条节。除了接触算法，接触类型的多样性也可以满足用户对现实环境的复杂结构行为进行模拟的需求。常见的接触类型有：点－点接触、点－面接触、面－面接触等。因接触模型较多，且接触模型里的参数多，接触模型的选取与参数设置也是有限元分析中的一个难点。柔－柔接触中的接触面与目标面如图 2.13 所示。

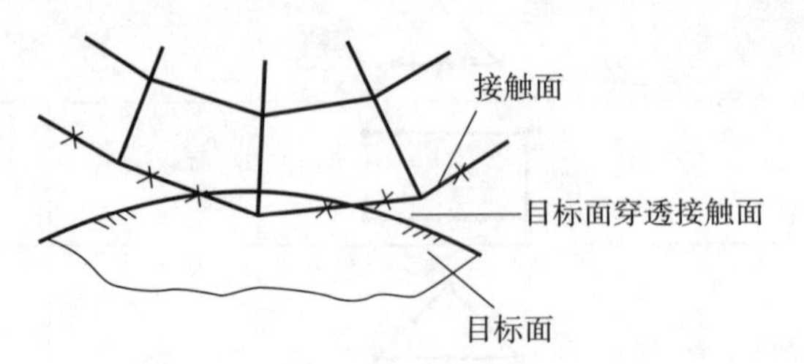

图 2.13　柔－柔接触中的接触面与目标面

2.2.3　有限元分析中的力学建模

2.2.3.1　模型建立

计算模型的力学分析，是本书反复强调的一个过程，其核心是遵循认识论的规律，在复杂的现象中抓住共性，找出反映事物本质的主要因素，略去次要因素，经过简化，把作机械运动的实际物体抽象为力学模型（mechanical model），而建立力学模型是有限元分析，甚至力学研究方法中很重要的一个步骤。因为实际中的力学问题往往是很复杂的，这就需要对同一个研究对象，为了不同的研究目的，进行多次试验，反复观察，仔细分析，抓住问题的本质，作出正确的假设，使问题理想化或简化，从而达到在满足一定精确度要求下用简单的模型解决问题的目的。

建立了力学模型以后，还要按照机械运动的基本规律和力学定理，对力学模型进行数学描述，建立力学量之间的数量关系，得到力学方程，即数学模型（mathematical model），然后经过逻辑推理和数学演绎进行理论分析和计算，或用计算机求数值解。

根据已有的经验，有限元建模在一定程度上是一种艺术，是一种物体发生的物理相互作用的直观艺术。一般而言，只有具有丰富经验的人，才能构造出优良的模型。建模时，使用者应做到：理解分析对象发生的物理行为；理解各种可利用单元的物理特性；选择适当类型的单元，使其与问题的物理行为最接近；理解问题的边界条件、所受载荷类型、数值和位置的处理有时也是困难的。

计算模型的力学分析的基本内容如下。

1. 力学问题的分析

力学问题的分析（平面问题、板壳问题、杆梁问题、实体问题、线性与非线性问题、流体问题、流固耦合问题等）取决于工程专业知识和力学素养。

对于所计算的对象，应先分析清楚，给以归类：

（1）平面问题；

（2）空间问题；

（3）板壳问题；

（4）杆梁问题……

如把复杂问题看得简单，会因许多应当考虑的因素没有考虑而影响精度；反之，把简单问题弄得复杂，没有略去某些次要因素，未突出主要因素，会影响计算工作量。

对于所计算的对象，对其物理问题进行力学描述。利用力学术语，事物被称为研究对象。每种事物都有其内在特性，不妨称其为导致事物产生响应的内因，外载荷是导致事物产生响应的外因，要区分内因、外因，则必须恰当地界定研究对象，而研究对象的设定又必须以研究目标为导向。响应是指在一定的外部条件下，力学指标的一种外在表征。外载荷与响应的联系如图 2. 14 所示。

力学问题的分析包含 3 个步骤：

（1）依据研究目的设定力学特征量，明确研究对象；

图 2. 14　外载荷与响应的联系

（2）分析内、外因素，并进行主要性筛选；

（3）建立“外部因素 - 事物内在特性 - 响应”三者之间的数学表达。

通常，力学模型的建立过程如图 2. 15 所示。

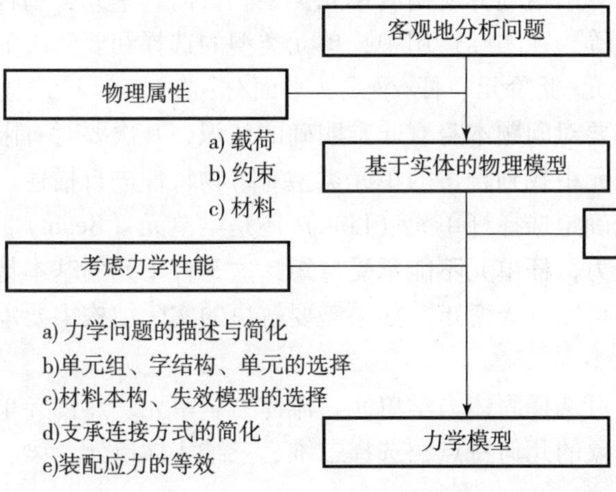

客观地分析问题

物理属性

a) 载荷
b) 约束
c) 材料

基于实体的物理模型

考虑几何结构

a) 对称/反对称简化
b) 中线、中面提取
c) 小特征删除/抑制

考虑力学性能

a) 力学问题的描述与简化
b)单元组、字结构、单元的选择
c)材料本构、失效模型的选择
d)支承连接方式的简化
e)装配应力的等效

力学模型

图 2. 15　力学模型的建立过程

2. 计算方法的选择

计算方法的选择是力学分析过程中的一个重要环节，需要根据具体问题分析确定，目前常用的计算方法有两种：一种是拉格朗日法（Lagrange），一种是欧拉法（Euler）。两种方法的区别主要在对物质的描述方法上。

欧拉表述侧重于“场”，把流体的性质（质量密度、速度、温度、熵、焓，甚至单位流体中的磁通量等）定义为空间位置+时间的函数。通俗地说，是把空间分成一个个小屋子，屋子的位置是不变的，流体可以自由进出这些小屋子；在计算的时候，给每个小屋子一个"门牌号"；在计算开始之后，计算关注的是每个门牌号的屋子里头到底在发生什么：想知道某个屋子中的情况，按着门牌号敲门即可。

拉格朗日表述侧重于"质点"（或者叫"流体微元"），把流体的性质按质点/流体微元来逐个定义。定义的方法，通常是把这些性质写成初始坐标的函数，也就是说，用质点的初始坐标来描述质点。通俗地说，就是把流体划分成一个个小包裹，包裹的位置一直在移动，大小也会变化，但流体不会穿透包裹的皮儿。一开始，先给小包裹们编号；在计算开始之后，按包裹的编号来找包裹，再拆开看包裹内的情况变化。

欧拉法和拉格朗日法各有不足，目前，光滑粒子流体动力学方法（Smoothed Particle Hydrodynamics，SPH）作为近20多年来逐步发展起来的一种无网格方法正在被广泛应用。该方法的基本思想是将连续的流体（或固体）用相互作用的质点组来描述，各个物质点上承载各种物理量，包括质量、速度等，通过求解质点组的动力学方程和跟踪每个质点的运动轨道，求得整个系统的力学行为。这类似于物理学中的粒子云（particle - in - cell）模拟，从原理上说，只要质点的数目足够多，就能精确地描述力学过程。虽然在SPH方法中，解的精度也依赖于质点的排列，但它对点阵排列的要求远远低于对网格的要求。由于质点之间不存在网格关系，因此它可避免接格朗日法极度大变形时网格扭曲所造成的计算无法进行以及精度破坏等问题，并且也能较为方便地处理不同介质的交界面。SPH方法的优点还在于它是一种纯拉格朗日法，能避免欧拉描述中欧拉网格与材料的界面问题，因此特别适合求解高速碰撞等动态大变形问题。

3. 单元类型的选择

根据确定的算法就可选择计算网格划分所用的单元类型。目前，单元类型种类众多，分为杆、梁、板、壳、平面、实体等，在实际运用中，单元类型的选择和要解决的问题本身密切联系。单元选择与分析（高阶元/低阶元、杆/梁元、平面/板壳……）取决于对问题和单元特性的理解及计算经验。首先要对问题本身有非常明确的认识，其次要对有限元中的单元类型有一定的了解，才能在有限元中找到合适的单元类型对事物特性进行描述。比如需要了解杆单元和梁单元的区别，才能确定选择杆单元（Link）还是梁单元（Beam）。杆单元只能承受沿着杆件方向的拉力或者压力，杆单元不能承受弯矩，这是杆单元的基本特点。而梁单元则既可以承受拉力、压力，还可以承受弯矩。如果需要解决的实际结构中要承受弯矩，就肯定不能选择杆单元。

根据分析对象的物理属性，可选择固体力学单元、流体力学单元、热传导单元等。在固体力学单元类型中，还可根据对象的几何特点，选择二维、三维实体单元，梁、板、壳结构单元，半无穷单元等。

1）单元自由度的选择

二维、三维实体单元可以采取不同形状，每种形状的单元可以采用不同的阶次及相应的节点数。例如二维平面问题中单元形状可分三角形和四边形，阶次可分线性、二次和三次等。线性单元和高阶单元之间的差别是线性单元只有角节点，而高阶单元还有边中点。线性单元的位移按线性变化，因此线性单元上的应力、应变是常数；二次单元假定位移是二阶变化的，因此单元上的应力、应变是线性变化的。一般情况下，同线性单元相比，采用高阶单元可以得到更好的计算结果。单元形状的选择与结构构型有关，三角形比较适合不规则形状，而四边形则比较适合规则形状。单元阶次的选择与求解域内应力变化的特点有关，应力梯度大的区域，单元阶次应较高，否则即使网格很密也难达到理想的结果。

一方面，同样形状的单元可以有不同的节点数目，如 6 节点三角形单元、20 节点四面体单元等。另一方面，同样形状、同样节点的单元，各节点所含自由度（DOF）也可以不同，如 3 节点 6 自由度三角形单元、3 节点 9 自由度三角形单元。通常，维度确定了，各节点所需最少自由度即要满足单元内位移收敛到真解所需完备性条件（其要求每节点自由度至少包含一次完全多项式）。例如，对于杆单元，每个节点（端点）必须有一个轴向位移；对于平面单元，每个节点至少有 u、v 两个位移等。同一问题所选单元应使计算精度高、收敛速度大、计算量小。

2）单元类型的选择原则

同一问题所选单元应使计算精度高、收敛速度大、计算量小，一般情况下单元类型的选择原则如下：

（1）杆系结构：①铰接连接时，选杆单元；②刚性连接时，选刚架单元。

（2）平面结构：①外载平行于平面内，选平面单元；②外载不在平面内，选弯曲板壳单元。

（3）空间结构：①结构和受力具有轴对称性，选轴对称单元；②对于一般实体，选三维实体单元。

2.2.3.2　模型简化方法

在结构的有限元模型分析中，实际结构往往较为复杂，在受力分析中往往需要略去一些次要因素，以减少网格划分带来的困难，例如：框架结构中如果用螺丝连接，可以不考虑螺丝的受力从而忽略掉；对于结构约束的复杂性，可以抓住主要的约束方向，进而简化为固定跤支座、滑动跤支座、固定端等约束形式；载荷形式可简化为集中力、分布力、弯矩、扭矩等。通过上述简化方式，抓住问题实质，建立便于有限元计算的简单化受力分析模型即力学模型简化。

1. 力学问题的简化

如图 2.16 所示，根据计算结构的几何、受力及相应变形等情况，对其相应的力学问题进行简化，从而达到缩短计算时间和减少存储空间的目的。

2. 小特征删除

由于实际机械零件设计中很多结构的变化是加工、装配、调试等功能所需的，并非强度、刚度设计所重点关注的，因此在对其进行力学分析计算时，可将这类细小的结构忽略不计，如机械结构中常有的小孔、倒角、凸台、凹槽等。这些结构通常尺寸较小，如不省略，反而会导致网格划分困难、节点单元增加。图 2.17 所示为一个经细节删除操作后的有限元网格模型。

3. 抽象简化

实际工程问题中的结构都是具有尺寸和体积的，而有限元模型的有些单元，如杆、梁、板壳等是不具有体积的，因此，建模时存在如何从实体几何模型中抽象出有限元模型的问题。如图 2.18 所示，常通过提取结构的中线/中面建立简化模型。

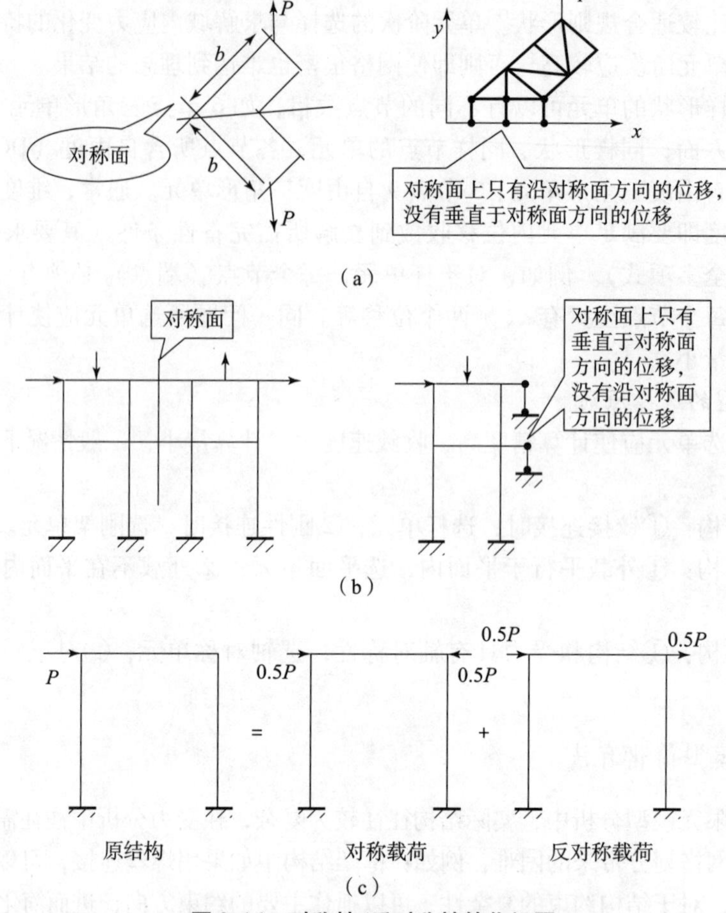

图 2.16　对称性/反对称性简化问题

（a）对称结构受对称载荷作用；（b）对称结构受反对称载荷作用；

（c）对称结构受任意载荷作用（叠加原理）

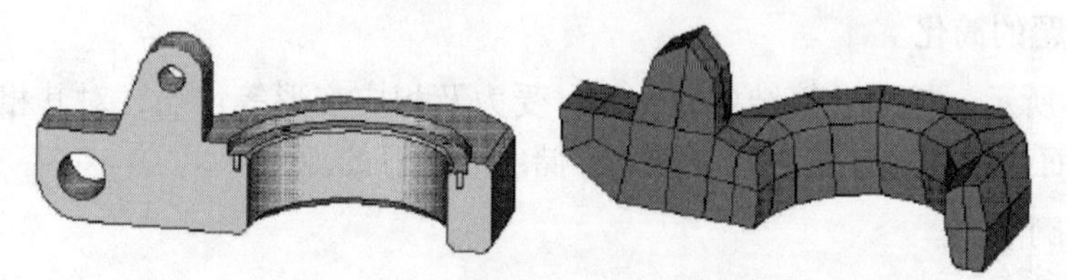

图 2.17　机械零件的有限元建模

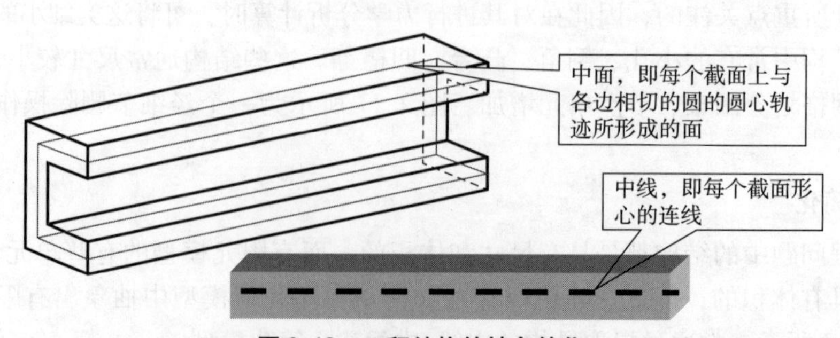

图 2.18　工程结构的抽象简化

4. 等效简化

如图 2. 19 所示，在实际工程中，支撑和连接方式千变万化，建模时必须对这些支撑和连接形式进行等效模拟，使其成为标准的自由度约束形式。

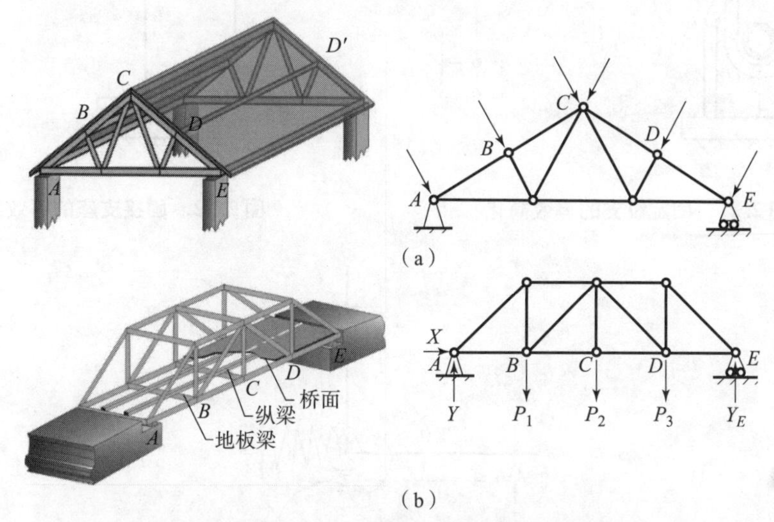

图 2. 19　建筑结构中的杆、梁框架及其简化模型

(a) 房梁结构及其简化力学模型；(b) 系杆拱桥及其简化力学模型

常见的支座约束形式介绍如下：

(1) 刚性支座。

①活动铰支：其特点是在支撑部分有一个铰结构或类似铰结构的装置，其上部结构可以绕铰点自由转动，而结构又可沿一个方向自由移动。如图 2. 20 所示，桥式起重机横梁与车轮用轴连接，它产生垂直方向的支反力，这种支座可简化为活动铰支。

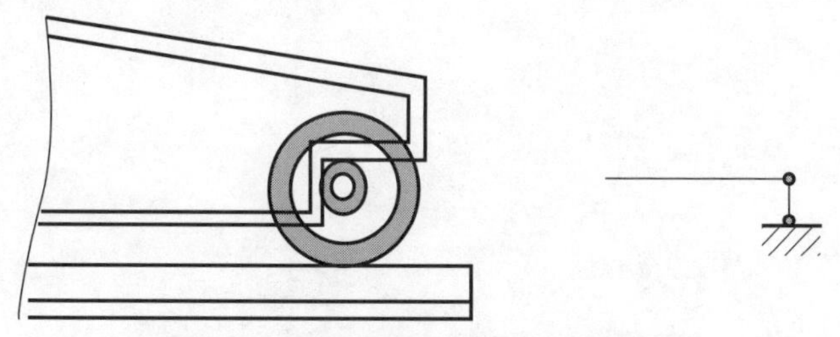

图 2. 20　桥式起重机连接轴的等效简化

②固定铰支：它与活动铰支的区别在于整个支座不能移动，但是被支撑的结构可绕固定轴线或铰点自由转动，如图 2. 21 所示。

③固接支座：其特点是结构与基础相连后，既不能移动也不能转动，除支反力外还有反力矩，如图 2. 22 所示。

(2) 弹性支座。

支撑结构或基础受外载荷作用会产生较大的弹性变形。根据支反力的不同，弹性支撑可分为弹性线支座和弹性铰支座，它们分别产生弹性线位移/支反力、线性角位移/反力矩。弹性支座的等效简化如图 2. 23 所示。

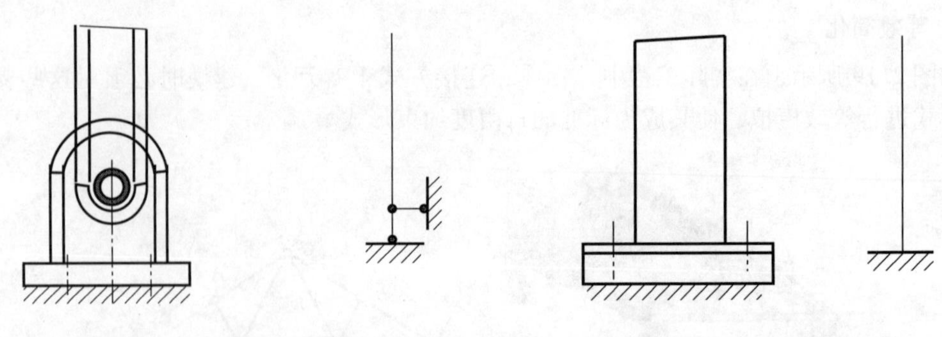

图 2.21　固定铰支的等效简化

图 2.22　固接支座的等效简化

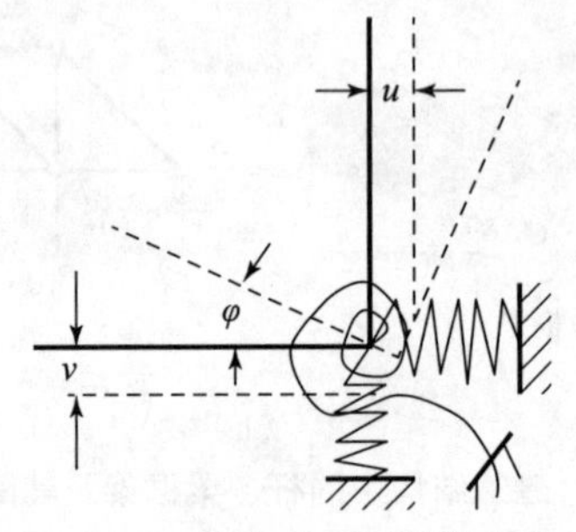

图 2.23　弹性支座的等效简化

第3章
有限元分析前处理及网格划分方法

3.1 有限元分析前处理的重要性、作用及流程

3.1.1 有限元分析前处理的重要性及作用

有限元分析软件中的分析流程主要包括前处理、求解计算和后处理。其中前处理包括几何建模、材料定义、载荷定义、边界条件定义、相互作用定义、网格划分。有限元分析前处理是求解有限元分析问题的前提条件，是成功求解分析问题的关键。

随着计算机技术的快速发展和普及，有限元方法迅速从结构工程强度分析计算扩展到几乎所有科学技术领域，成为一种丰富多彩、应用广泛并且实用高效的数值计算方法（CAE）。随着数值分析方法的逐步完善和计算机运算速度的飞速发展，整个计算系统用于求解运算的时间越来越少，而数据准备（即前处理）和运算结果（即后处理）的表现问题却日益突出。

目前，前处理作为建立有限元模型的一个重要环节，要求考虑的问题较多，需要的工作量较大，所划分的网格形式对计算精度和计算规模将产生直接影响。网格数量的多少将影响计算结果的精度和计算规模的大小。一般来讲，网格数量增加，计算精度会有所提高，但同时计算规模也会增加，所以在确定网格数量时应权衡两个因数综合考虑。有限元方法的基本思想是将结构离散化，用有限个容易分析的单元来表示复杂的对象，单元之间通过有限个节点相互连接，然后根据变形协调条件综合求解。因此，有限元网格的划分一方面要考虑对各物体几何形状的准确描述，另一方面也要考虑变形梯度的准确描述。所以，模型简化的好坏直接关系到网格的密度布局以及网格的质量，需要前处理工程师的丰富经验以及好用的软件。在进行数值模拟计算（包括 FEA、CFD 等）时，网格的质量对分析计算的结果有至关重要的影响。高质量的网格是高精度分析结果的保证，而质量不好或者差的网格，则可能导致计算的无法完成或者得到毫无意义的结果。在一个完整的分析计算过程中，与网格设计与修改相关的前处理工作占 CAE 工程师工作量的 70% ~80%，CAE 工程师往往要花费大量的时间进行网格处理，真正用于分析计算的时间很少。

由上可见，前处理工作成为 CAE 工作的重中之重。为建立正确、合理的有限元模型，需要把握好模型的简化、布局合理的网格密度以及确保网格的质量等。

3.1.2 有限元分析前处理的流程

3.1.2.1 前处理的流程

上节已经介绍了有限元分析前处理，其包含有限元分析中的以下 4 个部分：

(1) 根据实际问题和需要分析的结果抽象出计算模型（设计算法、系统分块、建立计算用几何模型）；

(2) 将连续体（计算几何模型）变换为离散化结构；

(3) 设置材料模型及参数；

(4) 施加边界条件、初始条件等。

具体流程如图 3.1 所示。

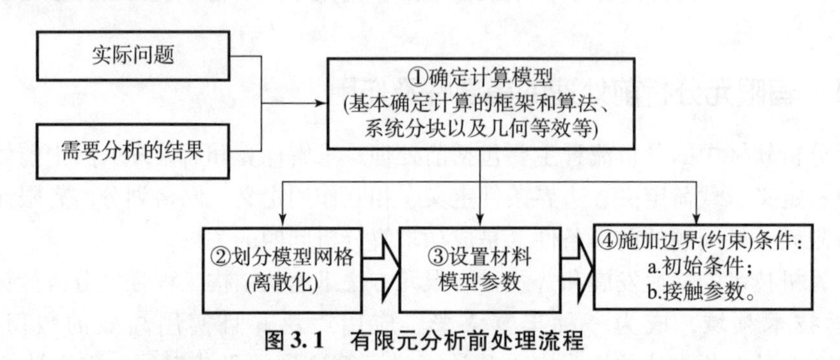

图 3.1 有限元分析前处理流程

3.1.2.2 实例分析

在此，以火箭弹侵彻土壤深度计算为例，介绍有限元分析前处理的具体流程。具体分析的实例为：一火箭弹对土壤进行侵彻，计算高速正侵彻和斜侵彻作用的侵彻深度，同时掌握弹体高速侵彻过程中对弹体的破坏情况，以辅助火箭弹的工程设计。

1. 模型建立前的科学假设及模型确定

首先，根据实际过程抽象规划计算模型整体建立的思路，即在计算之前，根据计算问题的关注点，确立一些需要忽略的地方，然后选择计算算法并建立有限元计算模型。对于弹体侵彻土壤问题，在理论分析的基础上，为了选择算法并建立模型，进行理想条件假设，对现有结构模型进行如下假定：

(1) 材料各向同性假设，即同一种材料内任一点在各个方向上具有相同的性质（为材料模型的选择提供支撑）；

(2) 考虑各种结构的损伤、变形或破坏，结构破坏符合 Von Mises 强度准则（为材料失效的设置提供支撑）；

(3) 炸药在侵彻过程中不考虑爆炸效应，仅将其与火箭弹壳体等部件一样看作侵彻体（支撑炸药材料本构模型的确立）；

(4) 忽略空气阻力对火箭弹侵彻靶板过程的影响，在侵彻过程中，火箭弹侵彻时仅受到土壤阻力的作用（可以采用拉格朗日算法）。

此外，根据弹体侵彻速度和关注对象，选择基于物质坐标系的拉格朗日算法进行计算。

2. 算法选择

算法选择决定了将连续体变换为离散化结构的方法。在所选择的拉格朗日算法中，程序跟踪固定质量元运动，网格随材料流动面变形，能够精确地跟踪材料边界和界面。在界面处的材料被认为是从动的或主动的，程序允许主动面与从动面间的接触、分离、滑动或无摩擦。在高速碰撞问题的计算中，往往引入材料侵蚀失效的处理方法来模拟实际材料的断裂与层裂等破坏行为。

3. 有限元计算模型的建立

1）等效几何模型的建立

通过对结构的深入分析，火箭弹弹体大致分为 4 个舱段：控制舱、战斗部舱、伞舱和发动机舱。根据火箭弹弹体外形几何尺寸，并依照各部分的质量特征，分别对上述舱段内部进行配重处理，构建一些相应的配重部件，如表 3.1 所示。

表 3.1　弹体各部分材料

名称		材料
控制舱	控制舱前端	铝
	控制舱壳体	钢
	控制舱配重	按密度配重
战斗部舱	战斗部壳体	钢
	战斗部装药	炸药
伞舱	伞舱壳体	钢
	伞	按密度配重
发动机舱	燃烧室	钢
	喷管	钢

对于控制舱、伞舱，因其部件较多，且不是计算所关注的地方，可通过配重的方法实现计算，配重基本原则如下：

（1）不改变火箭弹外部几何形状及尺寸；

（2）不改变各舱段的主体几何特征；

（3）在各舱段内将质量均布在构建的配重块上，密度依据配重质量及其体积确定。

火箭弹的壳体外形和厚度保持不变；将控制舱内的线路板、电池等元件等效成一配重块；战斗部舱内的装药和伞舱内的伞按充满状态进行质量平均。整个火箭弹配重完成后，测得火箭弹重心距弹体头部的距离，以确定配重的合理性。

在几何建模过程中可采用 CAD 软件进行辅助设计，以在不断修改中提高效率。图 3.2 和图 3.3 所示是利用 Solidworks 三维建模软件建立的几何模型，其中，图 3.2 所示是全弹结构，图 3.3 所示是火箭弹正常分离后的控制舱、战斗部舱与伞舱段结构。采用常用的 CAD 三维建模软件均可以对建立的物理模型施加不同的密度进行配重处理，获得与真实结构接近的质量，利用该三维建模软件得到各部件质量，通过质量可验证与真正模型是否一致，从而得到具体的计算用弹体结构。

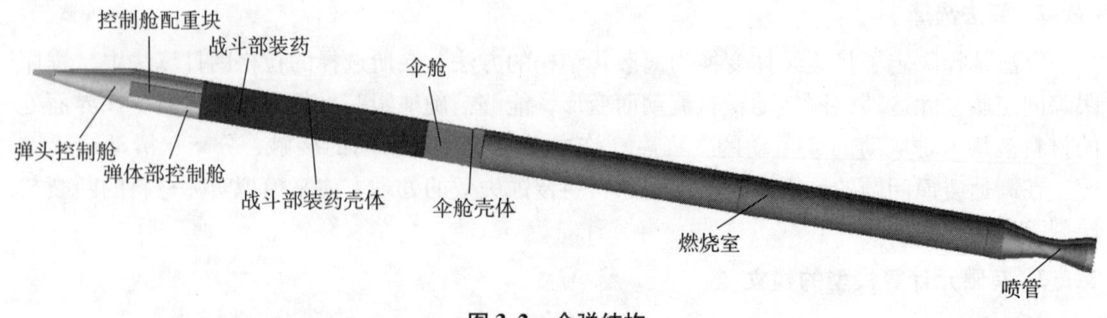

图 3.2　全弹结构

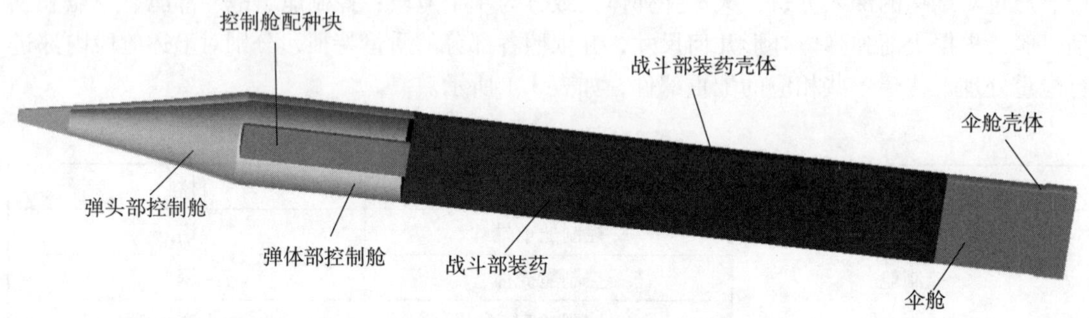

图 3.3　火箭弹正常分离后舱段结构简图

2）计算几何模型的建立

计算几何模型的建立是网格划分的前提条件，在建立时需要考虑多种因素：

（1）所选择的单位制是否便于网格划分和精确计算。

（2）复杂结构是否需要进行分割处理和简化。

（3）是否需要建立对称模型，如本实例中，若仅为垂直侵彻可建立 1/4 模型，以减少计算单元数量，但要是考虑斜侵彻则需建立 1/2 模型；对更为复杂的应考虑攻角（在此，攻角定义为弹体速度方向与弹体轴线的夹角）。

在此，根据上述建立的等效几何模型建立计算几何模型。建立计算几何模型采用 cm - μs - g - Mbar（100 GPa）单位制，建立环境是在有限元程序 ANSYS/LS - DYNA 下进行的，为了便于以后修改，采用 ANSYS 参数化设计语言（ANSYS Parametric Design Language，APDL）编写建模。在模型建立过程中，为节省网格单元，加快求解过程，并且适合计算不考虑攻角影响条件下的斜侵彻，建立 1/2 模型。

弹体模型的建立，是在二维模型的基础上，通过旋转生成三维立体模型。二维模型按由底向上的顺序建立，即先建立几何模型的关键点，由点连成线，由线生成面，生成二维模型。虽然采用“点 - 线 - 面 - 体”的建模思想，但是考虑到后续的网格划分及部件分块，在确定点、线、面时需连后面的网格划分通盘考虑。整个模型的建立过程如下：

（1）全弹几何模型。

图 3.4 所示为全弹由底向上建模的几何模型构建过程。

（2）火箭弹分离后的几何模型。

火箭弹正常分离后部件的几何模型构建过程（即控制舱、战斗部舱和伞舱三部分）如图 3.5 所示。

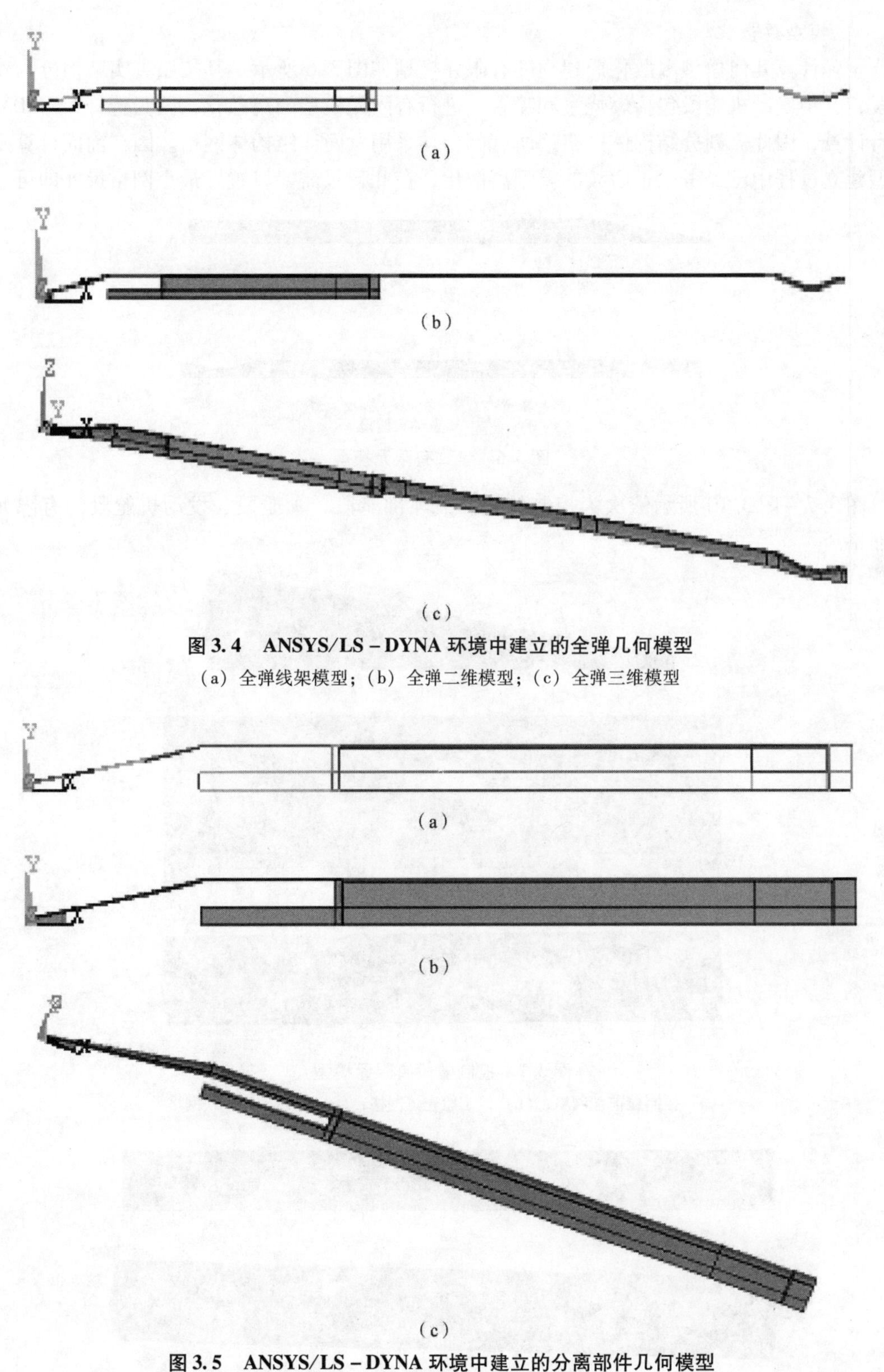

图 3.4　ANSYS/LS－DYNA 环境中建立的全弹几何模型

(a) 全弹线架模型；(b) 全弹二维模型；(c) 全弹三维模型

图 3.5　ANSYS/LS－DYNA 环境中建立的分离部件几何模型

(a) 正常分离部件线架模型；(b) 正常分离部件二维模型；(c) 正常分离部件三维模型

3）模型离散化

全弹计算几何模型离散化后建立的有限元模型如图3.6所示。其按照真实结构分为4个舱段，其中发动机舱段包括燃烧室和喷管，进行有限元模型的离散化，因为选择LS-DYNA进行计算，因此需划分结构体网格，所有部分均采用六面体结构体网格。因在前面计算几何模型建立过程中已经考虑了后续的模型离散化，在此，只需要设置好最小网格尺寸即可。

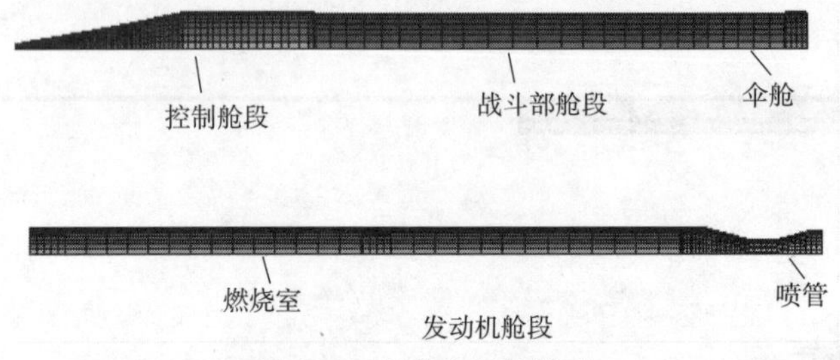

图3.6 全弹有限元模型

图3.7~图3.10所示依次为控制舱段、战斗部舱段、伞舱段、发动机舱段的有限元模型网格。

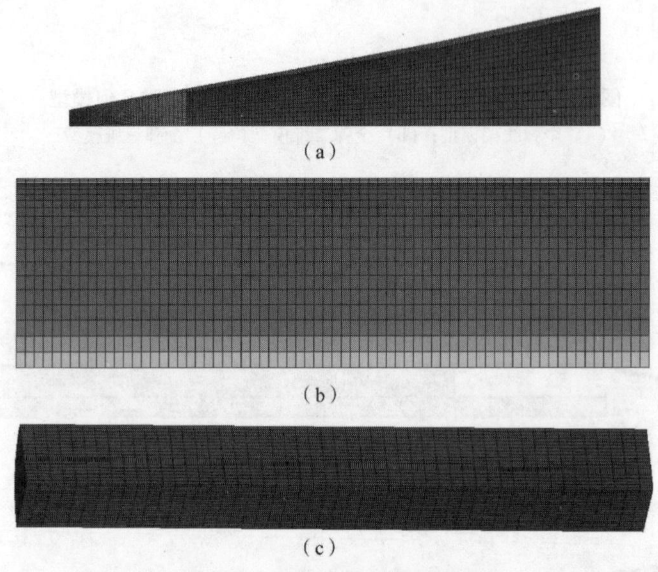

图3.7 控制舱段有限元模型

(a) 控制舱前端网格；(b) 控制舱壳体网格；(c) 控制舱配重块网格

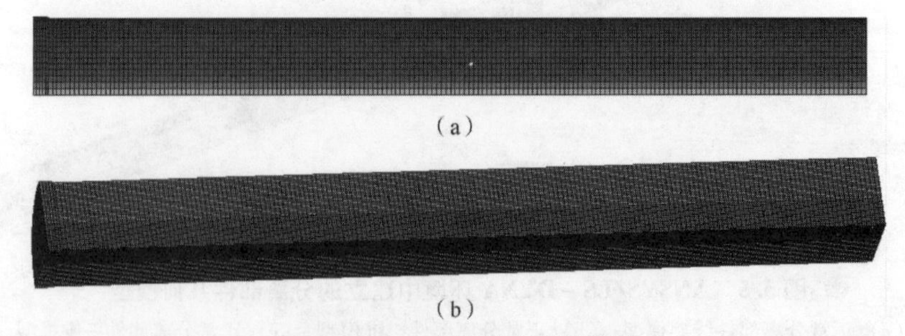

图3.8 战斗部舱段有限元模型

(a) 战斗部壳体网格；(b) 战斗部装药网格

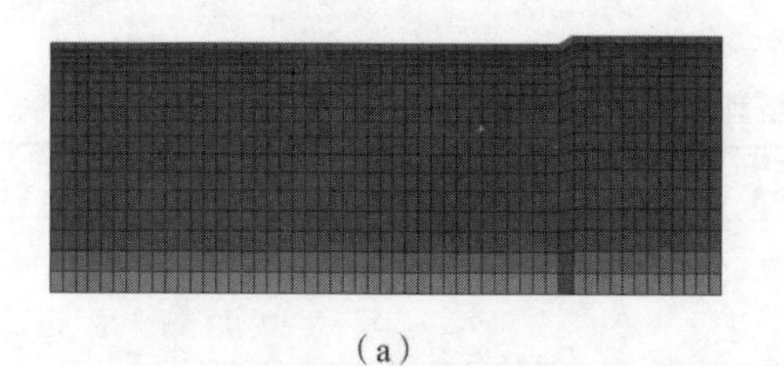

（a）

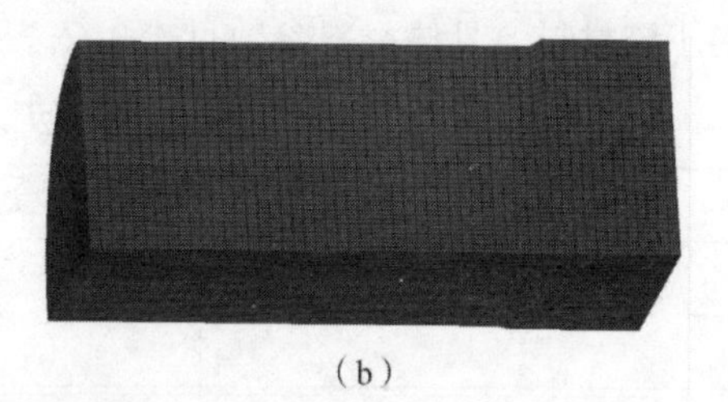

（b）

图3.9　伞舱段有限元模型

（a）伞舱壳体网格；（b）伞舱内部网格

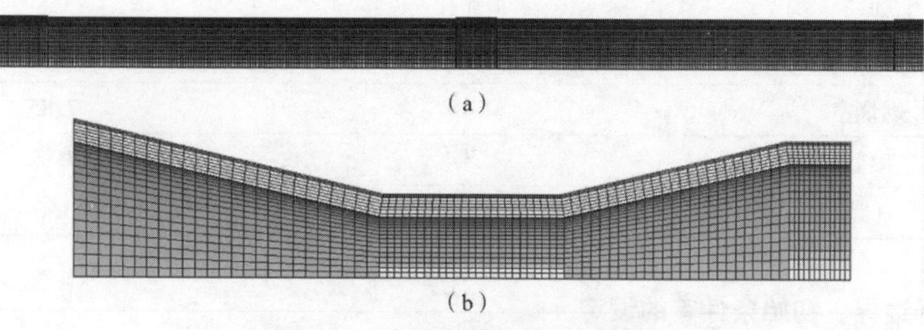

（a）

（b）

图3.10　发动机舱段有限元模型

（a）燃烧室网格；（b）喷管网格

图3.11所示是土壤网格划分示意，靶板中间位置受火箭弹冲击侵彻，因此网格进行了加密处理。

在网格划分过程中，采用网格疏密控制技术，既可将主要关心区域予以网格细化，反映问题的实质，又可将非重要区域网格粗化，减少网格数，缩短计算时间。比如，在火箭弹垂直侵彻土壤时，弹头部是侵彻过程的首要受力部件，且弹头部的变形可直接影响火箭弹的侵彻姿态，因此应对其予以网格细化，如图3.11所示。

图3.11　土壤网格划分示意

4）*材料模型及数值参量的设置*

对不同材料选用不同的材料模型，以真实体现各种材料在作用过程中的作用状态。在本实例中，弹体和靶板撞击所产生的现象与弹体撞击速度、撞击角度、弹体和靶板介质的形体和尺寸（特别是靶板厚度方向）、弹体和靶板的材料性能等有关。随着撞击速度由低至高，弹体和靶板材料依次发生弹性变形、塑性变形、流体弹塑性变形、断裂，甚至相变、粉碎、爆炸。由于所研究问题的速度不是很高，所以材料采用弹塑性随动硬化模型。

弹塑性随动硬化模型（LS－DYNA计算中的一种常用材料模型）在加载段的应力－应变关系保持线性关系，当应力大于屈服应力时，材料进入塑性，此后如果继续加载，应力－应变关系仍为线性，但是斜率发生变化。卸载曲线与加载段曲线斜率相同，这样当完全卸载后，材料中将保留永久的塑性变形。

利用该模型在处理材料的破坏失效时，将等效应变作为材料的失效判据。结合本实例研究的主要问题，控制舱壳体、战斗部壳体、伞舱壳体、伞、燃烧室、喷管等均采用弹塑性随动硬化模型。根据文献，土壤材料也可认为是塑性可压缩材料，因此弹塑性随动硬化模型也可用于该材料。具体材料参数见表 3.2。

表 3.2 材料模型计算参数

部件	材料	$\rho/(g \cdot cm^{-3})$
控制舱前端	铝	2.76
配重块	配重	7.93
控制舱壳体	钢	7.82
战斗部壳体	钢	7.85
炸药	高能炸药	1.8
伞	配重	0.56
燃烧室	钢	7.85
喷管	钢	7.82
土壤	硬土	1.6

4. 进行边界、初始条件等的设定

1）边界条件参数的设定

用拉格朗日单元建模时，单元网格的边界就是实际材料边界，材料边界为自由面。为了消除边界效应，对于侵彻问题通常靶板有限元模型为弹体口径的 5 倍，并在靶板模型的边界节点上施加压力非反射边界条件，以避免应力波在自由面的反射对计算结果的影响。

为节省网格单元，减少一次迭代的计算量，加快求解过程，建立计算模型为 1/2 模型或 1/4 模型。因此，在弹靶侵彻系统的每个部件的对称面添加平行于该面法线方向的位移约束，而在靶板的边界添加全约束，即位移边界。在具体计算时，赋予边界上节点在冲击方向的位移为零，如图 3.12 所示。

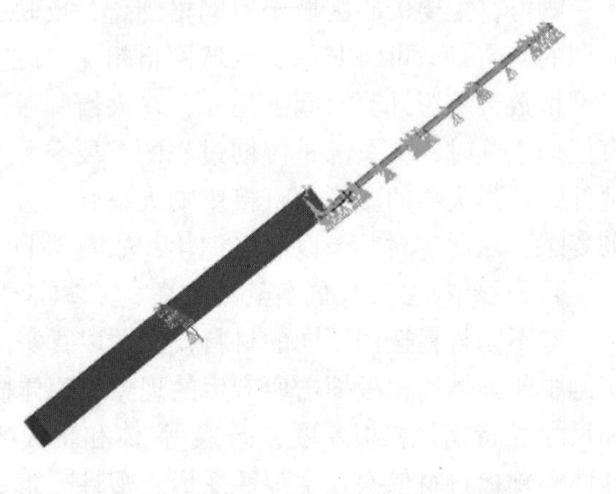

图 3.12 填加了约束条件的全弹模型

2）接触参数的设置

接触实际上是一个力传递的过程，通过接触实现力在不同部件之间的彼此传递。因部件通过网格的方法体现，因此接触计算具体体现在两个部件节点和单元之间的力的传递函数，两个部件的密度等物理属性不同，力以波动的形式在传递过程中也不尽相同，因此，接触算法的选择及参数设置是准确计算的核心。冲击、侵彻现象的实际过程是弹体不断对靶板进行侵彻、弹靶材料不断破坏的过程。本实例为一侵彻问题，因此，在模型计算中采用面 - 面侵彻接触（CONTACT_ERODING_SURFACE_TO_SURFACE）来定义火箭弹部件对土壤靶板的侵彻作用。对于细长弹体和土壤之间的侵彻，由于其接触刚度较大，故选用刚度控制较大，取该值为 10。

3）初始条件参数的设置

对于弹体侵彻，初始条件主要设置弹体的侵彻速度，在速度设置时设置的是弹体在模型建立坐标系下的 X 轴、Y 轴和 Z 轴速度，可根据具体需要，进行速度分解，获得弹体在模型建立坐标系下的 X 轴、Y 轴和 Z 轴速度，并进行设置，设置时需考虑建立计算几何模型时所采用的单位制，采用 cm - μs 单位制设置弹体速度。

3.2　常用的计算网格类型及网格划分方法

3.2.1　结构和非结构网格

目前人们习惯利用网格形状对结构网格（Structural Mesh）与非结构网格（Unstructural Mesh）进行区分，往往称四边形及六面体网格为结构网格，而将结构网格之外的网格统统称为非结构网格。从严格意义上讲，结构化网格是指网格区域内所有的内部点都具有相同的毗邻单元。同结构化网格的定义相对应，非结构化网格是指网格区域内的内部点不具有相同的毗邻单元，即与网格划分区域内的不同内点相连的网格数目不同。

结构和非结构网格的差异具体表现为：数值计算需要知道每一个节点的坐标，以及每一个节点的所有相邻节点。对于结构网格来说，在数值离散过程中，需要通过结构网格节点间的拓扑关系获得所有节点的几何坐标；而对于非结构网格，由于节点坐标是显式地存储在网格文件中，因此并不需要进行任何解析工作。这就决定了求解器对文件解析的不同。非结构网格求解器只能读入非结构网格，结构网格求解器只能读入结构网格。非结构网格求解器缺少将结构网格的几何拓扑规则映射到节点坐标的功能，而结构网格求解器无法读取非结构网格，这是由于非结构网格缺少节点间的拓扑规则。

网格算法中的“结构网格”，指的是网格节点间存在数学逻辑关系，相邻网格节点之间的关系是明确的，在网格数据存储过程中，只需要存储基础节点的坐标，而无须保存所有节点的空间坐标。

图3.13所示为典型的二维结构网格。对于二维结构网格，通常用 i、j 来代表 x 及 y 方向的网格节点（对于三维结构，利用 k 来代表 z 方向）。对于图3.13所示的网格，在进行网格数据存储的过程中，只需要保存 $i=1$，$j=1$ 位置的节点坐标以及 x、y 方向的网格节点间距，则整套网格中任意位置的网格节点坐标均可得到。

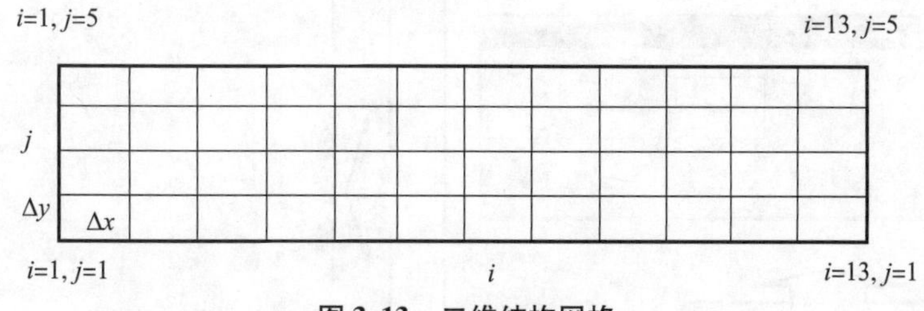

图3.13　二维结构网格

需要注意的是，结构网格的网格间距可以不相等，但是网格拓扑规则必须是明确的，如节点（3，4）与（3，5）是相邻节点。图3.13中的网格也可以是非结构网格。如果在网格文件中存储的是所有节点的坐标及节点间的连接关系，那么这套网格即非结构网格。因此，所有的结构网格均可以转化为非结构形式。相反，并非所有的非结构网格均能转化为结构网格形式，因为不一定能够找得到满足结构化的节点间拓扑关系。

结构化网格的优点如下：

（1）它可以很容易地实现区域的边界拟合，适于流体和表面应力集中等方面的计算；

（2）网格生成的速度快；

（3）网格生成的质量好；

（4）数据结构简单；

（5）对曲面或空间的拟合大多数采用参数化或样条插值的方法得到，区域光滑，更接近实际的模型。

当然结构化网格也有自己的缺点，它的最典型的缺点是适用范围比较窄，尤其随着近几年计算机和数值方法的快速发展，人们对求解区域的复杂性的要求越来越高，在这种情况下，结构化网格生成技术就显得力不从心了。目前，TrueGrid、HyperMesh 均是比较好的结构化网格建模工具。

3.2.2 两种网格划分方法

在有限元中网格分为四面体网格和六面体网格，四面体网格划分较为简单，六面体网格划分较为复杂。四面体网格划分有自动划分以及从 2－D（三角形）到 3－D（四面体）的方法。而六面体网格的划分方法多样，其网格划分思想目前主要有两种，即以 ANSYS 前处理为代表的“点－线－面－体”的网格划分思想和以 TrueGrid 前处理为代表的基于映射的网格划分思想。下面介绍基于两种网格划分思想的网格划分方法。

3.2.2.1 点－线－面－体的网格划分方法

点－线－面－体的网格划分方法采用一种从低阶到高阶的建模方法，实体模型图元的层次关系为：关键点（Keypoint）—线（Line）—面（Area）—体（Volume）。以这种方法建立网格的过程较为复杂，需要提前设计好。在此以药型罩的建立为例，介绍具体方法如下。

1. 建立关键点

首先，考虑好要计算的内容，考虑炸药和药型罩的界面节点对应问题、整体化设计需划分的网格（含炸药和药型罩），并根据整体的设计确立需要建立的关键点，如图 3.14 所示。

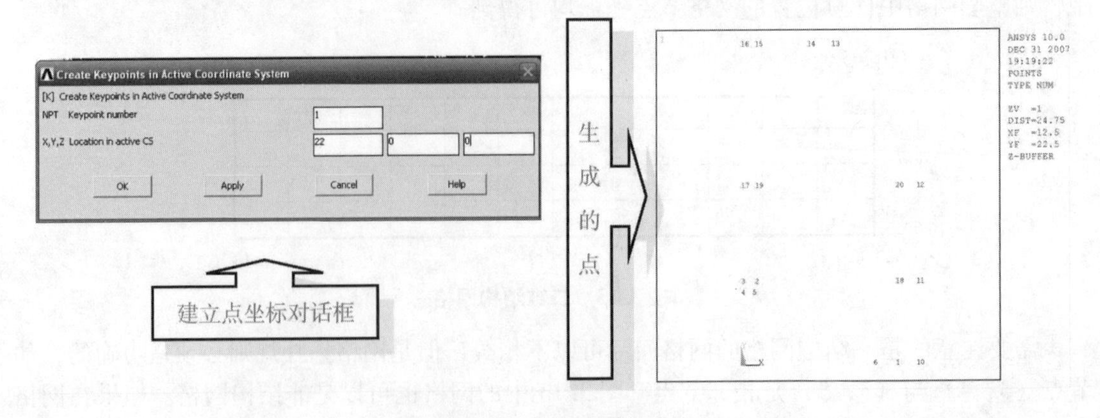

图 3.14 关键点的生成

2. 点连成线

根据前期的总体设计，考虑一下步要生成的面，将所有相近的关键点连接成线，如图 3.15 所示。

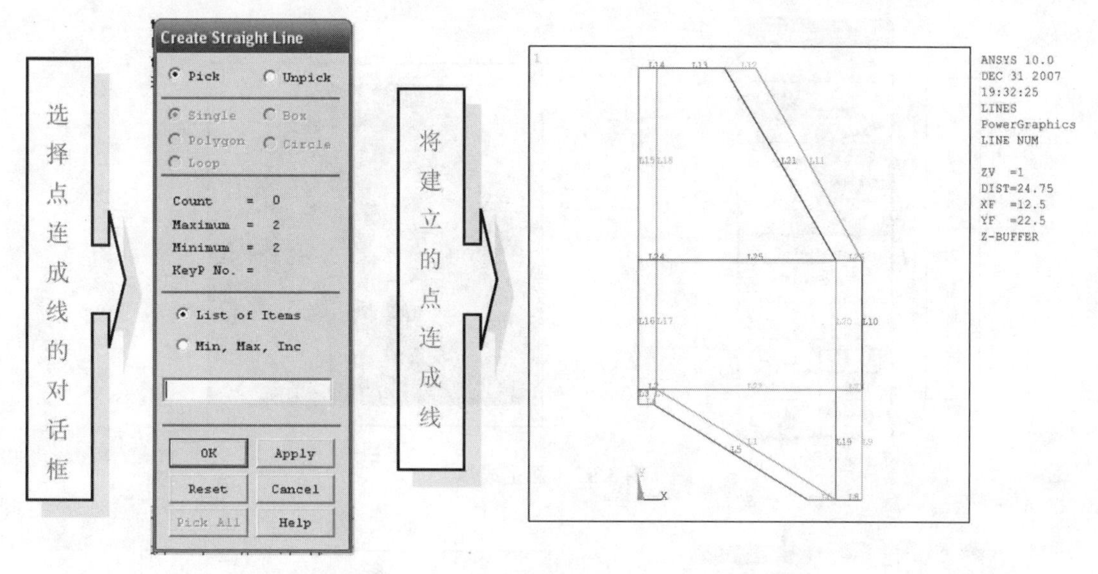

图 3.15　点连成线

3. 线生成面

根据前期的总体设计，考虑下一步要生成的体的方法，对所有相近的线进行选择生成面，如图 3.16 所示。

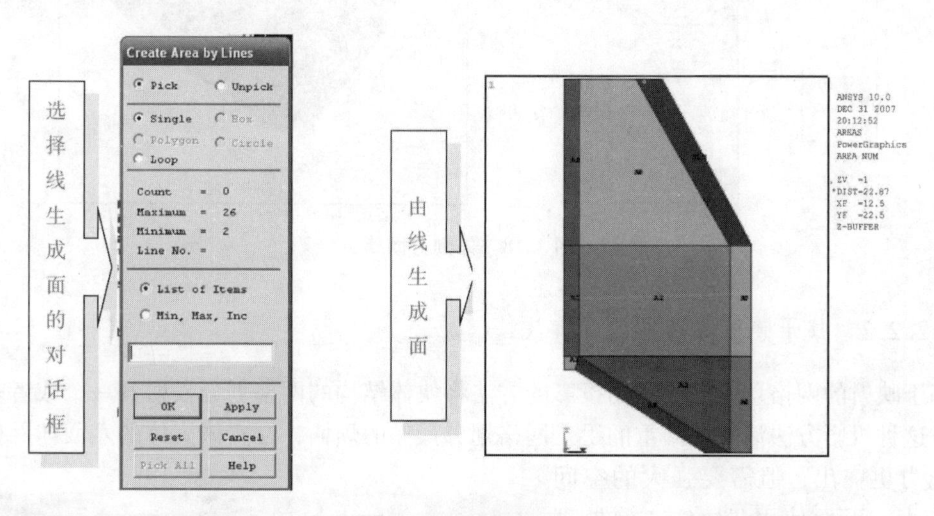

图 3.16　线生成面

4. 面生成体

根据体的生成方式（拉伸、旋转等）、前期的总体设计，将所有面进行旋转生成几何体，如图 3.17 所示。

5. 体划网格

设置面上每条线上划分网格的个数，这里要注意的是对应两条线上划分网格的数量应当相等，然后对体进行六面体网格的划分，如图 3.18 所示。

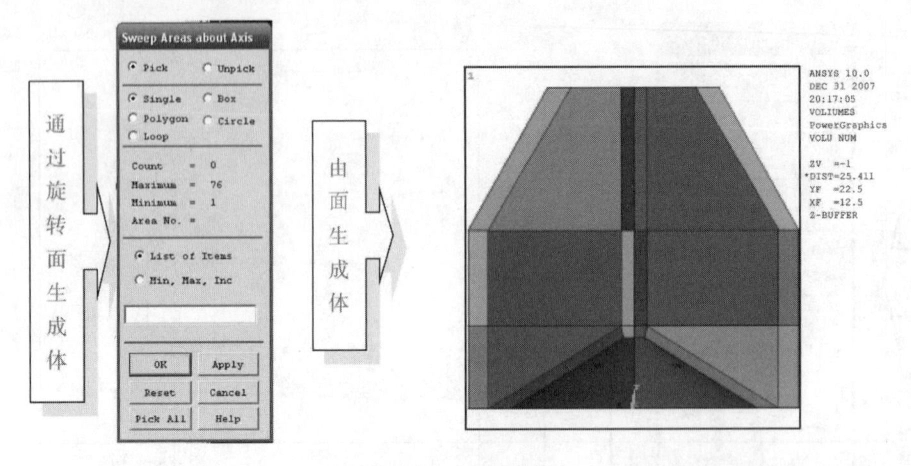

图 3.17　面生成体

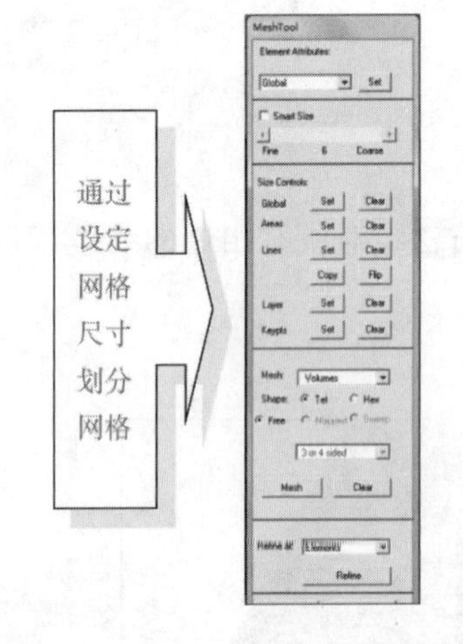

图 3.18　体划分网格

3.2.2.2　**基于映射的网格划分方法**

基于映射的网格划分方法利用投影的方法将块体结构的网格划分投射到一个或者多个表面上。这种投影方法消除了繁重的手工网格划分操作的烦恼，在实体固体的六面体网格划分方面能力更突出，但需要强大的空间想象能力。下面使用 TrueGrid 前处理软件对这种网格划分方法作一个简单的介绍。用该方法划分网格的思路如图 3.19 所示。最常用的软件是 TrueGrid，映射如图 3.20 所示。

图 3.19　基于映射的网格划分思路

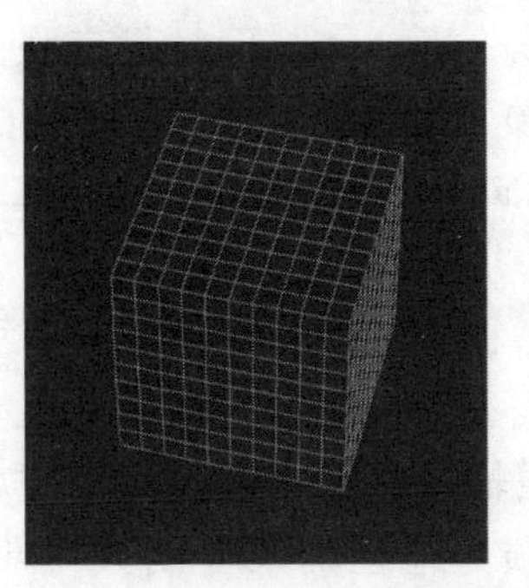

图3.20　TrueGrid对圆柱的映射

3.3　常用的网格划分软件及TrueGrid网格划分实例

3.3.1　常用的网格划分软件

通常，CAE分析工程师将80%的时间花在有限元模型的建立、修改和网格划分上，而真正的分析求解时间消耗在计算机工作站上，因此采用一个功能强大、使用方便灵活，并能够与众多CAD系统和有限元求解器进行方便的数据交换的有限元前/后处理工具，对提高有限元分析工作的质量和效率具有十分重要的意义。下面介绍一些常用的前处理器软件及它们各自的工作环境、特点、优/缺点等。

（1）ICEM－CFD：ICEM－CFD主要有4个模块——Tetra（最高水平）、Hexa（方便使用）、Global（笛卡儿网格划分软件）、AutoHexa（应用不多）。其拥有强大的CAD模型修复能力、自动中面抽取能力、独特的网格“雕塑”技术、网格编辑技术以及广泛的求解器支持能力。其接口多，几乎支持所有流行的CFD软件（包括CATIA、CAD DS5、ICEM Surf/DDN、I－DEAS、SolidWorks、Solid Edge、Pro/ENGINEER和Unigraphics等）。其使用方便、简单易学同时还有后处理模块Visual3，但应用相对较少。

（2）Gridgen：Gridgen是专业的网格生成器，结构网格划分很好，可以生成多块结构网格、非结构网格和混合网格，可以引进CAD的输出文件作为网格生成的基础。其生成的网格可以输出十几种常用商业流体软件的数据格式，直接让商业流体软件使用。其对用户自编的CFD软件，可选用公开格式（Generic）。Gridgen网格生成主要分为传统法和各种新网格生成方法，形成了各种现代网格生成技术。传统方法的思路是由线到面、由面到体的装配式生成方法。各种新网格生成法，如推进方式，可以高速地由线推出面，由面推出体。另外，Gridgen还采用了转动、平移、缩放、复制、投影等多种技术。

（3）Pointwise：①新的用户界面：新的界面给用户崭新的视觉享受，同时也充分考虑了用户的使用习惯，增添了许多的操作功能。②可靠性：无论是结构、非结构、混合网格，Pointwise使用其高质量的网格技术配合其强大的网格生成控制功能，使用户可以在最少的计算机资源下，得到最精确、最可靠的网格。③灵活性：首先是自动化技术，可以生成和人工干预及控制下生成的同样高质量的网格；其次是可以通过不太完美的CAD数据生成符合求解器要求的高质量网格。

（4）Gambit：Gambit是目前最常用的CFD前处理器，具有在ACIS内核基础上的全面三维几何建模能力，可通过多种方式直接建立点、线、面、体，而且具有强大的布尔运算能力，ACIS 内核已提高为 ACIS R12。该功能大大领先于其他 CAE 软件的前处理器，可以导入 PRO/E、UG、CATIA、SolidWorks、ANSYS、Patran 等大多数 CAD/CAE 软件所建立的几何体和网格。导入过程新增自动公差修补几何功能，以保证 Gambit 与 CAD 软件接口的稳定性和保真性，使几何质量高，并大大减轻工程师的工作量。其具有强大的几何修正功能，在导入几何体时会自动合并重合的点、线、面；新增几何修正工具条，在消除短边、缝合缺口、修补尖角、去除小面、去除单独辅助线和修补倒角时更加快速、自动、灵活，而且准确保证几何体的精度。居于行业领先地位的尺寸函数（size function）功能可使用户自主控制网格的生成过程以及在空间上的分布规律，使网格的过渡与分布更加合理，最大限度地满足 CFD 分析的需要。可以说 Gambit 是目前最有优势的 CFD 网格软件，功能十分强大，但其要在 Exceed 环境下使用，占用内存比较多，常常会跑死机（不是个别的问题）。

（5）CFX－build：CFX－build 是一种以结构分析软件 MSC/PATRAN 为基础的图形处理系统，会用 Patran 就会用它。其可以直接访问各种 CAD 软件，可以从任一 CAD 系统以 IGES 格式直接读入 CAD 图形。其具有很强的操作功能，具有出色的几何造型能力，具有高度自动的曲面和体网格划分能力，可保证生成高质量的网格。

（6）CFD－Geomild：传统的生成有限元网格过程乏味而且复杂，CFD－Geomild 很好地提供了解决这些问题的办法，并有效地促进模型的生成和网格的建立。CFD－Geomild 具有大量的几何结构、丰富的网格生成方法，支持多种几何体、网格以及边界条件的输出等。目前 CFD－Geomild V2009 增加了许多新功能，包括表面网格离散、表面三角网格推进式生成等。

（7）HyperMesh：在处理几何模型和有限元网格的效率和质量方面，HyperMesh 具有很好的速度、适应性和可定制性，并且模型规模没有软件限制，其强大的几何处理能力使其可以很快地读取那些结构非常复杂、规模非常大的模型数据，从而大大提高工作效率，也使很多应用其他前/后处理软件很难或者不能解决的问题变得迎刃而解。HyperMesh 具有很高的有限元网格划分和处理效率，可以大大提高 CAE 分析工程师的效率。HyperMesh 具有工业界主要的 CAD 数据格式接口，可以直接把已经生成的三维实体模型导入 HyperMesh 中，而且一般导入的模型的质量都很高，基本上不需要对模型进行修复。在建立和编辑模型方面，HyperMesh 为用户提供一整套高度先进、完善、易于使用的工具包。对于 2D 和 3D 建模，用户可以使用各种网格生成模板以及强大的自动网格划分模块。

（8）TrueGrid：使用 TrueGrid 时用户可以完全控制网格设计，所有的网格由块结构化六面体或四边形网格构成。TrueGrid 与当前流行的模拟软件完全兼容，除了简单的生成网格操作，其还可以进行预处理操作，生成控制参数、选项、载荷、接触面，以及条件等，以及指定单元类型、剖面以及材料属性等。TrueGrid 适用于流固耦合的分析，其块结构化设计和投影方法可用于创建用于流体或结构力学分析的网格，此外，TrueGrid 可以很轻松完美地地构建结构与流体界面，可以将一个网格嵌入其他网格中。TrueGrid 可以交互方式或通过脚本来操作，脚本语言可用于持续地重定义模型，可使用参数、代数公式、条件语句、循环语句、数组以及用户自定义方程等。

3.3.2 TrueGrid 网格划分实例

TrueGrid 的投影方法（基于投影几何学）免去了设计者指定结构详细信息的需要。这种精确的投影方法能够处理复杂的几何结构，建立大型复杂的涡轮、喷气发动机、泵、机翼、传动器，甚至人体结构的模型。表面和曲线可以有无限制的任意曲率。用户只需选取表面，TrueGrid 会完成其余的工作。节点会自动地分布在表面上，而边界上的节点会自动置于这些表面的交界面上。下面通过一个简单的例子介绍 TrueGrid 的网格划分过程。

1. 生成初始块体网格

block 命令用于初始化方形网格。block 命令的完整形式为："Block i - list; j - list; k - list; x - list; y - list; z - list;"。其中，"i/j/k - list" 是网格索引，"x/y/z - list" 是索引对应的物理坐标。如下命令，产可生图 3.21 所示的形状。

```
命令:block 1 3 5 7 9;
    1 3 5 7 9;
    1 3 5 7 9;
    -2.5 -2.5 0 2.5 2.5;
    -2.5 -2.5 0 2.5 2.5;
    -2.5 -2.5 0 2.5 2.5;
```

2. 删去多余区域

dei 命令用于删去多余区域，由空间中的两个对角点确定一个区域。在这个例子中，物理网格再删除后直观上没有发生变化，但是计算网格有变化，由之前的与物理网格相同，变为图 3.22 所示的网格。

```
命令:dei 1 2 0 4 5;1 2 0 4 5;;
    dei 1 2 0 4 5;;1 2 0 4 5;
    dei ;1 2 0 4 5;1 2 0 4 5;
```

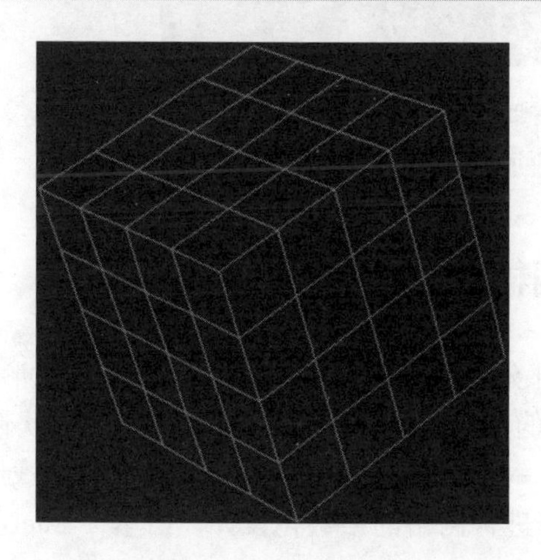

图 3.21　block 命令所产生的块体（见彩插）

图 3.22　dei 命令所删除的区域（见彩插）

3. 添加辅助面

sd 命令用于生成辅助的平面、圆、圆柱面或其他曲面。sd 命令的完整形式为“sd surface_name type parameter”。其中，平面为“plane x0 y0 z0 xn yn zn”；圆柱为“cy x0 y0 z0 xn yn zn radius”；圆球为“sp x0 y0 z0 radius”。如“sd 1 sp 0 0 0 5”表示生成辅助 1（sd 后的序号）为球面，球心在原点处，半径为 5，如图 3.23 中的红色面为辅助球面。

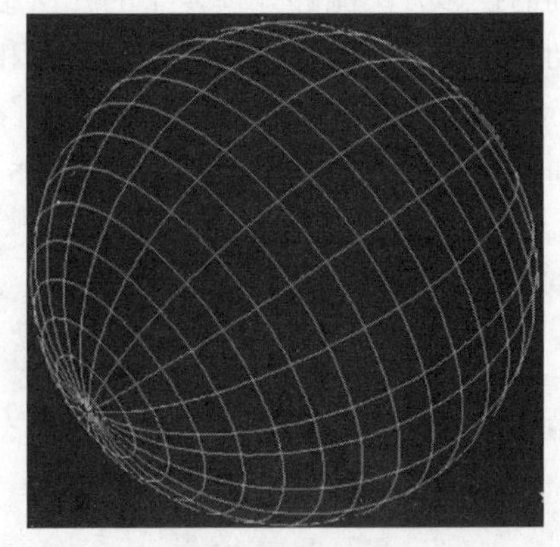

图 3.23　添加辅助面命令生成的球形区域（见彩插）

```
命令:sd 1 sp 0 0 0 5;
```

4. 向辅助面映射

sfi 命令将区域映射到指定平面或区域，与 dei 命令类似，由空间中的两个对角点确定一个区域。如“sfi -1 -5; -1 -5; -1 -5; sd 1”表示将之前的整个体的外表面投影到辅助球面 1 上，投影后，隐藏辅助面效果如图 3.24 所示。

```
命令:sfi -1 -5;-1 -5;-1 -5;sd 1;
```

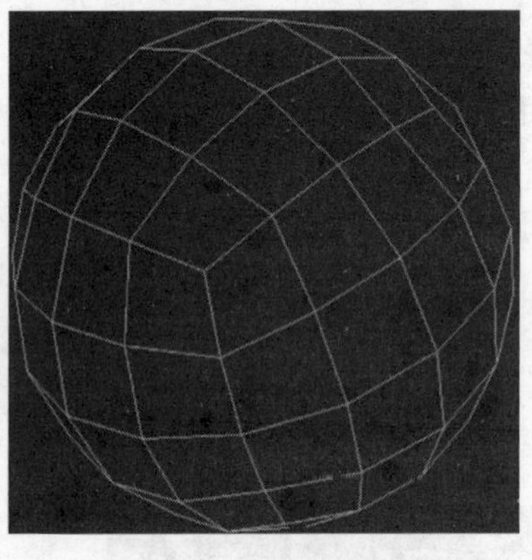

图 3.24　整个体的外表面投影到辅助球面 1 上（见彩插）

（a）带辅助面的球面；（b）不带辅助面的球面

3.4　基于参数化的自动网格划分技术与实例

参数化设计可以通过改动图形（模型）某一部分或某几部分的尺寸自动完成对图形中相关部分的改动，从而实现尺寸对图形（模型）的驱动，因此深受工程设计人员的欢迎。对于网络划分这种技术含量较高的工作也可以通过一次参数化设计进行实现，这对网格划分人员有着较高的要求。ANSYS 提供了 APDL 语言可进行网格的参数化设计，当然，TrueGrid 的命令建模同样也可实现模型网格划分的参数化设计。

3.4.1　APDL 及参数化网格划分实例

APDL 的全称是 ANSYS Parametric Design Language（ANSYS 参数化设计语言），可用来完成一些通用性强的任务，也可以用于建立模型，不仅是优化设计和自适应网格划分等 ANSYS 经典特性的实现基础，也为日常分析提供了便利。用户可以利用 APDL 将 ANSYS 命令组织起来，编写出参数化的用户程序，从而实现有限元分析的全过程，即建立参数化的 CAD 模型、参数化的材料定义、参数化的载荷和边界条件定义、参数化的分析控制和求解以及参数化的后处理。总而言之，采用 APDL 可实现模型的参数化的建立。下面利用 APDL 在 ANSYS 中建立一个药型罩模型并划分六面体网格。

首先了解 APDL 编写文件的格式，采用记事本（“.txt”）即可以进行 APDL 程序的编写，其后缀为“*.ans”，如图 3.25 所示。启动 ANSYS 程序后，选择“File”命令，然后单击“Read input from...”按钮，如图 3.26 所示，选择相应的程序文件，单击“OK”按钮即可读入。

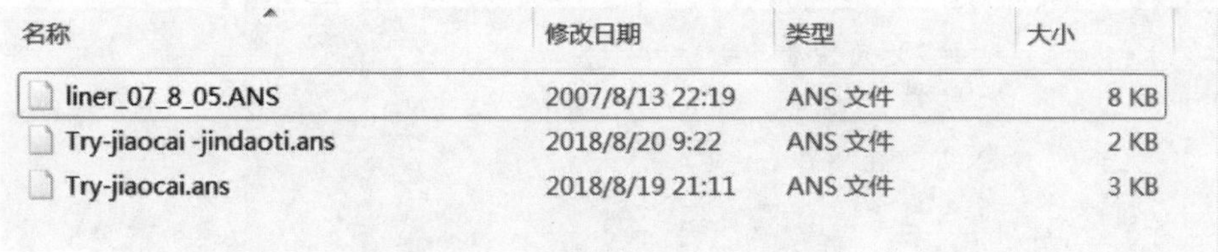
名称
修改日期
类型
大小
liner_07_8_05.ANS
2007/8/13 22:19
ANS 文件
8 KB
Try-jiaocai -jindaoti.ans
2018/8/20 9:22
ANS 文件
2 KB
Try-jiaocai.ans
2018/8/19 21:11
ANS 文件
3 KB

图 3.25　建立的“*.ans”文件

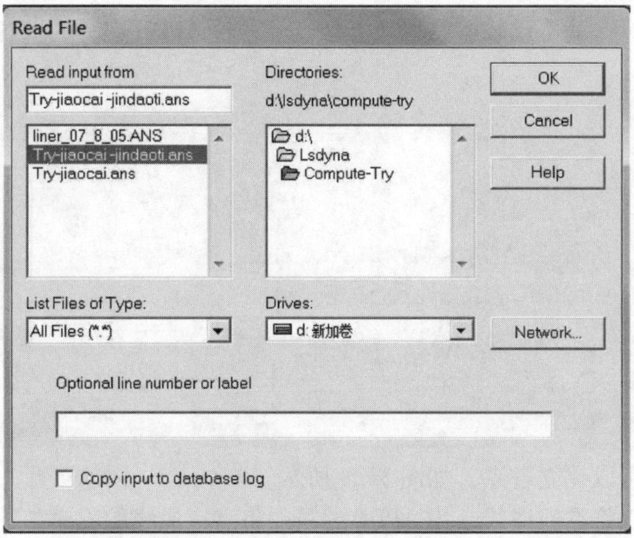
Read File
Read input from
Try-jiaocai -jindaoti.ans
liner_07_8_05.ANS
Try-jiaocai -jindaoti.ans
Try-jiaocai.ans
Directories:
d:\lsdyna\compute-try
d:\
Lsdyna
Compute-Try
OK
Cancel
Help
List Files of Type:
All Files (*.*)
Drives:
d: 新加卷
Network...
Optional line number or label
Copy input to database log

图 3.26　读入“*.ans”文件

在建立药型罩前首先要对所建立的模型进行参数化设计，选择独立参量进行，以避免结构尺寸干涉的问题，所建立的药型罩模型的结构尺寸如图 3.27 所示。

由图 3.27 可见，用药型罩半锥角（α）、药型罩壁厚（l）、药型罩大端口径（D，$b=D/2$）、药型罩平面截顶圆半径（a）4 个变量即可完全表征该结构。

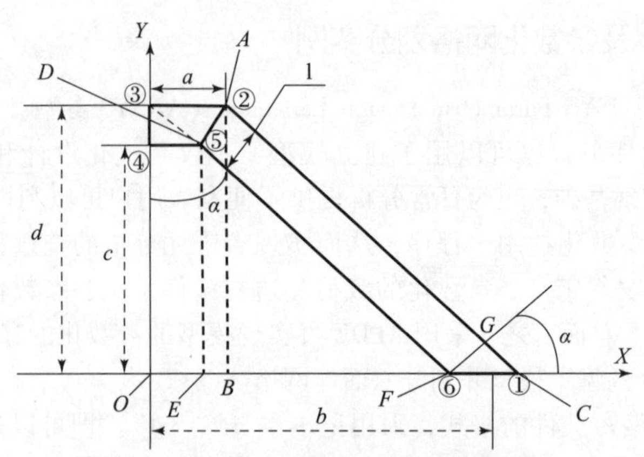

图 3.27　所建立的药型罩模型的结构尺寸

根据以上所述，通过 APDL 设置变量，具体的 APDL 程序如下：

```
命令:*AFUN,DEG  !设置角度计算单位为角度
     !=========== 定义变量 ==========
     D=44     !药型罩直径
     l=1.6    !药型罩壁厚
     a=4      !药型罩底部圆直径
     r=60     !药型罩半锥角
```

要实现药型罩结构的模型建立和网格划分，首先要建立 6 个点。根据图 3.27 可知道，只要知道各点的坐标，就可比较容易地建立各点，通过 APDL 编写的求各点具体坐标的程序如下：

```
命令:!============ 药型罩 ====================
      k,1,D/2,0,0
      k,2,a/2,(1/tan(r))*(D/2-a/2),0
      k,3,0,(1/tan(r))*(D/2-a/2),0
      k,4,0,(1/tan(r))*(D/2-a/2)-l,0
      k,5,D/2-(l/cos(r))-((1/tan(r))*(D/2-a/2)-l)*tan(r),
(1/tan(r))*(D/2-a/2)-l,0
      k,6,D/2-(l/cos(r)),0,0
```

通过上述程序可以建立各点，如图 3.28 所示。

有了点后，可以将点连成线，用 APDL 编写的将点连成线的程序如下：

```
命令:!==药型罩==
     L,1,2
     L,2,3
     L,3,4
     L,4,5
```

```
L,5,6
L,6,1
L,2,5
```

通过上述程序可以建立线，如图 3. 29 所示。由图可见，在建立线的时候，考虑到后续的六面体网格划分填加了 L7 线，该线由点 2 和点 5 连接生成。

图 3. 28　用 APDL 编写程序建立的点

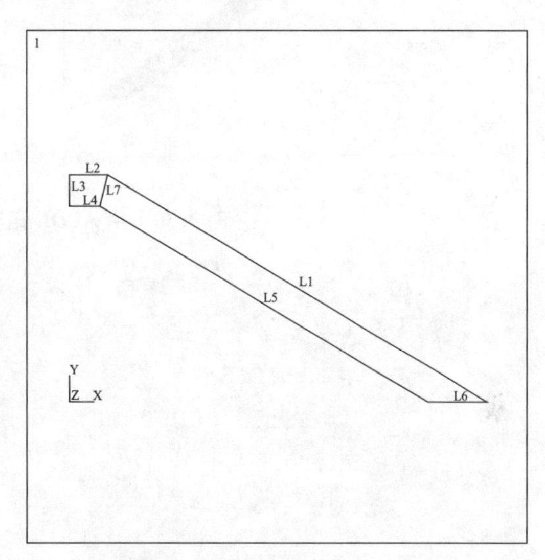

图 3. 29　用 APDL 编写程序建立的线

有了线后，可以生成面，并建立体，用 APDL 编写的由线生成面、由面旋转成体的程序如下：

```
命令:! =========== 建立面 ============
    ! == 药型罩 ==
    Al,2,3,4,7
    Al,1,7,5,6
    ! =========== 建立体 ============
    ! == 药型罩 ==
    VROTAT,1,2,,,,,3,4,90
    NUMMRG,ALL, , , ,LOW
```

通过上述程序可以建立面和体，如图 3. 30 所示。由图可见，在建立面和体的时候，考虑到后续的六面体网格划分生成了两个面，并将两个面进行旋转生成两个体。

然后定义材料模型参数、对每条线进行划分，并划分网格。定义材料模型参数的命令如下，对于不同的材料模型，因参数长度不同，命令行数也不尽相同。可以查具体的相关说明，也可以根据 ANSYS 界面建模时自动生成的“. log”文件找到相应的操作命令。

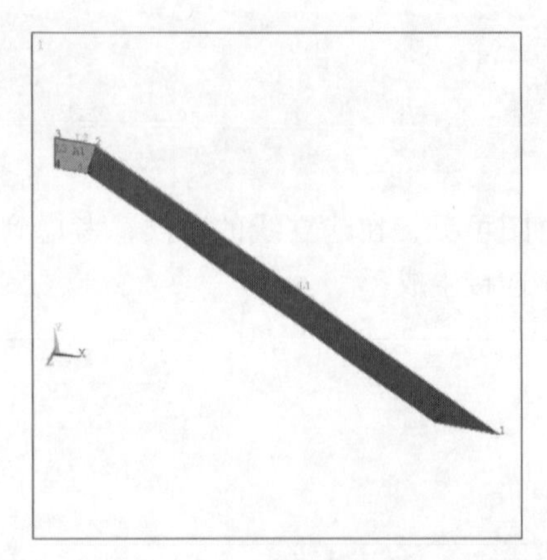

图 3.30 用 APDL 语言编写程序建立的面和体

```
命令:!(3)定义参数,单元类型、材料与实常数
    !材料模型 1 药型罩
    ET,1,SOLID164
    MP,DENS,1,0.00000896
    MP,EX,1,137
    MP,NUXY,1,0.345
    TB,EOS,1,,,1,2
    TBDAT,1,0.09
    TBDAT,2,0.21
    TBDAT,3,0.31
    TBDAT,4,0.025
    TBDAT,5,1.09
    TBDAT,6,1360
    TBDAT,7,293
    TBDAT,8,0.0010
    TBDAT,9,380.0
    TBDAT,10,-200.0
    TBDAT,11,0.0
    TBDAT,12,0.0
    TBDAT,13,0.0
    TBDAT,14,0.0
    TBDAT,15,0.0
    TBDAT,16,3940.0
    TBDAT,17,1.49
    TBDAT,18,0.0
    TBDAT,19,0.0
    TBDAT,20,1.99
```

```
TBDAT,21,0.47
TBDAT,22,0.0
TBDAT,23,1.0
!(4)划分网格
!定义网格最小尺寸
ES1 =0.15
ES2 =0.25
ES3 =0.30

!根据网格尺寸定义网格数量
NS1 =(a/2)/ES1
NS2 =1/ES2
NS3 =(1/tan(r))*(D/2 -a/2)/ES3

!进行每一根线划分网格线定义
NS5 =(H -(1/tan(r))*(D/2 -a/2) -n)/ES5
NS6 =n/ES6
!根据网格数在线上划分网格
LESIZE,2, , ,NS1, , , , ,1
LESIZE,2, , ,NS1, , , , ,1
LESIZE,9, , ,NS1, , , , ,1
LESIZE,8, , ,NS1, , , , ,1
LESIZE,11, , ,NS1, , , , ,1
LESIZE,12, , ,NS1, , , , ,1
LESIZE,16, , ,NS1, , , , ,1
LESIZE,17, , ,NS1, , , , ,1

!竖线
LESIZE,3, , ,NS2, , , , ,1
LESIZE,7, , ,NS2, , , , ,1
LESIZE,10, , ,NS2, , , , ,1
LESIZE,6, , ,NS2, , , , ,1
LESIZE,15, , ,NS2, , , , ,1

!母线
LESIZE,1, , ,NS3, , , , ,1
LESIZE,5, , ,NS3, , , , ,1
LESIZE,13, , ,NS3, , , , ,1
LESIZE,14, , ,NS3, , , , ,1
```

定义完材料模型及参数后对每条线进行等分划分，划分前先定义最小网格尺寸，根据最小网格尺寸计算得到每根线上的网格数量，那么网格数量就可以参数化的形式体现。通过上述程序可以对每条线进行网格划分，结果如图 3. 31 所示。

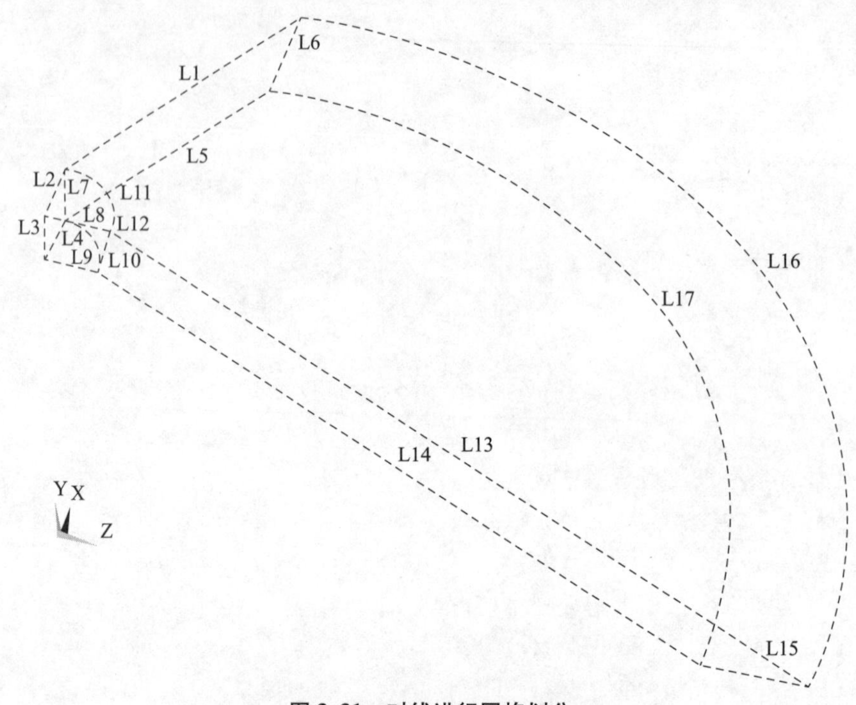

图 3. 31　对线进行网格划分

然后，根据前面定义的单元类型和材料进行选择，选择好后进行网格划分，每条线已经分好，网格就可按需求划分完毕。程序如下：

```
命令:! 定义类型,划分体 1,2
     type,1
     mat,1
     vmesh,1,2
```

通过上述程序可以进行体的单元划分，结果如图 3. 32 所示。

然后创建 Part，并采用 EDCGEN 命令定义接触，因为只有一个药型罩，在此就不再进行接触的定义。网格划分完后进行边界条件定义，因为上述建立的药型罩是 1/4 结构，因此，定义 X 方向和 Z 方向的约束条件，命令如下，结果如图 3. 33 所示。

```
命令:! 边界条件
      DA,1,UX,
      DA,2,UX,

      DA,6,UZ,
      DA,10,UZ,
      EDPART,CREATE
```

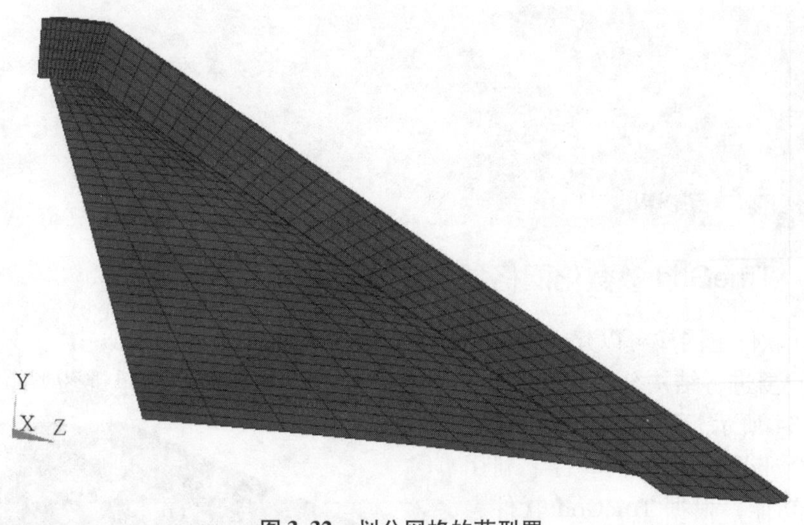

图 3.32　划分网格的药型罩

图 3.33　添加了边界条件的实体

最后，定义求解条件，并输出计算文件（如“.K”文件），程序如下。输出“.K”文件后，也可对“.K”文件进行修改后计算。

```
命令:!(7)定义求解参数
    TIME,0.15
    EDRST,50
    EDHTIME,10
    EDCTS,0,0.4
    EDOUT,NCFORC
    EDOUT,MATSUM
    ALLSEL,ALL
    SAVE
```

```
FINISH

!(8)进入求解器,输出".K" 文件
/SOLU
EDWRITE, LSDYNA, 'liner08', 'k', ''
```

3.4.2 TrueGrid 参数化网格划分实例

TrueGrid 软件也同样可以建立参数化模型，其原理和思路与 APDL 一样，只是语言并不相同。首先也要进行结构分析，确定结构的特征尺寸。在此就平顶单锥药型罩结构进行说明，如图 3.34 所示。进行 SolidWorks 三维建模，在 SolidWorks 软件平台上利用其尺寸驱动功能，根据 TrueGrid 软件参数化建模的需要，选用 L1、L2、L3、L4、L5、D1、D2、D3、D4、A1、A2、A3、R3 共 13 个参量表征平顶单锥装药型罩结构，如图 3.35 所示。13 个参量形成参数化建模所需的一个完整尺寸链。

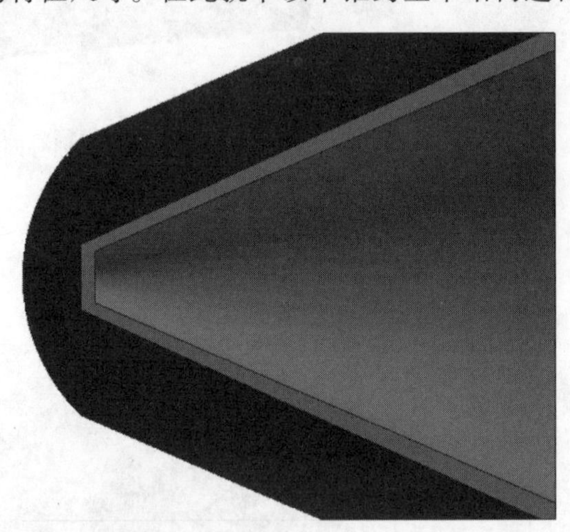

图 3.34 平顶单锥装药型罩结构

根据仿真计算的需要，设置最小网格尺寸参量（Mesh_S），将表征其装药结构的 13 个参量（L1、L2、L3、L4、L5、D1、D2、D3、D4、A1、A2、A3、R3）中的长度量度值（10 个）均除以最小网格尺寸，获得每个长度尺寸上的节点数（辅助参量共 15 个：径向 9 个，轴向 6 个），并根据锥 - 锥过渡的具体情况，通过八部分分体建模的方法，实现模型每一部分的建立，并通过 bb、trbb 命令实现网格 1 对 3（Ratio 1：3）或 3 对 1（Ratio 3：1）的过渡映射，如图 3.36 所示，以保证建立模型网格的均匀性，具体的参数化离散算法如下，形成的离散化模型如图 3.37 所示。

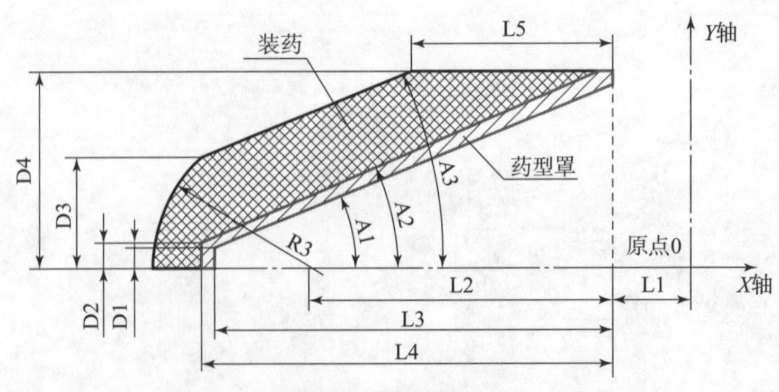

图 3.35 平顶单锥药型罩结构的尺寸表征

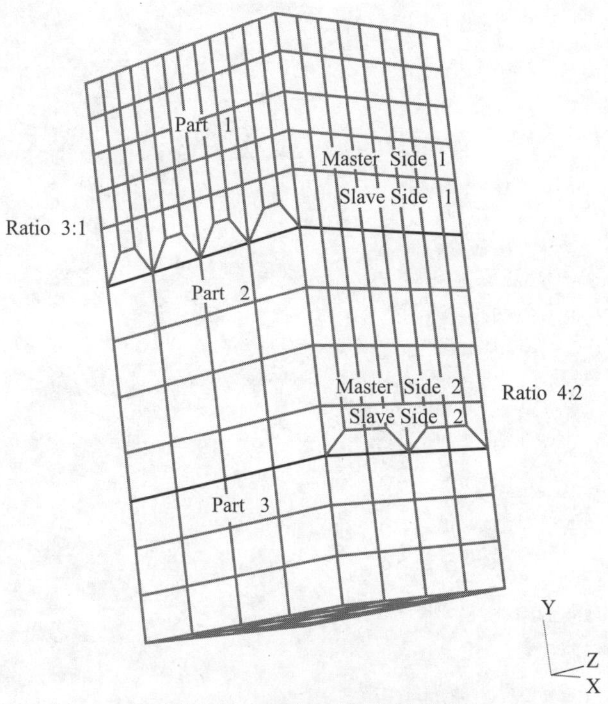

图 3.36　3 对 1 的网格过渡

图 3.37　平顶单锥药型罩结构离散化模型

```
命令:c 单位制:cm-us-g-Mbar
    c 空气: 4   药型罩: 2   炸药:1
    c
    plane 1 0 0 0 1 0 0 0.001 symm;
    plane 2 0 0 0 0 1 0 0.001 symm;
    c 定义参数;
    parameter Air_BD 0.900
              L1 0.380
              L2 2.550
              L3 3.360
              L4 3.470
              L5 1.700
              D1 0.183
              D2 0.229
              D3 0.980
```

```
            D4 1.730
            R3 1.340
            TL 13.520
            Ang_1 23.000
            Ang_2 24.000
            Ang_3 23.000
            Mesh_S 0.12000
            RongCha 0.00500
            C_K1 0.050
            C_K2 0.080
            C_K3 0.250
            Air_LD1 0.500
            Air_LD2 0.300
            Air_LD3 0.200
            K_Co 1.010
            D_CCo 0.300
            Ij_CCo_2 1.000
            Ang_Co_1 1.400
            Ang_Co_2 3.000;
c 辅助参量;
parameter Air_B [%Air_BD*2*%D4]
          Air_L1   [%Air_LD1*%TL]
          Air_L2   [%Air_LD2*%TL]
          Air_L3   [%Air_LD3*%TL]
          L_L2R3   [%L2+%R3]
          L_L3R1   [%L3+%Air_L1]
          Temp_L2   [sqrt(%R3*%R3-%D2*%D2)]
          Temp_L5   [sqrt(%R3*%R3-%D3*%D3)]
          Temp_K1   [%C_K1*(%D3-%D2)]
          Temp_K2   [(%C_K1+%C_K2)*(%D3-%D2)]
          Temp_K3 [(%C_K1+%C_K2+%C_K3)*(%D3-%D2)]
          Temp_K11 [%Temp_K1/tan(%Ang_2)]
          Temp_K12 [%Temp_K1/tan(%Ang_Co_1*%Ang_1)]
          Temp_K13 [%Temp_K1/tan(%Ang_Co_2*%Ang_1)]
          Temp_K21 [%Temp_K2/tan(%Ang_2)]
          Temp_K22 [%Temp_K2/tan(%Ang_Co_1*%Ang_1)]
          Temp_K23 [%Temp_K2/tan(%Ang_Co_2*%Ang_1)]
          Temp_K31 [%Temp_K3/tan(%Ang_2)]
```

```
Temp_K32 [%Temp_K3/tan(%Ang_Co_1*%Ang_1)]
Temp_K33 [%Temp_K3/tan(%Ang_Co_2*%Ang_1)]
Temp_M1  [(%C_K1)*(%D3-%D1)]
Temp_M12 [%Temp_M1/tan(%Ang_2)]
Temp_M13 [%Temp_M1/tan(%Ang_Co_2*%Ang_1)]
Temp_M2  [(%C_K1+%C_K2)*(%D3-%D1)]
Temp_M22 [%Temp_M2/tan(%Ang_1)]
Temp_M23 [%Temp_M2/tan(%Ang_Co_2*%Ang_1)]
Temp_M3  [(%C_K1+%C_K2+%C_K3)*(%D3-%D1)]
Temp_M32 [%Temp_M3/tan(%Ang_1)]
Temp_M33 [%Temp_M3/tan(%Ang_Co_2*%Ang_1)]
Temp_D5  [%D1+(%L3)*tan(%Ang_1)]
Temp_D6  [%Air_B*sin(%Ang_3)];

c 网格参量
parameter
ij1 [max(1,nint(%D1/%Mesh_S))]
ij1_1 [max(1,nint(%Ij_CCo_2*%D1/%Mesh_S))]
ij2 [max(1,nint(%C_K1*(%D3-%D2)/sin((%Ang_1+%Ang_2
+%Ang_3)/3)/%Mesh_S))]
ij3 [max(1,nint(%C_K2*(%D3-%D2)/sin((%Ang_1+%Ang_2
+%Ang_3)/3)/%Mesh_S))]
ij4 [max(1,nint(%C_K3*(%D3-%D2)/sin((%Ang_1+%Ang_2
+%Ang_3)/3)/%Mesh_S))]
ij5 [max(1,nint((%D3-%D2-%Temp_K3)/sin((%Ang_1+%
Ang_2+%Ang_3)/3)/%Mesh_S))]
ij6 [max(1,nint((%Temp_D5-%D3)/sin((%Ang_1+%Ang_2
+%Ang_3)/3)/%Mesh_S))]
ij7 [max(1,nint((%D4-%Temp_D5)/sin((%Ang_1+%Ang_2
+%Ang_3)/3)/%Mesh_S))]
ij8 [max(1,nint(%Temp_D6/%Mesh_S))]
k1 [max(1,nint(%K_Co*%Air_B/%Mesh_S))]
k2 [max(1,nint(%K_Co*(%L2+%Temp_L2-%L4)/%Mesh_S))]
k3 [max(3,nint(%K_Co*(%L4-%L3)/%Mesh_S))]
k4 [max(1,nint(%K_Co*%L_L3R1/%Mesh_S))]
k5 [max(1,nint(%K_Co*%Air_L2/%Mesh_S))]
k6 [max(1,nint(%K_Co*%Air_L3/%Mesh_S))];
```

```
        ld 1 lp [%D2][-%L1-%L2-%Air_B-%Temp_L2][%D2][-%L1
-%L2-%Temp_L2];
        lp [%D2][-%L1-%L2-%Temp_L2][%D2][-%L1-%L4];
        lp [%D2][-%L1-%L4][%D1][-%L1-%L3];
        lp [%D1][-%L1-%L3][%D1][-%L1+%Air_L1];
        lp [%D1][-%L1+%Air_L1][%D1][-%L1+%Air_L1+%Air_L2];
        lp [%D1][-%L1+%Air_L1+%Air_L2][%D1][-%L1+%Air_L1
+%Air_L2+%Air_L3];
        sd 1 crz 1;
        ld 2 lp [%D2+%Temp_K1][-%L1-%L2-%Air_B-%Temp_L2]
            [%D2+%Temp_K1][-%L1-%L2-%Temp_L2];
        lp [%D2+%Temp_K1][-%L1-%L2-%Temp_L2]
          [%D2+%Temp_K1 ][-%L1-%L4+%Temp_K11];
        lp [%D2+%Temp_K1][-%L1-%L4+%Temp_K11]
          [%D1+%Temp_M1][-%L1-%L3+%Temp_M12];
        lp [%D1+%Temp_M1][-%L1-%L3+%Temp_M12]
          [%D1+%Temp_M1][-%L1+%Temp_M13+%Air_L1];
        lp [%D1+%Temp_M1][-%L1+%Temp_M13+%Air_L1]
          [%D1+%Temp_M1][-%L1+%Air_L1+%Air_L2];
        lp [%D1+%Temp_M1][-%L1+%Air_L1+%Air_L2]
          [%D1+%Temp_M1][-%L1+%Air_L1+%Air_L2+%Air_L3];
        sd 2 crz 2;
        ld 3 lp [%D2+%Temp_K2][-%L1-%L2-%Air_B-%Temp_L2]
            [%D2+%Temp_K2][-%L1-%L2-%Temp_L2];
          lp [%D2+%Temp_K2][-%L1-%L2-%Temp_L2]
            [%D2+%Temp_K2][-%L1-%L4+%Temp_K21];
          lp [%D2+%Temp_K2][-%L1-%L4+%Temp_K21]
            [%D1+%Temp_M2][-%L1-%L3+%Temp_M22];
          lp [%D1+%Temp_M2][-%L1-%L3+%Temp_M22]
            [%D1+%Temp_M2][-%L1+%Temp_M23+%Air_L1];
          lp [%D1+%Temp_M2][-%L1+%Temp_M23+%Air_L1]
            [%D1+%Temp_M2][-%L1+%Air_L1+%Air_L2];
          lp [%D1+%Temp_M2][-%L1+%Air_L1+%Air_L2]
            [%D1+%Temp_M2][-%L1+%Air_L1+%Air_L2+%Air_L3];
```

```
        sd 3 crz 3;
        ld 4 lp [%D2 +%Temp_K3] [ -%L1 -%L2 -%Air_B -%Temp_L2]
                [%D2 +%Temp_K3] [ -%L1 -%L2 -%Temp_L2];
             lp [%D2 +%Temp_K3] [ -%L1 -%L2 -%Temp_L2]
                [%D2 +%Temp_K3] [ -%L1 -%L4 +%Temp_K31];
             lp [%D2 +%Temp_K3] [ -%L1 -%L4 +%Temp_K31]
                [%D1 +%Temp_M3] [ -%L1 -%L3 +%Temp_M32];
             lp [%D1 +%Temp_M3] [ -%L1 -%L3 +%Temp_M32]
                [%D1 +%Temp_M3] [ -%L1 +%Temp_M33 +%Air_L1];
             lp [%D1 +%Temp_M3] [ -%L1 +%Temp_M33 +%Air_L1]
                [%D1 +%Temp_M3] [ -%L1 +%Air_L1 +%Air_L2];
             lp [%D1 +%Temp_M3] [ -%L1 +%Air_L1 +%Air_L2]
                [%D1 +%Temp_M3] [ -%L1 +%Air_L1 +%Air_L2 +%Air_L3];
        sd 4 crz 4;

c 先建立里面(第一部分)
        block 1 [1 +%ij1] [1 +2 *%ij1_1];
              1 [1 +%ij1] [1 +2 *%ij1_1];
               1 [1 +%k1] [1 +%k1 +%k2] [1 +%k1 +%k2 +%k3] [1 +%
               k1 +%k2 +%k3 +%k4] [1 +%k1 +%k2 +%k3 +%k4 +%k5] [1
                +%k1 +%k2 +%k3 +%k4 +%k5 +%k6];
              0 [%D_CCo *%D2] [%D_CCo *%D2]
              0 [%D_CCo *%D2] [%D_CCo *%D2];
               [ -%L1 -%L2 -%Air_B -%R3] [ -%L1 -%L2 -%R3] [ -%L1
                -%L4] [ -%L1 -%L3] [ -%L1 +%Air_L1] [ -%L1 +%Air_
               L1 +%Air_L2] [ -%L1 +%Air_L1 +%Air_L2 +%Air_L3];
              dei 2 3;2 3;;
              sfi 1 2; -3;;sd 1
              sfi  -3;1 2;;sd 1
              sfi ; ; -1;sp 0 0 [ -%L1 -%L2 -%Air_B] [%R3]
              sfi ; ; -2;sp 0 0 [ -%L1 -%L2] [%R3]
              sfi ; ; -3;plane 0 0 [ -%L1 -%L4] 0 0 1
              sfi ; ; -4;plane 0 0 [ -%L1 -%L3] 0 0 1
              sfi ; ; -5;plane 0 0 [ -%L1 +%Air_L1] 0 0 1
              sfi ; ; -6;plane 0 0 [ -%L1 +%Air_L1 +%Air_L2] 0 0 1
```

```
                    sfi ; ; -7;plane 0 0 [ -%L1 +%Air_L1 +%Air_L2 +%Air_
L3] 0 0 1
                    sfi  -2;1 2; ;plane [%D_CCo *%D2] 0 0 1 0 0
                    sfi 1 2; -2; ;plane 0 [%D_CCo *%D2] 0 0 1 0
                    res 0 0 2 0 0 3 k [%K_Co];
                    mti ;;2 3;2;
                    mti ;;3 4;1;
                    mate 3;
                    endpart

   c 再建中间(第二部分)
     cylinder 1 [1 +%ij2];
              1 [1 +2 *%ij1];
                1 [1 +%k1] [1 +%k1 +%k2] [1 +%k1 +%k2 +%k3] [1 +%k1 +%
              k2 +%k3 +%k4] [1 +%k1 +%k2 +%k3 +%k4 +%k5] [1 +%k1 +%k2
               +%k3 +%k4 +%k5 +%k6];
                [%D2] [%D2 +%Temp_K1];
                0 90;
                [ -%L1 -%L2 -%Air_B -%R3] [ -%L1 -%L2 -%R3] [ -%L1 -%
              L4] [ -%L1 -%L3] [ -%L1 +%Air_L1] [ -%L1 +%Air_L1 +%Air_
L2] [ -%L1 +%Air_L1 +%Air_L2 +%Air_L3];
     sfi  -1;;;sd 1
     sfi  -2;;;sd 2
     sfi ; ; -1;sp 0 0 [ -%L1 -%L2 -%Air_B] [%R3]
     sfi ; ; -2;sp 0 0 [ -%L1 -%L2] [%R3]
     sfi ; ; -3;cone 0 0 [ -%L1 -%L4] 0 0 1 [%D2] [%Ang_2]
     sfi ; ; -4;cone 0 0 [ -%L1 -%L3] 0 0 1 [%D1] [%Ang_1]
     sfi ; ; -5;cone 0 0 [ -%L1 +%Air_L1] 0 0 1 [%D1] [%Ang_Co_1 *%Ang_1]
     sfi ; ; -6;cone 0 0 [ -%L1 +%Air_L1 +%Air_L2] 0 0 1 [%D1] [%Ang_Co_2
 *%Ang_1]
     sfi ; ; -7;plane 0 0 [ -%L1 +%Air_L1 +%Air_L2 +%Air_L3] 0 0 1
     res 0 0 2 0 0 3 k [%K_Co];
     mti ;;2 3;2;
     mti ;;3 4;1;
     mate 3;
     bb 2 1 3 2 2 2 2;
     endpart
```

```
c 再建中间(第三部分)
cylinder 1 [1 +%ij3];
         1 [1 +2 * %ij1];
         1 [1 +%k1] [1 +%k1 +3 * %k2] [1 +%k1 +3 * %k2 +%k3] [1 +%k1
          +3 * %k2 +%k3 +%k4] [1 +%k1 +3 * %k2 +%k3 +%k4 +%k5] [1
          +%k1 +3 * %k2 +%k3 +%k4 +%k5 +%k6];
         [%D2] [%D2 +%Temp_K2];
         0 90;
         [ -%L1 -%L2 -%Air_B -%R3] [ -%L1 -%L2 -%R3] [ -%L1 -%L4]
         [ -%L1 -%L3]
         [ -%L1 +%Air_L1 + (%Temp_K1)/tan(%Ang_Co_1 * %Ang_1)]
         [ -%L1 +%Air_L1 +%Air_L2 + (%Temp_K1)/tan(%Ang_Co_2 * %
        Ang_1)] [ -%L1 +%Air_L1 +%Air_L2 +%Air_L3];
sfi -1;;;sd 2
sfi -2;;;sd 3
sfi ; ; -1;sp 0 0 [ -%L1 -%L2 -%Air_B] [%R3]
sfi ; ; -2;sp 0 0 [ -%L1 -%L2] [%R3]
sfi ; ; -3;cone 0 0 [ -%L1 -%L4] 0 0 1 [%D2] [%Ang_2]
sfi ; ; -4;cone 0 0 [ -%L1 -%L3] 0 0 1 [%D1] [%Ang_1]
sfi ; ; -5;cone 0 0 [ -%L1 +%Air_L1] 0 0 1 [%D1] [%Ang_Co_1 * %Ang_1]
sfi ; ; -6;cone 0 0 [ -%L1 +%Air_L1 +%Air_L2] 0 0 1 [%D1] [%Ang_Co_2
* %Ang_1]
sfi ; ; -7;plane 0 0 [ -%L1 +%Air_L1 +%Air_L2 +%Air_L3] 0 0 1
res 0 0 2 0 0 3 k [%K_Co];
mti ;;2 3;2;
mti ;;3 4;1;
mate 3;
trbb 1 2 3 1 1 2 2;
bb 2 1 7 2 2 1 1;
endpart
c 再建中间(第四部分)
cylinder 1 [1 +%ij4];
         1 [1 +3 * 2 * %ij1];
         1 [1 +%k1] [1 +%k1 +3 * %k2] [1 +%k1 +3 * %k2 +%k3] [1 +%k1
          +3 * %k2 +%k3 +%k4] [1 +%k1 +3 * %k2 +%k3 +%k4 +%k5] [1
          +%k1 +3 * %k2 +%k3 +%k4 +%k5 +%k6];
```

```
[%D2][%D2+%Temp_K3];
 0 90;
 [-%L1-%L2-%Air_B-%R3][-%L1-%L2-%R3][-%L1-%
L4][-%L1-%L3][-%L1+%Air_L1+(%Temp_K2)/tan(%Ang_
 Co_1*%Ang_1)][-%L1+%Air_L1+%Air_L2+(%Temp_K2)/
 tan(%Ang_Co_2*%Ang_1)][-%L1+%Air_L1+%Air_L2+%
Air_L3];
 sfi -1;;;sd 3
 sfi -2;;;sd 4
 sfi ;;-1;sp 0 0 [-%L1-%L2-%Air_B][%R3]
 sfi ;;-2;sp 0 0 [-%L1-%L2][%R3]
 sfi ;;-3;cone 0 0 [-%L1-%L4]0 0 1 [%D2][%Ang_2]
 sfi ;;-4;cone 0 0 [-%L1-%L3] 0 0 1 [%D1][%Ang_1]
 sfi ;;-5;cone 0 0 [-%L1+%Air_L1] 0 0 1 [%D1][%Ang_Co_
 1*%Ang_1]
 sfi ;;-6;cone 0 0 [-%L1+%Air_L1+%Air_L2+%R1] 0 0 1
        [%D1][%Ang_Co_2*%Ang_1]
 sfi ;;-7;plane 0 0 [-%L1+%Air_L1+%Air_L2+%Air_L3] 0
 0 1
 res 0 0 2 0 0 3 k [%K_Co];
 mti ;;2 3;2;
 mti ;;3 4;1;
 mate 3;
 trbb 1 1 1 1 2 7 1;
 bb 2 1 6 2 2 1 3;
 endpart
 c 再建中间(第五部分)
 cylinder 1 [1+%ij5];
 1 [1+3*3*2*%ij1];
  1 [1+%k1][1+%k1+3*%k2][1+%k1+3*%k2+%k3][1
  +%k1+3*%k2+%k3+%k4][1+%k1+3*%k2+%k3+%k4
  +%k5];
 [%D2+%Temp_K3][%D3];
 0 90;
  [-%L1-%L2-%Air_B-%R3][-%L1-%L2-%R3][-%L1
  -%L4][-%L1-%L3][-%L1+%Air_L1+(%Temp_K2)/tan
  (%Ang_Co_1*%Ang_1)][-%L1+%Air_L1+%Air_L2+(%
  Temp_K2)/tan(%Ang_Co_2*%Ang_1)];
```

```
sfi -1;;;sd 4
sfi -2;;;cy 0 0 0 0 0 1 [%D3]
sfi ;; -1;sp 0 0 [ -%L1 -%L2 -%Air_B] [%R3]
sfi ;; -2;sp 0 0 [ -%L1 -%L2] [%R3]
sfi ;; -3;cone 0 0 [ -%L1 -%L4]0 0 1 [%D2] [%Ang_2]
sfi ;; -4;cone 0 0 [ -%L1 -%L3] 0 0 1 [%D1] [%Ang_1]
sfi ;; -5;cone 0 0 [ -%L1 +%Air_L1 +%R1] 0 0 1 [%D1] [%Ang_
Co_1 * %Ang_1]
sfi ;; -6;cone 0 0 [ -%L1 +%Air_L1 +%Air_L2 +%R1] 0 0 1 [%
D1] [%Ang_Co_2 * %Ang_1]
res 0 0 2 0 0 3 k 1.01
mti ;;2 3;2;
mti ;;3 4;1;
mate 3;
trbb 1 1 1 1 2 6 3;
endpart

c 再建中间(第六部分)
cylinder 1 [1 +%ij6];
          1 [1 +3 *3 *2 *%ij1];
           1 [1 +%k1] [1 +%k1 +3 *%k2] [1 +%k1 +3 *%k2
          +%k3] [1 +%k1 +3 *%k2 +%k3 +%k4];
          [%D3] [%Temp_D5];
          0 90;
          [ -%L1 -%L2 -%Air_B -%R3] [ -%L1 -%L2 -%R3]
          [ -%L1 +%Air_L1] [ -%L1 -%L3] [ -%L1 +%Air_L1 +
          (%D3 -%D2) /tan(%Ang_Co_1 * %Ang_1)];
sfi -1;;;cy 0 0 0 0 0 1 [%D3]
sfi -2;;;cy 0 0 0 0 0 1 [%Temp_D5]
sfi ; ; -1;cone 0 0 [ -%L1 -%L_L2R3 -%Air_B +%R3 -%Temp_
L5] 0 0 1 [%D3] [%Ang_3]
sfi ; ; -2;cone 0 0 [ -%L1 -%L2 -%Temp_L5] 0 0 1 [%D3] [%
Ang_3]
sfi ; ; -3;cone 0 0 [ -%L1 -%L4] 0 0 1 [%D2] [%Ang_2]
sfi ; ; -4;cone 0 0 [ -%L1 -%L3] 0 0 1 [%D1] [%Ang_1]
sfi ; ; -5;cone 0 0 [ -%L1 +%Air_L1 +%R1] 0 0 1 [%D1] [%Ang
_Co_1 * %Ang_1]
res 0 0 2 0 0 3 k [%K_Co];
```

```
mti ;;2 3;2;
mti ;;3 4;1;
mate 3;
endpart

c 再建中间(第七部分) 药型罩的最边缘
cylinder 1 [1 + %ij7];
          1 [1 +3 *3 *2 * %ij1];
            1 [1 + %k1] [1 + %k1 +3 * %k2] [1 + %k1 +3 * %k2
             + %k3] [1 + %k1 +3 * %k2 + %k3 + %k4];
            [%Temp_D5] [%D4];
            0 90;
            [ - %L1 - %L2 - %Air_B - %R3] [ - %L1 - %L2 - %R3]
            [ - %L1 - %L4] [ - %L1 - %L3] [ - %L1 + %Air_L1 +
            (%Temp_D5 - %D2)/tan(%Ang_Co_1 * %Ang_1)];
sfi -1;;;cy 0 0 0 0 0 1 [%Temp_D5]
sfi -2;;;cy 0 0 0 0 0 1 [%D4]
sfi ; ; -1;cone 0 0 [ - %L1 - %L_L2R3 - %Air_B + %R3 - %Temp_
L5] 0 0 1 [%D3] [%Ang_3]
sfi ; ; -2;cone 0 0 [ - %L1 - %L2 - %Temp_L5] 0 0 1 [%D3] [%
Ang_3]
sfi ; ; -3;cone 0 0 [ - %L1 - %L4] 0 0 1 [%D2] [%Ang_2]
sfi ; ; -4;plane 0 0 [ - %L1] 0 0 1
sfi ; ; -5;cone 0 0 [ - %L1 + %Air_L1 + %R1] 0 0 1 [%D1] [%Ang
_Co_1 * %Ang_1]
res 0 0 2 0 0 3 k [%K_Co];
mti ;;2 3;2;
mti ;;3 4;1;
mate 3;
endpart

c 再建中间(第八部分) - 空气
cylinder 1 [1 + %ij8];
          1 [1 +3 *3 *2 * %ij1];
            1 [1 + %k1] [1 + %k1 +3 * %k2] [1 + %k1 +3 * %k2
             + %k3] [1 + %k1 +3 * %k2 + %k3 + %k4];
            [%D4] [%D4 + %Temp_D6];
```

```
                0 90;
                [ -%L1 -%L_L2R3 -%Air_B +%R3 -%Temp_L5 +(%D4
                -%D3)/tan(%Ang_3)][ -%L1 -%L5][ -%L1 -%L4
                -(%D4 -%D2)/tan(%Ang_2)][ -%L1 +%Air_L1]
                [ -%L1 +%Air_L1 +(%D4 -%D1)/tan(%Ang_Co_1
                *%Ang_1)];
    sfi -1;;;cy 0 0 0 0 0 1 [%D4];
    sfi -2;;;cy 0 0 0 0 0 1 [%D4 +%Temp_D6];
    sfi ;; -1;plane 0 0 [ -%L1 -%L_L2R3 -%Air_B +%R3 -%Temp_
    L5 +(%D4 -%D3)/tan(%Ang_3)] 0 0 1
    sfi ; ; -2;plane 0 0 [ -%L1 -%L5] 0 0 1
    sfi ; ; -3;plane 0 0 [ -%L1 -%L4 +(%D4 -%D2)/tan(%Ang_2)]
    0 0 1
    sfi ; ; -4;plane 0 0 [ -%L1] 0 0 1
    sfi ; ; -5;plane 0 0 [ -%L1 +%Air_L1 +(%D4 -%D1) /tan(%
   Ang_Co_1 *%Ang_1)] 0 0 1
    res 0 0 2 0 0 3 k [%K_Co];
    mate 3;
    endpart
    merge;
    tp [%rongcha]
    lsdyna keyword
    write
    exit
```

复杂的命令可以单独使用，也可以通过程序封装成软件界面的形式使用：设计模型建立基本条件输入模块，界面如图 3.38 所示，可根据用户需要选择不同的仿真单位制（cm - g - us - Mbar 或 mm - kg - ms - Gpa）和仿真模型类型（1/4 模型、1/2 模型或全模型）。

设计药型罩结构参量输入模块，界面如图 3.39 所示，可方便用户实现单锥平顶型药型罩、单锥弧顶型药型罩、双锥型药型罩、三锥型药型罩、弧锥型药型罩等不同装药结构的选择。不同装药结构的用户操作界面如图 3.40 ~ 图 3.45 所示。

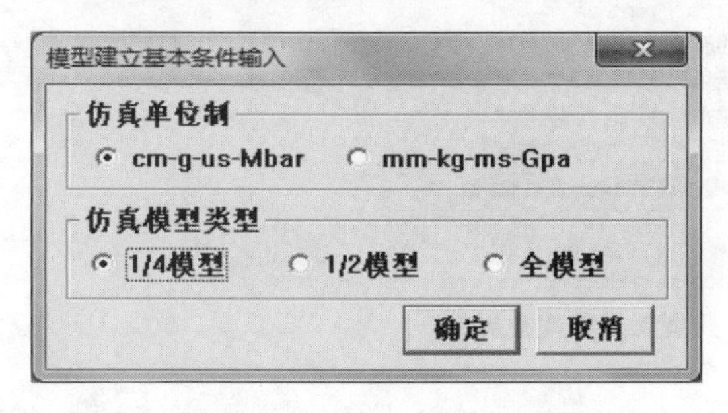

图 3.38 模型建立基本条件输入模块

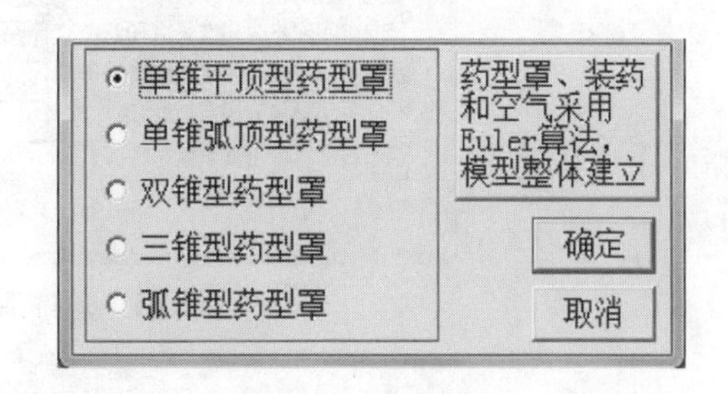

图 3.39 药型罩结构参量输入模块

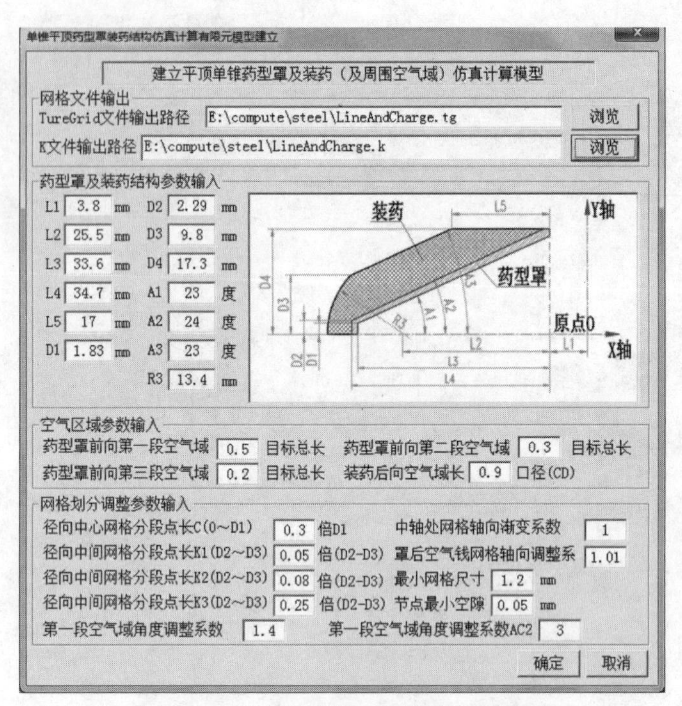

图 3.40 单锥平顶药型罩模型建立界面

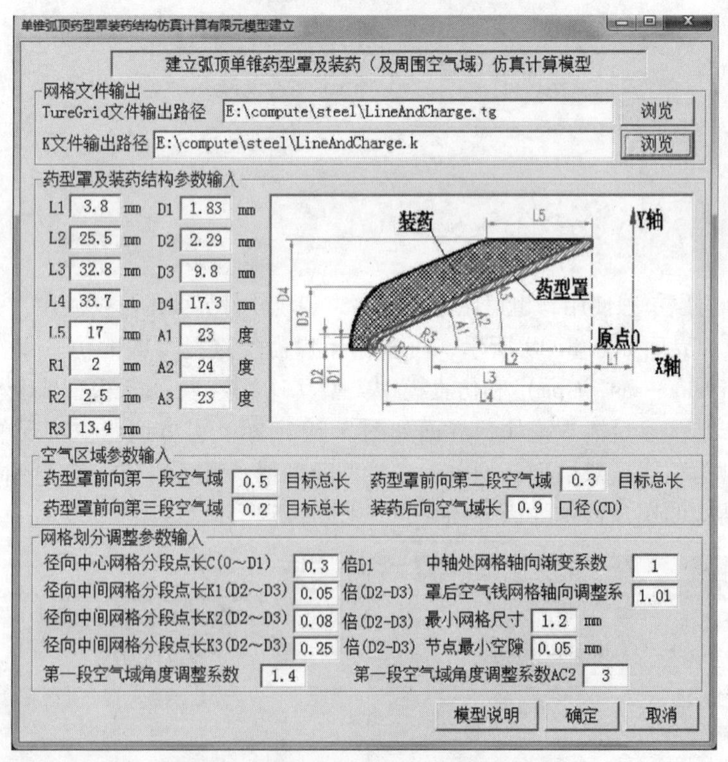

图 3.41 单锥弧顶药型罩模型建立界面

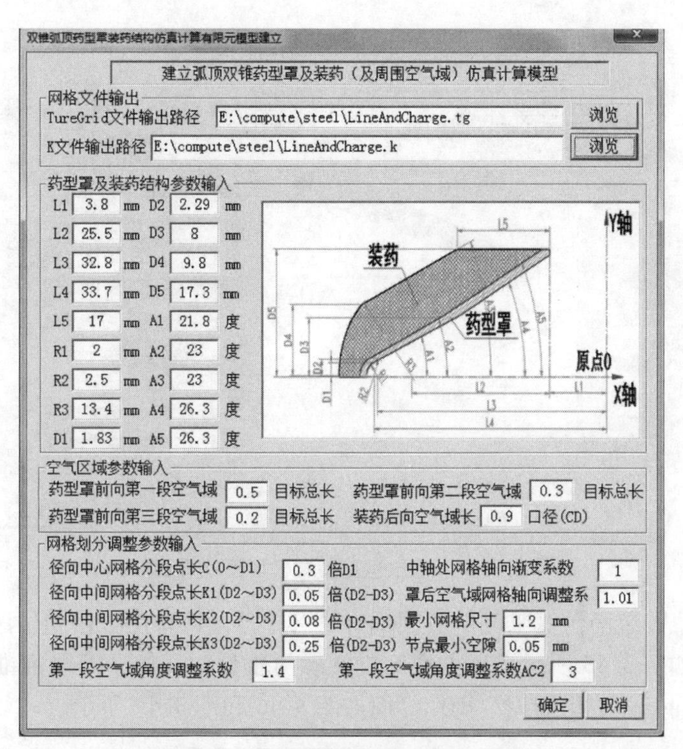

图 3.42　双锥型药型罩模型建立界面

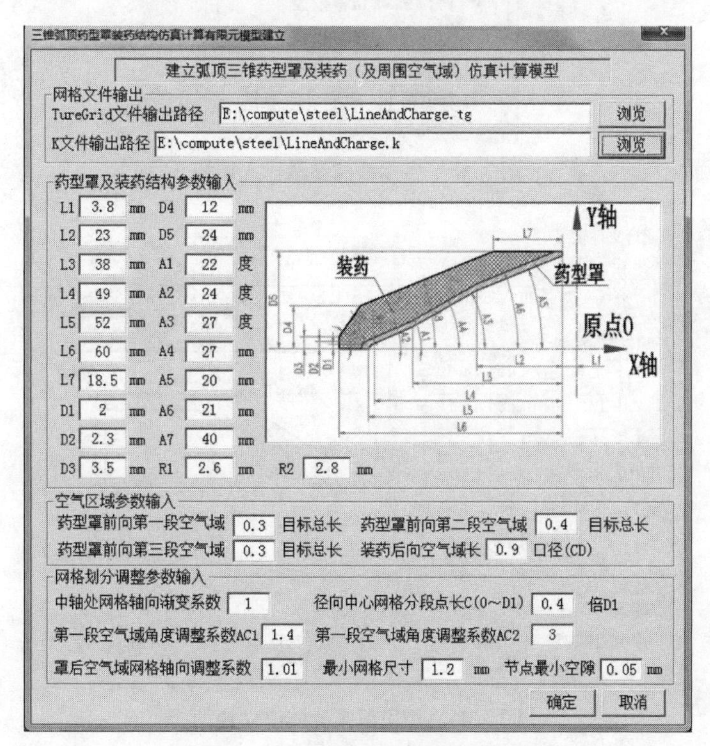

图 3.43　三锥型药型罩模型建立界面

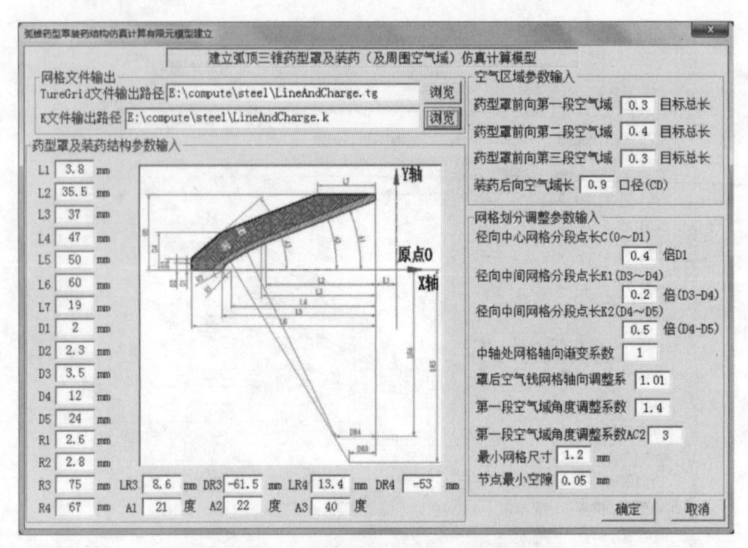

图 3.44　弧锥型药型罩模型建立界面

同时，对于聚能装药仿真采用的流固耦合，可单独设计采用拉格朗日法的壳体结构参量输入模块，界面如图 3.45 所示，以方便用户实现两段弧锥壳体、两段锥锥壳体等不同壳体结构的选择。不同壳体结构的用户操作界面如图 3.46 和图 3.47 所示。

图 3.45　壳体结构参量输入模块

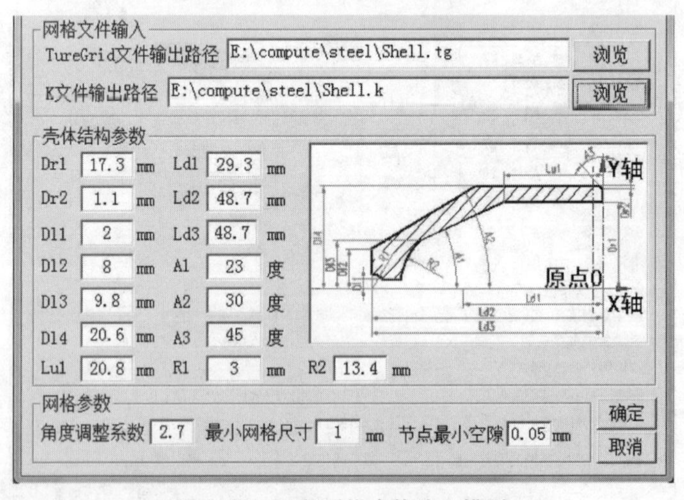

图 3.46　两段弧锥壳体建立模型

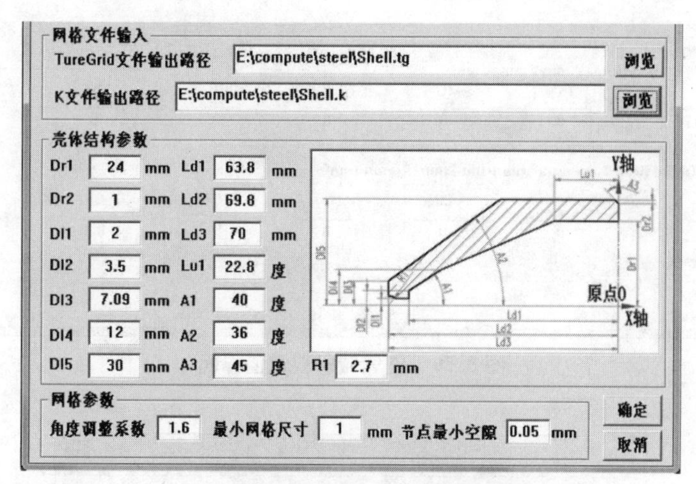

图 3.47　两段锥锥壳体建立模型

根据所建立的模型，进行计算材料模型及参数赋值，界面如图 3.48 ~ 图 3.52 所示。

Johnson-Cook(15号材料模型)

MAT_JOHNSON_COOK (Unit-1:cm-g-us-Mbar/Unit-2:mm-Kg-ms-Gpa)

MID 1　RO 8.96 (g/cm^3)/(kg/mm^3)　G 0.509 Mbar/Gpa　E 1.37 Mbar/Gpa　PR 0.345　DTF 0　VP 0

A 0.0009 Mbar/Gpa　B 0.0029 Mbar/Gpa　N 0.31　C 0.025　M 1.09　TM 1360 K　TR 294 K　EPSO 1e-006

CP 3.83e-((J/(g*K))/(J/(Kg*K))　PC -9 Mbar/Gpa　SPALL 3　IT 0　D1 0　D2 0　D3 0　D4 0

D5 0

EOS_GRUNEISN (Unit-1:cm-g-us-Mbar/Unit-2:mm-Kg-ms-Gpa)

EOSID 1　C 0.394 (cm/us)/(mm/ms)　S1 1.49　S2 0　S3 0　GAMAC 1.99　A 0　EO 0 Mbar/Gpa

V0 1

确定　取消

图 3.48　药型罩材料赋值界面

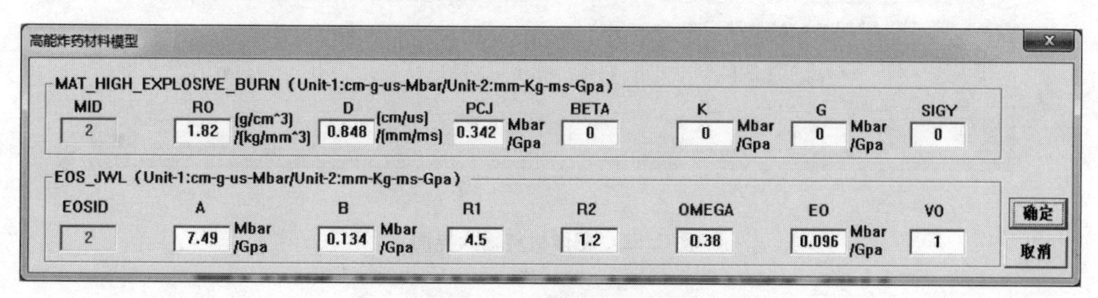

图 3.49　炸药材料赋值界面

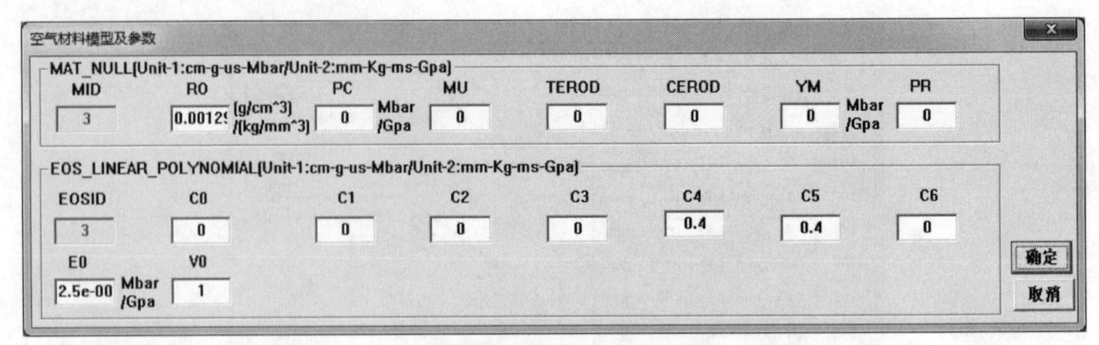

图 3.50　空气域材料赋值界面

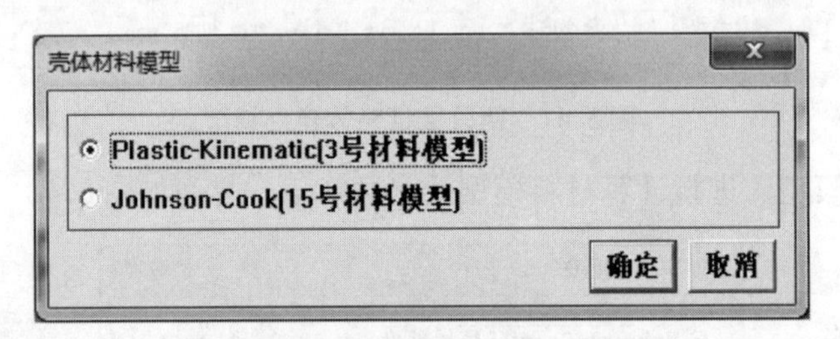

Plastic_Kinematic(3号材料模型)
Mat_PIASTIC_KINEMATIC (Unit-1:cm-g-us-Mbar/Unit-2:mm-Kg-ms-Gpa)
MID 4
RO 7.85 [g/cm^3] /[kg/mm^3]
E 2.1 Mbar /Gpa
PF 0.3
SIGY 0.0035 Mbar /Gpa
ETAN 0.065 Mbar /Gpa
BETA 1
SRC 0 us^-1
SRF 0
FS 0.2
VP 0
确定
取消

图 3.51　壳体材料赋值界面

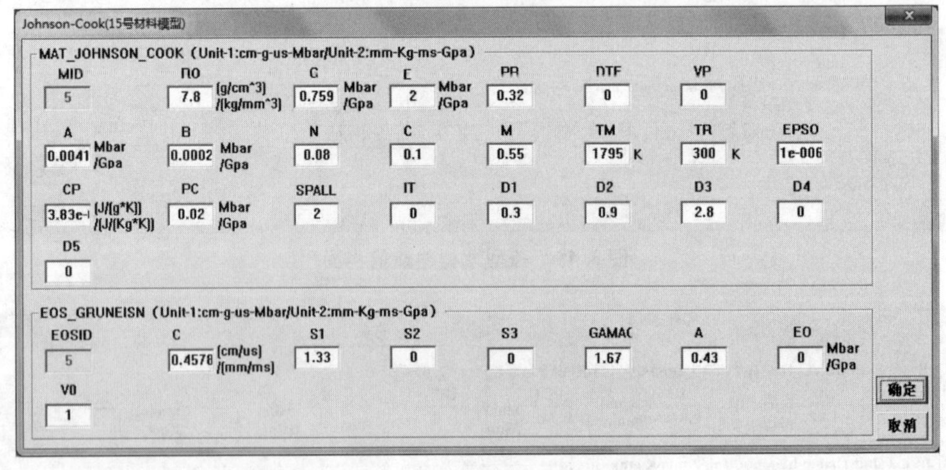

(a)

图 3.52　靶体材料输入界面

(a) 钢靶

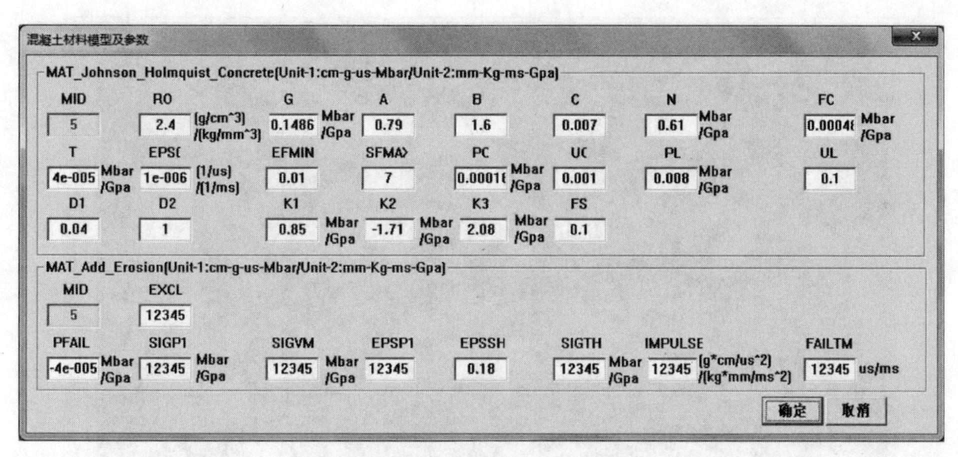

(b)

图 3.52　靶体材料输入界面（续）

(b) 混凝土靶

根据需要，输入计算时间等参数，生成计算用文件，如图 3.53 所示，实现自动调用，不再需要人为输入。根据计算机的实际情况选择参数，调用计算程序，如图 3.54 所示，进行计算，如图 3.55 所示。在整个过程中实现自动调用，不再需要人为输入，只需根据模型和计算机的情况修改计算所需内存数和使用的 CPU 个数。

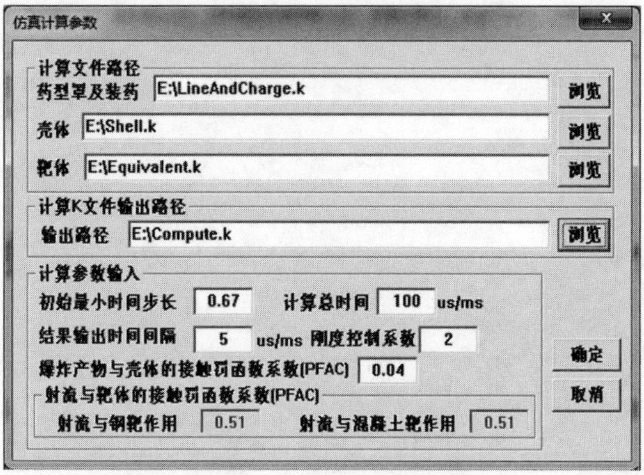

图 3.53　计算用文件生成

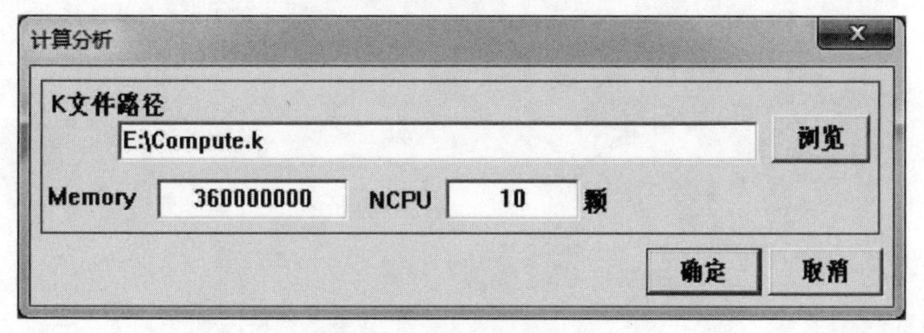

图 3.54　调用计算程序

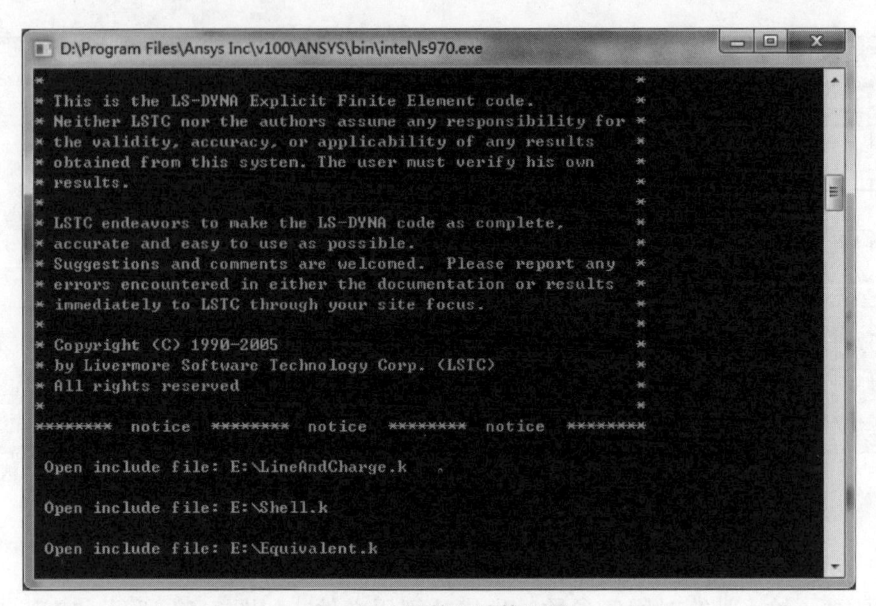

图 3.55 计算机计算分析

第4章

静/动态载荷下的武器结构强度校核分析基础理论与实例

4.1 强度理论及线性本构关系

4.1.1 强度理论

强度理论是判断材料在复杂应力状态下是否破坏的理论。材料在外力作用下有两种不同的破坏形式：一是在不发生显著塑性变形时的突然断裂，称为脆性破坏；二是因发生显著塑性变形而不能继续承载的破坏，称为塑性破坏。破坏的原因十分复杂，而破坏问题也是武器设计的核心问题。对于单向应力状态，由于可直接做拉伸或压缩试验，通常就将用破坏载荷除以试样的横截面积而得到的极限应力（强度极限或屈服极限，见材料的力学性能）作为判断材料破坏的标准。但在二向应力状态下，材料内破坏点处的主应力 σ_1、σ_2 不为零；在三向应力状态的一般情况下，三个主应力 σ_1、σ_2 和 σ_3 均不为零。不为零的应力分量有不同比例的无穷多个组合，不能用试验逐个确定。由于工程上的需要，两百多年来，人们对材料破坏的原因提出了各种不同的假说，但这些假说都只能被某些破坏试验所证实，而不能解释所有材料的破坏现象。这些假说统称强度理论。

目前，有四个基本强度理论作为强度分析的基础，四个基本强度理论分别为第一强度理论、第二强度理论、第三强度理论和第四强度理论。第一、第二强度理论多用于断裂失效，第三、第四强度理论多用于屈服失效。

1. 第一强度理论

第一强度理论又称为最大拉应力理论，其表述是：材料发生断裂是由最大拉应力引起的，即最大拉应力达到某一极限值时材料发生断裂。

在简单拉伸试验中，三个主应力中有两个是零，最大主应力就是试件横截面上该点的应力，当这个应力达到材料的极限强度 σ_b 时，试件就断裂。因此，根据此强度理论，通过简单拉伸试验，可知材料的极限应力就是 σ_b，于是在复杂应力状态下，材料的破坏条件是：

$$\sigma_1 = \sigma_b \tag{4-1}$$

考虑安全系数以后的强度条件是：

$$\sigma_1 \leqslant [\sigma] \tag{4-2}$$

需指出的是，上式中的 σ_1 必须为拉应力。在没有拉应力的三向压缩应力状态下，显然不能采用第一强度理论来建立强度条件。

第一强度理论适用于脆性材料，且最大拉应力大于或等于最大压应力（绝对值）的情形。

2. 第二强度理论

第二强度理论是由最大线应变理论经修正而得到的，这个理论认为，使材料发生断裂破坏的主要因素是最大拉应变，该理论又称为最大伸长应变理论。它主要适用于脆性材料。它假定，无论材料内一点的应力状态如何，只要材料内该点的最大伸长应变 ε_1 达到了单向拉伸断裂时最大伸长应变的极限值 ε_i，材料就发生断裂破坏，其破坏条件为：

$$\varepsilon_1 \geqslant \varepsilon_i \quad (\varepsilon_i > 0) \tag{4-3}$$

则在单向拉伸时有：$\varepsilon_i = \sigma_b / E$；$\varepsilon_1 = \sigma_1 / E$。对于三向应力状态，$\sigma_1$、$\sigma_2$ 和 σ_3 为危险点由大到小的三个主应力；E、δ 为材料的弹性模量和泊松比（见材料的力学性能）。由广义胡克定律得：

$$\varepsilon_1 = [\sigma_1 - \delta(\sigma_2 + \sigma_3)] / E \tag{4-4}$$

所以

$$\sigma_1 - \delta(\sigma_2 + \sigma_3) = \sigma_b \tag{4-5}$$

因此，这种理论的破坏条件可用主应力表示为：

$$\sigma_1 - \delta(\sigma_2 + \sigma_3) \leqslant [\sigma] \tag{4-6}$$

第二强度理论适用于脆性材料，且最大压应力的绝对值大于最大拉应力的情形。

3. 第三强度理论

第三强度理论又称为最大剪应力理论或特雷斯卡屈服准则。法国的 C. A. de 库仑于 1773 年，H. 特雷斯卡于 1868 年分别提出和研究过这一理论。该理论假定，最大剪应力是引起材料屈服的原因，即不论在什么样的应力状态下，只要材料内某处的最大剪应力 τ_{max} 达到了单向拉伸屈服时剪应力的极限值 τ_y，材料就在该处出现显著塑性变形或屈服。ANSYS 中 stress intensity（应力强度）是根据第三强度理论推导出的当量应力。

由于

$$\tau_{max} = \frac{1}{2}[\sigma_1 - \sigma_3], \quad \tau_y = \sigma_y / 2$$

所以这个理论的塑性破坏条件为：

$$\sigma_1 - \sigma_3 \geqslant \sigma_y \tag{4-7}$$

式中，σ_y 是屈服正应力。

4. 第四强度理论

第四强度理论又称为最大形状改变比能理论。它是波兰的 M · T · 胡贝尔于 1904 年从总应变能理论改进而来的。德国的 R. von 米泽斯于 1913 年，美国的 H · 亨奇于 1925 年都对这一理论作过进一步的研究和阐述。该理论适用于塑性材料。由这个理论导出的判断塑性破坏的条件为：

$$\sqrt{\frac{1}{2}[(\sigma_1 - \sigma_3)^2 + (\sigma_2 - \sigma_3)^2 + (\sigma_3 - \sigma_1)^2]} \geqslant \sigma_y \tag{4-8}$$

在二向应力状态下，$\sigma_3 = 0$，因而破坏条件为：

$$\sigma_1^2 - \sigma_1 \sigma_2 + \sigma_2^2 = \sigma_y^2 \tag{4-9}$$

若以 σ_1 和 σ_2 为直角坐标轴，这个破坏条件可表示为图 4.1 中的椭圆，而图中的不等边六边形则表示第三强度理论的破坏条件。可见第三、第四两个理论给出的破坏条件是很接近的。实际上，最大形状改变比能理论也是一种剪应力理论。

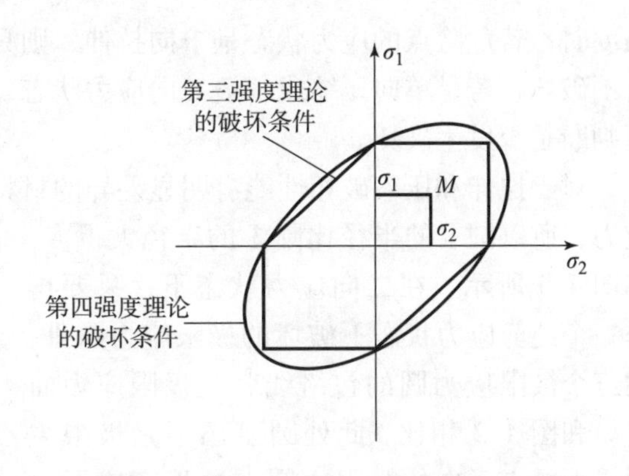

图 4.1　二向应力状态下的破坏条件

5. 四个强度理论的对比

第三和第四强度理论因涉及材料的屈服，都适用于塑性材料。综上，各强度理论的应用与局限列于表 4.1。

表 4.1　各强度理论的应用范围与局限

	第一强度理论	第二强度理论	第三强度理论	第四强度理论
应用范围	材料无裂纹脆性断裂失效形式（脆性材料二向或三向受拉状态；最大压应力值不超过最大拉应力值或超过不多）	脆性材料的二向或三向应力状态且压应力很大（大于最大拉应力）的情况	材料的屈服失效形式	材料的屈服失效形式
局限性	没考虑 σ_2、σ_3 对材料的破坏影响，对无拉应力的应力状态无法应用	只与极少数脆性材料在某些受力形式下的试验结果吻合	没考虑 σ_2 对材料的破坏影响，计算结果偏于安全	与第三强度理论相比更符合实际，但公式较复杂

6. 莫尔强度理论

上面几个强度理论只适用于抗拉伸破坏和抗压缩破坏的性能相同或相近的材料，但是，有些材料（如岩石、铸铁、混凝土以及土壤）对于拉伸和压缩破坏的抵抗能力存在很大差别，抗压强度远远大于抗拉强度。为了校核这类材料在二向应力状态下的强度，德国的 O · 莫尔于 1900 年提出一个理论，对最大拉应力理论作了修正，后被称为莫尔强度理论。

莫尔用应力圆（即莫尔圆）表达他的理论，方法是对材料做三个破坏试验，即单向拉伸破坏试验、单向压缩破坏试验和薄壁圆管的扭转（纯剪应力状态）破坏试验。根据试验测得的破坏时的极限应力，在以正应力 σ 为横坐标、以剪应力 τ 为纵坐标的坐标系中绘出莫尔圆，例如图 4.2 是根据拉伸和压缩破坏性能相同的材料作出的，其中圆 Ⅰ、圆 Ⅱ 和圆 Ⅲ 分别由单向拉伸破坏、单向压缩破坏和纯剪破坏的极限应力作出，这些圆称为极限应力圆，而最大的极限应力圆（即圆 Ⅲ）称为极限主圆。当校核用被试材料制成的构件的

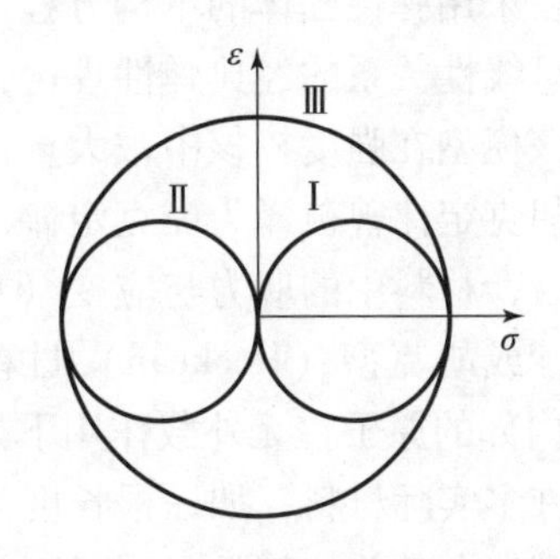

图 4.2　拉伸和压缩破坏性能相同时材料的极限应力圆

强度时，若危险点的应力状态是单向拉伸，则只要其工作应力圆不超出极限应力圆Ⅰ，材料就不破坏。若是单向压缩或一般二向应力状态，则看材料中的应力是否超出极限力圆Ⅱ或Ⅲ而判断是否发生破坏。

对于拉伸和压缩破坏性能有明显差异的材料，压缩破坏的极限应力远大于拉伸时的极限应力，所以圆Ⅱ的半径比圆Ⅰ的半径大得多，如图 4.3 所示。在二向应力状态下，只要再作一个纯剪应力状态下破坏的极限应力圆Ⅲ，则三个极限应力圆的包络线就是极限应力曲线。和图 4.2 相比，此处圆Ⅲ已不是极限主圆；而图 4.2 中的极限主圆在这里变成了对称于 σ 轴的包络曲线。当判断由给定的材料（拉压强度性能不同者）制成的构件在工作应力下是否会发生破坏时，将构件危险点的工作应力圆同极限应力圆进行比较，若工作应力圆不超出包络线范围，就表明构件不会破坏。有时为了省去一个纯剪应力状态（薄壁圆管扭转）破坏试验，也可以用圆Ⅰ和圆Ⅱ的外公切线近似代替包络曲线段。

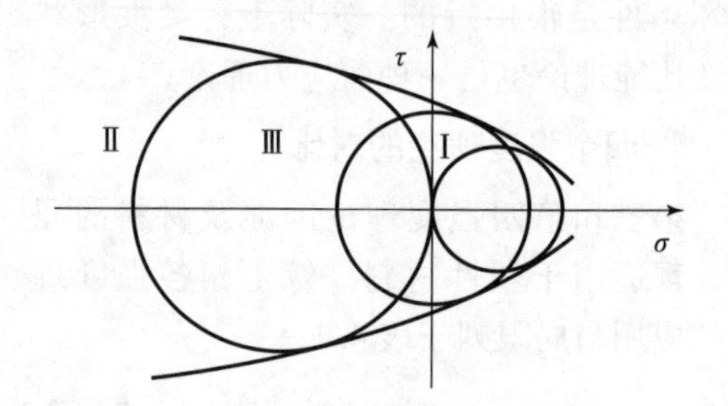

图 4.3　拉伸和压缩破坏性能不相同时材料的极限应力圆

为了考查上述各种强度理论的适用范围，自 17 世纪以来，不少学者进行了一系列试验。结果表明，想建立一种统一的、适用于各种工程材料和各种不同的应力状态的强度理论是不可能的。在使用上述强度理论时，还应知道它们是对各向同性的均匀连续材料而言的。所有这些理论都只侧重于可能破坏点本身的应力状态，在应力分布不均匀的情况下，对可能破坏点附近的应力梯度未予考虑。

4.1.2　线性本构关系

4.1.2.1　胡克定律与广义胡克定律

1. 胡克定律

影响结构材料性能的因素很多，如应力、应变、变形率、温度、湿度、时效等，而通常建立本构方程时仅考虑应力、应变两个物理参数，强度分析、校核分析通常不涉及材料的塑性段，采用弹性固体的本构方程可表示为应力张量 T_{ij} 和应变张量 E_{kl} 之间呈线性关系。认为两者呈线性关系的经典弹性理论，即著名的胡克定律。而线性本构通常也可称为广义胡克定律。该模型在强度校核中被大量使用。

胡克定律曾被译为虎克定律，是力学弹性理论中的一条基本定律，表述为：固体材料受力之后，材料中的应力与应变（单位变形量）之间呈线性关系。满足胡克定律的材料称为线弹性或胡克型（Hookean）材料。从物理的角度看，胡克定律源于多数固体（或孤立分子）内部的原子在无外载作用下处于稳定平衡的状态。

许多实际材料，如一根长度为 L、横截面积为 A 的棱柱形棒，在力学上都可以用胡克定律来模拟。其单位伸长（或缩减）量（应变）在常系数 E（称为弹性模量）下，与拉（或压）应力 σ 成正比例，即 $F = -k \cdot x$ 或 $\Delta F = -k \cdot \Delta x$，其中 k 是常数，是物体的劲度系数（倔强系数/弹性系数）。在国际单位制中，F 的单位是 N，x 的单位是 m，它是形变量（弹性形变)，k 的单位是 N/m。劲度系数在数值上等于弹簧伸长（或缩短）单位长度时的弹力，即弹簧在发生弹性形变时，弹簧的弹力 F 和弹簧的伸长量（或压缩量）x 成正比，$F=k\cdot x$，k 是物质的弹性系数，它只由材料的性质决定，与其他因素无关。负号表示弹簧所产生的弹力与其伸长（或压缩）的方向相反，如图 4.4 所示。

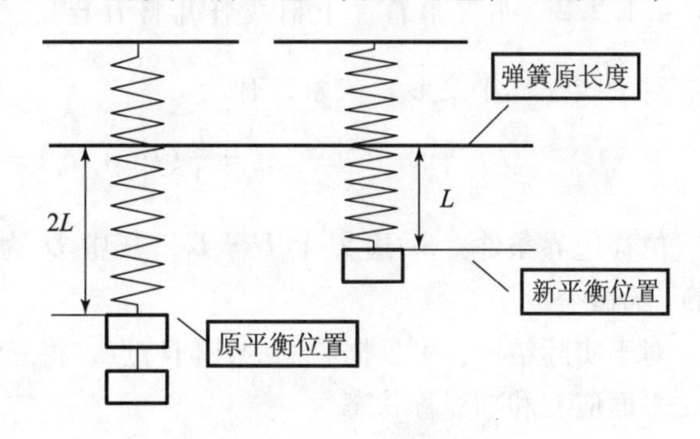

图 4.4　胡克定律的推论

满足胡克定律的弹性体是一个重要的物理理论模型，它是对现实世界中复杂的非线性本构关系的线性简化，而实践又证明了它在一定程度上是有效的。然而现实中也存在着大量不满足胡克定律的实例。胡克定律的重要意义不只在于它描述了弹性体形变与力的关系，更在于它开创了一种研究的重要方法——将现实世界中复杂的非线性现象作线性简化，这种方法的使用在理论物理学中是屡见不鲜的。

2. 广义胡克定律

胡克定律的内容为：在材料的线弹性范围内（材料应力 - 应变曲线的比例极限范围内），固体的单向拉伸变形与所受的外力成正比；也可表述为：在应力低于比例极限的情况下，固体中的应力 σ 与应变 ε 成正比，即 $\sigma=E\varepsilon$，式中 E 为常数，可称为弹性模量或杨氏模量。把胡克定律推广应用于三向应力和应变状态，则可得到广义胡克定律。胡克定律为弹性力学的发展奠定了基础。各向同性材料的广义胡克定律有两种常用的数学形式：

$$\begin{cases}\sigma_{11}=\lambda(\varepsilon_{11}+\varepsilon_{22}+\varepsilon_{33})+2G\varepsilon_{11},\sigma_{23}=2G\varepsilon_{23}\\ \sigma_{22}=\lambda(\varepsilon_{11}+\varepsilon_{22}+\varepsilon_{33})+2G\varepsilon_{22},\sigma_{31}=2G\varepsilon_{31}\\ \sigma_{33}=\lambda(\varepsilon_{11}+\varepsilon_{22}+\varepsilon_{33})+2G\varepsilon_{33},\sigma_{12}=2G\varepsilon_{12}\end{cases} \tag{4-10}$$

式中，σ_{ij}为应力分量；ε_{ij}为应变分量（i，$j=1$，2，3）；λ 和 G 为拉梅常量，G 又称为剪切模量。这些关系也可写为：

$$\begin{cases}\varepsilon_{11}=\dfrac{1}{E}[\sigma_{11}-\nu(\sigma_{22}+\sigma_{33})],\varepsilon_{23}=\dfrac{1}{2G}\sigma_{23}\\ \varepsilon_{22}=\dfrac{1}{E}[\sigma_{22}-\nu(\sigma_{33}+\sigma_{11})],\varepsilon_{31}=\dfrac{1}{2G}\sigma_{31}\\ \varepsilon_{33}=\dfrac{1}{E}[\sigma_{33}-\nu(\sigma_{11}+\sigma_{22})],\varepsilon_{12}=\dfrac{1}{2G}\sigma_{12}\end{cases} \tag{4-11}$$

式中，E 为弹性模量（或杨氏模量）；ν 为泊松比。λ、G、E 和 ν 之间存在的联系可通过表 2-1 得到。

根据上述内容可知，对于金属类各向同性材料的胡克定律如下：

$$\boldsymbol{\sigma}_{ij}=\boldsymbol{D}_{ijkl}\boldsymbol{\varepsilon}_{kl}\quad 或\quad \boldsymbol{\varepsilon}_{ij}=\boldsymbol{C}_{ijkl}\boldsymbol{\sigma}_{kl} \tag{4-12}$$

式中，$\boldsymbol{D}_{ijkl}$和 $\boldsymbol{C}_{ijkl}$分别为弹性阵和柔度阵。

由剪应力互等定理，弹性阵 $\boldsymbol{D}_{ijkl}$（9×9）独立材料参数的个数由 81 个减少为 21 个。进而对于正交异性的材料参数为 9 个独立的参数，对于各向同性材料：

$$\mathrm{d}\boldsymbol{\varepsilon}_{ij}^{e}=\frac{1}{2G}\mathrm{d}\boldsymbol{S}_{ij}+\frac{1-2\nu}{E}\mathrm{d}\sigma_0\boldsymbol{\delta}_{ij},G=\frac{E}{2(1+\nu)}(i,j=1,2,3) \tag{4-13}$$

仅有两个独立的材料常数，即 E 和 ν，其中 E 为弹性模量，ν 为泊松比。

4.1.2.2 小变形情况下的线性几何方程

对于线性（小变形）关系，有

$$\varepsilon_{ij}=\frac{1}{2}(U_{ij}+U_{ji})=(\boldsymbol{\Delta})^{\mathrm{T}}\{\boldsymbol{U}\} \tag{4-14}$$

位移边界条件：S_u 边界上 $\boldsymbol{U}=\overline{\boldsymbol{U}}$，其中 $\boldsymbol{U}$ 为位移向量，$\overline{\boldsymbol{U}}$ 为边界 S 上的指定位移，$(\boldsymbol{\Delta})^{\mathrm{T}}$ 为微分算子。

对于实际结构，可根据它们的几何特点，将三维问题简化为二维问题，主要有：平面应力、平面应变和轴对称状态。

1. 平面应力（薄壁结构）

平面应力，指只在平面内有应力，与该面垂直方向的应力可忽略，例如薄板拉压问题，即外力仅作用在平面内，两表面无外力作用。具体来说，平面应力是指所有的应力都在一个平面内，如果平面是 Oxy 平面，那么只有正应力 σ_x，σ_y，剪应力 τ_{xy}（它们都在一个平面内），即 $\sigma_{yz}=\sigma_{xz}=\sigma_{zz}=0$，而 σ_{xx}、σ_{yy}、σ_{xy} 沿厚度均匀分布，如图 4.5 所示。平面应力问题讨论的弹性体为薄板，薄壁厚度远远小于结构另外两个方向的尺度。薄板的中面为平面，其所受外力，包括体力均平行于中面面内，沿厚度方向不变，而且薄板的两个表面不受外力作用。

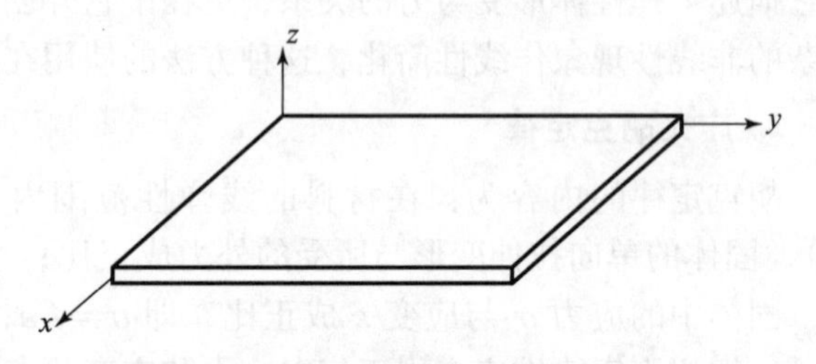

图 4.5 平面应力的薄板结构

按胡克定律，有

$$\begin{cases}\varepsilon_{xx}=\dfrac{\partial u}{\partial x}\\ \varepsilon_{yy}=\dfrac{\partial v}{\partial y}\\ \varepsilon_{xy}=\dfrac{1}{2}\left(\dfrac{\partial v}{\partial x}+\dfrac{\partial u}{\partial y}\right)\\ \varepsilon_{zz}=-\left(\dfrac{v}{1-v}\right)(\varepsilon_{xx}+\varepsilon_{yy})\\ \varepsilon_{zz}=\varepsilon_{xz}=\varepsilon_{yz}=0\end{cases} \tag{4-15}$$

可以得到如下弹性矩阵：

$$\boldsymbol{D}=[E/(1-v^2)]\begin{bmatrix}1 & v & 0\\ v & 1 & 0\\ 0 & 0 & \dfrac{1-v}{2}\end{bmatrix} \tag{4-16}$$

2. 平面应变（沿轴线的几何形状和外载荷无明显变化的物体）

平面应变（plane strain）是指变形前后，应变椭球体中间主应变轴长度不变的应变状态，是指只在平面内有应变，与该面垂直方向的应变可忽略，例如水坝侧向水压问题、挡土墙很长的物体等，如图 4.6 所示。

平面应变是指所有的应变都在一个平面内，同样，如果平面是 Oxy 平面，则只有正应变 ε_x，ε_y 和剪应变 γ_{xy}，而没有 ε_z，γ_{yz}，γ_{zx}。在金属材料断裂韧度测试的试验中，对于张开型的裂纹扩展，在拉伸或弯曲时，其裂纹尖端附近更是处于复杂的应力状态，最典型的是平面应变和平面应力两种应力状态。前者出现于厚板中，后者则在薄板中出现。

由图 4.6 可见，在离两端一定距离处，可以假定任意横截面上的位移、应力、应变等力学量仅是 x、y 的函数，沿物体纵向无变化，进一步假设沿 z 方向位移 w 为常数或 0，则有：

$$\varepsilon_{zz}=0，\ \varepsilon_{yy}=\frac{\partial v}{\partial y}，\ 2\varepsilon_{xz}=\left(\frac{\partial u}{\partial z}+\frac{\partial w}{\partial x}\right) \tag{4-17}$$

$$\boldsymbol{D}=\frac{E}{(1+v)(1-2v)}\begin{bmatrix}1-v & v & 0\\ v & 1-v & 0\\ 0 & 0 & \dfrac{1-2v}{2}\end{bmatrix} \tag{4-18}$$

$$\sigma_z=v(\sigma_y+\sigma_x) \tag{4-19}$$

3. 轴对称问题

对于厚壁筒、高压罐和炮筒等轴对称问题，可用轴坐标代替直角坐标，如图 4.7 所示。

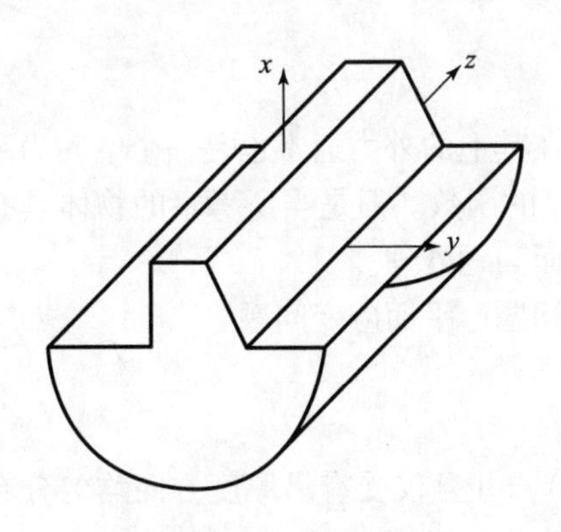

图 4.6　平面应变

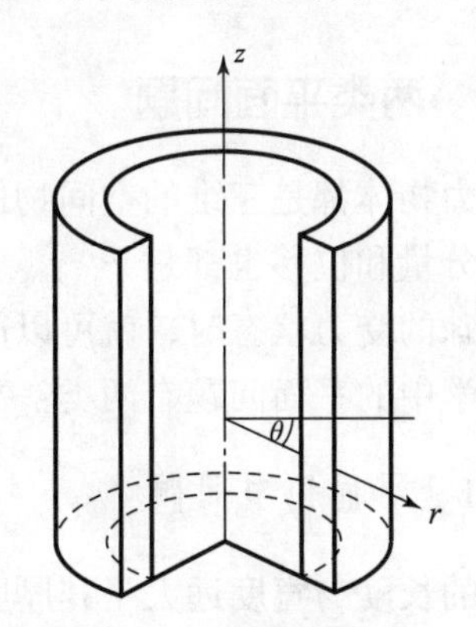

图 4.7　轴对称问题

$$\varepsilon_r=\frac{\partial u}{\partial r}，\ \varepsilon_z=\frac{\partial w}{\partial z}，\ \varepsilon_\theta=\frac{u}{r}，\ \varepsilon_{rz}=\frac{1}{2}\left(\frac{\partial u}{\partial z}+\frac{\partial w}{\partial r}\right) \tag{4-20}$$

$$\boldsymbol{D}=\frac{E(1-v)}{(1+v)(1-2v)}\begin{bmatrix}1 & \dfrac{v}{1-v} & 0 & \dfrac{v}{1-v}\\ \dfrac{v}{1-v} & 1 & 0 & \dfrac{v}{1-v}\\ 0 & 0 & \dfrac{1-2v}{2(1-v)} & 0\\ \dfrac{v}{1-v} & \dfrac{v}{1-v} & 0 & 1\end{bmatrix} \tag{4-21}$$

4.2 静/动态载荷作用下的强度校核基础

静/动态载荷作用下的强度校核是目前最常用的有限元分析领域，在武器设计中也得到很多应用，在具体应用时，可以进行一些简化，各类方程与物理参量之间的联系如图 4.8 所示。下面就静/动态载荷作用下的强度校核中的两类平面问题、各理论方程进行简单的介绍。

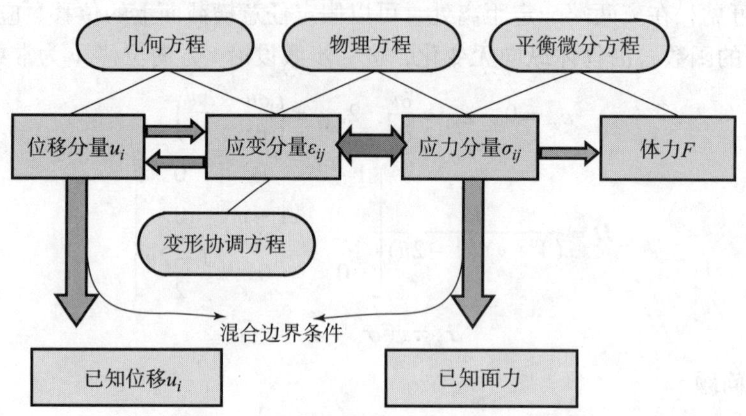

图 4.8 各类方程与物理参量之间的联系

4.2.1 两类平面问题

实际受力物体都是三维的空间物体，作用在其上的外力通常也是一个空间力系，其应力分量、应变分量和位移也都是 x、y、z 三个变量的函数。但是当所考察的物体具有某种特殊的形状和特殊的受力状态时，就可以简化为平面问题处理。

弹性力学中的平面问题有两类：平面应力问题、平面应变问题。

4.2.1.1 平面应力问题

当物体的长度与宽度远大于其厚度（高度），并且仅受有沿厚度方向均匀分布的、在长度和宽度平面内的力作用时，该物体就可以简化为弹性力学中的平面应力问题（图 4.9）。

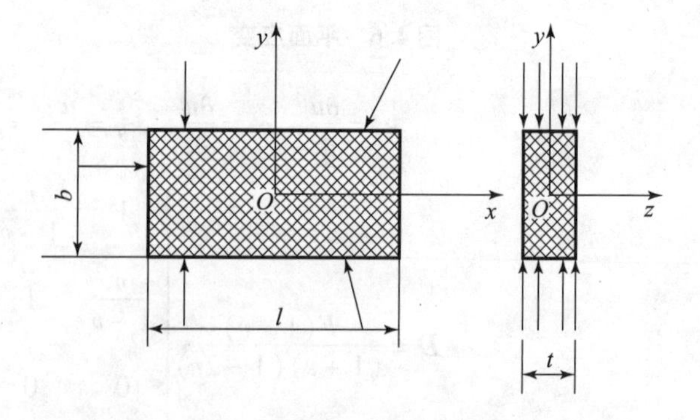

图 4.9 平面应力问题示意

分析以下其应力特征：

当 $z=\pm t/2$ 时，有 $\sigma_z=0$、$\tau_{zx}=0$、$\tau_{zy}=0$。

由于板较薄（相对于长度和宽度），外力沿板厚又是均匀分布的，根据应力应连续的假定（弹性力学中的基本假定），所以可以认为，整个板的各点均有 $\sigma_z=0$，$\tau_{zx}=0$，$\tau_{zy}=0$。如此一来，描述空间问题的 6 个应力分量也就变为了 3 个，即

$$\boldsymbol{\sigma} = [\sigma_x \quad \sigma_y \quad \tau_{xy}]^{\mathrm{T}} \tag{4-22}$$

而且这些应力分量仅是 x、y 两个变量的函数。

4.2.1.2　平面应变问题

平面应变问题示意如图 4.10 所示。

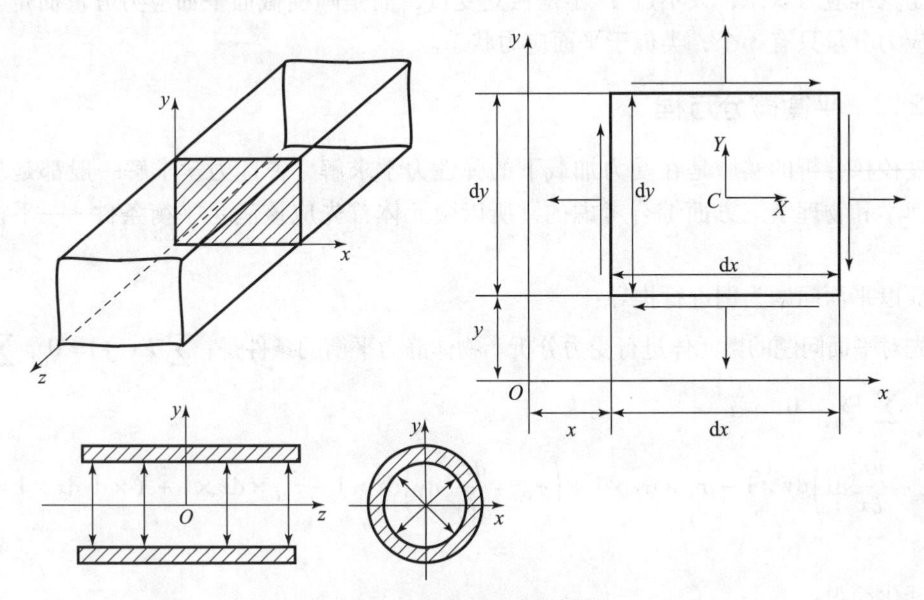

图 4.10　平面应变问题示意

当物体是一个很长、很长的柱形体，其横截面沿长度方向保持不变，物体承受平行于横截面且沿长度方向均匀分布的力时，该问题就可以简化为平面应变问题处理。

分析其应力特征。假定其长度方向为无限长，那么任一横截面都可以看作物体的对称面，如此则该面上的点都有 $w=0$，也就是横截面上的所有点都不会发生 z 方向的位移。由这一点也就可以推出 $\varepsilon_z=0$，$\tau_{zx}=0$，$\tau_{zy}=0$。

和平面应力相比较，平面应变是 $\varepsilon_z=0$，那么是否有 $\sigma_z=0$ 呢?

若认为 $\sigma=E\varepsilon$，当然也就有 $\sigma_z=0$，这是错误的。

平面应变状态下 $\sigma_z\neq0$。虽然 $\sigma_z\neq0$，但它也不是一个独立的变量了，它由 σ_x、σ_y 的大小决定。如此一来，独立的应力分量同平面应力问题一样，也是 3 个：

$$\boldsymbol{\sigma} = [\sigma_x \quad \sigma_y \quad \tau_{xy}]^{\mathrm{T}} \tag{4-23}$$

4.2.1.3　两类问题的比较

1. 几何特征

平面应力厚度≪长度、宽度。平面应变厚度≫长度、宽度。为便于说明可将上述长度看作厚度。

2. 受力特征

外力必须在其面内且不沿厚度方向变化。

3. 应力特征

平面应力 $\sigma_z=0$、$\tau_{zx}=0$、$\tau_{zy}=0$。$\varepsilon_z\neq0$，自由变形（无约束）。

平面应变 $\sigma_z\neq0$，但不是自变量；$\tau_{zx}=0$、$\tau_{zy}=0$，$\varepsilon_z=0$。

通过以上比较可以看出，平面应力是真正的2维（平面）应力状态，而平面应变却不是，它是三维应力状态，只不过 σ_z 不是独立变量，而是随横截面平面应力分量而定。独立变化的应力分量只有3个，类似于平面应力状态。

4.2.2 平衡微分方程

强度校核分析的实质是在受力加载下的弹性力学求解，弹性力学求解一般都是从静力学、几何学和物理学三方面综合考虑的，所以微元体首先应该满足平衡条件——平衡微分方程。

下面以平面问题为例进行推导：

首先对平面问题的微元体进行受力分析。物体静力平衡的条件是：$\sum Fx(y)=0$，$\sum M=0$。对于 $\sum Fx=0$，有：

$$\left(\sigma_x+\frac{\partial\sigma_x}{\partial x}\mathrm{d}x\right)\mathrm{d}y\times1-\sigma_x\times\mathrm{d}y\times1+\left(\tau_{yx}+\frac{\partial\tau_{yx}}{\partial y}\mathrm{d}y\right)\mathrm{d}x\times1-\tau_{yx}\times\mathrm{d}x\times1+X\times\mathrm{d}y\mathrm{d}x\times1=0 \tag{4-24}$$

展开化简得：

$$\left(\frac{\partial\sigma_x}{\partial x}\right)+\left(\frac{\partial\tau_{yx}}{\partial y}\right)+X=0 \tag{4-25}$$

同理可求得 $\sum Fy=0$ 满足的条件：

$$\left(\frac{\partial\sigma_y}{\partial y}\right)+\left(\frac{\partial\tau_{xy}}{\partial x}\right)+Y=0$$

由 $\sum M=0$，列出方程如下：

$$\left(\tau_{xy}+\frac{\partial\tau_{xy}}{\partial x}\right)\mathrm{d}y\times1\times\frac{\mathrm{d}x}{2}+\tau_{xy}\mathrm{d}y\times1\times\frac{\mathrm{d}x}{2}-\left(\tau_{yx}+\frac{\partial\tau_{yx}}{\partial y}\right)\mathrm{d}x\times1\times\frac{\mathrm{d}y}{2}-\tau_{yx}\mathrm{d}x\times1\times\frac{\mathrm{d}y}{2}=0 \tag{4-26}$$

化简后得：

$$\tau_{xy}+\frac{1}{2}\frac{\partial\tau_{xy}}{\partial x}\mathrm{d}x=\tau_{yx}+\frac{1}{2}\frac{\partial\tau_{yx}}{\partial y}\mathrm{d}y \tag{4-27}$$

略去微量项，可得：$\tau_{xy}=\tau_{yx}$。这就是前面所讲的剪应力互等。

对于平面应变问题，微元体的前、后面还有正应力 σ_z，不过它们是互等的，对于推导出来的结果，没有任何影响，所以平面问题的平衡微分方程就是：

$$\left(\frac{\partial\sigma_x}{\partial x}\right)+\left(\frac{\partial\tau_{yx}}{\partial y}\right)+X=0 \tag{4-28}$$

$$\left(\frac{\partial \sigma_y}{\partial y}\right)+\left(\frac{\partial \tau_{xy}}{\partial x}\right)+Y=0 \tag{4-29}$$

写成矩阵形式如下：

$$\begin{bmatrix} \frac{\partial}{\partial x} & 0 & \frac{\partial}{\partial y} \\ 0 & \frac{\partial}{\partial y} & \frac{\partial}{\partial x} \end{bmatrix}\begin{Bmatrix} \sigma_x \\ \sigma_y \\ \tau_{xy} \end{Bmatrix}+\begin{Bmatrix} X \\ Y \end{Bmatrix}=0 \tag{4-30}$$

4.2.3　几何方程

考察平衡微分方程，其具有 3 个未知变量——σ_x、σ_y、τ_{xy}，而只有两个方程，方程有无数个解。这表明仅从静力学关系无法求解该方程，因此，必须从其他方面寻求帮助。

弹性体在受到外力后会发生位移和形变，从几何上描述弹性体各点位移与应变之间的关系，如图 4.11 所示，就是弹性力学中的又一个重要方程——几何方程。

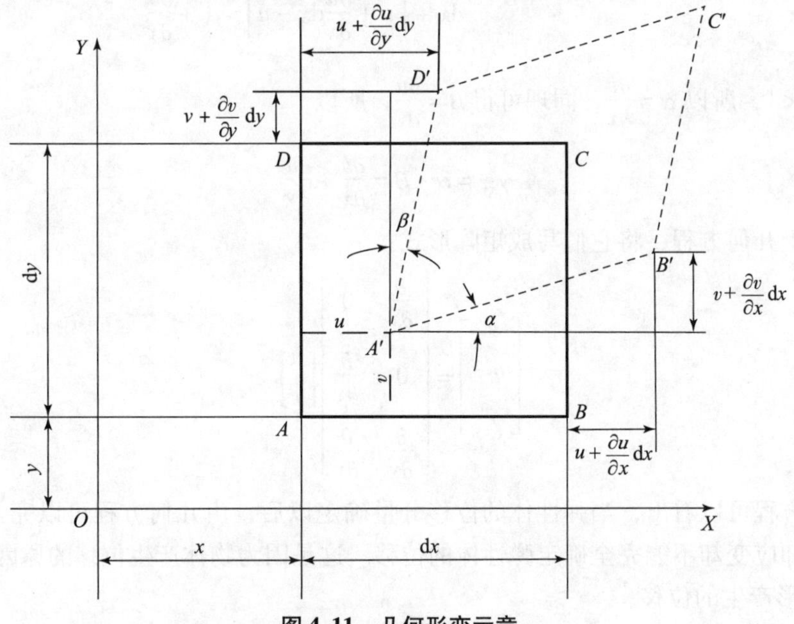

图 4.11　几何形变示意

如图 4.11 所示，仍然取截面的微元体 $ABCD$，AB、CD 边长为 $\mathrm{d}x$、$\mathrm{d}y$，厚度为“1”。

位移 u、v 都是 x、y 的函数，即 $u(x, y)$、$v(x, y)$，偏导数$\frac{\partial u}{\partial x}$、$\frac{\partial v}{\partial x}$表示位移分量 u、v 沿坐标轴 x 的变化率，偏导数$\frac{\partial u}{\partial y}$、$\frac{\partial v}{\partial y}$表示位移分量 u、v 沿坐标轴 y 的变化率，设 A 点的位移为 u、v，那么 B'点的位移就是：

$$u_{B'}=u+\frac{\partial u}{\partial x}\mathrm{d}x,\ v_{B'}=v+\frac{\partial v}{\partial x}\mathrm{d}x \tag{4-31}$$

同理，D'点的位移分量为：

$$u_{D'}=u+\frac{\partial u}{\partial y}\mathrm{d}y,\ v_{D'}=v+\frac{\partial v}{\partial y}\mathrm{d}y \tag{4-32}$$

由于 α 角在位移和形变很微小的情况下非常小，所以

$$A'B' \approx A'B''$$

线段 AB 位移后的总伸长量为：

$$A'B' - AB = A'B'' - AB = \mu_B' - \mu_A = \mu + \frac{\partial \mu}{\partial x}\mathrm{d}x - \mu = \frac{\partial \mu}{\partial x}\mathrm{d}x$$

$$\varepsilon_x = \frac{\partial u}{\partial x}\mathrm{d}x / \mathrm{d}x = \frac{\partial u}{\partial x} \tag{4-33}$$

同理可得：

$$\varepsilon_y = \frac{\partial v}{\partial y}\mathrm{d}y / \mathrm{d}y = \frac{\partial v}{\partial y} \tag{4-34}$$

剪应变由 α、β 两个角度组成：

$$\alpha \approx \mathrm{tg}\alpha = \frac{B'B''}{A'B''} = \frac{\left(v + \frac{\partial v}{\partial x}\mathrm{d}x\right) - v}{\mathrm{d}x + \left[u + \frac{\partial u}{\partial x}\mathrm{d}x - u\right]} = \frac{\frac{\partial v}{\partial x}}{1 + \frac{\partial u}{\partial x}} \tag{4-35}$$

由于 $\frac{\partial u}{\partial x} < 1$，所以 $\alpha = \frac{\partial v}{\partial x}$，同理可得 $\beta = \frac{\partial u}{\partial y}$，所以

$$\gamma_{xy} = \alpha + \beta = \frac{\partial v}{\partial x} + \frac{\partial u}{\partial y} \tag{4-36}$$

综合以上几何方程，将它们写成矩阵形式：

$$\begin{bmatrix} \varepsilon_x \\ \varepsilon_y \\ \gamma_{xy} \end{bmatrix} = \begin{bmatrix} \frac{\partial}{\partial x} & 0 \\ 0 & \frac{\partial}{\partial y} \\ \frac{\partial}{\partial y} & \frac{\partial}{\partial x} \end{bmatrix} \begin{bmatrix} u \\ v \end{bmatrix} \tag{4-37}$$

由以上方程可以看出，当弹性体的位移分量确定以后，由几何方程可以完全确定应变，反过来，已知应变却不能完全确定弹性体的位移。这是因为物体产生位移的原因有两点：

（1）变形产生的位移；

（2）运动产生的位移。

因此弹性体有位移不一定有应变，但有应变就一定有位移。

4.2.4 物理方程（本构模型）

物理方程在这里即指本构方程，是描述弹性体内应力与应变关系的方程，前面已经进行过详细的介绍。弹性力学研究的通常是各向同性材料在三维应力状态下的应力 - 应变关系，这也是弹性力学研究的物理基础。根据已有研究可知，当弹性体处于小变形条件下时，正应力只会引起微元体各棱边的伸长或缩短，而不会影响棱边之间角度的变化，剪应力只会引起角度的变化而不会引起各棱边的伸长或缩短。因此，运用力的叠加原理、单向胡克定律和材料的横向效应（泊松效应），就可以很容易地推导出材料在三向应力状态下的胡克定律，也就是通常所说的广义胡克定律。

$$\begin{cases}\varepsilon_x=\dfrac{1}{E}[\sigma_x-\mu(\sigma_y+\sigma_z)]\\ \varepsilon_y=\dfrac{1}{E}[\sigma_y-\mu(\sigma_x+\sigma_z)]\\ \varepsilon_z=\dfrac{1}{E}[\sigma_z-\mu(\sigma_y+\sigma_z)]\\ \gamma_{xy}=\dfrac{1}{G}\tau_{xy},\gamma_{yz}=\dfrac{1}{G}\tau_{yz},\gamma_{zx}=\dfrac{1}{G}\tau_{zx}\end{cases}\tag{4-38}$$

式中，E 为材料线弹性模量；G 为材料剪切弹性模量；μ 为材料横向收缩系数，即泊松系数。

三者不是独立的，根据前面的介绍，三者具有以下关系：

$$G=\frac{E}{2(1+\mu)}\tag{4-39}$$

这些参数都是材料的固有属性系数，可以通过查材料手册获得。例如：钢材的弹性模量 $E=196\sim206$ GPa，通常取 2.1×10^5 MPa，$\mu=0.24\sim0.28$，也取0.3进行计算，$G=79$ GPa。

将以上空间问题的物理方程运用到两类平面问题，其形式如下。

1. 平面应力问题的物理方程

由前面的分析可知，平面应力问题有 $\sigma_z=0$、$\tau_{zx}=0$、$\tau_{zy}=0$，所以：

$$\varepsilon_x=\frac{1}{E}(\sigma_x-\mu\sigma_y)\tag{4-40}$$

$$\varepsilon_y=\frac{1}{E}(\sigma_y-\mu\sigma_x)\tag{4-41}$$

$$\varepsilon_z=\frac{1}{E}(\mu\sigma_x+\mu\sigma_y)\tag{4-42}$$

$$\gamma_{zy}=\frac{1}{G}\tau_{xy}=\frac{2(1+\mu)}{E}\tau_{xy}\tag{4-43}$$

以上方程也论证了前面所说的 $\varepsilon_z\neq0$ 的结论，但由于它是由 x 和 y 方向的应力产生的附加无约束变形，所以通常不予考虑。

在有限元分析中更多的是运用应变表示的应力关系，所以对上式进行变形：

$$\sigma_x=\frac{E}{1-\mu^2}(\varepsilon_x+\mu\varepsilon_y)\tag{4-44}$$

$$\sigma_y=\frac{E}{1-\mu^2}(\varepsilon_y+\mu\varepsilon_x)\tag{4-45}$$

$$\tau_{xy}=\frac{E}{2(1+\mu)}\gamma_{xy}\tag{4-46}$$

以上方程的矩阵表达形式为：

$$\begin{bmatrix}\sigma_x\\ \sigma_y\\ \gamma_{xy}\end{bmatrix}=\frac{E}{1-\mu^2}\begin{bmatrix}1&\mu&0\\ \mu&1&0\\ 0&0&\dfrac{1-\mu}{2}\end{bmatrix}\begin{bmatrix}\varepsilon_x\\ \varepsilon_y\\ \gamma_{xy}\end{bmatrix}，简记为：\boldsymbol{\sigma}=\boldsymbol{D}\boldsymbol{\varepsilon}\tag{4-47}$$

式中，$\boldsymbol{\sigma}$、$\boldsymbol{\varepsilon}$ 为该问题的应力、应变向量。$\boldsymbol{D}$ 为弹性矩阵。它是一个对称矩阵，且只与材料的弹性常数有关。

2. 平面应变问题的物理方程

因为 $\varepsilon_z=0$，所以由空间物理方程的第三式得：

$$\sigma_z=\mu(\sigma_x+\sigma_y) \tag{4-48}$$

代入式（4-38）得：

$$\varepsilon_x=\frac{1-\mu^2}{E}\left(\sigma_x-\frac{\mu}{1-\mu}\sigma_y\right) \tag{4-49}$$

$$\varepsilon_y=\frac{1-\mu^2}{E}\left(\sigma_y-\frac{\mu}{1-\mu}\sigma_x\right) \tag{4-50}$$

$$\gamma_{zy}=\frac{1}{G}\tau_{xy}=\frac{2(1+\mu)}{E}\tau_{xy}=\frac{2\left(1+\frac{\mu}{1-\mu}\right)}{\frac{E}{1-\mu^2}}\tau_{xy} \tag{4-51}$$

同理，变形为应变表示应力的形式：

$$\sigma_x=\frac{\frac{E}{1-\mu^2}}{1-\left(\frac{\mu}{1-\mu}\right)^2}\left(\varepsilon_x+\frac{\mu}{1-\mu}\varepsilon_y\right) \tag{4-52}$$

$$\sigma_y=\frac{\frac{E}{1-\mu^2}}{1-\left(\frac{\mu}{1-\mu}\right)^2}\left(\varepsilon_y+\frac{\mu}{1-\mu}\varepsilon_x\right) \tag{4-53}$$

$$\tau_{xy}=\frac{\frac{E}{1-\mu^2}}{2\left(1+\frac{\mu}{1-\mu}\right)}\gamma_{xy} \tag{4-54}$$

矩阵形式如下：

$$\begin{bmatrix}\sigma_x\\ \sigma_y\\ \gamma_{xy}\end{bmatrix}=\frac{\frac{E}{1-\mu^2}}{1-\left(\frac{\mu}{1-\mu}\right)^2}\begin{bmatrix}1 & \frac{\mu}{1-\mu} & 0\\ \frac{\mu}{1-\mu} & 1 & 0\\ 0 & 0 & \frac{1-\frac{\mu}{1-\mu}}{2}\end{bmatrix}\begin{bmatrix}\varepsilon_x\\ \varepsilon_y\\ \gamma_{xy}\end{bmatrix} \tag{4-55}$$

也可简记为 $\boldsymbol{\sigma}=\boldsymbol{D\varepsilon}$。

平面应变问题的弹性矩阵不同于平面应力问题的弹性矩阵，通过比较可以发现，只需将平面应力问题弹性矩阵 $\boldsymbol{D}$ 中的材料常数 E 换为 $E/(1-\mu^2)$，将 μ 换为 $\mu/(1-\mu)$ 就得到了平面应变问题的弹性矩阵。其实弹性矩阵的这种转换方法，是弹性力学中将平面应力结果转换到平面应变问题结论的一般方法。因为在两种平面问题的描述方程中（平衡微分方程、几何方程和物理方程），只有物理方程是不同的。

4.2.5 边界条件

求解弹性力学问题实际就是在确定边界条件下，求解 8 个基本方程（就平面问题而言)，以确定 8 个未知变量，所以从数学的角度看，就是求解偏微分方程的边值问题。由边界条件给出的问题通常是各式各样的，大体可以分为三类。

1. 第一类边值问题

第一类边值问题是在给定物体的体力和面力条件下，确定弹性体的应力场和位移场。此类问题中边界以力的形式给出，所以也称为应力边界条件。可以考察一下应力边界的一般形式：

$$\sigma_{ji} v_j = \overline{T}_i$$

$\overline{T}_i$ 是在 S_σ 面上给出的力的分量。

平面问题如图 4.12 所示，设阴影部分的微元体弧长为 ds，厚度为单元厚度“1”，其法线与 X 轴的夹角为 θ，由阴影部分微元体的平衡条件可以推出：

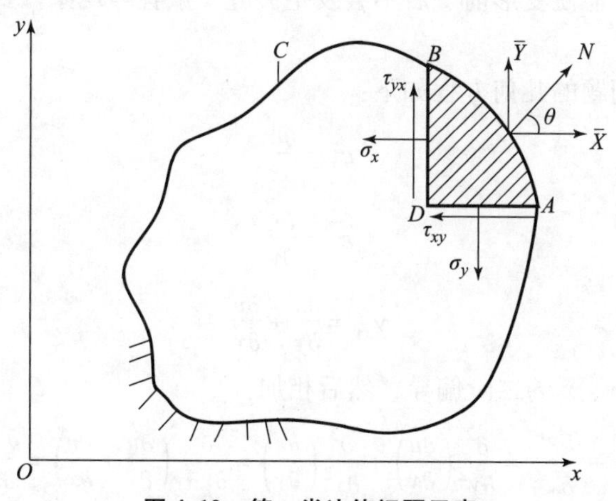

图 4.12　第一类边值问题示意

$$\begin{cases} \overline{X}\mathrm{d}s \times 1 - \sigma_x \cdot \mathrm{d}s\cos\theta \times 1 - \tau_{xy} \cdot \mathrm{d}s\sin\theta \times 1 = 0 \\ \overline{Y}\mathrm{d}s \times 1 - \sigma_y \cdot \mathrm{d}s\sin\theta \times 1 - \tau_{xy} \cdot \mathrm{d}s\cos\theta \times 1 = 0 \end{cases} \tag{4-56}$$

化简后得：

$$\begin{cases} \sigma_x\cos\theta + \tau_{xy}\sin\theta = \overline{X} \\ \sigma_y\sin\theta + \tau_{xy}\cos\theta = \overline{Y} \end{cases} \tag{4-57}$$

此即平面问题应力边界方程。

2. 第二类边值问题

给出弹性体的体力和物体表面各点的位移条件，确定弹性体的应力场和位移场。由于以位移给出已知的边界条件，所以也称为位移边界问题。

一般的位移边界条件为：$u_i = \overline{u}_i$ 在 S_u 面上。

3. 第三类边值问题

给定弹性体的体力和一定边界上的面力、其余边界上的位移，确定其应力场和位移场。由于边界以力和位移两种形式给出，所以也称为混合边界问题。

针对不同的边界条件，弹性力学求解的方法也有所不同。

4.2.6 常用的解题方法

在没有计算机工具之前，通常用解析法求解，对于上述方程，常用的解题方法有应力法、应变法，下面分别介绍。

1. 应力法

由于第一类边值问题的边界条件以应力形式给出，所以以应力作为基本的未知量的求解过程就是人们通常所说的应力法。

由于平衡方程中有三个未知量，而只有两个平衡微分方程，必须找出另外一个包含应力分量的方程，才能求得方程解。

考虑到弹性体变形前是一个连续体，变形后也应是连续体的基本假设，所以要求微元体的变形一定要协调，才能使变形前、后不会发生裂缝、重叠等现象。要使变形协调，就要研究几何方程。

前面介绍的平面问题的几何方程如下：

$$\varepsilon_x = \frac{\partial u}{\partial x} \tag{4-58}$$

$$\varepsilon_y = \frac{\partial v}{\partial y} \tag{4-59}$$

$$\gamma_{xy} = \frac{\partial u}{\partial y} + \frac{\partial v}{\partial x} \tag{4-60}$$

分别对 ε_x、ε_y 求 y、x 的二阶偏导，然后相加：

$$\frac{\partial^2 \varepsilon_x}{\partial y^2} + \frac{\partial^2 \varepsilon_y}{\partial x^2} = \frac{\partial^2}{\partial y^2}\left(\frac{\partial u}{\partial x}\right) + \frac{\partial^2}{\partial x^2}\left(\frac{\partial v}{\partial y}\right) = \frac{\partial^2}{\partial x \partial y}\left(\frac{\partial u}{\partial y} + \frac{\partial v}{\partial x}\right) = \frac{\partial^2 \gamma_{xy}}{\partial x \partial y} \tag{4-61}$$

上式表明三个应变分量之间应满足的连续性条件，称为形变协调方程（相容方程）。通过物理方程，将上述形变协调方程换成以应力表示的形式，使之与平衡微分方程构成应力法中需要求解的方程组。具体如下：

（1）利用物理方程消去相容方程中的形变分量（以平面应力为例）：

$$\frac{1}{E}\left[\frac{\partial^2}{\partial y^2}(\sigma_x - \mu\sigma_y) + \frac{\partial^2}{\partial x^2}(\sigma_y - \mu\sigma_x)\right] = \frac{2(1+\mu)}{E}\frac{\partial^2 \tau_{xy}}{\partial x \partial y} \tag{4-62}$$

$$\left[\frac{\partial^2}{\partial y^2}(\sigma_x - \mu\sigma_y) + \frac{\partial^2}{\partial x^2}(\sigma_y - \mu\sigma_x)\right] = 2(1+\mu)\frac{\partial^2 \tau_{xy}}{\partial x \partial y} \tag{4-63}$$

（2）利用平衡微分方程，消去上述公式中的剪应力：

$$\frac{\partial \tau_{xy}}{\partial y} = -\frac{\partial \sigma_x}{\partial x} - X \tag{4-64}$$

$$\frac{\partial \tau_{xy}}{\partial x} = -\frac{\partial \sigma_y}{\partial y} - Y \tag{4-65}$$

将式（4-63）对 x 求偏导，将式（4-64）对 y 求偏导，然后两者相加，可得：

$$2\frac{\partial^2 \tau_{xy}}{\partial x \partial y} = -\frac{\partial^2 \sigma_x}{\partial x^2} - \frac{\partial X}{\partial x} - \frac{\partial^2 \sigma_y}{\partial y^2} - \frac{\partial Y}{\partial y} \tag{4-66}$$

代入相容方程，化简可得：

$$\frac{\partial^2}{\partial y^2}(\sigma_x-\mu\sigma_y)+\frac{\partial^2}{\partial x^2}(\sigma_y-\mu\sigma_x)=(1+\mu)\left[-\frac{\partial^2\sigma_x}{\partial x^2}-\frac{\partial X}{\partial x}-\frac{\partial^2\sigma_y}{\partial y^2}-\frac{\partial Y}{\partial y}\right]$$

$$\frac{\partial^2\sigma_x}{\partial x^2}+\frac{\partial^2\sigma_y}{\partial y^2}+\frac{\partial^2\sigma_y}{\partial x^2}+\frac{\partial^2\sigma_x}{\partial y^2}=-(1+\mu)\left(\frac{\partial X}{\partial x}+\frac{\partial Y}{\partial y}\right) \tag{4-67}$$

$$\left(\frac{\partial^2}{\partial x^2}+\frac{\partial^2}{\partial y^2}\right)(\sigma_x+\sigma_y)=-(1+\mu)\left(\frac{\partial X}{\partial x}+\frac{\partial Y}{\partial y}\right) \tag{4-68}$$

对于平面应变而言，运用前面所述的物理方程的转换方法，只需将上式中的 μ 代以 $\mu/(1-\mu)$ 就可以了：

$$\left(\frac{\partial^2}{\partial x^2}+\frac{\partial^2}{\partial y^2}\right)(\sigma_x+\sigma_y)=-\frac{1}{1-\mu}\left(\frac{\partial X}{\partial x}+\frac{\partial Y}{\partial y}\right) \tag{4-69}$$

（3）得到最终求解的方程组。

平面应力问题：

$$\left(\frac{\partial\sigma_x}{\partial x}\right)+\left(\frac{\partial\tau_{yx}}{\partial y}\right)+X=0 \tag{4-70}$$

$$\left(\frac{\partial\sigma_y}{\partial y}\right)+\left(\frac{\partial\tau_{xy}}{\partial x}\right)+Y=0 \tag{4-71}$$

$$\left(\frac{\partial^2}{\partial x^2}+\frac{\partial^2}{\partial y^2}\right)(\sigma_x+\sigma_y)=-(1+\mu)\left(\frac{\partial X}{\partial x}+\frac{\partial Y}{\partial y}\right) \tag{4-72}$$

平面应变问题：

$$\left(\frac{\partial\sigma_x}{\partial x}\right)+\left(\frac{\partial\tau_{yx}}{\partial y}\right)+X=0 \tag{4-73}$$

$$\left(\frac{\partial\sigma_y}{\partial y}\right)+\left(\frac{\partial\tau_{xy}}{\partial x}\right)+Y=0 \tag{4-74}$$

$$\left(\frac{\partial^2}{\partial x^2}+\frac{\partial^2}{\partial y^2}\right)(\sigma_x+\sigma_y)=-\frac{1}{1-\mu}\left(\frac{\partial X}{\partial x}+\frac{\partial Y}{\partial y}\right) \tag{4-75}$$

由三个微分方程、三个未知变量，再考虑边界条件，即可求得问题的解。

如果是单连体（只具有唯一的封闭边界）的对象，满足了以上方程组后就是实际的解。但对于多连体（具有多个封闭边界）的对象，其还包含待定系数，这些待定系数会导致位移的解出现多值性。因此，对于多连体的问题，还应考虑位移的单值条件，才能最终确定。该部分内容可以参见徐芝纶编著的《简明弹性力学教程》中圆环受均布压应力的情况进行求解。

2. 位移法

位移法主要针对第二类边值问题求解。

具体解题步骤如下：

（1）改写物理方程，使之成为应变表示应力的形式；

（2）应用几何方程表示以上得到公式中的应变；

（3）将它们代入平衡微分方程。

经整理，最后得到的运用位移法求解平面应力问题的方程为：

$$\frac{E}{1-\mu^2}\left(\frac{\partial^2 u}{\partial x^2}+\frac{1-\mu}{2}\frac{\partial^2 u}{\partial y^2}+\frac{1+\mu}{2}\frac{\partial^2 v}{\partial x\partial y}\right)+X=0 \tag{4-76}$$

$$\frac{E}{1-\mu^2}\left(\frac{\partial^2 v}{\partial y^2}+\frac{1-\mu}{2}\frac{\partial^2 v}{\partial x^2}+\frac{1+\mu}{2}\frac{\partial^2 u}{\partial x\partial y}\right)+Y=0 \tag{4-77}$$

由两个未知量、两个方程，再加以边界条件即可求得问题的解。

以上介绍的解析法中，应力法和位移法是求解弹性力学问题的基本方法，但都需要解联立的偏微分方程组。求解过程中的数学难度，常常导致这种求解无法进行。因此，基于数值法的计算显得尤为重要。

由于应力法在体力为常量的情况下可以进一步简化为求解一个单独的微分方程的问题，所以应力法在解析法中相对应用较多。但即使这样，在应力法中也常常采用逆解法或半逆解法。

4.2.7 常体力情况下应力法的简化及应力函数

强度校核分析的核心是求解结构的弹性力学方程。前面讲述了弹性力学的三大方程，及应用这三大方程的应力法和位移法解题的步骤，同时也说明了求解这些联立的偏微分方程在数学上是存在很大难度的。那么弹性力学如何在实际中应用？它们和以前学过的材料力学的区别究竟是什么？通过本节的学习，一方面了解如何应用这些弹性力学的方程求解问题，另一方面加深对力学概念的理解，建立运用力学分析问题的直观感觉，为建立有限元模型打好基础。

通常，在大多数情况下，分析的对象中体力是常数，它不随 x、y 坐标变化。如此一来，前面讲解的第三个方程（应力表示的相容方程）就可以简化为：

$$\left(\frac{\partial^2}{\partial x^2}+\frac{\partial^2}{\partial y^2}\right)(\sigma_x+\sigma_y)=0 \tag{4-78}$$

简记为：

$$\nabla^2(\sigma_x+\sigma_y)=0 \tag{4-79}$$

以上方程称为拉普拉斯微分方程，数学上也称为调和方程，满足调和方程的函数称为调和函数。式（4-79）中，∇^2是拉普拉斯算子。

这样，常体力情况下的应力法方程就是：

$$\left(\frac{\partial\sigma_x}{\partial x}\right)+\left(\frac{\partial\tau_{yx}}{\partial y}\right)+X=0 \tag{4-80}$$

$$\left(\frac{\partial\sigma_y}{\partial y}\right)+\left(\frac{\partial\tau_{xy}}{\partial x}\right)+Y=0 \tag{4-81}$$

$$\nabla^2(\sigma_x+\sigma_y)=0 \tag{4-82}$$

以上方程都不含有材料常数 E、μ，所以平面应力和平面应变两类问题具有相同的方程。这表明：在单连体问题中，只要边界相同、受同样的分布外力，应力分布就与材料无关，也与是平面应力还是平面应变的状态无关。以上结论的意义在于：

（1）弹性力学平面解答的应用范围加宽；

（2）为试验应力分析提供了理论依据（光弹实验）。

下面进一步考察平衡方程。

其解由齐次微分方程$\left(\frac{\partial\sigma_x}{\partial x}\right)+\left(\frac{\partial\tau_{yx}}{\partial y}\right)=0$的通解加上任意一组特解组成：

$$\left(\frac{\partial\sigma_y}{\partial y}\right)+\left(\frac{\partial\tau_{xy}}{\partial x}\right)=0 \tag{4-83}$$

特解可以很容易找到，如 $\sigma_x=-Xx$，$\sigma_y=-Yy$，$\tau_{xy}=0$。关键是找齐次方程的通解。

由第一个方程，可得：

$$\left(\frac{\partial\sigma_x}{\partial x}\right)=-\left(\frac{\partial\tau_{yx}}{\partial y}\right)=\frac{\partial}{\partial y}(-\tau_{xy}) \tag{4-84}$$

由数学微分理论，该式是一个函数全微分的充要条件。所谓全微分就是有一个函数

$$\mathrm{d}A=\sigma_x\mathrm{d}y+(-\tau_{xy})\mathrm{d}x \tag{4-85}$$

且

$$\sigma_x=\frac{\partial A}{\partial y}-\tau_{xy}=\frac{\partial A}{\partial x} \tag{4-86}$$

同理，由第二式可得：

$$\sigma_y=\frac{\partial B}{\partial x}-\tau_{xy}=\frac{\partial B}{\partial y} \tag{4-87}$$

由剪应力公式又知存在一个函数 φ，可以使 $\mathrm{d}\varphi=B\mathrm{d}y+A\mathrm{d}x$，所以

$$A=\frac{\partial\varphi}{\partial y} \tag{4-88}$$

$$B=\frac{\partial\varphi}{\partial x} \tag{4-89}$$

故

$$\sigma_x=\frac{\partial^2\varphi}{\partial y^2} \tag{4-90}$$

$$\sigma_y=\frac{\partial^2\varphi}{\partial x^2} \tag{4-91}$$

$$\tau_{xy}=-\frac{\partial^2\varphi}{\partial y\partial x} \tag{4-92}$$

由于应力与函数 φ 存在这样的关系，因此函数 φ 即应力函数。

在此，用应力函数表示相容方程：

$$\left(\frac{\partial^2}{\partial x^2}+\frac{\partial^2}{\partial y^2}\right)(\sigma_x+\sigma_y)=\left(\frac{\partial^2}{\partial x^2}+\frac{\partial^2}{\partial y^2}\right)\left(\frac{\partial^2}{\partial x^2}+\frac{\partial^2}{\partial y^2}\right)\varphi=0 \tag{4-93}$$

$$\nabla^2\nabla^2\varphi=\nabla^4\varphi=0 \tag{4-94}$$

上式表明 φ 是重调和函数。

在弹性力学的解析求解中，常用逆解法和半逆解法。

所谓逆解法，就是设定各种满足相容方程的应力函数，运用 σ_x、σ_y 与 φ 的关系，求得应力分量，再考察其满足何种边界条件，从而知晓这样的应力函数可以解决什么问题。

所谓半逆解法，就是根据弹性体的边界形状和受力关系，设定部分应力分量为何种形式的函数，从而确定应力函数 φ，再运用应力函数求出所有的应力分量，根据边界条件确定应力分量应具有的最终形式。

在此介绍一个半逆解法的例子：运用逆解法求简支梁受均布载荷的应力分布。由材料力学知，弯曲应力主要由弯矩 M 引起，剪应力由剪力引起，而挤压应力由分布载荷 q 引起。

现在 q 为不随 x 变化的常量。因此设 σ_y 不随 x 坐标变化，即 $\sigma_y = f(y)$。
因此

$$\sigma_y = \frac{\partial^2 \varphi}{\partial x^2} = f(y) \tag{4-95}$$

在此，对 x 积分：

$$\frac{\partial \varphi}{\partial x} = xf(y) + f_1(y) \tag{4-96}$$

$$\varphi = \frac{x^2}{2} f(y) + xf_1(y) + f_2(y) \tag{4-97}$$

上式中，$f_1(y)$、$f_2(y)$ 是待定函数，由于应力函数必须满足相容方程，所以

$$\nabla^4 \varphi = \frac{\partial^4 \varphi}{\partial x^4} + 2\frac{\partial^4 \varphi}{\partial x^2 \partial y^2} + \frac{\partial^4 \varphi}{\partial y^4} = 0 \tag{4-98}$$

$$\frac{\partial^4 \varphi}{\partial x^4} = 0 \tag{4-99}$$

$$\frac{\partial^4 \varphi}{\partial x^2 \partial y^2} = \frac{d^2 f(y)}{dy^2} \tag{4-100}$$

把

$$\frac{\partial^4 \varphi}{\partial y^4} = \frac{x^2}{2} \cdot \frac{d^4 f(y)}{dy^4} + x\frac{d^4 f_1(y)}{dy^4} + \frac{d^4 f_2(y)}{dy^4} \tag{4-101}$$

代入式（4-97）中，可得

$$\frac{1}{2} \cdot \frac{d^4 f(y)}{dy^4} x^2 + x \cdot \frac{d^4 f_1(y)}{dy^4} + \frac{d^4 f_2(y)}{dy^4} + 2 \cdot \frac{d^2 f(y)}{dy^2} = 0 \tag{4-102}$$

考察上式可以看出它是一个关于 x 的二次方程，所以一般情况下只有两个根。也就是说只有两个位置能够满足上式。但对相容方程的要求是绝对满足，也就是要求在整个梁的范围内都满足，所以只有该方程的系数项和自由项全部为零，即

$$\frac{d^4 f(y)}{dy^4} = 0 \tag{4-103}$$

$$\frac{d^4 f_1(y)}{dy^4} = 0 \tag{4-104}$$

$$\frac{d^4 f_2(y)}{dy^4} + 2 \cdot \frac{d^2 f_2(y)}{dy^2} = 0 \tag{4-105}$$

所以

$$f(y) = Ay^3 + By^2 + Cy + D \tag{4-106}$$

$$f_1(y) = Ey^3 + Fy^2 + Gy \tag{4-107}$$

$$\frac{d^4 f_2(y)}{dy^4} = -2 \cdot \frac{d^2 f(y)}{dy^2} = -12Ay - 4B \tag{4-108}$$

$$f_2(y) = -\frac{A}{10}y^5 - \frac{B}{6}y^4 + Hy^3 + Ky^2 \tag{4-109}$$

式中的 A、B、C、…、K 都是待定系数。式（4-106）、式（4-108）中分别省掉了常数项和一次项、常数项。这是由于 $f_1(y)$、$f_2(y)$ 分别是应力函数中 x 的一次项和常数项的原因，

这样处理不会对应力分量产生影响。

最后求出的应力函数为：

$$\varphi=\frac{x^2}{2}(Ay^3+By^2+Cy+D)+x(Ey^3+Fy^2+Gy)-\frac{A}{10}y^3-\frac{B}{6}y^4+Hy^3+Ky^2 \quad (4-110)$$

由应力与应力函数的关系，可以求出各个应力分量：

$$\sigma_x=\frac{\partial^2\varphi}{\partial y^2}=\frac{x^2}{2}(6Ay+2B)+x(6Ey+2F)-2Ay^3-2By^2+6Hy+2K \quad (4-111)$$

$$\sigma_y=Ay^3+By^2+Cy+D \quad (4-112)$$

$$\tau_{xy}=-x(2Ay^2+2By+C)-(3Ey^2+2Fy+G) \quad (4-113)$$

由于以上求得的应力分量满足了平衡方程和相容方程，所以只需根据边界确定 A、B、C、…、K 的系数，就求得了该问题的解。

根据对称性，有 $E=F=G=0$。

通常梁的跨度远大于梁的深度，因此上、下边界是主要边界，它们必须满足：

$$(\sigma_y)_{y=\frac{h}{2}}=0 \quad (4-114)$$

$$(\sigma_y)_{y=-\frac{h}{2}}=-q(\tau_{xy})_{y=\pm\frac{h}{2}}=0 \quad (4-115)$$

将它们代入相关表达式，并且考虑 $E=F=G=0$，有

$$\frac{h^3}{8}A+\frac{h^2}{4}B+\frac{h}{2}C+D=0 \quad (4-116)$$

$$\frac{h^3}{8}A+\frac{h^2}{4}B+\frac{h}{2}C+D=0 \quad (4-117)$$

$$\frac{3}{4}h^2A+hB+C=0 \quad (4-118)$$

$$\frac{3}{4}h^2A-hB+C=0 \quad (4-119)$$

以上四个方程解四个未知数，求得：

$$A=-\frac{2q}{h^3} \quad (4-120)$$

$$B=0 \quad (4-121)$$

$$C=\frac{3q}{2h} \quad (4-122)$$

$$D=-\frac{q}{2} \quad (4-123)$$

将上述式子代回到应力分量的表达式中，也就有：

$$\sigma_x=-\frac{6q}{h^3}x^2y+\frac{6q}{h^3}y^3+6Hy+2K \quad (4-124)$$

$$\sigma_y=-\frac{2q}{h^3}y^3+\frac{3q}{2h}y-\frac{q}{2} \quad (4-125)$$

$$\tau_{xy}=\frac{6q}{h^3}x^2y+\frac{3q}{2h}x \quad (4-126)$$

对于左、右两个边界，由于前面已经考虑了对称性，所以此时仅考虑右边界。

因为没有水平力。要 $x=1$ 时，$\sigma_x=0$，考察 σ_x 的表达式，除非 $q=0$，而这和已知条件

相违背。所以，在这个边界上只能要求部分满足。在此，运用圣维南原理，以等效力系代替它（这样产生的误差只在力作用点附近较大）。等效力系就是合成力系为平衡力系：

$$\int_{-\frac{h}{2}}^{\frac{h}{2}} (\sigma_x)_{x=l} \mathrm{d}y = 0 \text{，合力等于0} \tag{4-127}$$

$$\int_{-\frac{h}{2}}^{\frac{h}{2}} (\sigma_x)_{x=l} y \mathrm{d}y = 0 \text{，合力矩等于0} \tag{4-128}$$

由第一个条件得 $K=0$（奇函数在对称区间上的积分为零）；由第二个条件得：

$$H = \frac{ql^2}{h^3} - \frac{q}{10h} \tag{4-129}$$

可以证明剪应力的合力为 $-ql$，即

$$\int_{-\frac{h}{2}}^{\frac{h}{2}} (\tau_{xy})_{x=l} \mathrm{d}y = -ql \tag{4-130}$$

对最终求得的结果加以整理：

$$\sigma_x = \frac{6q}{h^3}(l^2 - x^2)y + q\frac{y}{h}\left(4\frac{y^2}{h^2} - \frac{3}{5}\right) \tag{4-131}$$

$$\sigma_y = -\frac{q}{2}\left(1 + \frac{y}{h}\right)\left(1 - \frac{2y}{h}\right)^2 \tag{4-132}$$

$$\tau_{xy} = -\frac{6q}{h^3}x\left(\frac{h^2}{4} - y^2\right) \tag{4-133}$$

由于厚度为"1"，此时其惯性矩 $I = \frac{h^3}{12}$，静矩 $S = \frac{h^2}{8} - \frac{y^2}{2}$，计算如图 4.13 所示。

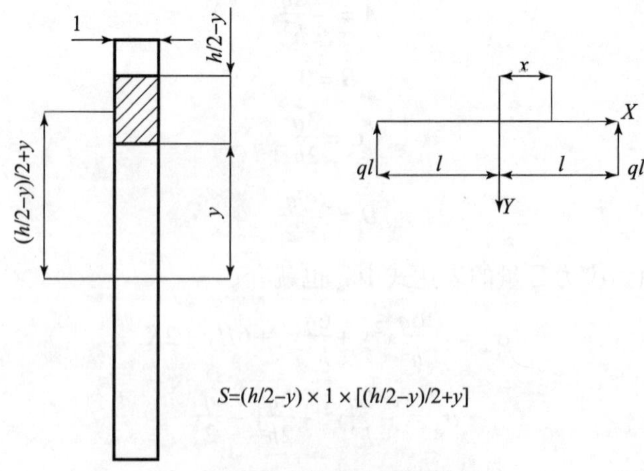

图 4.13　静矩计算示意

任意一点的弯矩为：

$$M = ql(l-x) - \frac{q}{2}(l-x)^2 = \frac{q}{2}(l^2 - x^2) \tag{4-134}$$

剪力为：

$$Q = -ql + q(l - x) = -qx \tag{4-135}$$

所以，上式中的应力分量可以改写为：

$$\sigma_x = \frac{M}{I}y + q\,\frac{y}{h}\left(4\,\frac{y^2}{h^2} - \frac{3}{5}\right) \tag{4-136}$$

$$\sigma_y = -\frac{q}{2}\left(1 + \frac{y}{h}\right)\left(1 - \frac{2y}{h}\right)^2 \tag{4-137}$$

$$\tau_{xy} = \frac{QS}{I} \tag{4-138}$$

各项应力的分布如图 4. 14 所示。

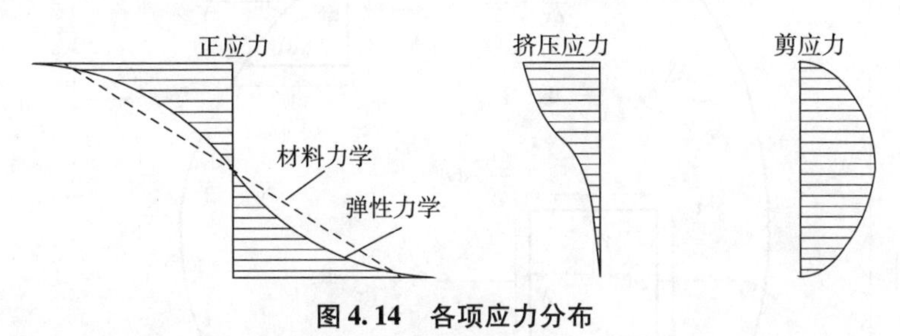

图 4. 14　各项应力分布

第一项 σ_x 为主应力项，与材料力学中的结果完全一致。第二项为应力修正项。当 $l/h >$ 4 时，仅占主项的 1/60；当 $l/h = 2$ 时，仅占主项的 1/15。所以，对于深梁的工程构件第二项的影响不容忽视。

4. 2. 8　虚功方程

从前一节深梁的例子可以看到，弹性力学解析求解的过程是非常复杂的。这样的求解对实际工程来说，很多情况根本是不可能的，所以长期以来，技术人员就一直探求数值求解的方法，有限元法是其中最成功的方法。此外，为分析单元特性和简化分析过程，还需了解单元的能量关系，因为在力学上，很多时候从能量的角度分析，可以大大简化分析的过程。

下面介绍应变能的概念。

由材料力学可知，弹性体在受到外力作用发生变形的过程中，弹性体内部会存储变形势能——应变能。在单向应力场中，单位体积的应变能的计算可以表示为：

$$\mathrm{d}U = \frac{1}{2}\sigma\varepsilon \tag{4-139}$$

对于平面问题，有三个应力分量和与之对应的应变分量。由于在小变形情况下，正交力系互不影响，由力的叠加原理，该种情况的应变能为：

$$\mathrm{d}U = \frac{1}{2}(\sigma_x\varepsilon_x + \sigma_y\varepsilon_y + \tau_{xy}\gamma_{xy}) = \frac{1}{2}\boldsymbol{\sigma}^{\mathrm{T}}\boldsymbol{\varepsilon} = \frac{1}{2}\boldsymbol{\varepsilon}^{\mathrm{T}}\boldsymbol{\sigma} \tag{4-140}$$

其中：

$$\boldsymbol{\sigma} = [\sigma_x \quad \sigma_y \quad \tau_{xy}]^{\mathrm{T}} \tag{4-141}$$

$$\boldsymbol{\varepsilon} = [\varepsilon_x \quad \varepsilon_y \quad \gamma_{xy}]^{\mathrm{T}} \tag{4-142}$$

整个弹性体的应变能为：

$$U = \frac{1}{2}\int_v \boldsymbol{\sigma}^{\mathrm{T}} \boldsymbol{\varepsilon} \mathrm{d}v = \frac{1}{2}\int_v \boldsymbol{\varepsilon}^{\mathrm{T}} \boldsymbol{\sigma} \mathrm{d}v \tag{4-143}$$

上式也表示应力在应变上所做的总功。

在理论力学中，有一个虚功原理，也称虚位移原理。其基本思想就是：假定加在物体上一个可能的、任意的、微小的位移，在平衡条件下，物体的约束反力所做的虚功应等于外力所做的虚功，如图 4.15 所示，因为能量必须守恒。

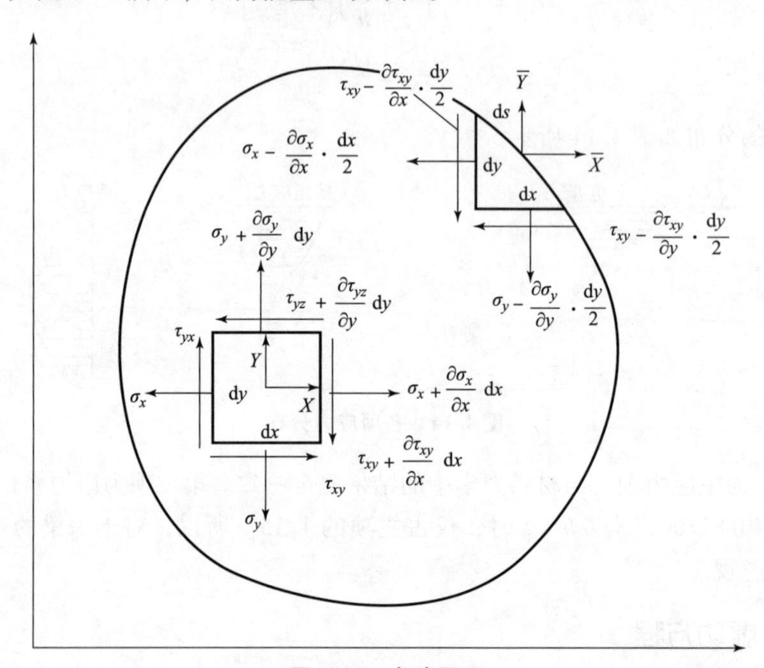

图 4.15　虚功原理

在这里所说的可能的虚位移是指位移必须满足的约束条件。“任意的”是指位移的方向和类型是随意的。

把这一原理运用到现在的弹性体中，衡量弹性体应满足的平衡能量关系就是：假定加在弹性体上一个可能的、任意的、微小的位移，在平衡条件下，弹性体内的应变能应等于外力所做的虚功。这同样是因为能量必须守恒。

运用这一原理，可以推到有限元中广泛用到的虚功方程。假定弹性体发生 u^* 、v^* 的虚位移，则由几何方程得：

$$\boldsymbol{\varepsilon}_x^* = \frac{\partial u^*}{\partial x} \tag{4-144}$$

$$\boldsymbol{\varepsilon}_y^* = \frac{\partial v^*}{\partial y} \tag{4-145}$$

$$\boldsymbol{\gamma}_{xy}^* = \frac{\partial u^*}{\partial y} + \frac{\partial v^*}{\partial x} \tag{4-146}$$

现考察弹性体微元体和边界处微元体上的力所做的虚功。

(1) 内部微元体上的力所做的虚功。

左面的应力虚功：

$$-[\sigma_x \mathrm{d}y \times 1] \times u^* \tag{4-147}$$

右面的应力虚功：

$$\left[\sigma_x+\frac{\partial\sigma_x}{\partial x}\mathrm{d}x\right]\mathrm{d}y\times 1\times\left[u^*+\frac{\partial u^*}{\partial x}\mathrm{d}x\right] \tag{4-148}$$

左、右两面上的虚功之和$\left(\text{略去高阶微量，并考虑 } \varepsilon_x^*=\frac{\partial u^*}{\partial x}\right)$为

$$\left(\sigma_x\varepsilon_x^*+\frac{\partial\sigma_x}{\partial x}u^*\right)\mathrm{d}v_1 \tag{4-149}$$

同理，得剪应力的虚功之和为

$$\left(\tau_{xy}\frac{\partial u^*}{\partial y}+\frac{\partial\tau_{xy}}{\partial y}u^*\right)\mathrm{d}v_1 \tag{4-150}$$

体力 X 的虚功为 $Xu^*\mathrm{d}v_1$。

同样的，考虑 Y 方向的 σ_y、τ_{yx}，以及体力 Y 的虚功，然后将其叠加成内部微元体上的虚功如下：

$$\mathrm{d}w_1=\left[\left(\frac{\partial\sigma_x}{\partial x}+\frac{\partial\tau_{xy}}{\partial y}+X\right)u^*+\left(\frac{\partial\sigma_y}{\partial y}+\frac{\partial\tau_{yx}}{\partial x}+Y\right)v^*\right]\mathrm{d}v_1+(\sigma_x\varepsilon_x^*+\sigma_y\varepsilon_y^*+\tau_{xy}\gamma_{xy}^*)\mathrm{d}v_1 \tag{4-151}$$

（2）边界上的微元体。

设斜边中点处的虚位移为 u^*、v^*，形心处的应力为 σ_x、σ_y、τ_{xy}，那么在直角边上的应力和位移均有一个负的增量，虚功计算为：

$$-\left(\sigma_x-\frac{\partial\sigma_x}{\partial x}\frac{\mathrm{d}x}{2}\right)\mathrm{d}y\times 1\times\left(u^*-\frac{\partial u^*}{\partial x}\cdot\frac{\mathrm{d}x}{2}\right)$$

$$\approx-\left[\sigma_xu^*-\left(\frac{\partial\sigma_x}{\partial x}u^*+\sigma_x\varepsilon_x^*\right)\frac{\mathrm{d}x}{2}\right]\mathrm{d}y\times 1\text{（略去了高阶微量）} \tag{4-152}$$

同理，$\mathrm{d}y$ 直角边上的剪应力虚功为：

$$-\left[\tau_{xy}u^*-\left(\frac{\partial\tau_{xy}}{\partial y}u^*+\tau_{xy}\frac{\partial u^*}{\partial y}\right)\frac{\mathrm{d}y}{2}\right]\mathrm{d}x\times 1 \tag{4-153}$$

则体积力所做的虚功为：$(Xu^*+Yv^*)\mathrm{d}v_2$。

用同样的方法，可求得另一面上正应力与剪应力的虚功，全部相加即得斜边微元体上的虚功之和：

$$\mathrm{d}w_2=\left[\left(\frac{\partial\sigma_x}{\partial x}+\frac{\partial\tau_{xy}}{\partial y}+X\right)u^*+\left(\frac{\partial\sigma_y}{\partial y}+\frac{\partial\tau_{yx}}{\partial x}+Y\right)v^*\right]\mathrm{d}v_2+(\sigma_x\varepsilon_x^*+\sigma_y\varepsilon_y^*+\tau_{xy}\gamma_{xy}^*)\mathrm{d}v_2+$$

$$[(\overline{X}-\sigma_x\cos\vartheta-\tau_{xy}\sin\vartheta)u^*+(\overline{Y}-\sigma_y\sin\vartheta-\tau_{xy}\cos\vartheta)v^*] \tag{4-154}$$

支反力处的虚位移为零，所以支反力不做功，将 $\mathrm{d}w_1+\mathrm{d}w_2$，并对整个体积积分，可以得到整个弹性体内的总虚功：

$$\begin{aligned}W_z=&\iint_v\left[\left(\frac{\partial\sigma_x}{\partial x}+\frac{\partial\tau_{xy}}{\partial y}+X\right)u^*+\left(\frac{\partial\sigma_y}{\partial y}+\frac{\partial\tau_{yx}}{\partial x}+Y\right)v^*\right]\mathrm{d}v+\\&\int_s[(\overline{X}-\sigma_x\cos\vartheta-\tau_{xy}\sin\vartheta)u^*+(\overline{Y}-\sigma_y\sin\vartheta-\tau_{xy}\cos\vartheta)v^*]\mathrm{d}s+\\&\int_v(\sigma_x\varepsilon_x^*+\sigma_y\varepsilon_y^*+\tau_{xy}\gamma_{xy}^*)\mathrm{d}v\end{aligned} \tag{4-155}$$

根据平衡微分方程和静力边界条件，上式的第一、第二项都是零，所以弹性体的总虚功为：

$$W_z = \int_v (\sigma_x \varepsilon_x^* + \sigma_y \varepsilon_y^* + \tau_{xy} \gamma_{xy}^*) \mathrm{d}v = \int_v \boldsymbol{\varepsilon}^{*\mathrm{T}} \boldsymbol{\sigma} \mathrm{d}v \tag{4-156}$$

根据能量守恒，它应与外力的虚功相等：

$$W_z = \int_v (\sigma_x \varepsilon_x^* + \sigma_y \varepsilon_y^* + \tau_{xy} \gamma_{xy}^*) \mathrm{d}v = \int_v (Xu^* + Yv^*) \mathrm{d}v + \int_s (\overline{X}u^* + \overline{Y}v^*) \mathrm{d}s \tag{4-157}$$

由于该等式引入了平衡方程和边界方程，所以上式中虚功方程等价于静力平衡条件（内部和边界微元体）。不同之处在于它是一种能量的表示形式。为了便于有限元中方便运用，引入广义力和物理方程，虚功方程变形为：

$$\boldsymbol{\delta}^* \boldsymbol{F} = \int_v \boldsymbol{\varepsilon}^* \boldsymbol{D} \boldsymbol{\varepsilon} \mathrm{d}v \tag{4-158}$$

综合以上推导过程，虚功方程表达的物理概念就是："若弹性体处于平衡状态，那么外力在虚位移上做的虚功应等于应力在应变上做的虚应变功，或者说等于虚应变能"。

4.3 结构强度校核有限元分析方法与实例

结构强度校核是目前有限元分析中最常见，也是应用最成熟的功能，其核心是将载荷加载在结构表面，通过分析看结构表面单元的强度以及节点的位移等是否满足材料许用强度和设计要求等，一般情况下可采用 ANSYS 软件直接进行结构的强度校核，也可采用动力学分析的 LS－DYNA 软件进行结构的强度校核，下面分别介绍。

4.3.1 基于 ANSYS 的强度校核

4.3.1.1 ANSYS 静力分析原理及步骤

1. ANSYS 静力分析原理

结构静力分析主要用来分析由稳态外载荷所引起的系统或零部件的位移、应力、应变和作用力，很适合求解惯性及阻尼的时间相关作用对结构响应的影响并不显著的问题，其中稳态载荷主要包括外部施加的力和压力、稳态的惯性力，如重力和旋转速度、施加位移、温度和热量等。

静态载荷作用下的结构需要求解的基本有限元方程可以表现为：

$$\boldsymbol{K\mu} = \boldsymbol{P} \tag{4-159}$$

式中，$\boldsymbol{K}$ 为结构的刚度（各个单元刚度矩阵的组合），$\boldsymbol{\mu}$ 为位移向量，而 $\boldsymbol{P}$ 是作用在结构上的载荷向量，上面的方程实际上是外力和内力的平衡方程。

如果不施加足够的位移约束去除模型的所有刚度位移自由度，结构刚度矩阵是奇异的。这时得到的方程解没有实际意义。

平衡方程可以通过直接法求解器或迭代法求解器求解。在默认情况下会调用直接法求解器，位移未知量使用高斯消去法求解，高斯消去法会利用刚度矩阵 $\boldsymbol{K}$ 的稀疏性和对称性提高计算效率。另外也可调用迭代法求解器使用共轭梯度法求解。直接法求解器非常稳健、准确、高效，迭代法求解器在实体结构的求解速度方面有一定的优势。

得到节点位移后可以通过材料本构关系计算单元应力。对于变形处在线性阶段（应力是应变的线性函数）的线性静态分析，可以使用胡克定律计算应力。胡克定律可以表示为：

$$\boldsymbol{\rho} = \boldsymbol{C\varepsilon} \tag{4-160}$$

式中，应变 $\boldsymbol{\varepsilon}$ 是位移的函数，$\boldsymbol{C}$ 是材料的弹性矩阵。

2. 线性静力分析的一般步骤

线性静力分析有限元建模一般分为以下10个步骤，不同的求解文件略有不同：

（1）步骤1：定义材料；

（2）步骤2：定义属性并与材料关联；

（3）步骤3：定义组件并与属性关联；

（4）步骤4：创建有限元模型并为其指定合适的属性；

（5）步骤5：定义约束模型并为模型施加约束；

（6）步骤6：定义载荷集并施加力；

（7）步骤7：定义工况；

（8）步骤8：定义附加参数（可选）；

（9）步骤9：求解；

（10）步骤10：结果及后处理。

静力分析过程一般包括建立模型、施加载荷并求解和检查结果3部分。设置有限元问题时应注意保持单位的一致性，因为计算中使用的单位都是无量纲的。一致单位的推导公式如下：

$$\text{力(Force)} = \text{质量(Mass)} \times \text{重力加速度(Acceleration)}$$

$$\text{质量(Mass)} = \text{密度(Density)} \times \text{体积(Volume)}$$

$$\text{重力加速度(Acceleration)} = \text{长度(Length)}/\text{时间(Time)}^2$$

常用单位制及其转换见表4.2。

表4.2　常用单位制及其转换

单位制	基本物理量			导出物理量			
	质量	长度	时间	密度	力	应力	重力加速度
kg - m - s	kg	m	s	kg/m^3	N	Pa	9.81 m/s^2
kg - mm - s	kg	mm	s	kg/mm^3	mN	kPa	9 810 mm/s^2
kg - mm - ms	kg	mm	ms	kg/mm^3	kN	GPa	9.81 $\times 10^{-3}$ mm/ms^{-2}
t - mm - s	t	mm	s	t/mm3	N	MPa	9 810 mm/s^2
t - mm - ms	t	mm	ms	t/mm^3	MN	10^6 MPa	9.81 $\times 10^{-3}$ mm/ms^2
10^6 kg - mm - s	10^6 kg	mm	s	10^6 kg/m^3	kN	GPa	9 810 mm/s^2
g - mm - ms	g	mm	ms	g/mm^3	N	MPa	9.81 $\times 10^{-3}$ mm/ms^2

4.3.1.2 几何清理及网格划分

1. 几何清理

通过 ANSYS 进行强度分析时，通常由 CAD 软件建立模型，常见的 CAD 软件有：CATIA、STEP、UG、IGES、solidThinking 等。导入模型数据时常常伴随细微的偏差，部分几何表现如下：

（1）几何没有相连；

（2）存在非常细小的面；

（3）面之间有间隙、重叠或者未对齐；

（4）几何是薄壁实体结构时，抽中面用 2D 网格划分效果更好；

（5）几何模型细节太多；

（6）面之间有穿透，但没有体现。

1）基本概念定义

曲面的周界定义成边，边总共有四种类型：

（1）自由边；

（2）共享边；

（3）被抑制的边；

（4）重复边。

边是区别于曲线的，边的连接关系组成了几何的拓扑关系。图 4.16 所示的四种边分别表达了不同的几何拓扑关系。

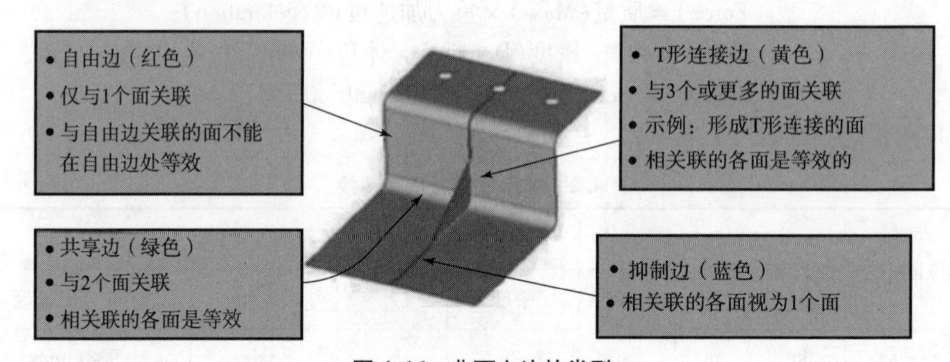

图 4.16　曲面上边的类型

（1）自由边。

自由边表示一条只属于一个曲面的边。一个清理完毕的曲面 2D 模型，自由边应当只出现在零件的外周界和内部圆孔的一周。注意：自由边出现在两个相邻的曲面之间表示这两个曲面之间存在间隙。自动网格划分的功能将会在曲面间的间隙处留下网格的间隙。

（2）共享边。

共享边表示一条属于或被两个相邻曲面共享的边。当两个曲面之间的边是共享边时（通常这就是需要的），这两个曲面之间就没有间隙或者重叠——它们在几何上连续。网格自动划分工具总是沿着共享边放置节点，从而生成没有间隙的网格。网格自动划分工具不会生成任何网格跨越共享边。

（3）被抑制的边。

被抑制的边是被两个曲面共享的，但是它被网格自动划分工具忽略了。类似于共享边，被抑制的边表明两个曲面在几何上连续。但不同于共享边，网格自动划分工具将会划分网格跨越被抑制的边，就像它不存在一样。网格自动划分工具不会沿着被抑制的边放置节点，所以网格将会跨越它。通过抑制不需要的边，可以高效地把曲面合并成更大的可划分网格的区域。

（4）重复边。

重复边是属于三个或多个曲面的。它们通常出现在曲面的 T 形连接中，或者当两个或多个重复面存在的时候。网格自动划分工具总是沿着它们放置节点以生成没有间隙的连续的网格。网格自动划分工具不会生成任何网格跨越 T 形连接的边。这些边不能抑制。

（5）体。

体表示曲面围成的封闭空间，可以是任何形状。体是三维的对象，可以用来自动划分四面体和六面体网格。它的颜色由它所在的 component 决定。组成体的曲面可以属于多个 component。体以及它的边界曲面仅由体所在的 component 决定，如图 4.17 所示。

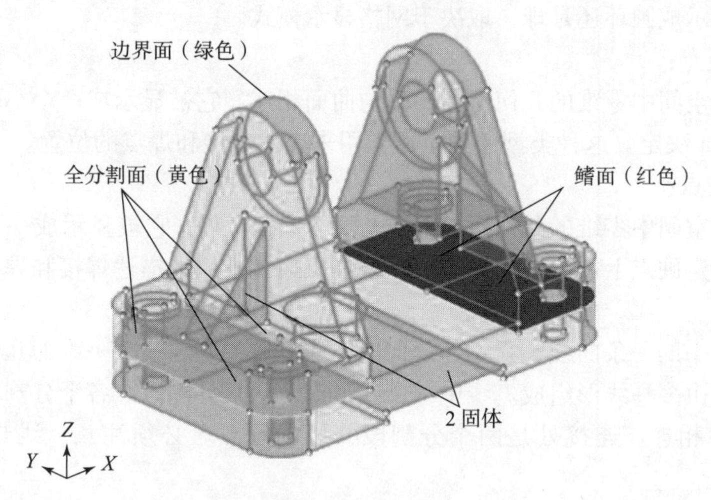

图 4.17　体示意

（6）边界面。

边界面是单个体的外表面。边界面是独一无二的，不被其他任何体共享。单个体的体积完全由边界面围成。

（7）鳍面。

鳍面的每一侧对应的都是同一个体，即它类似于一个体内部的鳍。鳍面可能会在手工合并体或者使用内部曲面创建体时产生。

（8）完整切割面。

完整切割面是被两个或多个体共享的曲面。完整切割面可能会在切分体或者使用布尔操作连接多个体时，产生在共享或者交叉的位置。

针对几何模型中存在的问题，可以根据以下所列的策略进行拓扑修补：

（1）理解模型的尺寸和规模；

（2）基于上一步的全局网格尺寸确定清理的容差；

（3）使用拓扑显示工具确定需要修改的地方；

（4）找出重复面并删除；

（5）尽可能多地合并自由边；

（6）合并剩下的边；

（7）填补缺失的曲面。

2）几何创建及编辑

创建几何有很多方法，包括从外部 CAD 模型导入几何，或者从草绘创建新的几何。创建特定的几何使用的方法取决于对象是否可以导入以及细节要求的水平。

可以创建或者编辑的几何对象有下列几种：

（1）节点：

节点是最基本的有限元实体。一个节点描述了创建的结构上的一个物理位置，并被单元用来定义位置和形状。它也可以被用来当作临时输入以创建几何对象。

一个节点可能包含一个与其他几何对象相关的指针，并直接与它们关联。比如，一个节点沿着某个曲面移动，它必须先与这个曲面关联。

节点是被显示成圆环还是球，取决于网格显示模式。

（2）自由硬点：

自由硬点是空间中零维的几何对象，不与曲面相连。它被显示成一个小的叉，颜色由它所在的 component 决定。这种类型的硬点通常用来描述焊接和焊点的位置。

（3）固定硬点：

固定硬点是空间中零维的几何对象，它与某个曲面关联。它被显示成一个圆圈。网格划分工具在各个固定硬点上放置一个节点。这些节点通常被用来描述焊接和焊点的位置。

（4）线：

线表达空间中的一条曲线，它不与任何曲面或者体关联。线是一维的几何对象。

一条线可以由多种线形组成。线中各个线形对应一个分割段。各个分割段的终点与下一个分割段的起点相连。连接处是两个分割段共用的硬点。必须注意，线与曲面的边是不同的。

（5）曲面：

曲面表达的是实际存在的对象所对应的几何。曲面是二维几何对象，可以用于自动网格划分。

曲面由一个或多个表面组成。各个表面都包含部分曲面和边的信息，如果需要的话，可用于剪切曲面。

（6）体：

体表示曲面围成的封闭空间，可以是任何形状。体是三维的对象，可以用来自动划分四面体和六面体网格。

组成体的曲面可以属于多个 component。体以及它的边界曲面仅由体所在的 component 决定。

2. 网格划分

有限元分析的基本思想是在有限数量节点上进行计算，然后通过插值算法将结果映射至整个求解域（物体表面或整体）。然而，对于任何一个包含无限自由度的连续体来说，这种方法是不可能实现的。为此，可通过网格离散技术，将连续体变成有限数量节点和单元的组合体，然后应用有限单元法，实现对连续体的分析，如图 4.18 所示。

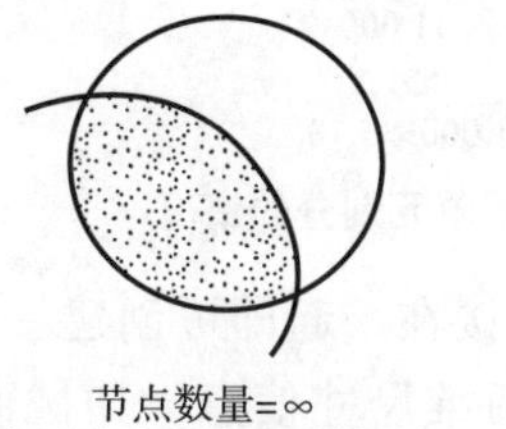

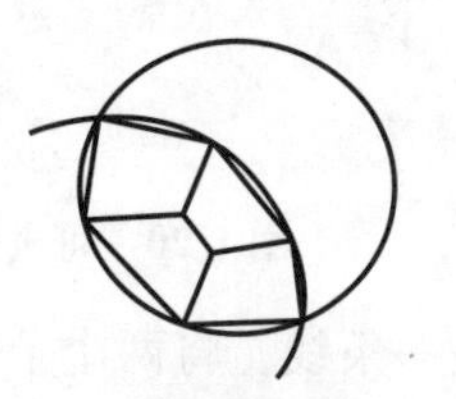

图 4.18　连续体变成有限数量节点和单元的组合体

通常，划分的单元类型有：1 - D、2 - D、3 - D 和其他情况，其中 2 - D、3 - D 的情况涉及第 3 章所讲的结构化和非结构化网格，如图 4.19 所示。

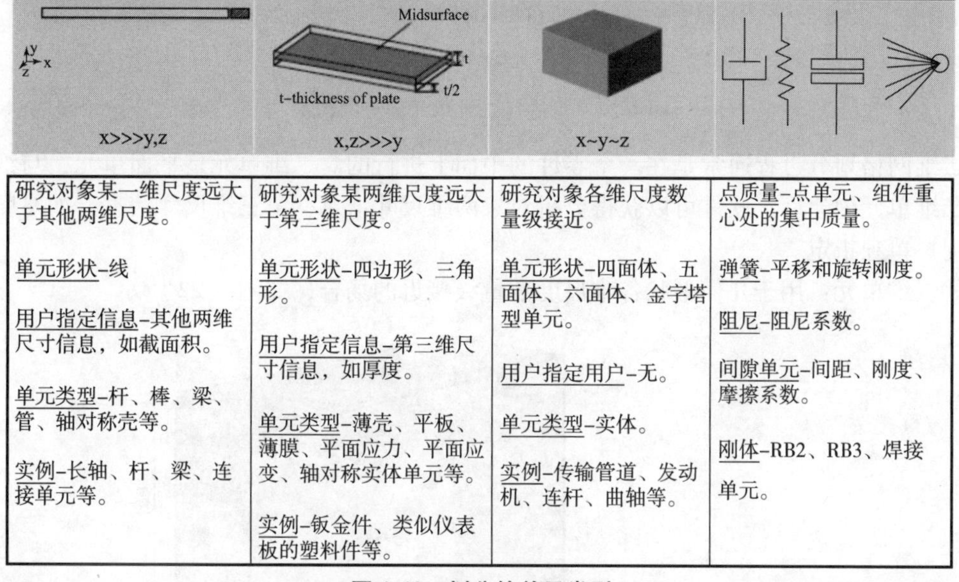

1-D	2-D	3-D	Other
研究对象某一维尺度远大于其他两维尺度。 单元形状-线 用户指定信息-其他两维尺寸信息，如截面积。 单元类型-杆、棒、梁、管、轴对称壳等。 实例-长轴、杆、梁、连接单元等。	研究对象某两维尺度远大于第三维尺度。 单元形状-四边形、三角形。 用户指定信息-第三维尺寸信息，如厚度。 单元类型-薄壳、平板、薄膜、平面应力、平面应变、轴对称实体单元等。 实例-钣金件、类似仪表板的塑料件等。	研究对象各维尺度数量级接近。 单元形状-四面体、五面体、六面体、金字塔型单元。 用户指定用户-无。 单元类型-实体。 实例-传输管道、发动机、连杆、曲轴等。	点质量-点单元、组件重心处的集中质量。 弹簧-平移和旋转刚度。 阻尼-阻尼系数。 间隙单元-间距、刚度、摩擦系数。 刚体-RB2、RB3、焊接单元。

图 4.19　划分的单元类型

在选择单元类型的时候，需要考虑几何形状和尺寸、分析类型以及项目周期等要素。

1）各要素分析

（1）几何形状和尺寸：

分析时，求解器需要获得分析对象确定的三维尺寸。

分析对象在几何上可根据其各维尺度的数量级分为一维、二维和三维几何，单元类型的选择方法与之类似。

①一维单元：用于几何形状某一维尺度远大于其他两维尺度的场合，如图 4.20 所示。

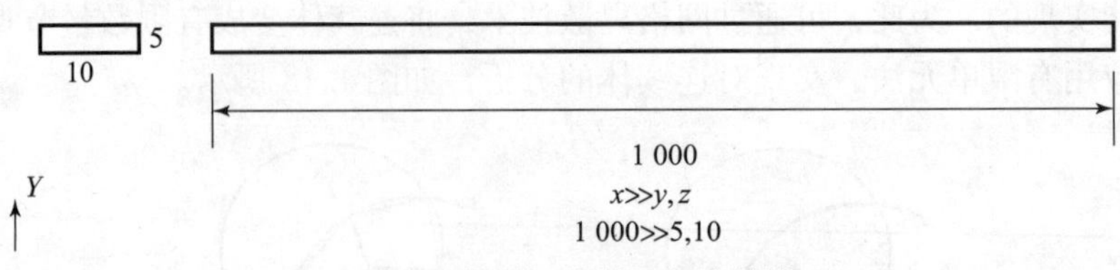

图 4.20　可进行一维单元划分的情况

一维单元的形状是一条线，将两个节点连接在一起即可创建一个一维单元。此时，软件仅得到分析对象的一维尺寸信息，而其他两维尺寸信息，如截面积，则需要用户单独指定。

可进行一维单元划分的实例：长轴、杆、梁、点焊、螺栓连接、销连接及轴承等。

②二维单元：用于几何形状某两维尺度远大于第三维尺度的场合，如图 4. 21 所示。

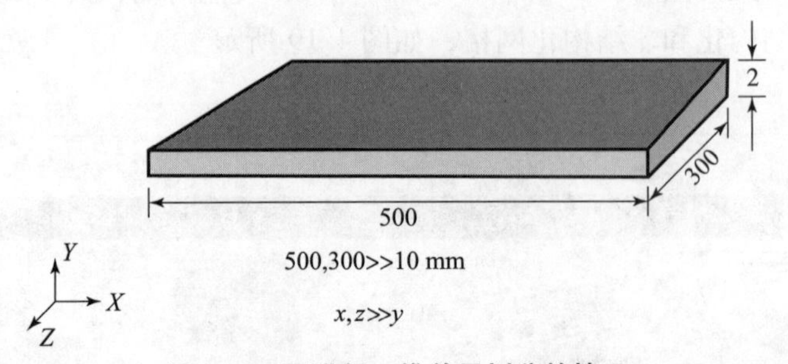

图 4.21　可进行二维单元划分的情况

二维网格划分过程通常是在一个零件的中面上进行的。二维单元是平面单元，与纸张类似。二维单元创建后，软件可以获得分析对象两维尺寸信息，第三维尺寸信息，如厚度，则需要用户单独指定。

③三维单元：用于几何形状各维尺度数量级接近的场合，如图 4. 22 所示。

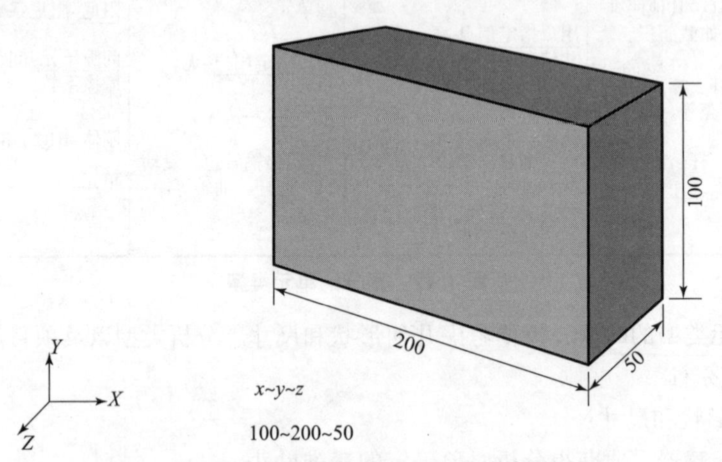

图 4.22　可进行三维单元划分的情况

可进行三维单元划分的实例：传输管道、离合器、发动机、连杆及曲轴等。

（2）分析类型：

①结构和疲劳分析：四边形和六面体单元优于三角形、四面体和五面体单元。

②碰撞及非线性分析：六面体单元优于四面体单元。

③模流分析：三角形单元优于四边形单元 。

④动力学分析：当分析对象可用二维或三维单元来表征时，应当优先使用二维单元，因为二维网格可以较少数量的节点和单元获得较高精度的模态振型。

（3）项目周期：

如果项目没有时间限制，建议恰当地选择单元类型并建立高质量的网格模型。如果项目时间紧迫，分析工程师需要快速提交分析报告时，可以考虑：

使用自动和批处理网格工具取代那些可创建高质量网格却费时的网格划分方法。

对于三维网格，使用四面体代替六面体。

当模型由多个部件构成时，可以只对关键部分进行细致的网格划分，其他部件可简化为粗糙网格或使用一维梁、弹簧单元及点质量单元代替。

可以根据以下几点确定单元尺寸：

①类似问题的分析经验：分析结果与试验结果有良好的一致性。

②分析类型：线性静态分析可快速计算含有大量节点和单元的模型，而碰撞、非线性、流体或动力学分析则需要耗费大量的时间，因此对后一类分析，需要注意控制节点和单元的数量。

③硬件配置：求解可以调用的硬件资源与显卡性能，有经验的 CAE 工程师可在给定的硬件资源下算出合理的节点和单元数量。

2）ANSYS 中划分网格的步骤

通常，在 ANSYS 中划分网格的步骤如下：

（1）花费足够的时间研究几何形状。

花费一定的时间研究模型，深入理解模型是创建高质量网格模型的第一步。

（2）预估时间。

同一任务所需要时间是相对的，通常，经验不足的人会预估较多的时间。同样，第一次处理一项工作将会花费较多的时间，但如果该工程师遇到类似的工作，所需的时间将大大减少。

（3）检查几何。

通常，CAD 模型是以“ *.igs”的格式提供的。几何的清理检查是网格划分必不可少的一部分。在开始网格划分工作之前，应仔细检查几何中可能存在的以下几类问题：自由边、特征线、重复面、小圆角、小孔、相交特征。

（4）检查对称。

左图整体对称，划分整体模型 1/4 网格，然后通过两次镜像操作即可得到完整模型；右图局部对称，对重复的特征，使用复制/粘贴命令。划分高亮显示的整体模型 1/16 网格，然后通过镜像和旋转操作快速创建其余部分网格，该方法能够保证关键区域（孔）具有统一的网格特征，如图 4.23 所示。

（5）选择单元类型。

通常，一个模型由不同类型的单元（一维、二维、三维及其他类似单元）组合而成，很少情况下会完全使用一种单元类型。

如图 4.24 所示，把手使用梁单元（一维单元）模拟，桶体使用壳单元（二维单元）模拟，两者之间通过 RBE2 单元（刚体单元）连接。

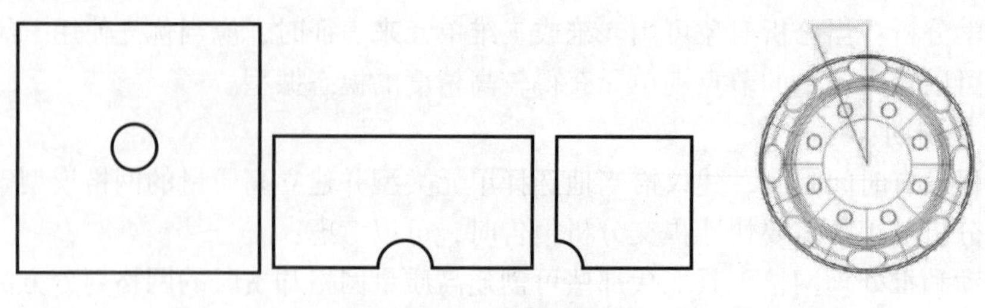

图 4.23　对称检查示意

图 4.24　单元类型的选择示例

（6）确定网格划分的类型。

①基于几何：网格与几何关联。修改几何模型，网格随之自动更新。边界条件可施加在几何表面或边界上。

②基于网格：网格与几何无关联，边界条件只能施加在单元和节点上。

（7）连接模型。

螺栓连接的孔周围的网格构成有特定要求；点焊与电弧焊；接触或间隙单元要求被连接表面间具有类似的网格构成；粘胶连接。

（8）分配工作。

可以把一项工作分配给不同的人来完成，此时只需保证网格连接位置具有相同的网格即可。

3）关键区域的网格划分

关键区域是指出现高应力的区域，该区域推荐使用精细的、结构化（无三角形和五面体单元）的网格。远离关键区域的部分称为一般区域，这些区域推荐使用简化的、粗糙的网格，以便降低模型规模与求解时间。图 4.25 列举了圆角和孔的建模规则，图 4.26 简单地对网格过渡技术进行了演示，这些方法都有助于关键区域的结构化网格划分。

4.3.1.3　ANSYS 常用材料模型

ANSYS 静力学分析中常用的材料模型分类列于表 4.3 中；进行强度分析时，多用材料的密度以及强度等属性参数，常见的材料的密度以及强度等属性参数列于表 4.4 中。

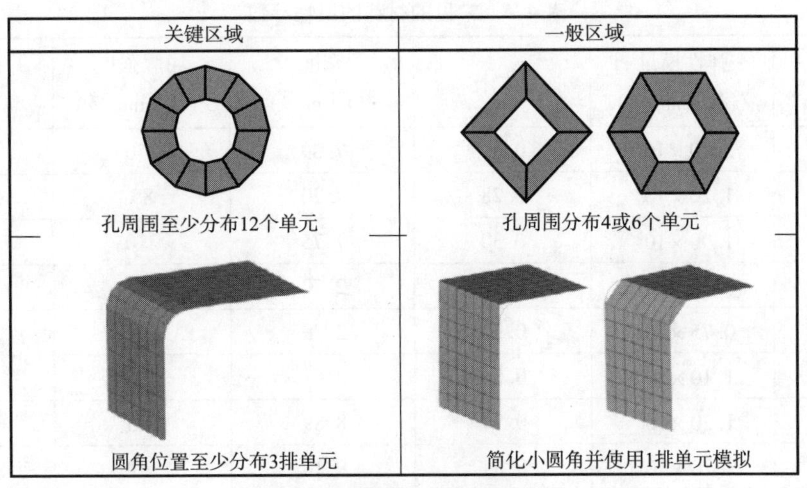

图 4.25　圆角和孔的建模规则

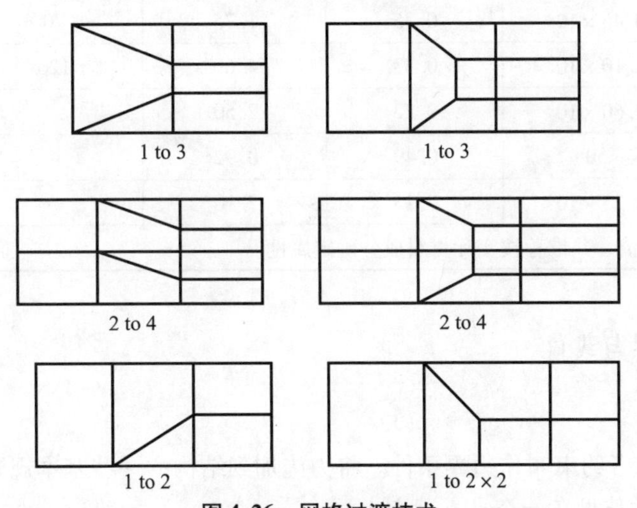

图 4.26　网格过渡技术

表 4.3　ANSYS 静力学分析中用的材料模型分类

各向同性材料 (Isotropic)	正交各向异性材料 (Orthotropic)	各向异性材料 (Anisotropic)	层合板材料 (Laminates)
Iso：相同 Tropic：方向 • 属性与方向或轴向无关 • 2 个独立常数 (E, v) • 金属	Ortho：三个 Tropic：方向 • 沿 3 个轴向属性不同 • 9 个独立常数 • 木头、混凝土、轧材	• 沿各个晶面的属性不同 • 21 个独立常数 • 现实生活中的所有材料都为各向异性，简化为各向同性或正交各向同性的材料除外	• 两种或两种以上材料分层粘在一起 • 最简单的例子就是用于各种证件和身份证的层合板 • 主要用于航空应用/近年来汽车业内从金属转向塑料与层合板的趋势

表 4.4 常见的材料的属性参数

材料	弹性模量 /(N·mm⁻²)	泊松比	密度 /(t·m⁻³)	屈服强度 /(N·mm⁻²)	极限强度 /(N·mm⁻²)
钢	2.10×10^5	0.30	7.89	250	420
铸铁	1.20×10^5	0.28	7.20	85	220
熟铁	1.90×10^5	0.30	7.75	210	320
铝	0.70×10^5	0.35	2.70	35	90
铝合金	0.75×10^5	0.33	2.79	165	260
黄铜	1.10×10^5	0.34	8.61	95	280
青铜	1.20×10^5	0.34	8.89	105	210
铜	1.20×10^5	0.34	9.10	70	240
铜合金	1.25×10^5	0.33	9.75	150	400
镁	0.45×10^5	0.35	1.75	70	160
钛	1.10×10^5	0.33	4.60	120	300
玻璃	0.60×10^5	0.22	2.50	—	100
橡胶	50	0.49	0.92	4	10
混凝土	0.25×10^5	0.15	2.10	—	40
表中的属性为近似值，并推荐按实际材料成分确定属性。					

4.3.1.4 边界与载荷

1. 边界条件

施加的力和/或者约束叫作边界条件。将力施加到结构的一些基本规则如下。

1）集中载荷（作用在一个点或节点上）

集中载荷如图 4.27 所示。

将力施加到单个节点上往往会出现不尽如人意的结果，特别是在查看此区域的应力时。通常集中载荷（比如施加到节点的点力）容易产生较高的应力梯度。

因此，力常常使用分布载荷施加，也就是说线载荷、面载荷更贴近真实情况。

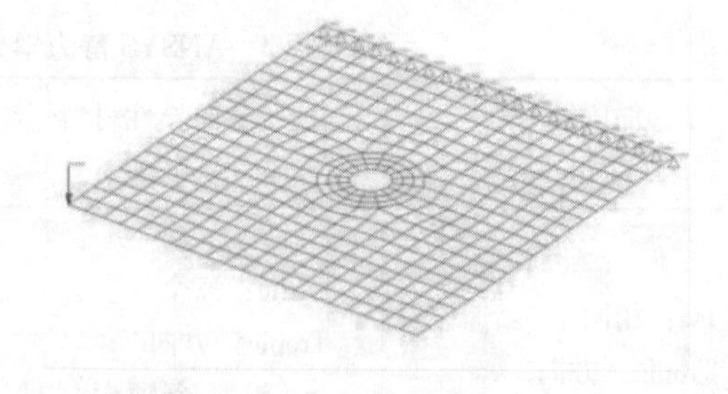

图 4.27 集中载荷

2）在线或边上的力

如图 4.28 所示，平板受到 10 N 的力。力被平均分配到边的 11 个节点上。注意角上的力只作用在半个单元的边上。注意位于板的角上的红色“热点”。局部最大位移是由边界效应引起的（例如角上的力只作用在半个单元的边上），应该在板的边线上添加均匀载荷。

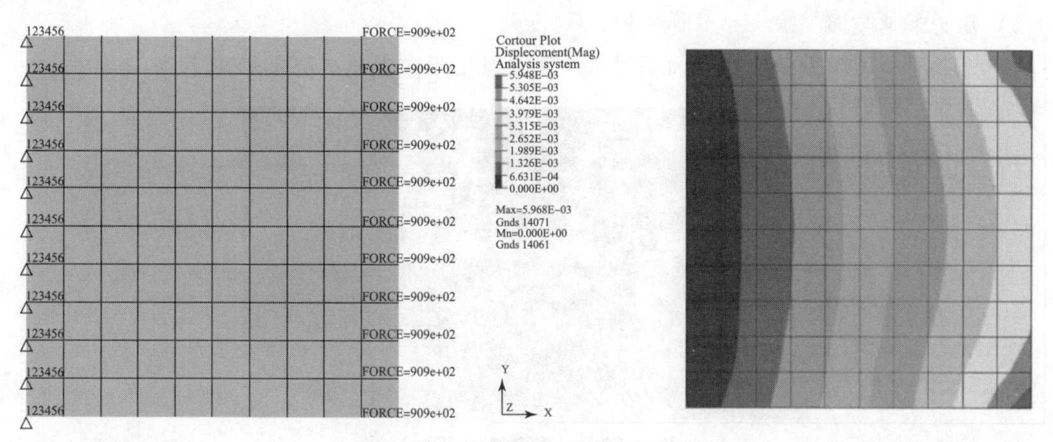

图 4.28　在线或边上的平均点力

如图 4.29 所示，平板依然承受 10 N 的力，但这次角上节点的受力减小为其他节点受力的一半，位移分布更加均匀。

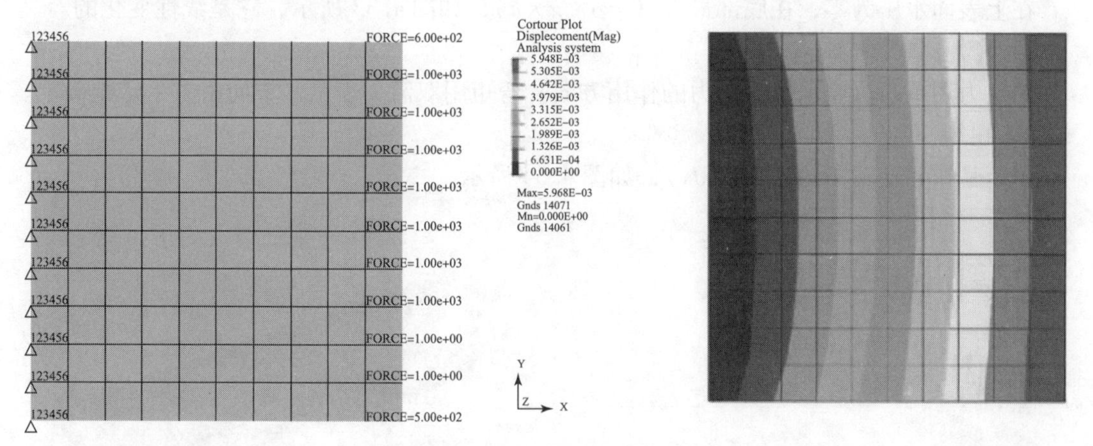

图 4.29　在线或边上的均匀载荷

3）牵引力（或斜压力）

牵引力是作用在一块区域上任意方向，而不仅仅是垂直于此区域的力（图 4.30）。垂直于此区域的力称为压力。

4）分布载荷（由公式确定的分布力）

分布载荷（大小随着节点或单元坐标变化）可以由一个公式来创建，如图 4.31 所示。

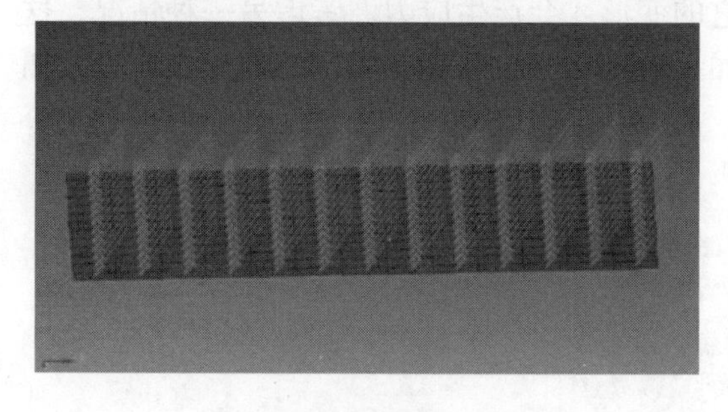

图 4.30　牵引力

图 4.31　分布载荷（由公式确定的分布力）

5）压力和真空度

图 4.32 显示了一个分布载荷（压力），其原点位于左上角高亮的节点上。

图 4.32　分布载荷（压力）

6）静水压力

静水压力在土木工程中的应用：大坝设计；在机械工程中的应用：装液体的船只和水箱。在上表面水压为零，在底部最大（$=\rho\times g\times h$），如图 4.33 所示，它是线性变化的。

7）弯矩

约定力用单箭头表示，指向力的作用方向。弯矩用双箭头表示，方向由右手定则确定。

8）扭矩

扭矩是作用在轴向的弯矩（Mx），如图 4.34 所示。

图 4.33　静水压力

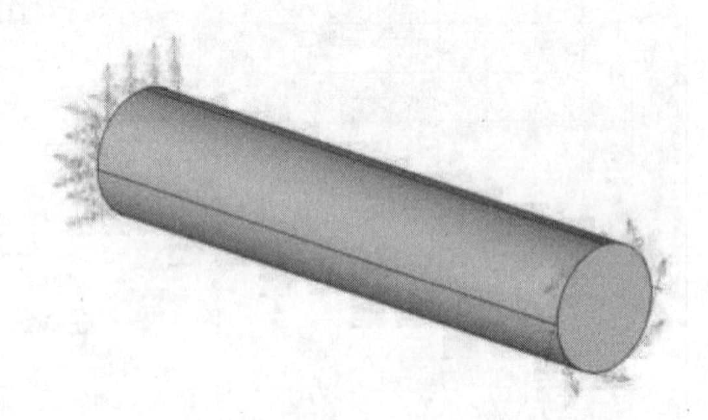

图 4.34　扭矩

9）温度载荷

假设金属直尺自由平放在地面上，如果室温上升到 50 ℃，直尺内部是不会有应力产生的，它会因高温而膨胀（热应变）。只有妨碍它的变形才会产生应力。考虑另一种情况，这次钢尺的另一端被固定在墙上（墙不导热），如果温度上升，它将在固定端产生热应力，如图 4.35 所示。

图 4.35　温度载荷

热应力计算的输入数据需要节点的温度、室温、热传导率和线热膨胀系数。

10）其他载荷

（1）重力载荷：指定重力方向和材料密度，需要一个卡片定义为GRAV的载荷集合。

（2）离心载荷：用户需要输入角速度、转动轴和材料密度。

2. 施加约束

1）二维物体的约束

如图4.36（a）所示，A点约束了物体的移动自由度，与B点一起限制了物体的转动自由度。这个物体可以以任意方式自由扭曲，没有因为约束带来任何变形限制。

图4.36（b）是图4.36（a）的简化。AB线平行于全局的y轴。A点约束了x和y的移动自由度，B点约束了x的移动自由度。如果B点的滚动支座改成图4.36（c）所示，就可能产生绕A点的刚体转动（例如转动方向垂直于AB）。刚体位移将产生刚度矩阵奇异。

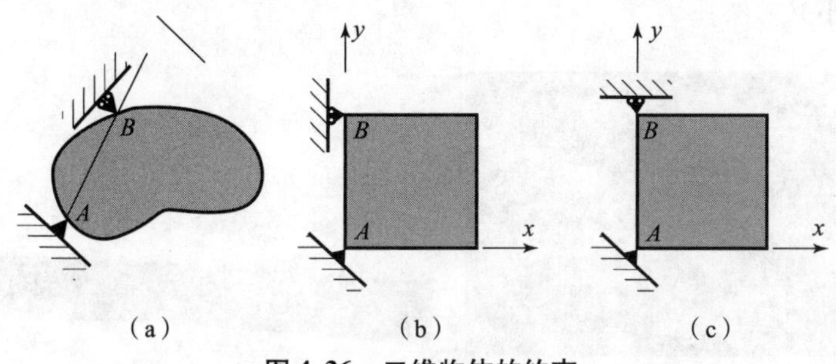

图4.36　二维物体的约束

2）三维物体的约束

如图4.37所示，A点约束3个方向的自由度，消除了刚体移动，但是还需要约束3个方向的转动。B点约束了x方向的位移，消除了绕z轴的转动，C点约束了z方向的位移，从而消除了绕y轴的转动，D点约束了y轴的位移，从而消除了绕x轴的转动。

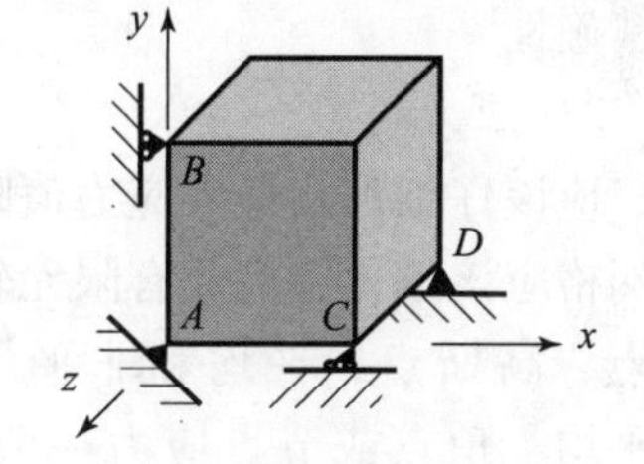

图4.37　三维物体的约束

4.3.1.5　ANSYS中的后处理判断原则

1. 判断和检查结果的准确性

FEA精度分析如图4.38所示。

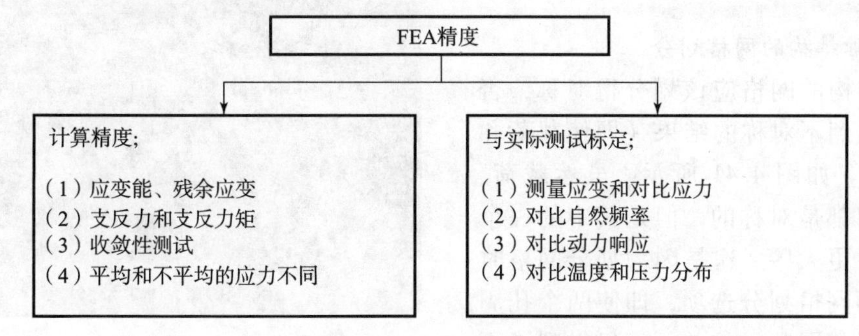

图4.38　FEA精度分析

（1）肉眼检查：关键区域如果有应力不连续或者突变，那么应该对该区域进行细化。

（2）FEA 和试验之间有 10% ~15% 的差距被认为是比较好的相关性。

（3）超过 15% 偏离的可能原因：错误的边界条件、材料属性、残余应力、局部效应，如焊接、螺栓预紧、试验误差等。

2. 判断和理解结果

1）第一重要原则

首先要查看位移和变形的动画，然后才是其他输出。查看结果之前，想象在给定载荷的情况下物件应该如何变形。软件计算所得结果应该能与其对上，部件不合理的位移和变形表明有些地方可能设置有误。

为了能以肉眼看到部件的变形，图 4.39 中的位移结果被放大了。由于位移值很小，真实的位移（1 倍）可能无法观察到。因此，多数后处理软件提供了放大结果的功能（并非改变结果的真实大小）。

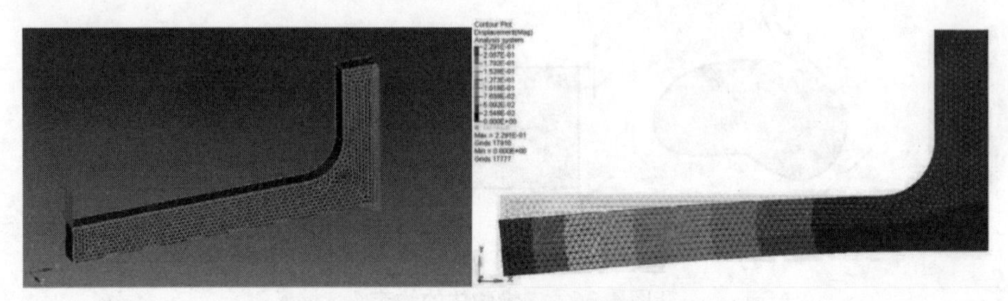

图 4.39　从结果位移判断结果

2）反力、力矩、残余应变能和应变能的检查

比较施加载荷的合力或力矩、反力和反力矩、内功和外功、残余量有助于估计结果的数值精确性。

3）应力绘图

应该仔细观察最大应力值附近位置的应力。在关键区域应力的不连续或突然变化表明局部网格应该细化。商业有限元软件提供了不同的应力查看选项，比如节点、单元、角点和中心点、高斯点、平均和非平均的应力等。非平均、角点或节点应力一般来说大于平均、中心点的单元应力。应力绘图如图 4.40 所示。

图 4.40　应力绘图

4）对称结构的网格划分

对称结构的网格应该划分得对称，否则分析将得到不对称的结果（即使载荷和约束对称）。如图 4.41 所示，虽然载荷、约束和几何都是对称的，但是其中的一个孔的应力要更大些。这是因为划分网格时使用了自动网格划分选项，即使两个孔周围都指定了相同数量的单元，仍得到了不对称的网格。

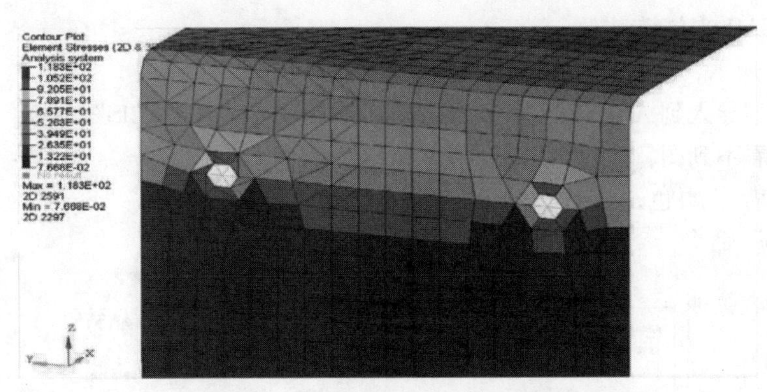

图4.41　对称结构的不对称网格仿真

5）重复单元的检查

在进行分析之前一定要检查重复单元。重复单元是很危险的，而且使用自由边检查很难检查到（如果很分散，而且不在外边缘或在结构的边界上）。重复单元增加了多余的厚度，应力和位移结果会少很多（在分析中不会有任何警告或错误的提示）。

6）合适应力类型的选取

VonMiese应力用于韧性材料，最大主应力用于脆性（铸造）材料。对于非线性分析，应该将注意力放在真实应力和工程应力上。真实应力定义为载荷与截面瞬时面积之比。工程应力的截面积是常数。

4.3.1.6　实例：加农炮身管受力分析

用ANSYS进行武器结构的强度分析是最为常见的情况，在此计算85 mm加农炮身管受力分析变形，采用ANSYS划分身管网格图、加载荷、查看变形图，得出应力结果与屈服极限，进行比较分析，具体过程如下。

1. 建立有限元计算模型

1）用CAD软件绘出身管截面图并进行分析

建立有限元模型有两种方法：输入法和创建法。输入法是直接输入由其他CAD软件创建好的实体模型，创建法是在ANSYS中从无到有地创建实体模型，两者并不是完全分开的。由于ANSYS创建不规则模型过于烦琐，本实例采用输入法建立有限元模型。

利用天河CAD，以Y轴为火炮身管的对称轴绘制截面图的右侧部分，并利用CAD的面域功能将所绘制的图形面域化（图4.42）。将上述绘制好的图形以"SAT"文件格式导出，保存并命名为"85 mm"。

身管的材料为PCrNiMo，通过查找可知弹性模量$E=210$ GPa，泊松比$\nu=0.3$。此模型底端施加Y轴方向固定位移约束，火炮的最外面由于有自紧装置，所以外壁也需要进行X方向位移约束，在身管的膛低和坡膛之间内侧表面垂直内表面方向上施加254 MPa的均布载荷。

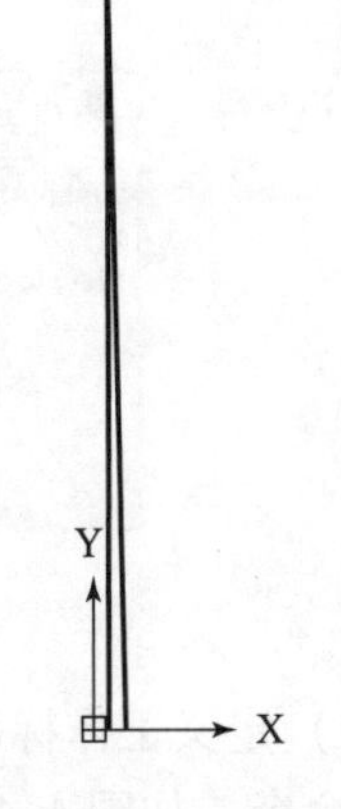

图4.42　身管截面CAD模型

2）导入 CAD 几何模型

如图 4.43 所示，执行以下步骤：

（1）将模型导入到 ANSYS，执行“File”→“Import”→“ACIS”命令；

（2）如果看不到图，执行“Plot”→“Areas”命令；

（3）改变背景颜色，执行“Utility Menu”→“PlotCtrls”→“Style”→“Clors”→“Reverse Video”命令。

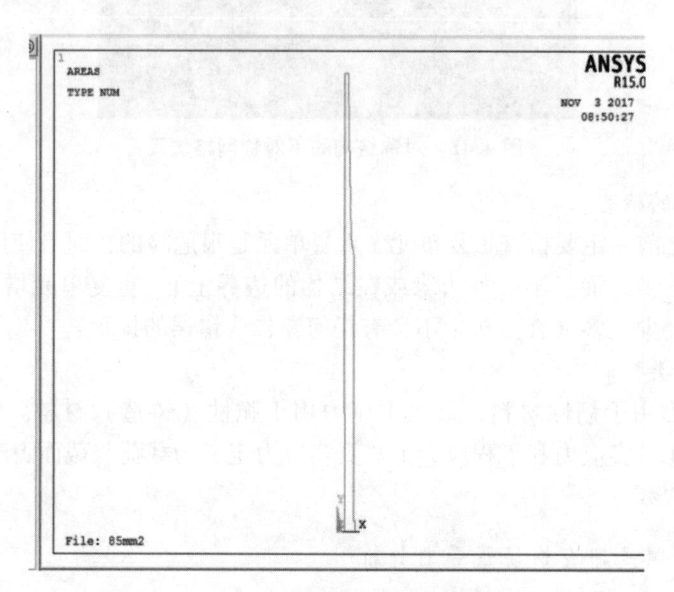

图 4.43　身管截面导入 ANSYS

3）设定分析作业名和标题

在进行一个新的有限元分析时，通常需要修改数据库名，并在图形输出窗口中定义一个标题来说明当前进行的工作内容。

（1）定义工作文件名：执行“File”→“Change Jobname”→“1511060134”命令，如图 4.44 所示。

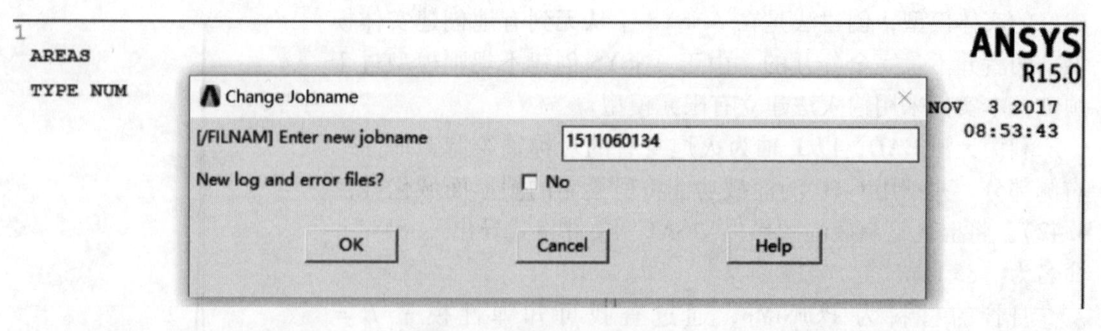

图 4.44　定义工作文件名

（2）定义工作标题：执行“File”→“Change Title”→“The stress anlysis of the 85mm Gun”命令，如图 4.45 所示。

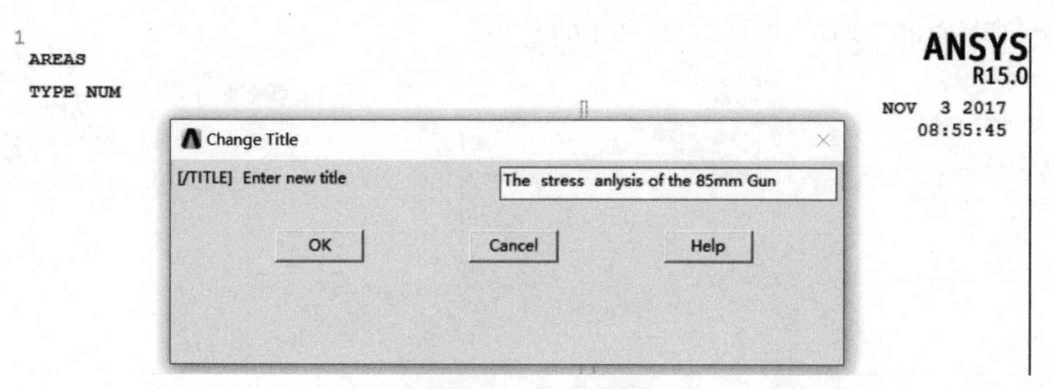

图 4.45　定义工作标题

（3）定义分析类型：执行“Main Menu”→“Preferences”命令，如图 4.46 所示。

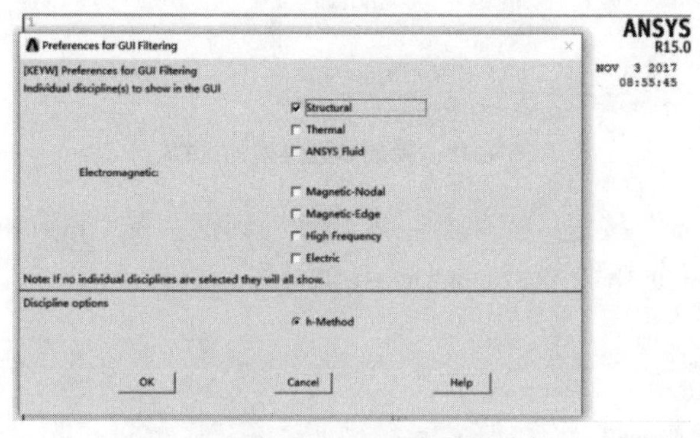

图 4.46　定义分析类型

4）定义单元类型

在进行有限元分析时，首先应该根据分析问题的几何结构、分析类型和所分析的问题精度要求等，选定适合具体分析的单元类型。本实例选用四节点四边形板单元 PLANE182。PLANE182 不仅可用于计算平面应力问题，还可以用于分析平面应变和轴对称问题。

（1）定义单元类型，执行“Main Menu”→“Preprocessor”→“Element Type”→“Add”命令，在弹出的对话框中选择“Element Type”→“Solid”→“Quad 4 node 182”选项，单击“OK”按钮，如图 4.47 所示。

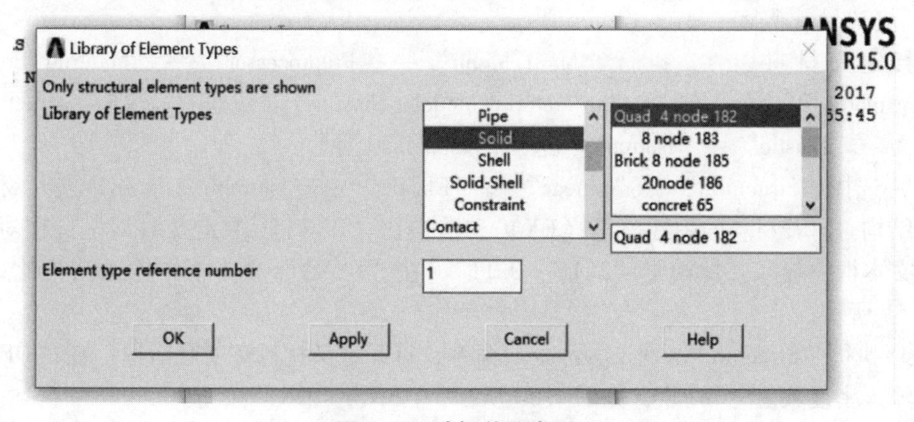

图 4.47　选择单元类型

（2）单击“Close”按钮关闭，如图 4. 48 所示。

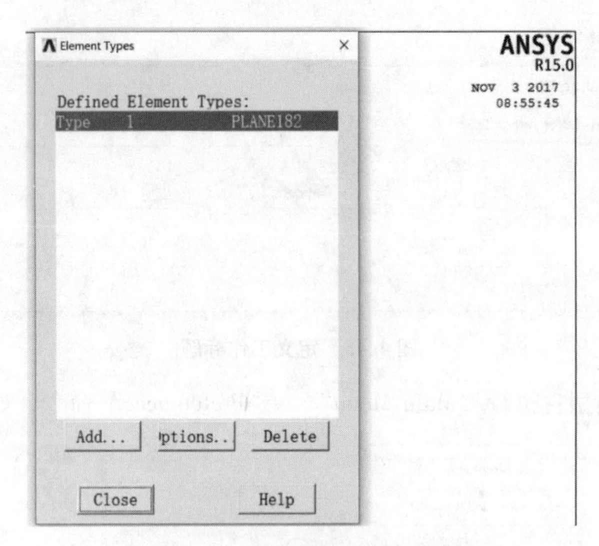

图 4. 48　完成单元类型的选择

（3）单击“Options”按钮，打开图 4. 49 所示对话框，在“Element behavior”（单元行为方式）下拉列表框中选择“Axisymmetric”（轴对称）选项。

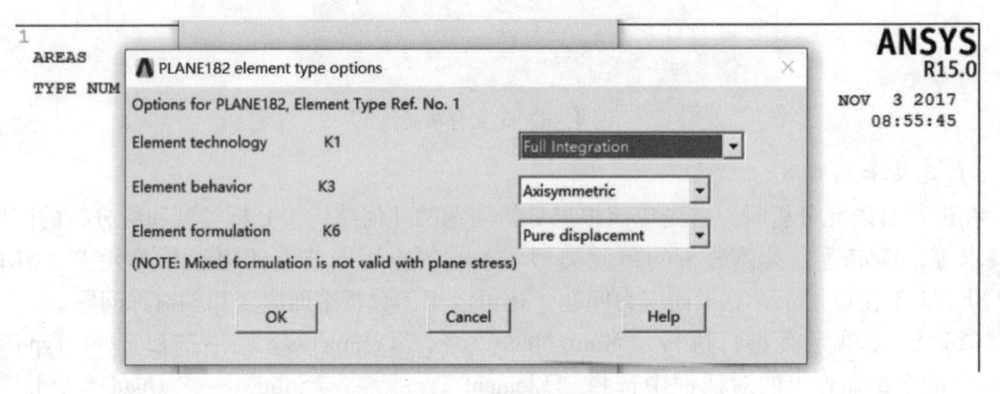

图 4. 49　单元对称选择

5）定义材料属性

直接定义材料属性，执行“Main Menu”→“Preprocessor”→“Material Props”→“Material models”命令，在“Define Material Model Behavior”对话框中，打开“Structural”→“Linear”→“Elastic”→“Isotropic”选项，如图 4. 50 所示。

（1）选择“Structural”→“Linear”→“Elastic”→“Isotropic”选项，展开材料属性的树形结构。打开材料的弹性模量（EX）和泊松比（PRXY）的定义对话框，在对话框的“EX”文本框中输入弹性模量“2. 1E + 0. 11”，在“PRXY”文本框中输入泊松比“0. 3”，如图 4. 51 所示。

（2）执行“Structural”→“Density”命令，打开定义材料密度对话框，在“DENS”文本框中输入密度数值“7810”，如图 4. 52 所示，再单击“OK”按钮。

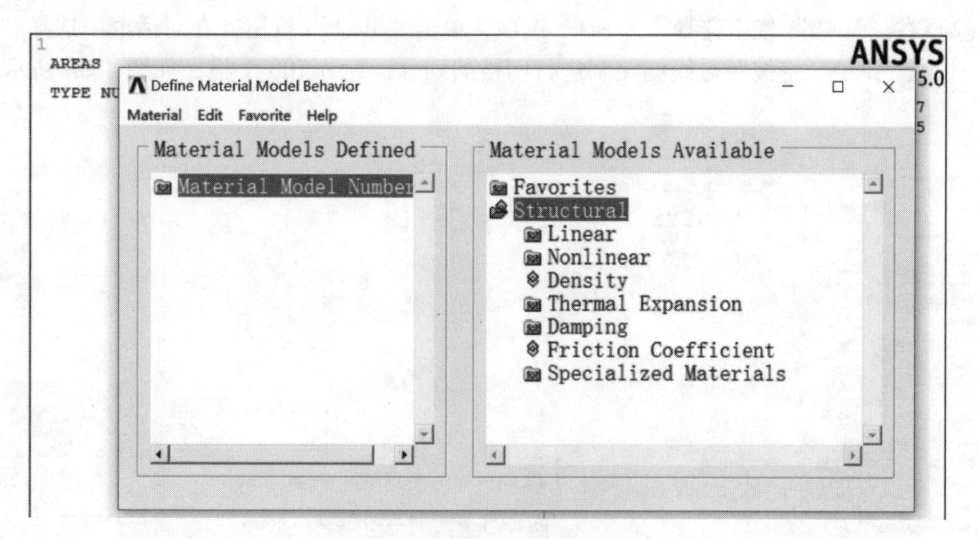

图 4.50　材料本构模型的选择

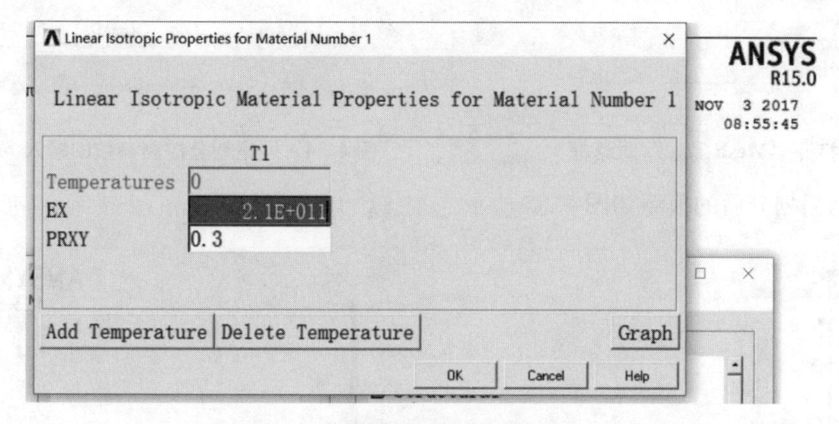

图 4.51　材料弹性模量和泊松比的输入

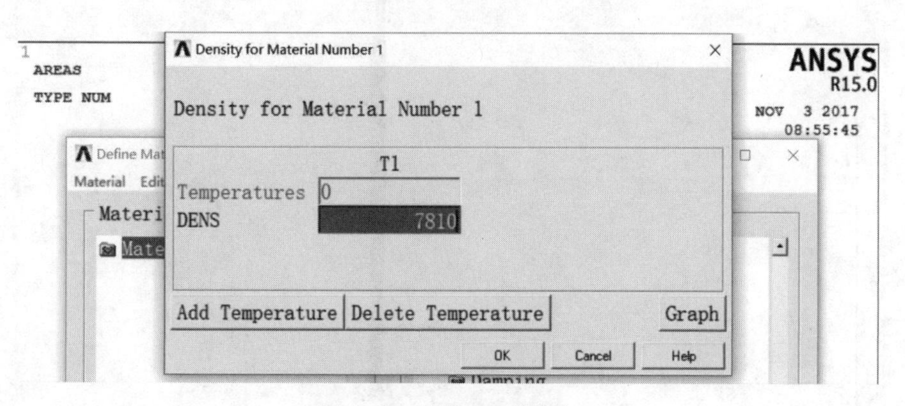

图 4.52　材料密度的输入

6）网格划分

（1）执行“Main Menu”→“Preprocessor”→“Meshing”→“Mesh Tool”命令，打开“Mesh Tool”（网格工件）对话框，如图 4.53 所示。

（2）在“Mesh”栏中选择“Areas”选项，单击“Mesh”按钮，在对话框中选择“Pick All”选项，ANSYS 将按照对线的控制进行网格的划分，划分 100 个格，如图 4. 54 所示。

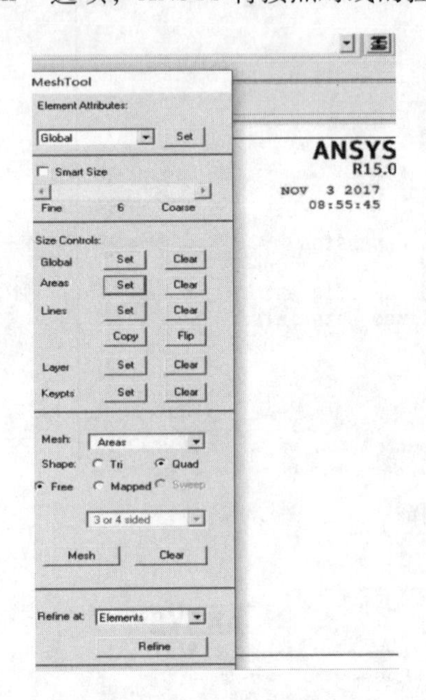

图 4. 53　打开“Mesh Tool”对话框

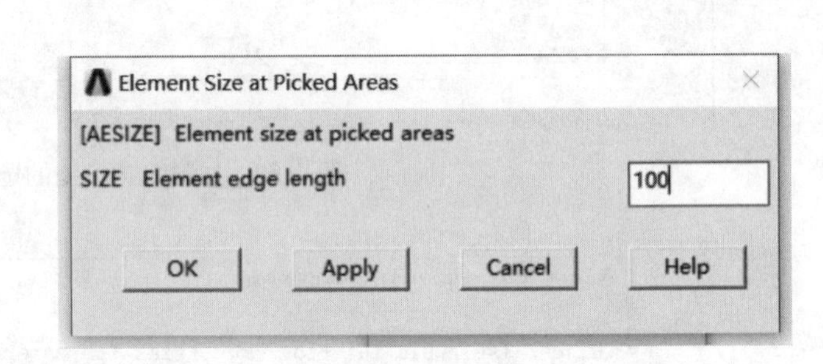

图 4. 54　网格划分控制参数的输入

（3）网格划分后的模型如图 4. 55 所示。

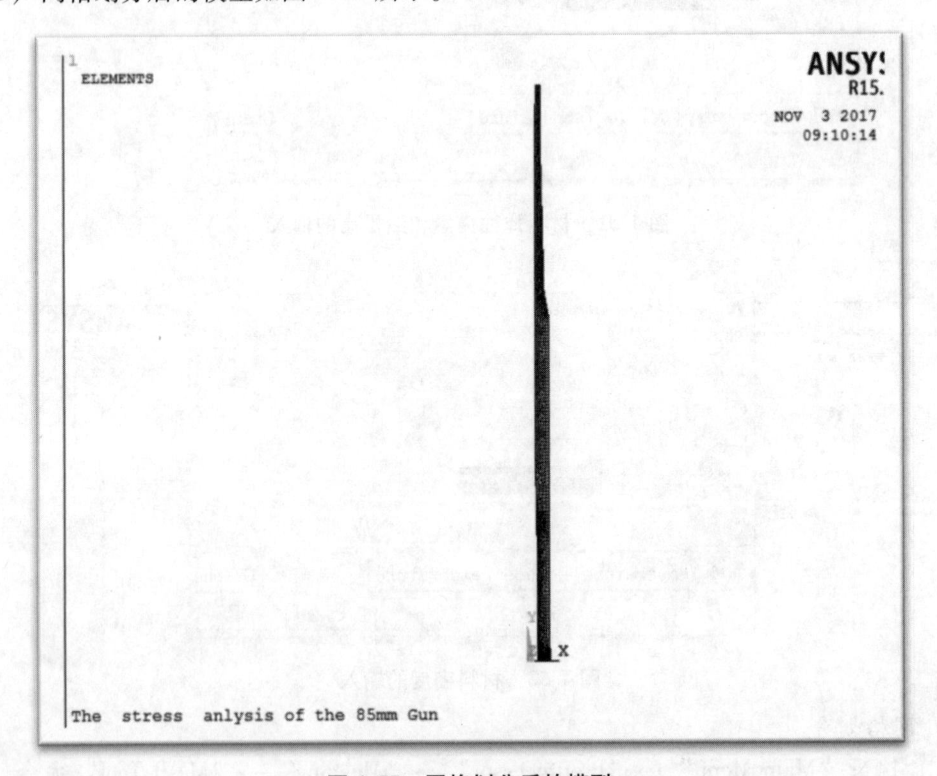

图 4. 55　网格划分后的模型

2. 加载及求解

1）添加位置约束

（1）执行“Main Menu”→“Solution”→“DefineLoad”→“Apply”→“Structural”→“Displacement”→“on Lines”命令，出现选择线对话框，选择最下端的线，如图 4.56 所示。

（2）单击“OK”按钮，出现“Apply U，ROT on Lines”对话框，选择“UY”选项，单击“OK”按钮，如图 4.57 所示。

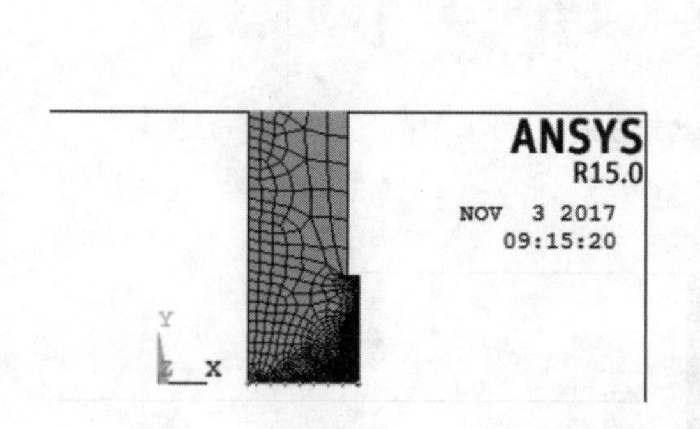

图 4.56　选择需添加约束的位置

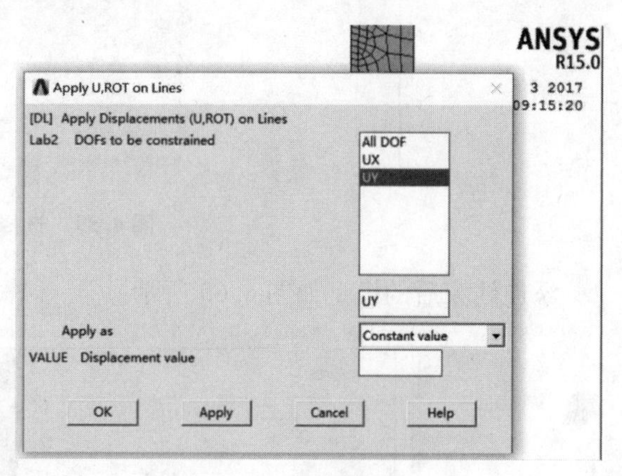

图 4.57　选择约束方式

结果如图 4.58 所示。

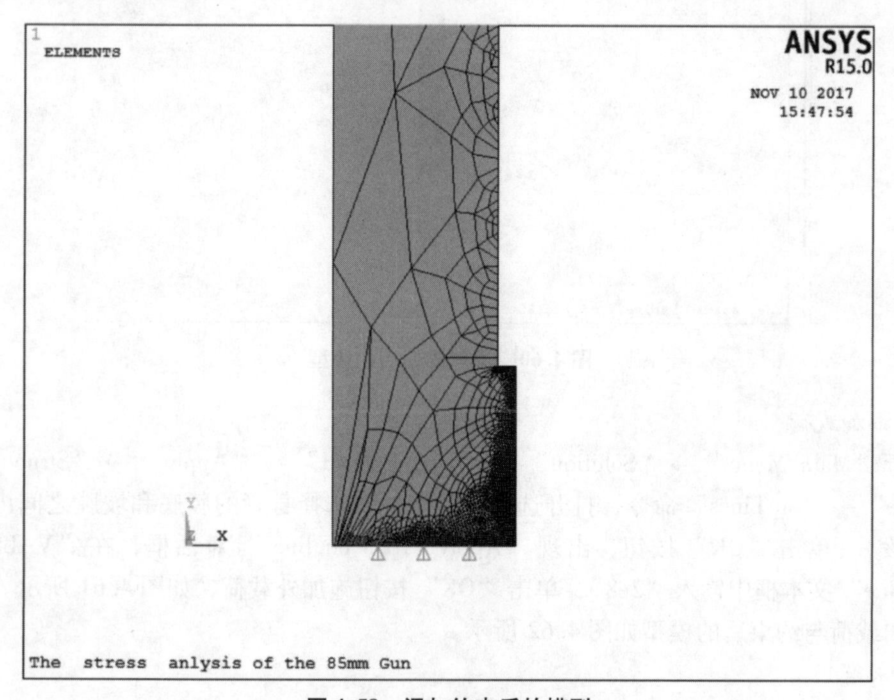

图 4.58　添加约束后的模型

（3）选择火炮的带有自紧装置的外壁作为约束条件，如图 4.59 所示。

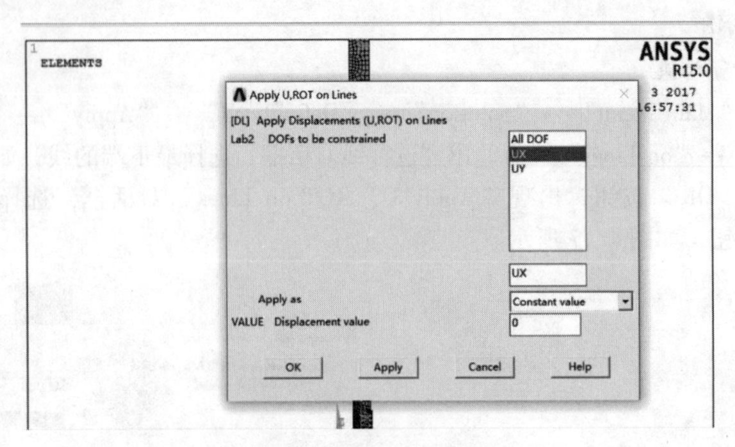

图 4.59 选择约束方式

添加约束后的模型如图 4.60 所示。

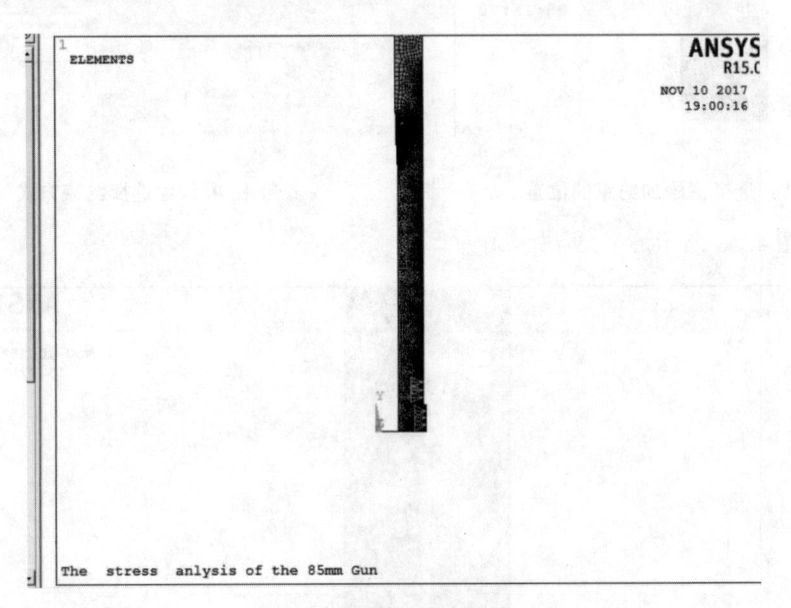

图 4.60 添加约束后的模型

2）添加载荷

执行“Main Menu”→“Solution”→“Define Load”→“Apply”→“Structural”→“Pressure”→“on Lines”命令，打开选择线对话框，选择身管的膛底和坡膛之间内侧表面线（四段），单击“OK”按钮，出现“Apply PRES on lines”对话框，在“VALUE Load PRES value”文本框中输入“2e8”，单击“OK”按钮施加外载荷，如图 4.61 所示。

添加载荷与约束后的模型如图 4.62 所示。

3）求解

执行“Main Menu”→“Solution”→“Solver”→“Current LS”命令，进行求解。求解完成后出现图 4.63 所示的对话框。

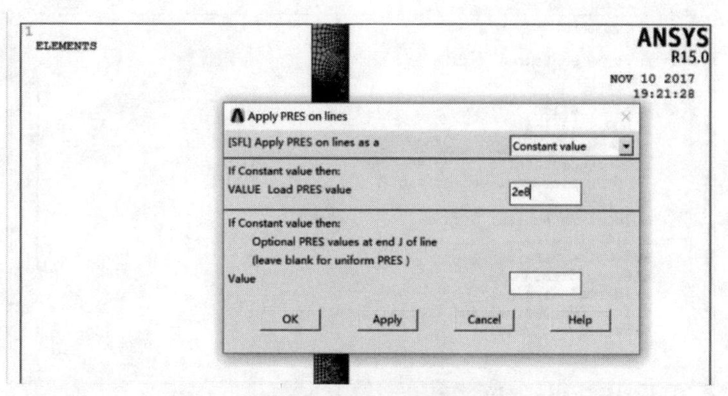

图 4.61　添加载荷设置

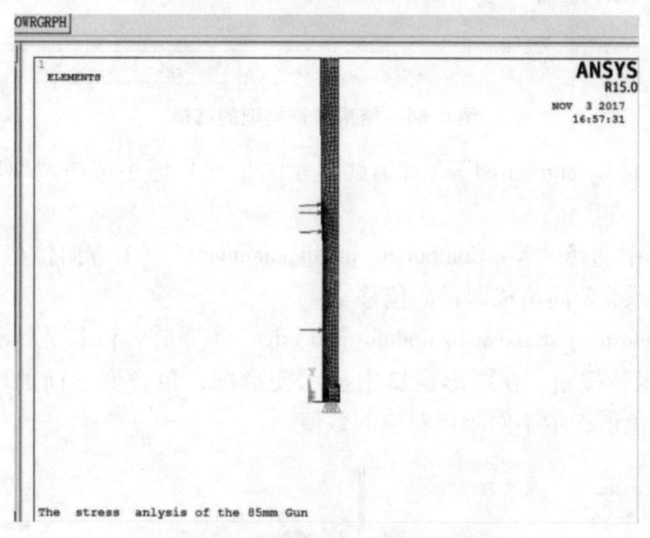

图 4.62　添加载荷与约束后的模型

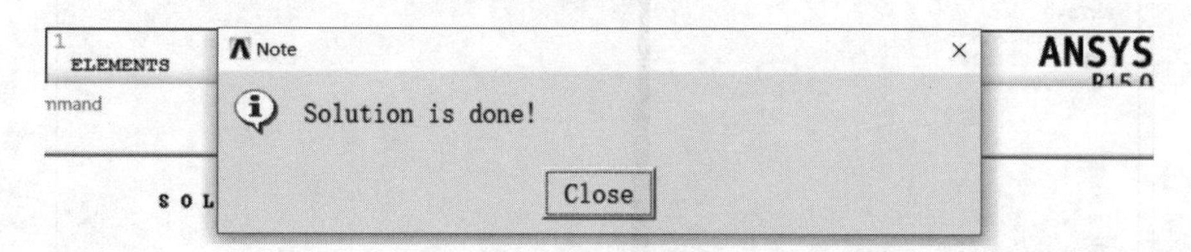

图 4.63　求解完成

3. 后处理

各个方向的应力、应变、位移都已经求解完成，为了更好地查看变形，可以生成云图，利用 ANSYS 软件生成的结果文件（对于静力分析，就是“Jobname. RST”）进行后处理。静力分析中通常通过 POST1 后处理器就可以处理和显示大多数结果数据。

1）查看变形图

（1）执行“Main Menu”→“General Postproc”→“Plot Results”→“Contour Plot”→“Nodal”命令，打开“Contour Nodal Solution Data”（等值线显示节点解数据）对话框，如图 4.64 所示。

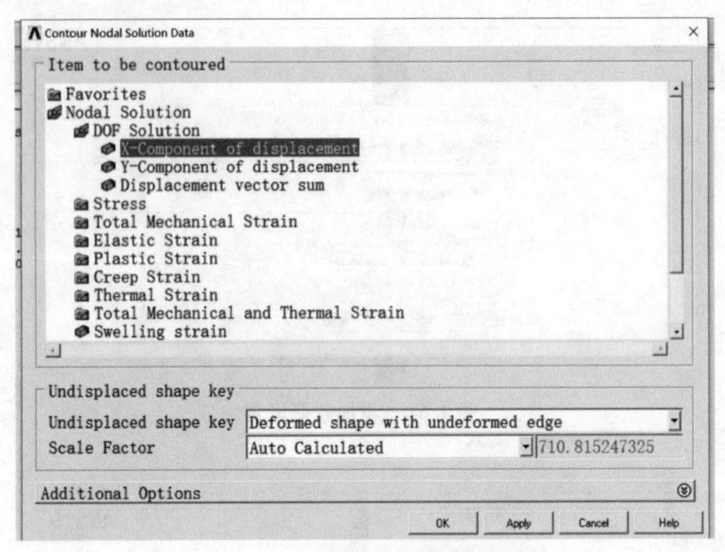

图 4.64　结果数据类型的选择

（2）在“Item to be contoured”（等值线显示结果项）域中选择“DOF Solution”（自由度解）选项。

（3）在列表框中选择“X - Component of displacement”（*X* 方向位移）选项，此时，结果坐标系为柱坐标系，*X* 向位移即径向位移。

（4）选择“Deformed shape with undeformed edge”（变形后和未变形轮廓线）选项。

（5）单击“OK”按钮，在图形窗口中显示变形图，包含变形前的轮廓线，如图 4.65 所示。图中下方的色谱表示不同颜色对应的数值。

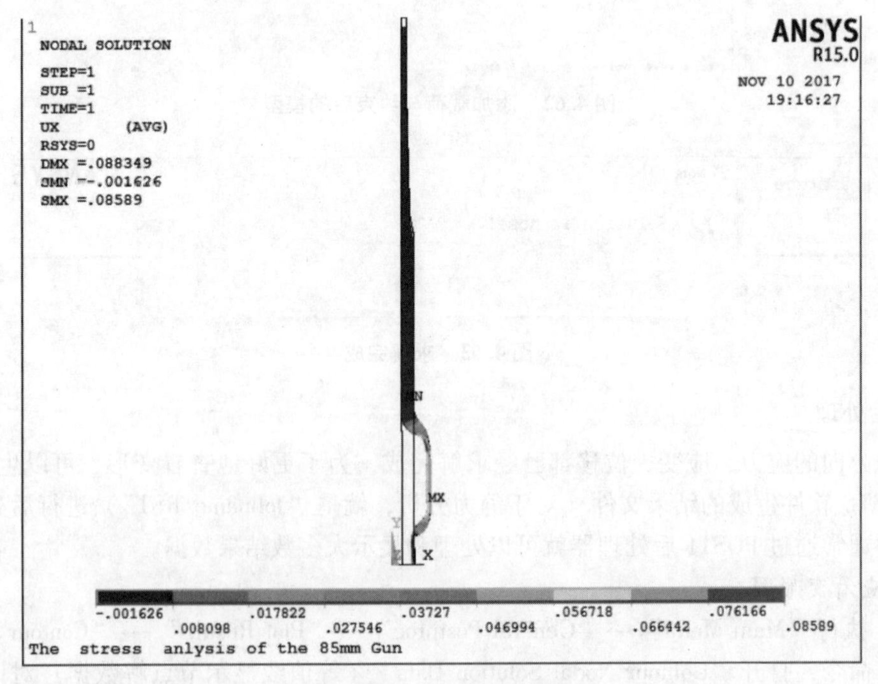

图 4.65　*X* 方向位移云图

（6）X 方向位移局部放大云图如图 4.66 所示。

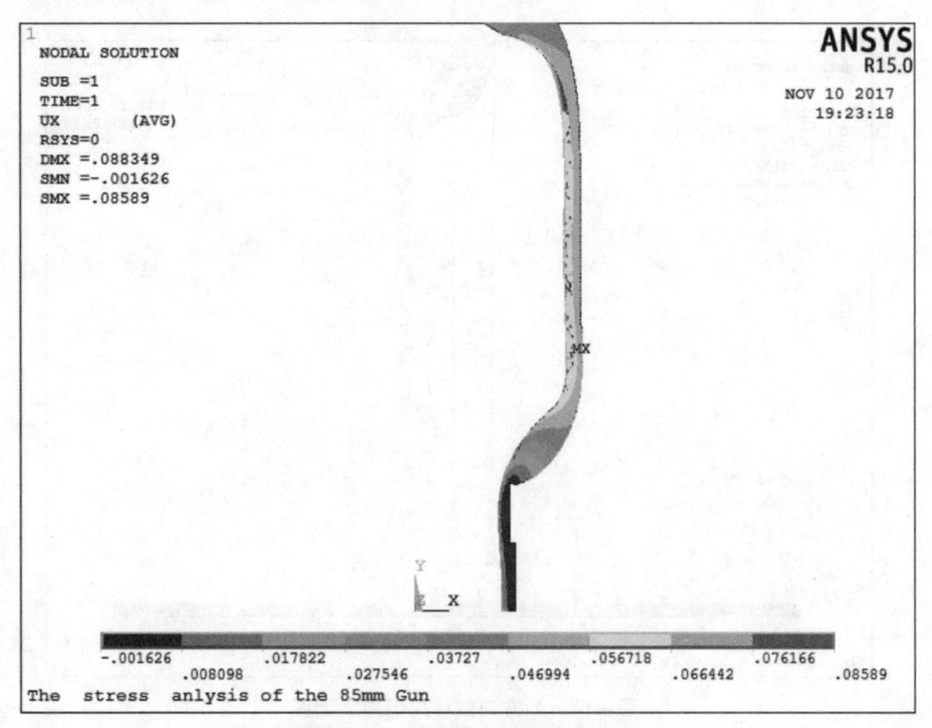

图 4.66　X 方向位移局部放大云图

（7）用同样的方法显示 Y 方向位移，如图 4.67 所示。

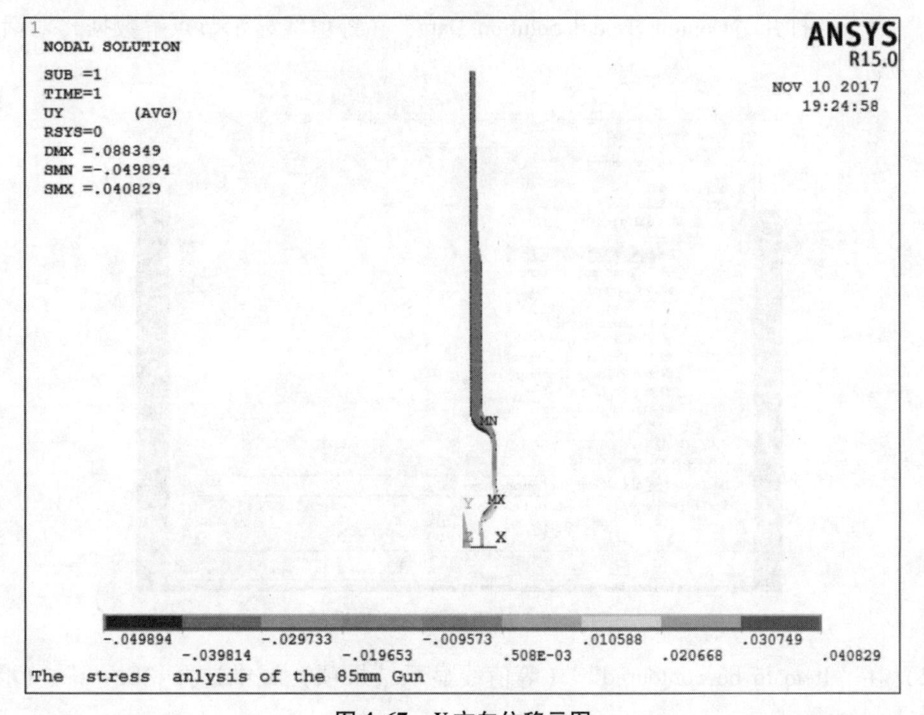

图 4.67　Y 方向位移云图

（8）Y 方向位移局部放大云图如图 4.68 所示。

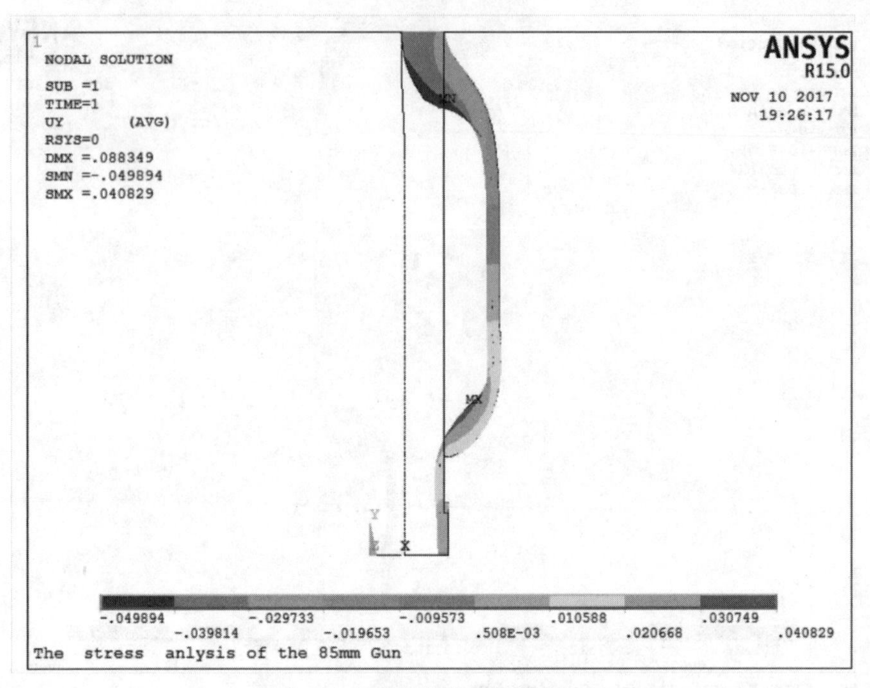

图 4.68 Y 方向位移局部放大云图

2）查看应力

（1）执行"Main Menu"→"General Postproc"→"Plot Results"→"Contour Plot"→"Nodal"命令，打开"Contour Nodal Solution Data"（等值线显示节点解数据）对话框，如图 4.69 所示。

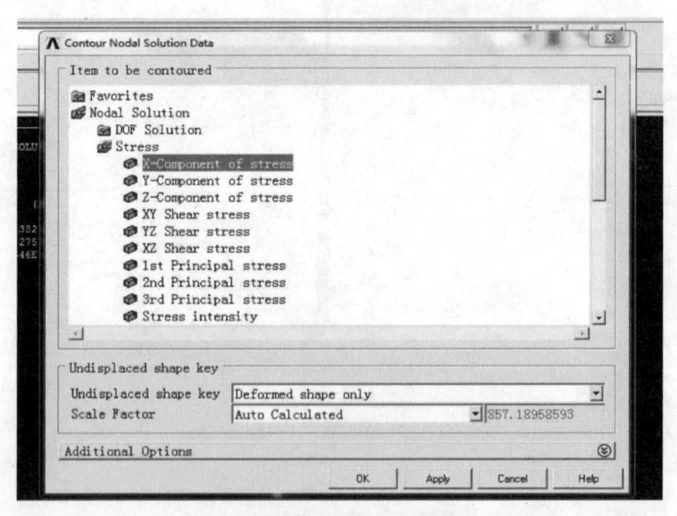

图 4.69 结果数据类型的选择

（2）在"Item to be contoured"（等值线显示结果项）域中选择"Stress"（应力解）选项。

（3）在列表框中选择"X - Component of stress"（X 方向应力）选项。

（4）选择“Deformed shape only”（仅显示变形后模型）选项。

（5）单击“OK”按钮，在图形窗口中显示应力云图，如图 4.70 所示。图中下方的色谱表示不同颜色对应的数值。

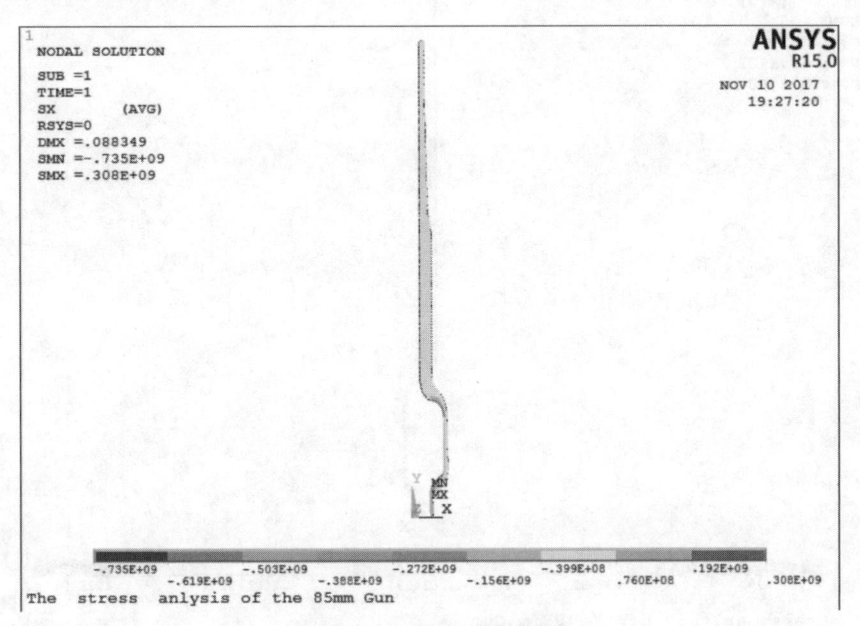

图 4.70　*X* 方向应力云图

（6）*X* 方向应力局部放大云图如图 4.71 所示。

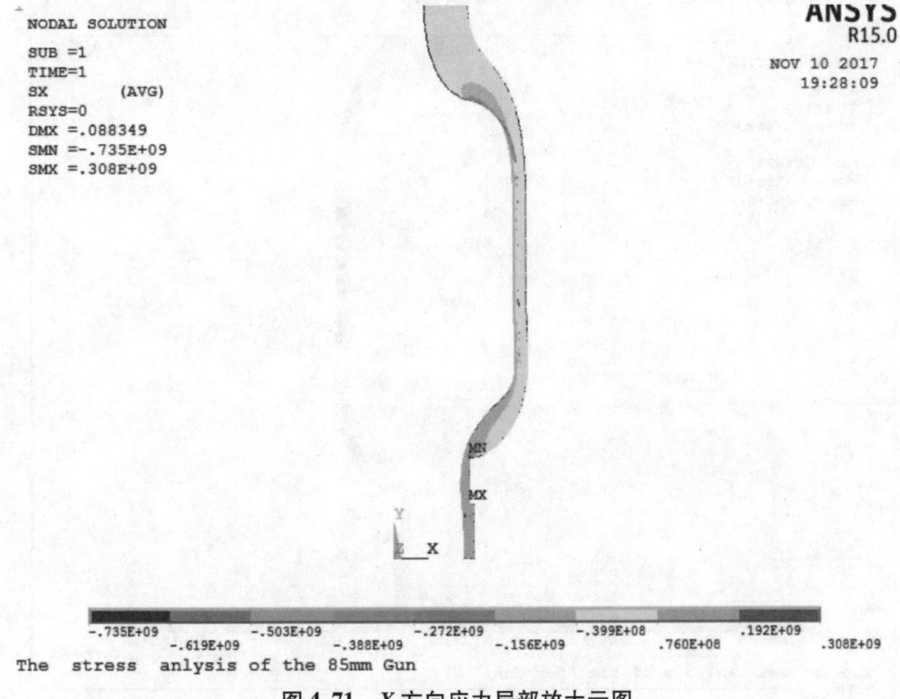

图 4.71　*X* 方向应力局部放大云图

（7）用同样的方法显示 *Y* 方向应力，如图 4.72 所示。

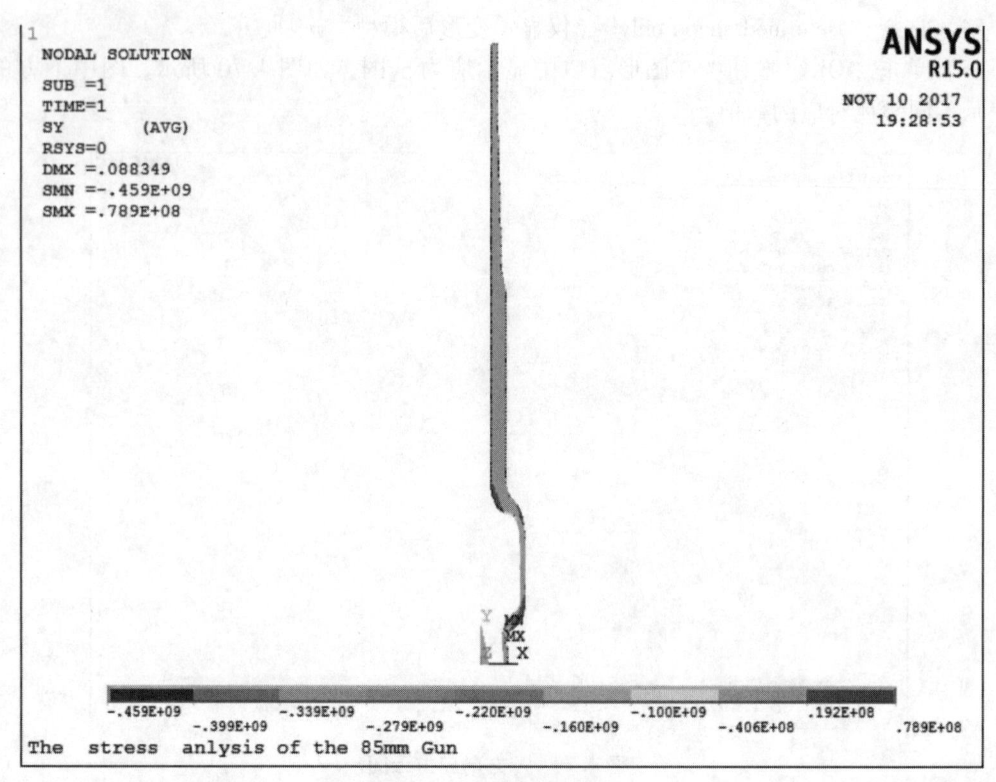

图 4.72 *Y* 方向应力云图

（8）*Y* 方向应力局部放大云图如图 4.73 所示。

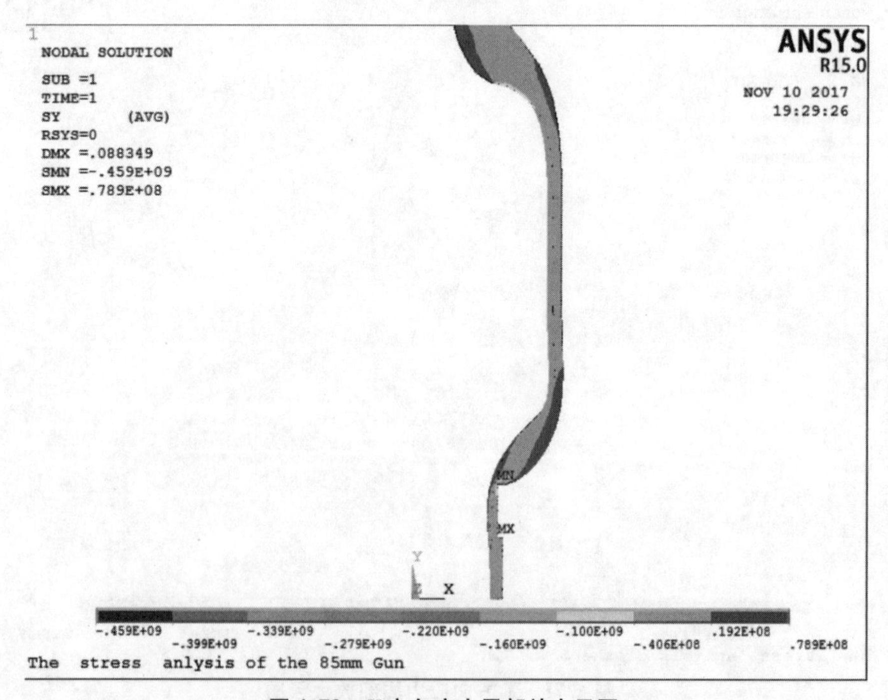

图 4.73 *Y* 方向应力局部放大云图

（9）单击“von Mises stress”按钮查看合应力，如图 4.74 所示。

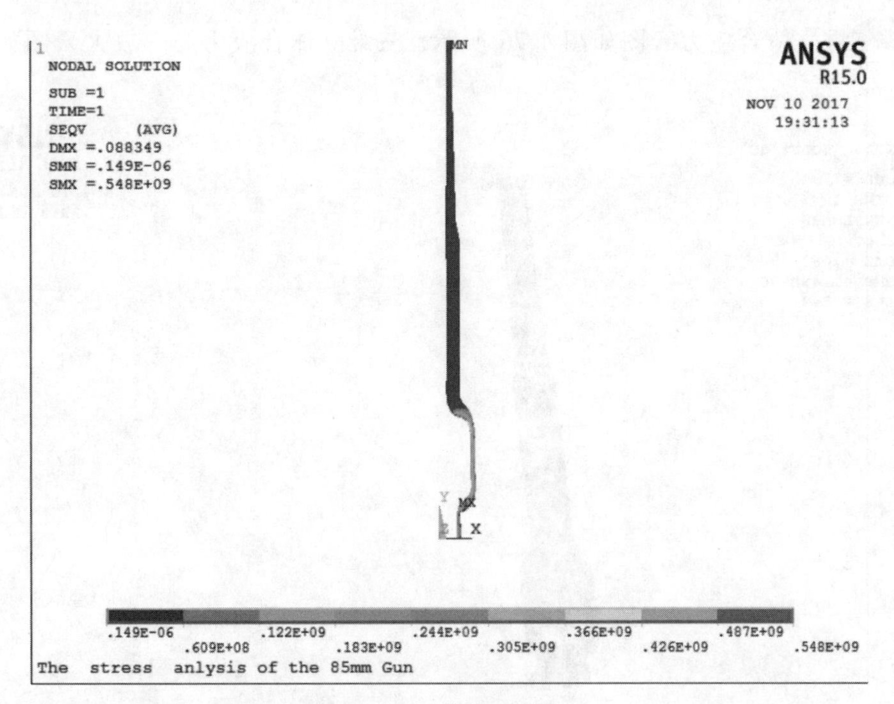

图4.74　合应力云图

（10）合应力局部放大云图如图4.75。

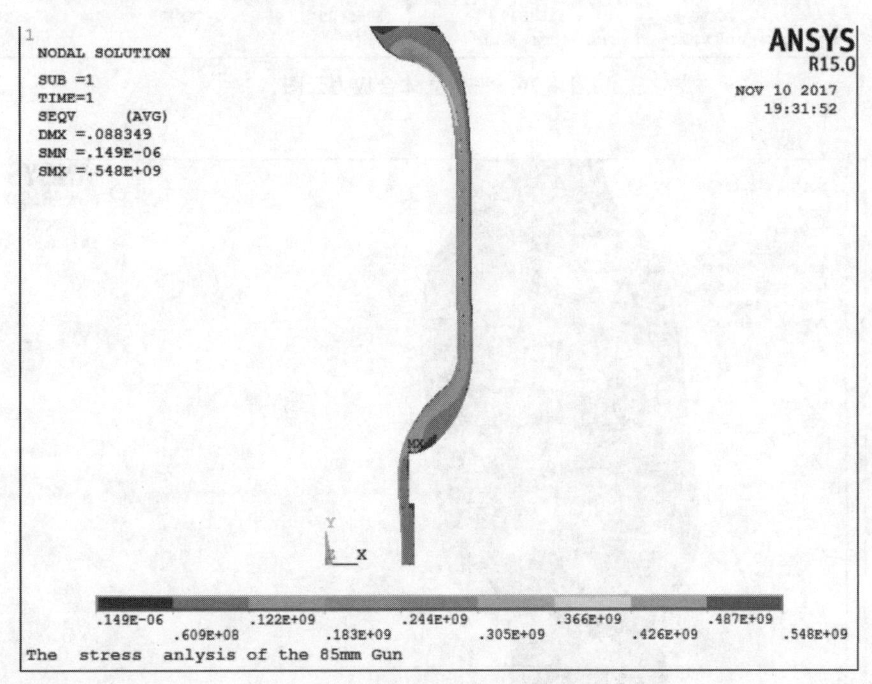

图4.75　合应力局部放大云图

3）查看三维立体云图

（1）在应用菜单中执行“Utility Menu”→“PlotCtrls”→“Style”→“Symmetric Expansion”→“2D Axi－Symmetric”命令，打开“2D Axi－Symmetric对话框”。

(2) 三维立体合应力云图如图 4.76 所示，三维立体合应力局部放大云图如图 4.77 所示。

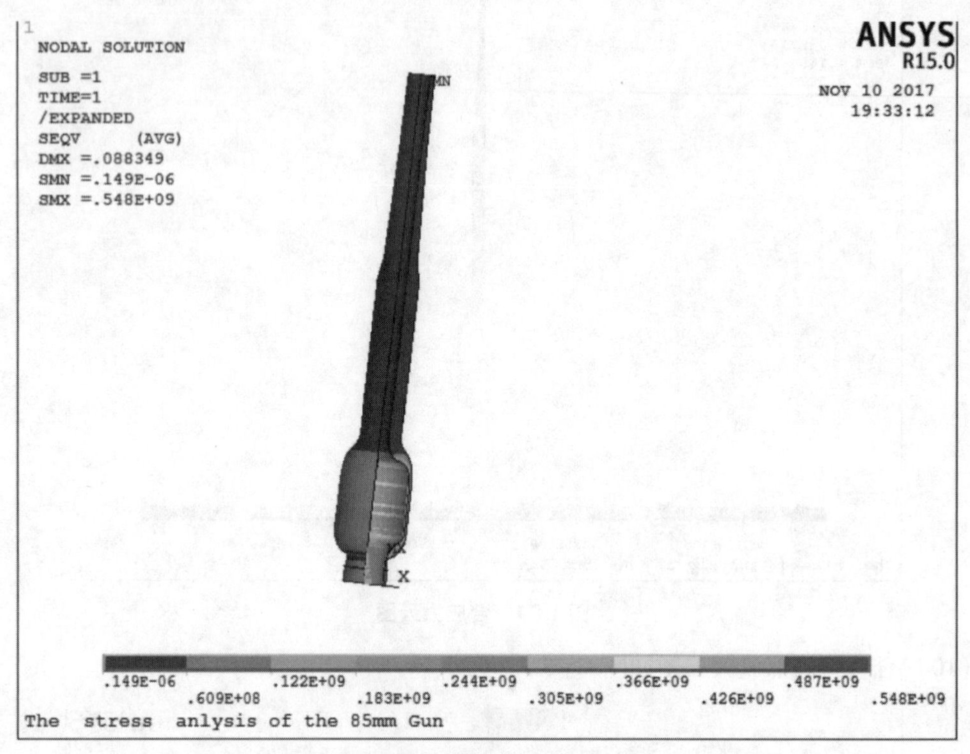

图 4.76　三维立体合应力云图

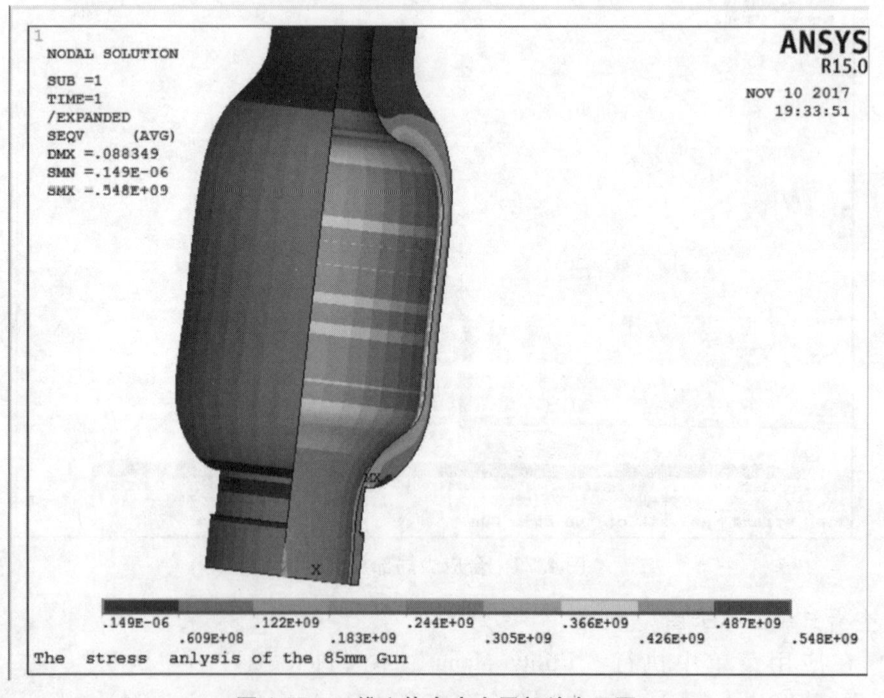

图 4.77　三维立体合应力局部放大云图

通过上述位移、应力云图分析可得，最大位移为 0.858 9 mm，最大应力为 5.48×10^{8} Pa $<\sigma_s=6.50\times10^{8}$ Pa，所以身管满足强度。

由上述可见：ANSYS 将有限元分析、计算机图形学和优化技术组合，是解决实际工程问题不可缺少的工具。其功能、性能、易用性、可靠性以及对运行环境的适应性，满足了当前需要。其优点有：ANSYS 软件可以与 CAD 软件很好地结合；可以毫无困难地处理一般的载荷；具有强大的分析功能。

4.3.2　基于 LS－DYNA 的强度校核

LS－DYNA 同样可以进行强度校核，但需要采用结构化网格。在此，根据已有的结构设计方案，进行复合材料连接强度的数值仿真，以获得 2 种连接方式（单面耳朵固定、双面耳朵固定）、3 种不同连接材料（Q235A、7039－T6 硬铝和高强度碳纤维）的强度。

4.3.2.1　数值仿真的几何模型

采用横梁厚度为 10 mm、竖梁厚度为 10 mm、连接件的厚度为 8 mm 的结构进行数值仿真，仿真的具体结构尺寸列于表 4.5。根据表中的几何尺寸，建立几何模型，如图 4.78、图 4.79 所示。

表 4.5　强度校核的具体结构尺寸

<table>
<tr><th>部件类型</th><th>材料</th><th colspan="2">数量/件</th><th>尺寸/mm × mm × mm</th></tr>
<tr><td>横梁</td><td>高强钢</td><td colspan="2">2</td><td>2 000 × 10 × 120</td></tr>
<tr><td>竖梁</td><td>A3（Q235）钢/
7039－T6 铝/碳纤维</td><td colspan="2">6</td><td>2 500 × 10 × 20</td></tr>
<tr><td rowspan="4">固定件</td><td rowspan="4">A3（Q235）钢/
7039－T6 铝/碳纤维</td><td rowspan="2">单侧耳
朵固定</td><td>24</td><td>60 × 10 × 20</td></tr>
<tr><td>12</td><td>40 × 10 × 20</td></tr>
<tr><td rowspan="2">双侧耳
朵固定</td><td>48</td><td>60 × 8 × 20</td></tr>
<tr><td>24</td><td>40 × 8 × 20</td></tr>
<tr><td>螺栓</td><td>45 钢</td><td colspan="2">100</td><td>M8</td></tr>
<tr><td>螺母</td><td>45 钢</td><td colspan="2">100</td><td>M8</td></tr>
<tr><td>靶板</td><td>Kevlar</td><td colspan="2">25</td><td>360 × 450 × 10</td></tr>
</table>

数值仿真的计算工况：

数值仿真的主要内容为研究整个结构中连接件、固定件在重力作用下的静力学响应和结构强度。根据固定件连接方式及采用材料的不同，将设计计算工况列于表 4.6 中。

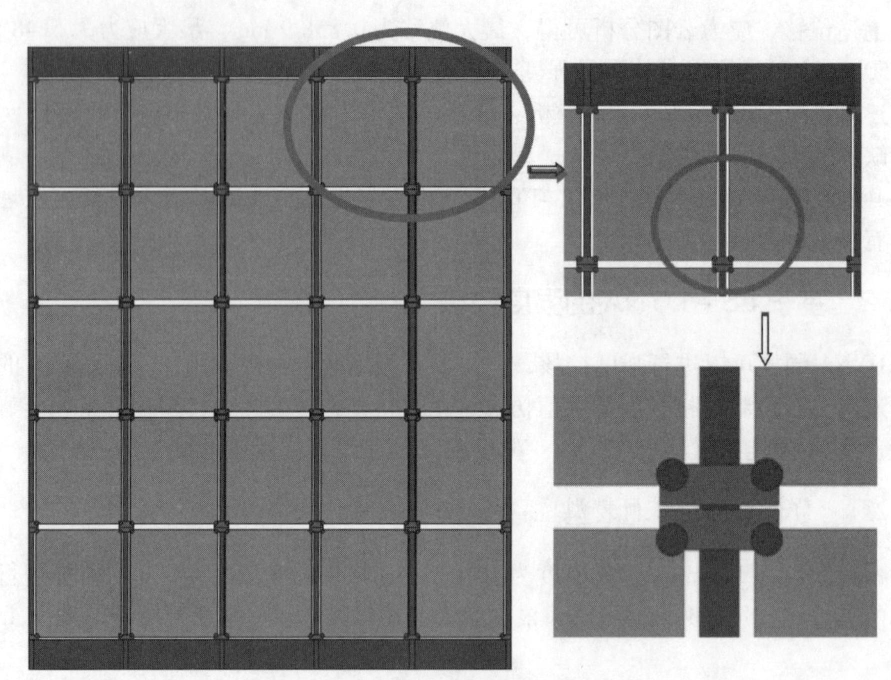

图 4.78　整体装配图及局部放大图

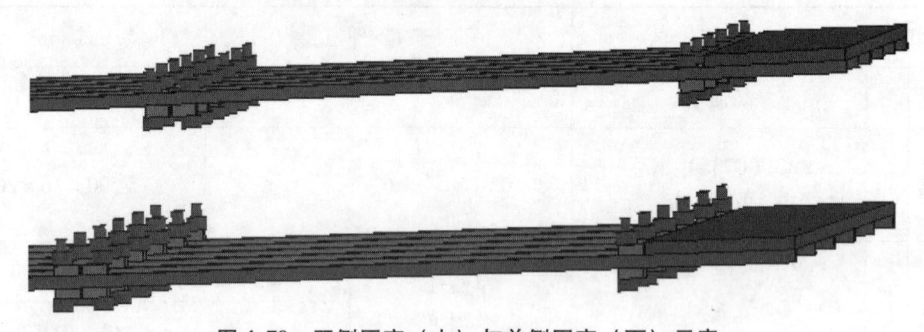

图 4.79　双侧固定（上）与单侧固定（下）示意

表 4.6　计算工况

工况	固定件			竖梁材料
	固定方式	厚度/mm	材料	
1	双侧固定	8	A3（Q235）钢	高强钢
2			碳纤维	碳纤维
3			7039 – T6 铝	7039 – T6 铝
4	单侧固定	10	A3（Q235）钢	高强钢
5			碳纤维	碳纤维
6			7039 – T6 铝	7039 – T6 铝

4.3.2.2　离散化模型

离散化网格越密集、单元划分越细腻，计算结果越精确、越贴近实际情况，然而这也意味着计算量大大增加，计算时间大大延长。为了保证计算结果的精确性，同时减少计算量、节省计算时间，必须根据实际问题对网格疏密进行合理规划。本研究中，主要考虑整个结构在重力作用下的静力学响应，因此部件与部件间的连接处，也就是接触部分，是整个计算的重点，需要将其网格加密；而比如复合材料板、横梁、竖梁等主体部分则不需要太密集的网格，可以适当增大其网格尺寸。有限元模型的网格数量列于表 4.7 中。

表 4.7　有限元模型的网格数量

计算方案	单元数	节点数
单侧固定	776 040	1 170 000
双侧固定	934 440	1 400 000

4.3.2.3　材料模型

下面介绍本构模型。

ANSYS/LS - DYNA 程序中的各向同性、随动及混合硬化弹塑性材料模型，其应力 - 应变关系如图 4.80 所示。图中的材料数据：σ_0 为初始屈服极限，E_T 为切线硬化模量，β 为硬化参数（$\beta = 0$ 为随动硬化，$\beta = 1$ 为各向同性硬化，$0 < \beta < 1$ 为混合硬化）。

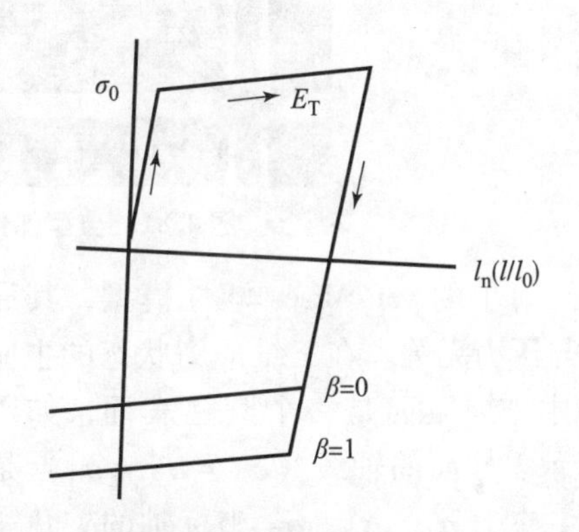

图 4.80　弹塑性动态硬化模型的应力 - 应变关系

典型部件几何模型离散化如图 4.81 所示。

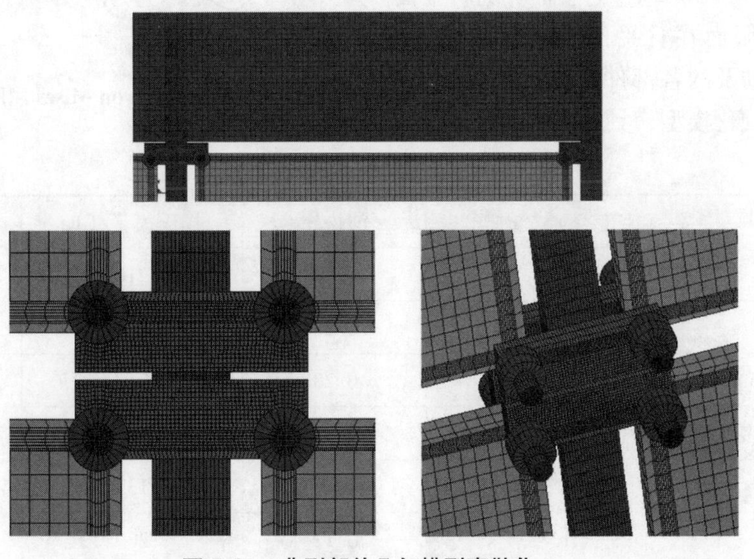

图 4.81　典型部件几何模型离散化

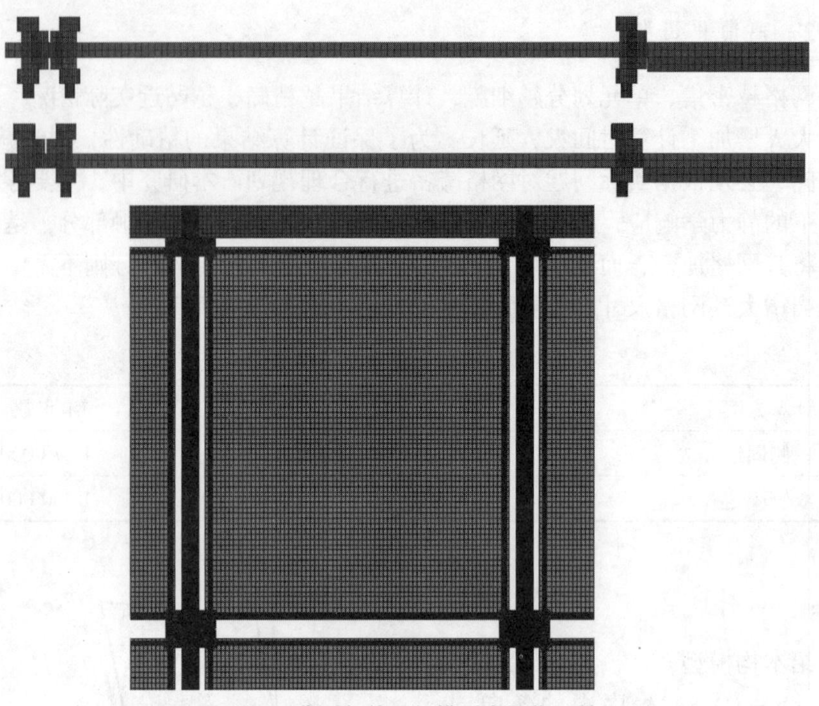

图 4.81　典型部件几何模型离散化（续）

对于简单的 von Mises 塑性模型，其屈服应力与压力无关。在三维应力状态的主应力空间中，屈服面是一个圆柱表面，如图 4.82 所示。柱面的轴线（$\sigma_1=\sigma_2=\sigma_3$）是一条与主应力 σ_1、σ_2、σ_3 坐标轴的夹角相等并过原点 O 的直线。通过坐标原点 O，且与轴线 $\sigma_1=\sigma_2=\sigma_3$ 垂直的平面称为∏平面。von Mises 屈服面在∏平面上的截线是一个圆。计算所涉及的各部件材料本构模型均为弹塑性动态硬化模型，具体参数见表 4.8。

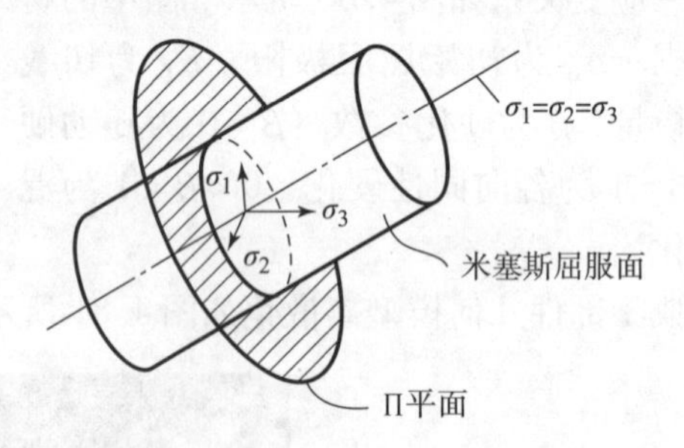

图 4.82　von Mises 屈服面

表 4.8　各部件的材料参数

材料	密度/(g·cm^{-3})	泊松比	杨氏模量/GPa	屈服强度/MPa
45 钢	7.85	0.28	210	350
高强钢	7.85	0.28	193.32	498
A3（Q235）	7.85	0.28	210	235
7039 - T6 铝	2.8	0.3	70	270
Kevlar	1.35	0.3	137	3 600
碳纤维	1.8	0.17	260	3 500

4.3.2.4　仿真计算对比判据

起连接、固定作用的部件是整个结构中的易损部件，如螺栓、固定件等。仅在重力作用下，由塑性应变引起部件结构损伤或其局部失稳的可能性很小，因此比较不同材料的连接部件受力情况，考察其等效应力、应变值便可判断出不同材料的结构强度，从而为结构设计提供有效参考。

4.3.2.5　边界条件

结构全局赋予重力加速度 g(9.8 m/s^2)，在结构顶端和低端固定。

4.3.2.6　仿真计算结果与分析

针对上述6种工况进行数值仿真，每种工况仿真时间为50机时，共消耗300机时，获得了相应的仿真结果。对于仿真结果随机选取同一结构中不同位置固定件上单元，如图4.83所示，其等效应力曲线、压力曲线及最大主应力曲线如图4.84所示。

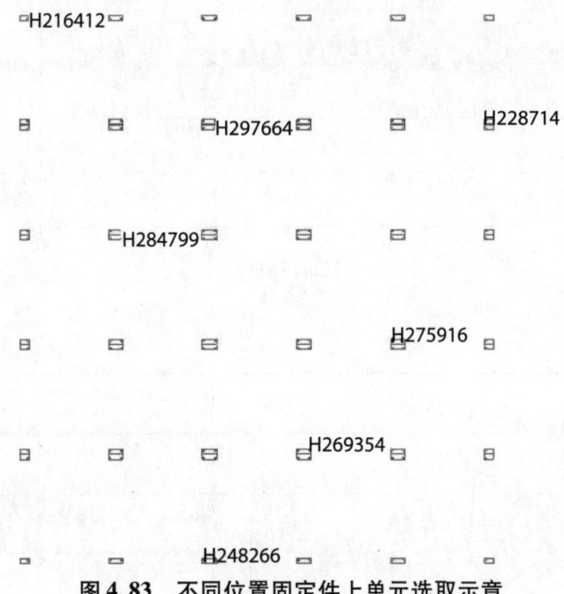

图4.83　不同位置固定件上单元选取示意

由图中曲线可见，同一结构不同位置固定件力学响应曲线幅值差异较大，而响应频率及响应周期具有一定的相似性、一致性。因此，可以对不同工况中同一位置部件的力学响应进行分析，以比较不同材料的结构响应。

计算结果显示：不同工况下计算等效应变值均为0，说明未产生结构形变，三种材料都能够满足结构对材料强度的要求。

由表4.9和图4.85可见：

（1）同等条件下，单侧耳朵固定和双侧耳朵固定的方式对连接件上应力、压力值影响不大，两种连接方式均远远满足静载要求；

（2）在不同材料单侧固定结构中，钢、铝和碳纤维三种材料均远远满足静载要求，其中铝的综合力学性能最好，其最大等效应力分别是碳纤维的38%、钢的43.6%，最大压力

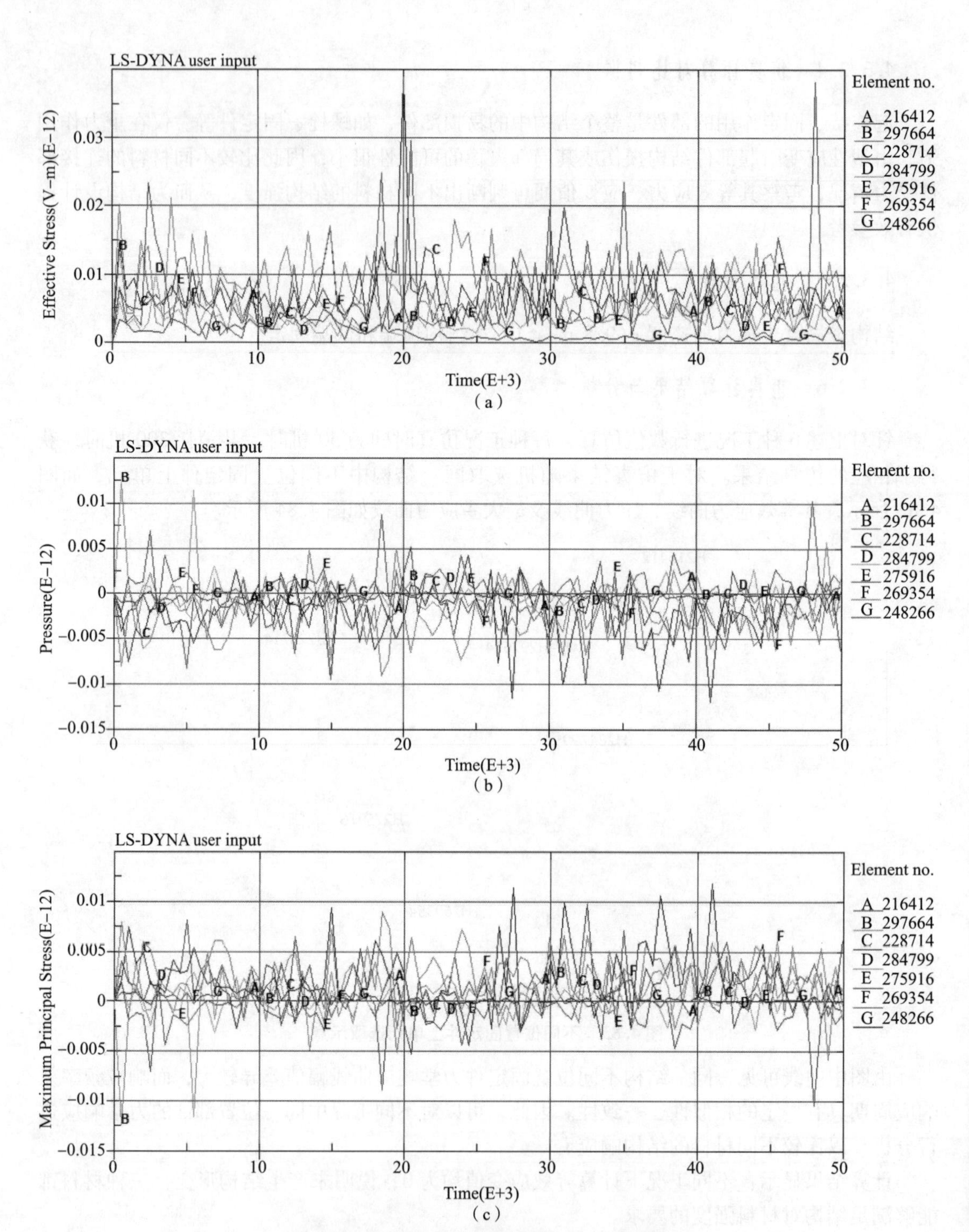

图 4.84　不同固定件单元力学曲线（见彩插）

（a）等效应力曲线；（b）压力曲线；（c）最大主应力曲线

分别是碳纤维的 51.46%、钢的 42.5%。

表 4.9　不同工况下最大等效应力值

工况	固定件		最大等效应力/mbar	最大压力/mbar
	固定方式	材料		
1	双侧耳朵固定	A3（Q235）钢	1.08273×10^{-10}	7.14436×10^{-11}
2		碳纤维	1.50632×10^{-10}	5.34583×10^{-11}
3		7039－T6 铝	4.12087×10^{-11}	9.27947×10^{-12}
4	单侧耳朵固定	A3（Q235）钢	1.82109×10^{-13}	8.7862×10^{-14}
5		碳纤维	2.08346×10^{-13}	7.25606×10^{-14}
6		7039－T6 铝	7.9408×10^{-14}	3.73427×10^{-14}

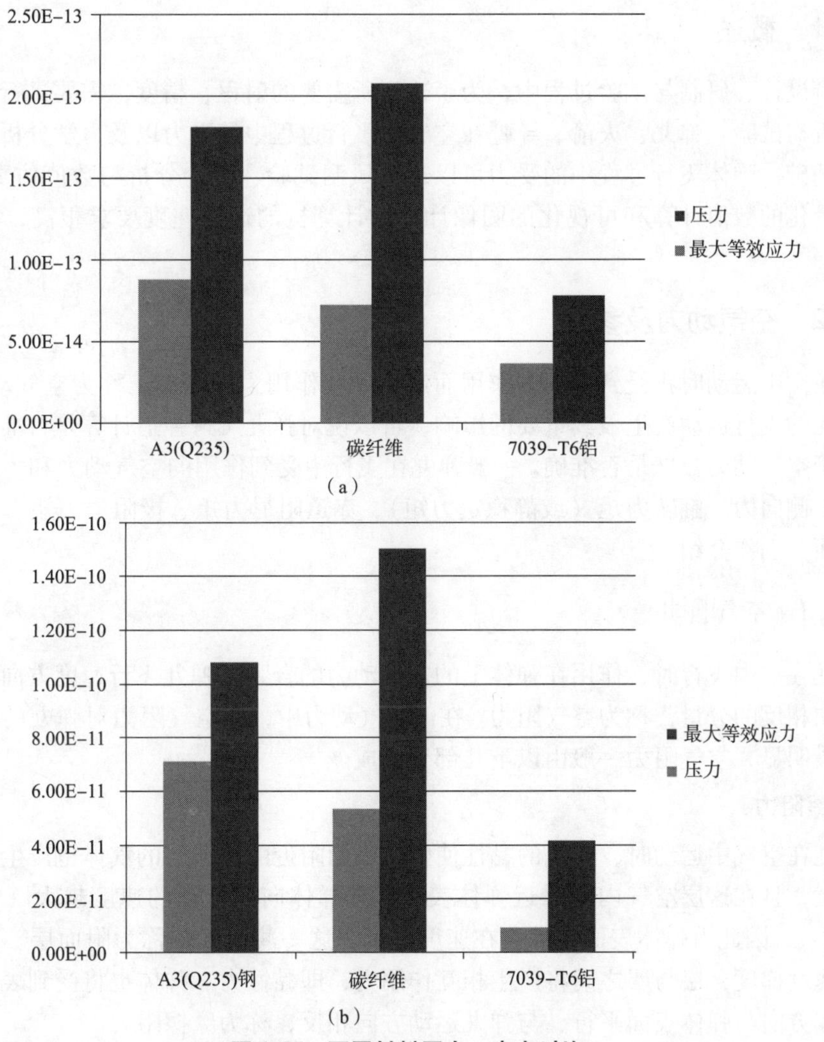

图 4.85　不同材料压力、应力对比

（a）单侧耳朵固定；（b）双侧耳朵固定

第5章

气动力分析基础理论与实例

5.1 弹体飞行所关注的空气动力学问题

5.1.1 概述

在弹箭设计、研制与试验过程中，为了达到所需要的射程、精度，需要进行大量的弹道计算、分析与试验。弹丸、火箭、导弹在空气中飞行过程中的受力以及力学分析方法是外弹道研究的基础，弹体飞行过程中的受力可以通过风洞试验、理论分析与数值仿真计算获得。目前，定量化的数值计算和可视化的图像计算对计算机的运算速度要求很高，很多已成为现实。

5.1.2 空气动力及参数

弹丸在空中运动时将受到空气的作用而产生一些作用力和力矩，称为空气动力和力矩，它们对弹丸的飞行运动产生极其重要的影响，可以说对弹丸飞行弹道计算是否准确在很大程度上取决于空气动力数据是否准确。一般弹丸在飞行中受到作用的空气动力和力矩主要有阻力、升力、侧向力、翻转力矩（或静稳定力矩）、赤道阻尼力矩、极阻尼力矩、马格努斯力矩等，下面分别作介绍。

5.1.2.1 空气阻力

当弹丸在空中飞行时，作用在弹体上的空气动力的合力在弹丸飞行速度方向上方向与飞行速度方向相反的分量，称为空气阻力。在诸空气动力中，以空气阻力对弹丸的飞行运动影响最大、最明显，空气阻力一般由以下几部分构成。

1. 摩擦阻力

当弹丸在空气中运动时，空气的黏性使弹体表面附近的一薄层的气体也产生随弹丸向前运动的速度，且在这层空气内越靠近弹体表面，随弹体向前运动的速度越大（与弹体的相对速度越小），因此沿弹体表面向外存在速度梯度，这一薄层气体称为附面层。由于在附面层内存在速度梯度，层与层之间将产生相互作用力，即黏性力。弹体也将受到表面上空气的黏性力，其方向与弹体表面平行、与弹丸运动方向相反，称为摩擦阻力。

摩擦阻力的大小主要与弹丸的运动速度、弹丸表面的粗糙程度、弹体侧表面积的大小及空气的黏性等有关。

2. 底部阻力（涡阻）

弹丸向前运动时，弹体表面气流在绕流弹丸至弹底截面处时，绕流弹底折转难以完全充满弹底空间，且在弹底附近气流折转过程中流线破碎，出现许多漩涡，流动非常复杂，如图5.1所示，此时在弹丸底部形成一个空气较稀薄、压力较低的涡流区，从而形成一底部阻力（也称涡流）。

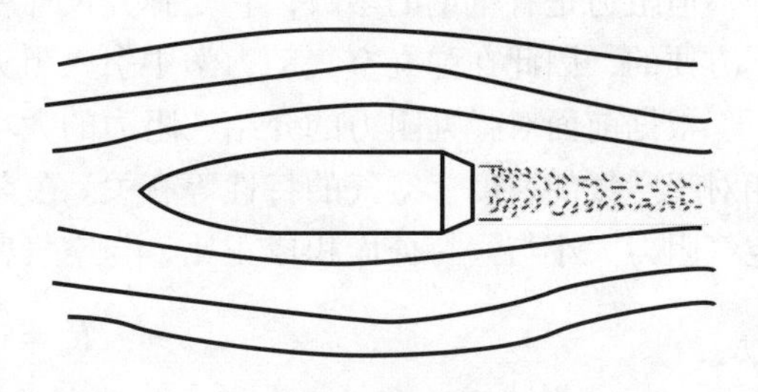

图5.1　气流绕流弹丸尾部时的状况

底部阻力在弹丸空气中占相当大的比例，它的大小主要与弹丸的运动速度、弹丸尾部形状、空气的黏性等有关。

3. 激波阻力

弹丸在向前运动的过程中，弹头部将压缩前面的空气，使空气的密度和压强产生微小的变化，这些微小的变化将形成疏密波以声速向周围传播。当弹丸的运动速度远小于声速时，这些微小的扰动能向前方、后方及时传播，弹丸头部附近的空气密度和压强不会出现大的变化。但当弹丸的运动速度达到或大于声速时，这些压缩扰动来不及向前方传播，弹丸头部众多的疏密波将被压缩形成一厚度极小的空气层，气流经过此空气层后压强和密度都有突跃，此空气层称为激波，它随着弹丸一同向前运动，使激波后弹体表面上保持很高的压强，形成一阻力，称为激波阻力。在实际中，当气流绕流弹丸尾部时（对应的折转压缩）、气流绕流过弹体表面一些形状突变的沟槽时（如弹带），均会产生激波，对应出现激波阻力，如图5.2所示。通常将弹丸头部、尾部出现的激波称为弹头波、弹尾波。

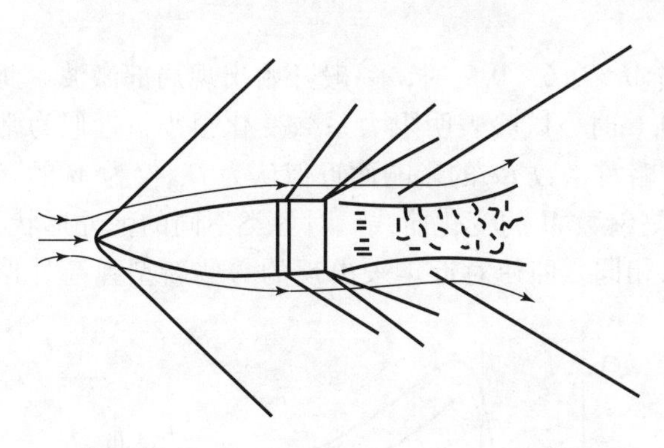

图5.2　超声速下气流绕流弹丸表面的状况

弹丸飞行速度v与当地声速C的比值定义为马赫数，用M表示。当马赫数等于1或略大于1时，弹头激波在弹顶部前面不与弹顶接触，且其顶部波面与运动方向垂直，称为脱体激波。随着马赫数的不断增大，脱体激波与弹顶之间的距离不断缩小，且激波面越来越倾斜，当马赫数增大到某一值以后，脱体激波开始附体，整个激波波面近似为一圆锥面，此圆锥的半锥角为激波角，它随马赫数的增大而减小。按照激波阻力产生的原因，似乎仅当弹丸飞行速度大于或等于声速才会产生激波阻力，而在实际中，当弹丸飞行速度虽未达到，但接近声速时，也会出现激波阻力。这是由于气流在绕流弹体表面的过程中，在某些区域存在气流膨胀、加速，以致在弹体表面局部区域流速达声速以上，此时若存在一些强干扰源，如弹体表面凸起、沟槽等，则对应产生激波，从而出现激波阻力。

对于以超声速飞行的弹丸来说，激波阻力占全弹总阻的大部分，它的大小主要取决于弹丸飞行速度、弹丸形状等。

5.1.2.2 阻力系数与弹形系数

弹丸所受的阻力对其飞行运动有重要的影响，也是评价弹丸气动力性能的重要依据之一。但阻力是有量纲的参数，它受弹丸尺寸变化等的影响，直接对两弹的阻力进行比较是很不方便的，因此在弹丸空气动力学中引入阻力系数的概念。

根据前面对弹丸阻力的介绍，阻力的大小主要与弹丸的形状与尺寸、表面粗糙度、弹丸相对于空气的速度、空气的特性等有关。在空气动力学中，理论与试验研究均表明，弹丸的空气阻力大小与一特征面积成正比，与空气密度也成正比。其一般表达式为

$$R_x = \frac{\rho v^2}{2} S_m C_{x0} \tag{5-1}$$

式中，ρ 为空气密度；v 为弹丸相对于空气的速度，$\rho v^2/2$ 习惯上称为速度头；S_m 为特征面积，通常取弹丸的最大横截面积；C_{x0} 为阻力系数，下标“0”表示弹轴与速度矢量夹角为零时的阻力系数。

阻力系数是对不同弹形进行气动力性能比较，进行外弹道计算的最常用的空气动力系数之一。它与弹丸的形状、运动状况等有关，在一具体的弹形下，它的大小与马赫数、雷诺数及一些大气参数等有关。其中雷诺数为

$$Re = \frac{\rho v l}{\mu} \tag{5-2}$$

式中，ρ 为空气密度；v 为弹丸相对于空气的速度；l 为弹丸特征长度（如可取为弹长）；μ 为空气的黏性系数。

雷诺数主要影响阻力中的摩阻部分，当 $M > 0.6 \sim 0.7$ 时，一般开始出现局部激波，此时摩阻仅占总阻中的很小部分，而当 $M < 0.6$ 时，试验表明阻力系数变化很小，近似为常数，所以在一般的阻力系数分析中，通常忽略雷诺数 Re 的影响而近似认为 C_{x0} 仅为 M 的函数。图 5.3 所示的是典型的阻力系数 C_{x0} 随马赫数 M 的变化曲线。对各类不同的弹丸形状，其 $C_{x0}-M$ 变化曲线规律基本与图 5.3 所示相同，即使对近年来出现的一些新型弹箭外形（如长细比较大等），其规律也大致如此，只是对不同的具体弹形而言，其 $C_{x0}-M$ 曲线中峰值所处的 M 值位置、峰值附近变化快慢程度等不同而已。

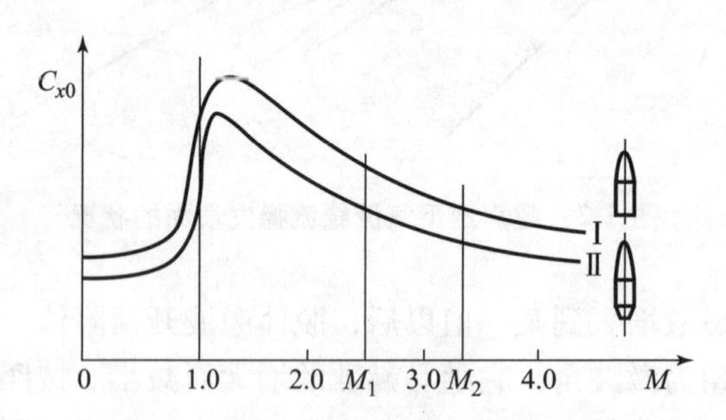

图 5.3 阻力系数与马赫数的关系曲线

阻力系数在阻力计算中起着关键作用，也是进行外弹道计算时必不可少的先决条件。但在过去弹道测试手段和计算方法、条件均较为落后的状况下，对每个具体的弹形都要测其在各个马赫数下的阻力系数是非常困难的，为了解决这种对每一具体弹形的气动力和外弹道研究，需求该弹的 $C_{x0}(M)$，而又难以对每一弹形均直接测出各 M 数值下的 C_{x0} 值的矛盾，引出了弹形系数的概念。

由前面对阻力曲线形状的讨论可知，各种弹阻力系数随 M 变化的形状大体是相似的。两条阻力系数曲线在不同马赫数下对应的比值变化范围不大，特别是对于两个弹形相近的弹

丸，两条阻力系数曲线在不同马赫数下的比值近似为常数。这就使早期的研究者们想到，可以选择一种（或若干种）有代表性的弹形为标准弹形，将其阻力系数仔细测定出来，其他与此弹形相近的弹丸，只需测出任意一个 M 数值时的阻力系数 C_{x0}，将其与标准弹形在同 M 值下的阻力系数值 C_{x0n} 相比，将此比值 i 定义为该弹丸相对于此标准弹的弹形系数，即

$$i=\frac{C_{x0}(M_1)}{C_{x0n}(M_1)} \tag{5-3}$$

既然 i 比值在各马赫数处均近似相等，那么其他任意阻力系数可利用弹形系数 i 近似计算出来，即

$$C_{x0}(M)=iC_{x0n}(M) \tag{5-4}$$

由此可以看出，最初引入弹形系数的根本目的，就是利用已测出的标准弹阻力系数，将对某一弹形的阻力系数曲线求解转换成对该弹在某一马赫数下的阻力系数求解问题，极大地减小了问题的复杂性与困难性。对标准弹测出的阻力系数，称为空气阻力定律。

标准弹不同，对应的阻力定律也不同，由弹形系数的定义可见，弹形系数 i 与对应选用的阻力定律有关，目前采用较多的是43年阻力定律。给出弹形系数时必须注明是针对何种阻力定律的，通常采用给弹形系数加下标的形式，如 i_{43}。

式（5-3）、式（5-4）介绍的均是在弹轴与速度矢量夹角为零时的情况，当此夹角（即后面要定义的攻角）不为零时，阻力系数不但是 M 的函数，而且也是攻角 δ 的函数，即阻力系数可以表示为

$$C_x=C_{x0}(M)f(\delta) \tag{5-5}$$

对于通常研究的轴对称弹丸，并且一般攻角不是很大情况下，阻力的大小与方向和 δ 的正负无关，因而它是 δ 的偶函数，如将 $f(\delta)$ 用泰勒级数在 $\delta=0$ 处展开，注意到偶函数特性并且保留到 δ 的平方项有

$$f(\sigma)=f(\sigma)\bigg|_0+\frac{\mathrm{d}^2f}{\mathrm{d}\sigma^2}\bigg|_0\frac{\sigma^2}{2}! \tag{5-6}$$

令 $\left.\frac{\mathrm{d}^2f}{\mathrm{d}\sigma^2}\right|_0=2k$，并注意到 $\sigma=0$ 时 $C_x=C_{x0}$，则式（5-6）可近似为

$$C_x=C_{x0}(1+k\sigma^2) \tag{5-7}$$

由式（5-7）可见，攻角增大将使阻力系数迅速增大。对于一些弹种来说，如初始扰动较大造成弹丸在一定飞行距离内 δ 随机变化范围较大，就会使弹丸相互间的阻力系数值跳动较大，进而造成较大的弹道散布。

需要特别说明的是，用阻力定律和弹形系数来确定弹丸阻力系数是一种很简便，或者说不得已而为之的方法。实际中弹形系数并非常数，它随马赫数的变化而变化，特别是现代的一些弹形与以往的标准弹形状差异较大，对应的弹形系数变化就更大。在实际中完全采用弹形系数进行外弹道计算就会引入较大的误差，但是否由此就可说弹形系数如今已失去其作用，可以从有关的外弹道书中将其删去呢？其实不然，首先是在对不同弹形进行空气动力研究、分析比较中可以发现，弹形系数在定性和定量分析弹丸阻力特性、水平状况等方面有其独特的优点；在一些特定场合需立即进行一些估算，或在方案选取初始阶段进行方案对比时，利用弹形系数非常方便。但无论如何，在实际中采用阻力定律与弹形系数进行外弹道计算要慎之又慎，因为在现代技术条件下，无论是通过测试还是数值计算获取弹丸的阻力系数

并不十分困难，而且科技水平的发展对研制的弹箭性能也提出了越来越高的要求。采用弹形系数来计算外弹道造成的误差已难以满足研制水平的要求，一些科技人员在平时的科研，乃至型号研究中仍自始至终采用传统的弹形系数方法来进行外弹道计算，这不仅会影响研究质量，还常常会出现事倍功半的效果。这一点应特别引起有关研究人员的重视。

5.1.2.3 空气阻力加速度与弹道系数

根据空气阻力表达式（5-1），可以求出空气阻力加速度为

$$a_x=\frac{R_x}{m}=\frac{g}{G}\cdot\frac{\rho v^2}{2}\cdot\frac{\pi d^2}{4}C_{x0}(M) \tag{5-8}$$

将式（5-4）代入并分类组合为

$$a_x=\left(\frac{id^2}{G}\times10^3\right)\frac{\gamma}{\gamma_{0n}}\left(\frac{\pi}{8\ 000}\cdot\gamma_{0n}v^2C_{x0n}(M)\right) \tag{5-9}$$

式中，G 为弹丸重量；γ 为空气重度，$\gamma=\rho g$。

式（5-9）由三部分组成，第一个组合表示弹丸本身特征对弹丸运动的影响，定义为弹道系数，并用 C 表示

$$C=\frac{id^2}{G}\times10^3 \tag{5-10}$$

第二个组合为气重函数，即

$$H(\gamma)=\frac{\gamma}{\gamma_{0n}} \tag{5-11}$$

第三个组合，主要表示弹丸相对于空气的运动速度对弹丸运动的影响，通常称为空气阻力函数，表示为

$$F(v,C_s)=4.737\times10^{-4}v^2C_{x0n}(M) \tag{5-12}$$

为了使用方便，也引进 $G(v,\ C_s)$、$K(v,\ C_s)$ 作为空气阻力函数，它们与 $F(v,\ C_s)$ 的关系为

$$F(v,C_s)=vG(v,C_s)=v^2K(v,C_s) \tag{5-13}$$

上面诸空气阻力函数均是 v 与 C_s 的函数，这使对它们的编表、查算均不方便，为此可进行变换。令

$$M=\frac{v}{C_s}=\frac{v_\tau}{C_{s0n}} \tag{5-14}$$

则

$$v_\tau=v\frac{C_{s0n}}{C_s}=v\sqrt{\frac{\tau_{0n}}{\tau}} \tag{5-15}$$

这样就得到

$$F(v,C_s)=4.737\times10^{-4}v^2C_{x0n}(M)=4.737\times10^{-4}v_\tau^2C_{x0n}\left(\frac{v_\tau}{C_{0n}}\right)\frac{\tau}{\tau_{0n}} \tag{5-16}$$

即

$$F(v,C_s)=F(v_\tau)\frac{\tau}{\tau_{0n}} \tag{5-17}$$

同理可得

$$G(v,C_s)=G(v_\tau)\sqrt{\frac{\tau}{\tau_{0n}}} \tag{5-18}$$

这样两个变量的函数就变成两个单变量函数 $F(v_\tau)$、$G(v_\tau)$ 与$\frac{\tau}{\tau_{0n}}$和$\sqrt{\frac{\tau}{\tau_{0n}}}$的乘积，使用起来就很方便。此时阻力加速度公式为

$$\begin{aligned} a_x &= CH(\gamma)F(v,C_s)=C\pi(\gamma)F(v_\tau) \\ &= CH(\gamma)vG(v,C_s)=CH_\tau(\gamma)vG(v_\tau) \end{aligned} \tag{5-19}$$

式中

$$\pi(\gamma)=H(\gamma)\frac{\tau}{\tau_{0n}}$$

$$H_\tau(\gamma)=H(\gamma)\sqrt{\frac{\tau}{\tau_{0n}}}=\pi(\gamma)\sqrt{\frac{\tau_{0n}}{\tau}}$$

5.1.2.4　弹轴与速度矢量不重合时的空气动力和力矩

当弹丸在飞行中炮弹纵轴与速度矢量不重合时，两者间出现一个夹角，定义速度矢量与指向前方的弹轴间夹角为攻角 δ（通常规定指向弹顶的炮弹纵轴在速度矢量上方时攻角为正，反之为负），由速度矢量与弹纵轴组成的平面称为攻角平面（也称阻力面）。

当弹丸飞行中攻角 $\delta\neq0$ 时，弹丸周围的压力分布就会出现不对称分布，对弹丸全表面积的压力分布积分求出的空气动力合力 R 既不与炮弹纵轴平行，也不与速度轴平行，它与炮弹纵轴相交于某点，此点称为压力中心（简称压心），按理论力学中的法则此力平移至弹丸质心处后等效于一合力 R_1 与一力矩 M_z，R_1 又可分解为平行和垂直于速度矢量的两个分量 R_x、R_y，R_x 即前面介绍的阻力，R_y 称为升力；当压心在质心之前时 M_z 称为翻转力矩，当压心在质心之后时 M_z 称为稳定力矩，翻转力矩和稳定力矩统称为静力矩。图 5.4 所示为 $\delta\neq0$ 时作用于炮弹上的 R_y、M_z 示意。

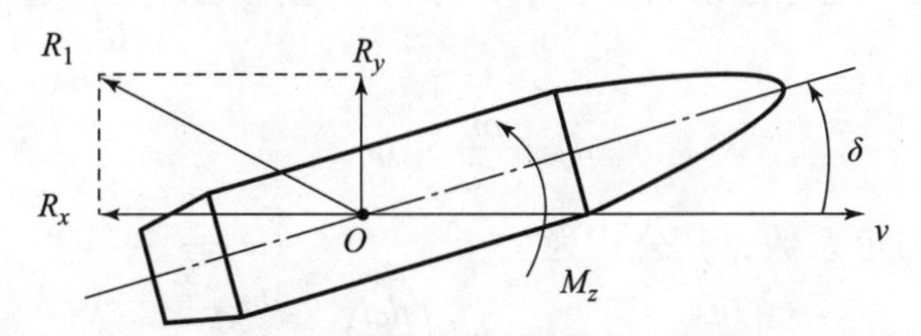

图 5.4　$\delta\neq0$ 时作用于炮弹上的升力、翻转力矩示意

阻力的表达式前面已详细介绍，在弹丸空气动力学中升力的表达式为

$$R_y=\frac{\rho v^2}{2}S_m C_y \tag{5-20}$$

静力矩的表达式为

$$M_z=\frac{\rho v^2}{2}S_m l m_z \tag{5-21}$$

式中，S_m 为弹丸特征面积（一般取弹丸最大横截面积）；l 为弹丸特征长度（一般取弹长）。

C_y、M_z 分别为升力系数和静力矩系数。升力在阻力面内，m_z 与阻力面垂直，指向由压心在质心前/后而定，当压心在质心之前时，M_z 指向使攻角增大，m_z 为正；当压心在质心

之后时，M_z 指向使攻角减小，M_z 为负。压心与质心之间的距离习惯上称为质阻心距。

与 C_x 不同，C_y 与 m_z 均为 δ 的奇函数，仿造 C_x 的级数展开求解方式并均只保留前两项，可得

$$C_y = C'_y\delta + \frac{C'''_y}{6}\delta^3 \tag{5-22}$$

$$m_z = M'_z\delta + \frac{m'''_z}{6}\delta^3 \tag{5-23}$$

试验结果表明，当攻角 δ 不大时，C_y、m_z 两式中攻角的三次方项非常小，一般可忽略不计，故实际中常用的是

$$C_y = C'_y\delta \tag{5-24}$$

$$m_z = m'_z\delta \tag{5-25}$$

式中，C'_y、m'_z 分别称为升力系数导数与静力矩导数。

需要指出的是，有些研究人员在平时科研中喜欢采用式（5-22）、式（5-23）来确定 C_y、m_z，认为保留高次项在实际应用中可以提高精度。实际上，即使在今天，要较为准确地确定 C'''_y、m'''_z 也是非常困难的（特别是在攻角不太大时更困难），因此如果采用误差较大的三次方系数来代入计算，其对计算精度的负作用可能早已超过保留高次项对改善精度的影响。

当在弹丸飞行中除了存在攻角外，存在绕弹纵轴转动或绕过弹丸质心横轴的摆动时，还会产生其他空气动力和力矩。

1. 赤道阻尼力矩

当弹丸以某一角速度 φ 绕其赤道轴（过质心与弹丸纵轴垂直的轴）摆动时，一方面，在弹丸迎风一面必因空气受压而压力增大，另一面则因弹丸离去、空气稀薄而压力减小；另一方面，由于空气的黏性作用，在弹丸表面也存在阻碍其摆动的摩擦力，这些都使弹丸在绕赤道轴摆动时对应出现一阻尼摆动的合力矩，称为赤道阻尼力矩，通常用 M_{zz} 表示，其空气动力表达式为

$$M_{zz} = \frac{\rho v^2}{2} S_m l m_{zz} \tag{5-26}$$

式中，m_{zz} 为赤道阻尼力矩系数，其公式为

$$m_{zz} = m'_{zz}\left(\frac{d\varphi}{v}\right) \tag{5-27}$$

式中，d 为弹径；m'_{zz} 为赤道阻尼力矩系数导数，此力矩永远与摆动角速度 φ 反向。对于弹丸飞行稳定性来说，赤道阻尼力矩有利于改善弹丸的飞行稳定性。

2. 极阻尼力矩

当弹丸绕其纵轴自转时，由于空气的黏性，在接近弹体表面周围有一薄层空气，随着弹丸的自转而旋转，消耗着弹丸的自转动能，体现为空气对自转弹丸产生一个阻碍其旋转的摩擦阻尼力矩，此力矩称为极阻尼力矩，用 M_{xz} 表示，其表达式为

$$M_{xz} = \frac{\rho v^2}{2} S_m l m_{xz} \tag{5-28}$$

式中，m_{xz} 为极阻尼力矩系数，其表达式为

$$m_{xz} = m'_{xz}\left(\frac{dw}{v}\right) \tag{5-29}$$

式中，w 为弹丸自转角速度；m'_{xz} 为极阻尼力矩系数导数，此力矩方向永远与弹丸自转角速度方向相反，起着使弹丸转速衰减的作用。

3. 马格努斯力和力矩

当弹丸自转并存在攻角时（或当弹丸具有非对称横截面时），还会产生所谓的马格努斯力和力矩。

对产生马格努斯力和力矩的传统解释是：当弹丸自转时，由于空气黏性的影响，弹体表面附近一薄层内的空气也跟随弹丸转动，如图 5.5（a）所示。又由于存在攻角 δ，因而存在与弹轴垂直方向上的速度分量（或横流）$v_{\perp} = v\sin\delta$，此横流与由于黏性产生的弹体表面旋转气流合成，合成的结果是弹体表面一侧气流速度大，一侧气流速度小，如图 5.5（b）所示。根据流体力学中的伯努利定理可知，速度小的一侧压力大于速度大的一侧压力，这样在全弹侧表面上积分就形成一个与阻力面垂直的力，它的指向由弹轴自转角速度矢量 w 向速度矢量 v 旋转，按右手法则定出。此力称为马格努斯力，用 R_z 表示。马格努斯力的作用点经常不在弹丸质心上，因而对质心形成一个力矩，称为马格努斯力矩，用 M_y 表示。此力矩的指向，因马格努斯力的作用点在重心前/后而不同，如图 5.5（c）所示（作用点在重心前）。

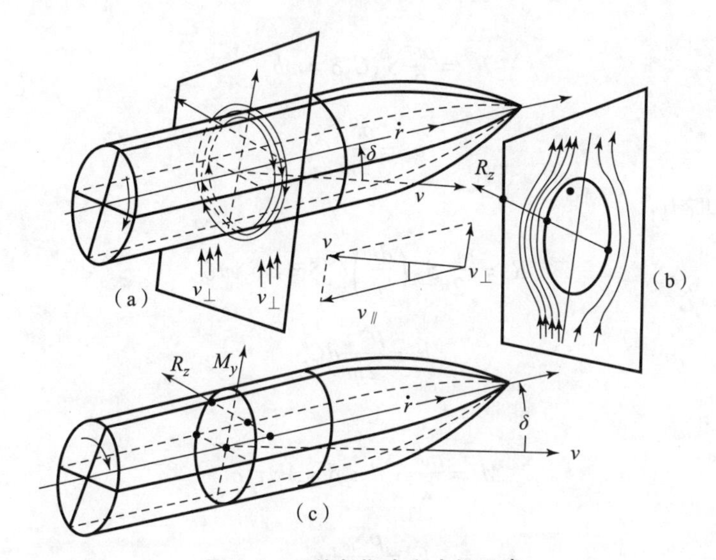

图 5.5　马格努斯力和力矩示意

在现代弹丸空气动力学中，认为马格努斯力和力矩主要是由于弹丸表面附面层的不对称而产生的，即使弹丸不旋转或无攻角，但只要其表面附面层存在不对称情况（如弹丸具有非对称横截面），也会产生马格努斯力和力矩。

马格努斯力和力矩的表达式为

$$R_z = \frac{\rho v^2}{2} S_m C_z \tag{5-30}$$

$$M_y = \frac{\rho v^2}{2} S_m l m_y \tag{5-31}$$

式中，C_z 为马格努斯力系数，$C_z = C''_z\left(\frac{dw}{v}\right)\delta$，$C''_z$ 为马格努斯力系数导数；M_y 为马格努斯力矩系数，$m_y = m''_y\left(\frac{dw}{v}\right)\delta$，$m''_y$ 为马格努斯力矩系数导数。

马格努斯力和力矩对弹丸的飞行稳定性一般会产生不利的影响，相对于 C_x、C'_y、m'_z 等空气动力和力矩系数来说，C''_y、m''_y 要远远地小于它们，由于它们产生的机理较复杂，系数值又很小，目前要较为准确地计算出 C''_y、m''_y 还非常困难。

5.1.2.5 弹道方程中常用空气动力和力矩的系数表达式

前面介绍了作用在弹丸上的空气动力、力矩和它们在弹丸空气动力学中的表达式，将它们直接代入外弹道模型即可。但在外弹道学中，为了使模型更为简洁、便于推导和分析等，常采用弹道空气动力和力矩系数，它们和原空气动力、力矩系数的关系如下：

（1）阻力：

$$R_x = \frac{\rho v^2}{2} S_m C_x = mb_x v^2$$

$$b_x = \frac{\rho S_m}{2m} C_x \tag{5-32}$$

（2）升力：

$$R_y = \frac{\rho v^2}{2} S_m C'_y \delta = mb_y v^2$$

$$b_y = \frac{\rho S_m}{2m} C'_y \tag{5-33}$$

（3）马格努斯力：

$$R_z = \frac{\rho v^2}{2} S_m \left(\frac{dw}{v}\right) C''_z \delta = mb_z vw\delta$$

$$b_z = \frac{\rho S_m}{2m} dC''_z \tag{5-34}$$

（4）静力矩：

$$M_z = \frac{\rho v^2}{2} S_m lm'_z \delta = Ak_z v^2 \delta$$

$$k_z = \frac{\rho S_m}{2A} lm'_z \tag{5-35}$$

（5）赤道阻尼力矩：

$$M_{zz} = \frac{\rho v^2}{2} S_m l\left(\frac{dw}{v}\right) m'_{zz} = Ak_{zz} v\varphi$$

$$k_{zz} = \frac{\rho S_m}{2A} ldm'_{zz} \tag{5-36}$$

（6）极阻尼力矩：

$$M_{xz} = \frac{\rho v^2}{2} S_m l\left(\frac{dw}{v}\right) m'_{xz} = Ck_{xz} vw$$

$$k_{xz} = \frac{\rho S_m}{2C} ldm'_{xz} \tag{5-37}$$

（7）马格努斯力矩：

$$M_y = \frac{\rho v^2}{2} S_m l \left(\frac{dw}{v} \right) m''_y \delta = C k_y v w \delta$$

$$k_y = \frac{\rho S_m}{2C} ldm''_y \tag{5-38}$$

5.1.2.6　有限元计算的空气动力参数

上述介绍了多个气动力参数，并不是所有参数均可以采用有限元分析模型进行计算，通常可采用有限元计算的空气动力参数有：表面压力、阻力系数、升力系数。

5.2　气动力有限元分析基础理论

5.2.1　弹体外流场概述

当弹体以一定的速度在大气中运动时，外表面各部分都会受到空气动力的作用。气动力的大小取决于弹体的外形结构、飞行速度、飞行姿态以及环境大气条件。气动力的作用对弹体射程、飞行稳定性，以及散布特性产生重大的影响，因此，在设计过程中必须充分考虑作用在弹体上的空气动力。最重要的气动力特性参数有三个：阻力系数、升力系数、压力中心系数。精确的气动力数据必须由风洞试验测得，但在弹体设计初始阶段，具体参数还没有完全确定，无法进行风洞试验，在总体结构参数基本确定的情况下，利用仿真计算可以预先得到弹体的气动力特性。

大多数弹体的外形为圆锥体和圆柱体的组合体，弹体在高马赫运行时伴随着脱离流动分离、强激波，头部表面气流受到脱体激波的压缩。在来流马赫数大于0.6时，已不能忽略气体压缩性对弹体外流场特性的影响。由于可压缩性的影响，弹体背风面压力变得很低。马赫数大于0.4之后，气体黏性基本只在边界层位置对弹体有影响，其他位置黏性对气动特性的影响基本可以忽略不计。

5.2.2　流体力学基础

计算流体动力学分析（Computational Fluid Dynamics，CFD），即通过计算机进行数值计算，应用各种离散化的数学方法，对流体力学的各类问题进行数值计算、计算机模拟和分析研究，其核心是用有限个变量的集合代替连续的物理场，通过求解离散变量的方程组得到问题的近似解，以近似反映实际的流体流动情况。计算流体动力学是一门集流体力学、数值分析、偏微分方程的数学理论于一体的交叉学科。目前，流体力学问题主要通过理论、试验以及CFD技术这三种方法来分析和解决。CFD作为理论与试验之外的第三种方法有其简便性，也有一定的局限性。虽然CFD可以有效地补充理论和试验所带来的缺陷，但不能取代这两种方法，它只是这两种方法在应用过程中的延续。

5.2.2.1 流体力学基本方程

流体问题的计算，实质是关于流体力学基本控制方程的求解。任何流动都必须遵守质量守恒、动量守恒、能量守恒三个基本的物理学原理，其所对应的数学描述即流体力学基本控制方程——连续性方程、动量方程、能量方程，流体力学问题都是建立在此方程的基础之上的。在直角坐标系下，各方程的通用格式可表示如下：

（1）连续方程：

$$\frac{\partial\rho}{\partial t}+\mathrm{div}(\rho\boldsymbol{u})=0 \tag{5-39}$$

（2）动量方程：

$$\begin{aligned}
\frac{\partial(\rho u)}{\partial t}+\mathrm{div}(\rho u\boldsymbol{u})&=\mathrm{div}(\mu\,\mathrm{grad}u)-\frac{\partial p}{\partial x}+S_u\\
\frac{\partial(\rho v)}{\partial t}+\mathrm{div}(\rho v\boldsymbol{u})&=\mathrm{div}(\mu\,\mathrm{grad}v)-\frac{\partial p}{\partial y}+S_v\\
\frac{\partial(\rho w)}{\partial t}+\mathrm{div}(\rho w\boldsymbol{u})&=\mathrm{div}(\mu\,\mathrm{grad}w)-\frac{\partial p}{\partial z}+S_w
\end{aligned} \tag{5-40}$$

其中，$S_u=F_x+\frac{\partial}{\partial x}\left(\mu\frac{\partial u}{\partial x}\right)+\frac{\partial}{\partial y}\left(\mu\frac{\partial v}{\partial x}\right)+\frac{\partial}{\partial z}\left(\mu\frac{\partial w}{\partial x}\right)+\frac{\partial}{\partial x}(\lambda\,\mathrm{div}\boldsymbol{u})$，$S_v=F_y+\frac{\partial}{\partial x}\left(\mu\frac{\partial u}{\partial y}\right)+\frac{\partial}{\partial y}\left(\mu\frac{\partial v}{\partial y}\right)+\frac{\partial}{\partial z}\left(\mu\frac{\partial w}{\partial y}\right)+\frac{\partial}{\partial y}(\lambda\,\mathrm{div}\boldsymbol{u})$，$S_w=F_z+\frac{\partial}{\partial x}\left(\mu\frac{\partial u}{\partial z}\right)+\frac{\partial}{\partial y}\left(\mu\frac{\partial v}{\partial z}\right)+\frac{\partial}{\partial z}\left(\mu\frac{\partial w}{\partial z}\right)+\frac{\partial}{\partial z}(\lambda\,\mathrm{div}\boldsymbol{u})$。式中，$\rho$ 为密度；p 为压强；u、v、w 为速度矢量在 x、y、z 方向上的分量。

（3）能量方程：

$$\frac{\partial(\rho T)}{\partial t}+\frac{\partial(\rho uT)}{\partial x}+\frac{\partial(\rho vT)}{\partial y}+\frac{\partial(\rho wT)}{\partial z}=\frac{\partial}{\partial x}\left(\frac{k}{Cp}\frac{\partial T}{\partial x}\right)+\frac{\partial}{\partial y}\left(\frac{k}{Cp}\frac{\partial T}{\partial y}\right)+\frac{\partial}{\partial z}\left(\frac{k}{Cp}\frac{\partial T}{\partial z}\right)+S_T \tag{5-41}$$

连续性方程、动量方程、能量方程共同构成了弹体外流场特性计算所需求解的方程组。

5.2.2.2 湍流模型

理论研究认为，湍流运动由各种尺度的连续涡旋叠加而成，物理量如速度、压力等在时间和空间上有随机脉动的特点。时间平均法是目前考察物理量随时间和空间变化的常用方法，将湍流运动分离为两部分，一部分是随时间平均变化的量，另一部分是在时间上有脉动的量。计算流体动力学常用的湍流数值模拟方法主要有直接模拟、大涡模拟和雷诺平均法。用雷诺平均法处理速度等物理量随时间的变化，可以得到时间平均的控制方程，写成张量的形式，即

$$\frac{\partial\rho}{\partial t}+\frac{\partial}{\partial x}(\rho u_i)=0 \tag{5-42}$$

$$\frac{\partial}{\partial t}(\rho u_i)+\frac{\partial}{\partial x_i}(\rho u_i u_j)=-\frac{\partial p}{\partial x_i}+\frac{\partial p}{\partial x_j}\left(u\frac{\partial u_i}{\partial x_j}-\overline{\rho u'_i u'_j}\right)+S_i \tag{5-43}$$

雷诺平均法对湍流运动简化和近似的过程中，出现了新的未知物理量（$-\rho u'_i u'_j$），致使原来有常数解的方程组不再封闭，无法获得常数解。要想获得常数解，必须要对雷诺应力作出某种假设来使方程封闭，这就出现了多种湍流模型，现今各种 CFD 数值模拟软件使用的

湍流模型有图5.6所示的几种。

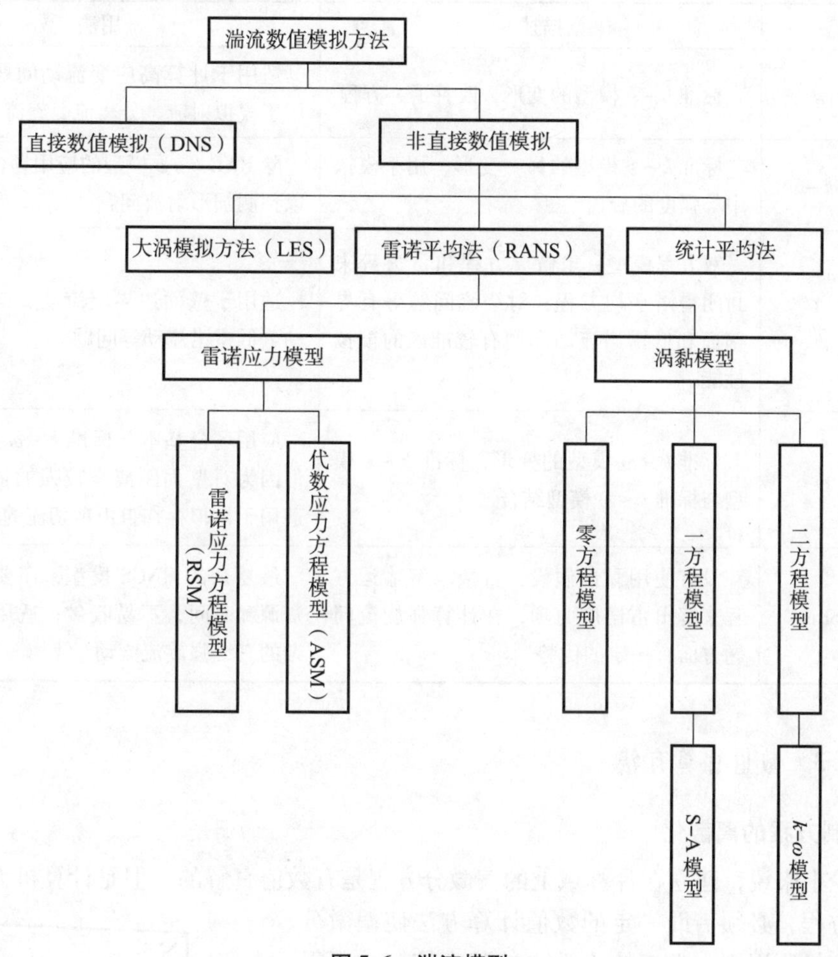

图5.6 湍流模型

不同的湍流模型一般只适用于特定的流体运动，流动过程中所包含的物理问题、精确性要求、计算资源和求解时间等决定了选择何种模型来进行数值模拟。在弹体的外流场特性仿真计算中，弹体气动力分析推荐S-A模型、水动力分析推荐$k-\varepsilon$模型。湍流模型适用场合见表5.1。

表5.1 湍流模型适用场合

模型	描述	用法
Spalart-Allmaras	单一输运方程模型，直接求解修正的湍流黏性	典型应用场合为航空领域的绕流模拟
标准$k-\varepsilon$	双方程模型，用k方程和ε方程作为对时均化雷诺方程的补充，适用于高雷诺数的湍流	计算量适中，一般工程计算均使用该模型，收敛性和计算精度满足一般要求，但不适用于大曲率和大压力梯度的复杂流动

续表

模型	描述	用法
RNG $k-\varepsilon$	标准 $k-\varepsilon$ 模型的变形，改善了 ε 方程	适用于计算高应变流动问题，一般应用于模拟射流、分离流、旋流
Realizable $k-\varepsilon$	标准 $k-\varepsilon$ 模型的另一变形，用于模拟中等强度的旋流	除 RNG $k-\varepsilon$ 模型的应用场合外，还可以预测圆形射流问题
标准 $k-\omega$	双方程模型，求解 k 方程和 ω 方程来封闭雷诺平均方程；对绕流问题等有界壁面和低雷诺流动问题有较准确的模拟性能	适用于壁面边界层流动、自由剪切流动、低雷诺流动等问题
SST $k-\omega$	标准 $k-\omega$ 模型的变形，标准 $k-\varepsilon$ 模型与标准 $k-\omega$ 模型结合	应用场合基本与标准 $k-\omega$ 模型相同，但因为对壁面距离有较强的依赖性，不适用于模拟存在自由剪切流的问题
Reynolds Stress	没有使用黏性假设，直接求解输运方程来解出雷诺应力项，在计算强旋流问题方面有一定的优势	最复杂的 RNGS 模型，需要较多计算资源和时间，不易收敛；适用于求解复杂的三维强旋流流动

5.2.2.3 数值计算方法

1. 控制方程的离散化

从理论上来说，建立在计算域上的偏微分方程是有数值真解的，但是计算机无法直接求解偏微分方程，必须借助一定的数值计算方法使偏微分方程为计算机所识别。由流体力学中的基本控制方程得到可以借助计算机运算的离散方程，要经过一系列的变换。有限体积法通过在网格界面上对流体力学偏微分方程积分来得到可数值计算的离散方程。

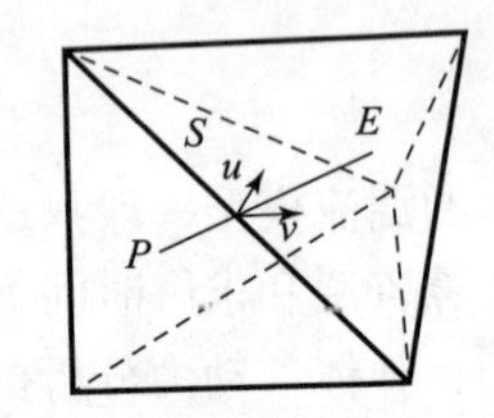

图 5.7　三维非结构网格控制体积

在非结构网格上，控制体积如图 5.7 所示，控制方程在网格控制单元上进行体积积分，可以得到通用格式的控制方程：

$$\int_{\Delta V}\frac{\partial(\rho\phi)}{\partial t}\mathrm{d}V+\int_{\Delta S}\rho\phi u_i v_i\mathrm{d}S=\int_{\Delta S}\Gamma\frac{\partial\phi}{\partial x_i}v_i\mathrm{d}S+\int_{\Delta V}S\mathrm{d}V \tag{5-44}$$

以离散网格控制节点上的物理信息来代替整个控制体积的积分，就可以建立节点物理量与控制方程之间的关系，则各项计算如下：

（1）瞬态项：$\int_{\Delta V}\frac{\partial(\rho\phi)}{\partial t}\mathrm{d}V=\frac{(\rho\phi)_P+(\rho\phi)_P^0}{\Delta t}\Delta V$

（2）源项：$\int_{\Delta S}\rho\phi u_i v_i\mathrm{d}S=S_C\Delta V+S_P\phi_P\Delta V$

（3）扩散项：$\int_{\Delta S}\Gamma\frac{\partial\phi}{\partial x_i}v_i\mathrm{d}S=\sum_{E=1}^{S}\{(\phi_E-\phi_P)/\sqrt{\delta x^2+\delta y^2}*[\Gamma(v_x\Delta y-v_y\Delta x)]\}_E+C_{\mathrm{diff}}$

（4）对流项：$\int_{\Delta V}S\mathrm{d}V=\sum_{E=1}^{N_S}[\rho\phi(u\Delta y-v\Delta x)]_E$

对扩散项和源项作线性处理，再对控制方程在时间上积分，得到稳态问题的通用方程：

$$\alpha_p\phi_p=\sum_{E}^{N_S}\alpha_n\phi_n+b_p \tag{5-45}$$

2. 节点插值格式

积分过程主要是在网格界面和节点上对对流项和扩散项作插值处理，扩散项一般用线性插值，插值格式的不同主要体现在对流项上。三维问题的离散比较复杂，以下以一维离散为例来讲述各离散方法，控制节点及其上游节点和下游节点的位置如图 5.8 所示。

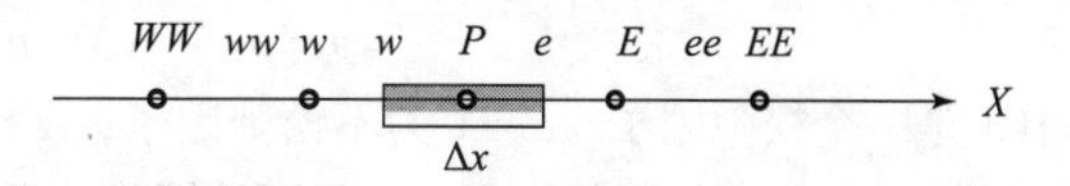

图 5.8 一维网格控制节点

对于一阶问题，控制节点 P 的物理量 $\alpha_P=\alpha_w+\alpha_E+(F_e+F_w)$，二阶问题节点 P 的物理量 $\alpha_P=\alpha_w+\alpha_{ww}+\alpha_E+\alpha_{EE}+(F_e-F_w)$。常见的各种离散格式包括中心插分、一阶迎风格式、二阶迎风格式、QUICK 格式等，其中中心插分、一阶迎风格式具有一阶精度，二阶迎风格式具有二阶精度，插值格式的精度直接影响计算结果的精度，一般认为二阶插值格式得到的计算结果精确度要高于一阶插值格式。

3. 控制面插值格式

控制体界面上的压力要由控制节点来反映，一般情况下，Fluent 默认使用 Standard 格式得到界面压力值。除标准压力插值外，Fluent 还提供了线性插值、二阶插值、体积力加权插值和 PRESTO 插值来计算界面压力。线性插值通过对相邻控制节点压力值取平均来计算界面压力，二阶格式比标准格式和线性格式有所改善，类似于二阶迎风插值方法。体积力加权插值一般在需考虑体积力的问题中可以得到较精确的解。PRESTO 插值基于交错网格技术，多用于四边形或者六面体网格。

4. 梯度插值格式

关于流场压力、速度等物理量梯度插值的方法，Fluent 提供了 green - gauss cell - based、green - gauss node - based、least - squares cell based 三种。green - gauss cell - based 是一种基于控制体单元的梯度插值方法，对网格质量要求较高，若网格长宽比和扭曲度控制不好，在求解过程中很容易出现伪扩散。green - gauss node - based 用控制网格节点上的值来计算梯度，可以减小伪扩散，适用于三角形和四面体非结构网格问题的求解。least - squares cell based 是对控制体界面上的物理值采用最小二乘法进行处理来得到梯度值，与 green - gauss node - based具有相同的计算精度，主要用于多面体网格的梯度插值。

5. 离散方程组的求解计算

理论上，建立在计算域上的控制方程是可以有真解的，对于复杂的流动问题，求解非线性的控制方程非常困难，不借助一定的计算方法根本无法获得数值解。在离散方程求解过程中采用一定的求解方式对方程的计算顺序作出调整，以使方程组可以得到数值解。在弹体的外特性仿真计算时，对于气动特性计算，压力方程通过求解气体状态方程得到，压力－速度属于耦合式 Coupled Sover 求解，压力－速度耦合方式为 Density－Based，求解有显式和隐式之分，一般选择隐式求解；对于水动力特性计算，压力－速度方程属于分离式求解，压力－速度耦合方式为 Pressure－Based，必须通过求解压力速度修正方程求解，一般选择 SIMPLE 或 SIMPLEC，为半隐式求解。

6. 亚松弛技术

在 Fluent 的一系列算法中，修正方程引入的假设会对迭代过程的收敛产生一定的影响，甚至可能导致迭代过程的发散。亚松弛技术引入一个亚松弛因子来控制变量的修正。亚松弛最简单的形式为：$A = A^* + \alpha\Delta A$，其中压力和速度的改进计算式如下：

$$p = p^* + \alpha\Delta p, u = u^* + \alpha\Delta u$$

其中 α 是一个松弛因子，$\alpha = 1$ 为不松弛因子；$\alpha > 1$ 为超松弛；$\alpha < 1$ 为亚松弛。在迭代计算中，需要选择一个适当的松弛因子，在保证计算稳定和结果精确度的基础上尽量减少计算时间。

5.2.3 仿真计算

计算流体力学的实质是通过数值方法求解流体力学控制方程组，通过对离散方程的求解，计算得到物理场的分布，分析物理量。仿真过程一般包括确定计算域、计算前处理、求解计算、后处理，流程如下：

（1）问题定义：确定模拟的目的，确定计算域；

（2）前处理：创建代表计算域的几何实体，设计并划分网格；

（3）求解过程：设置物理问题（物理模型、材料属性、域属性、边界条件、……），定义求解器（数值格式、收敛控制、……），求解并监控；

（4）后处理过程：查看并分析计算结果。

在来流速度高于0.6（马赫数）的工况下，空气的压缩性已不可忽视，而水的压缩性较小，即使在高马赫条件下，水仍可以认为是不可压缩流体。由于空气、水在高马赫条件下的物性参数方程不同，仿真分析所用的计算方法也不同。表 5.2 给出了弹体在气体中飞行的推荐计算模型

表 5.2 弹体在气体中飞行计的推荐算模型

	气动力分析
求解器	Density－Based
湍流模型	S－A/$k-\varepsilon$/$k-\omega$
物性描述	Density：ideal gas/real gas Viscosity：Sutherland
边界条件	Pressure－farfield
求解方法	Couple－Implicite/Couple－Explicite

5.3　弹体飞行有限元分析方法与实例

5.3.1　6 mm 球飞行 Fluent 仿真实例

本小节以6 mm球为例，讲述球在空气中飞行时空气阻力和阻力系数的仿真计算过程。球的空气阻力仿真计算与风洞测试过程类似，球处于静止状态，给定球外部一定来流速度，保证球与外流有一定的相对运动速度，以此模拟球在空气中的运动过程。建立一个围绕该球的圆柱体流场计算域，球的前部（迎风面）计算域约为球直径30倍，球的后部（背风面）计算域约为球直径的60倍，计算域直径约为球直径的30倍，该计算域基本可消除边界对仿真结果的影响，计算域如图5.9所示。对计算域进行网格剖分，给定弹体一定的网格边界层，越靠近弹体的区域，网格节点布置越应密集，反之应逐渐稀疏。网格生成方法请自行参考相关书籍，本案例直接给出网格文件用于计算。

图5.9　流场计算域

5.3.1.1　网格划分

计算域采用ICEM－CFD软件进行网格划分。通过三维绘图软件导出流场计算域“. x_t”文件。

1. 导入几何模型

导入流场计算域“. x_t”文件，执行“File”→“Import Geometry”→“Legacy”→“Parasolid”命令，在弹出的对话框中选择网格文件“6 mm. x_t”；打开后，弹出下一步对话框，单位选择“Milimeter”，单击“Apply”按钮，如图5.10所示。流场计算域导入后模型如图5.11所示。

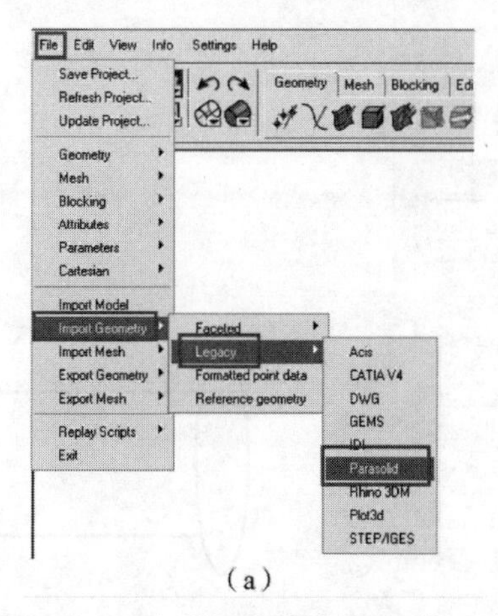

（a）

图5.10　导入流场计算域“. x_t”文件

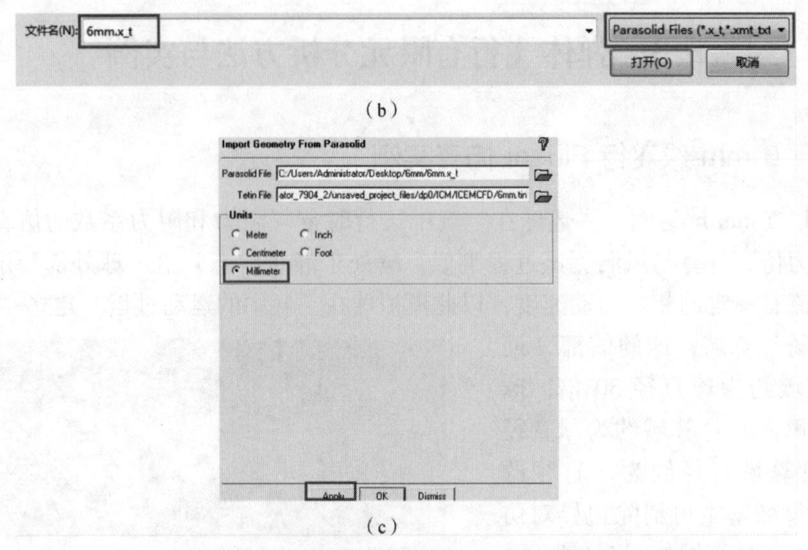

（b）

（c）

图 5.10　导入流场计算域“.x_t”文件（续）

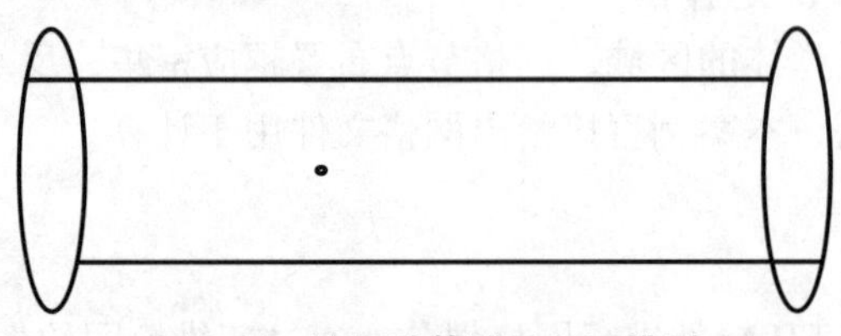

图 5.11　流场计算域导入后模型

2. 几何模型修复

在标签栏中选择“GEOM”选项，单击按钮，在弹出的对话框中单击“Apply”按钮（图 5.12）。修复后几何模型如图 5.13 所示。

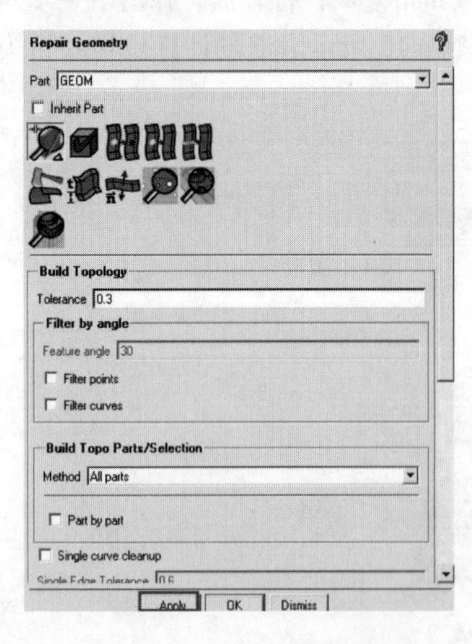

图 5.12　几何模型修复

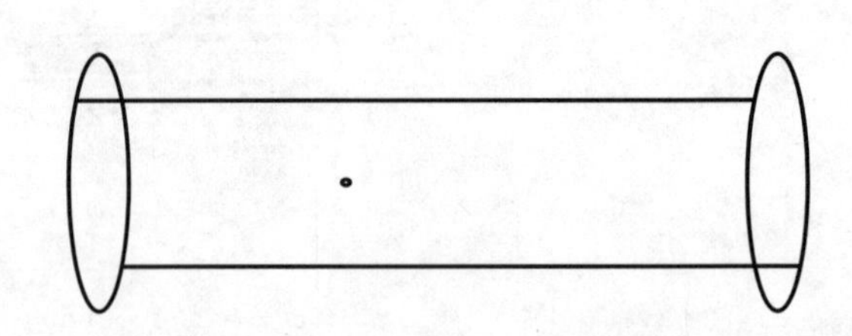

图 5.13　修复后的几何模型

3. 创建 Part

首先勾选模型树中“Geometry”中的“Surfaces”选项，然后选择模型树中的“Parts”选项，用鼠标右键选择“Create Part”选项，分别创建球边界和流场边界 Part，命名为“sphere”和“farfield”，如图 5.14 所示。

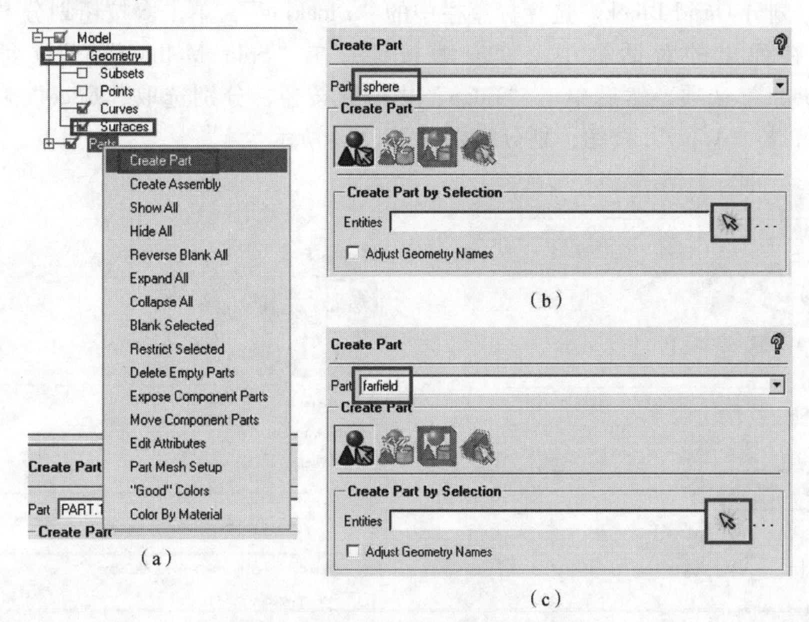

图 5.14　创建球边界和流场边界 Part

4. 创建 Block

第 1 步：创建整体 Block。首先去除模型树中“Geometry”下“Surfaces”选项勾选，然后选择标签栏中的“Blocking”选项，单击按钮，在弹出的对话框中，在“Part”栏中填写“FLUID”，在“Type”下拉列表中选择“3D Bounding Box”选项，勾选“Project vertices”选项，单击“Apply”按钮，如图 5.15 所示。流场计算域整理 Block 如图 5.16 所示。

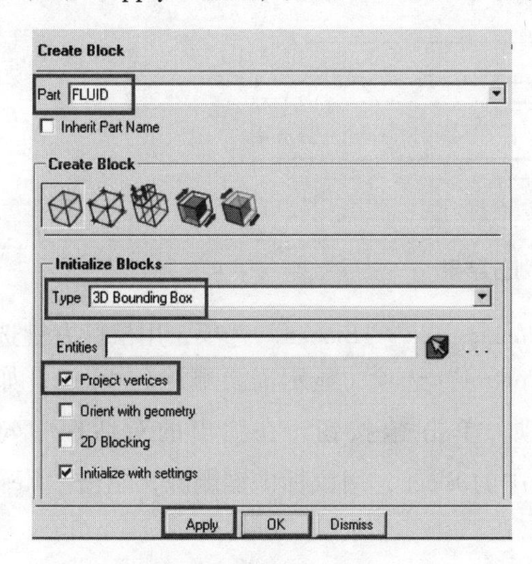

图 5.16　创建整理 Block

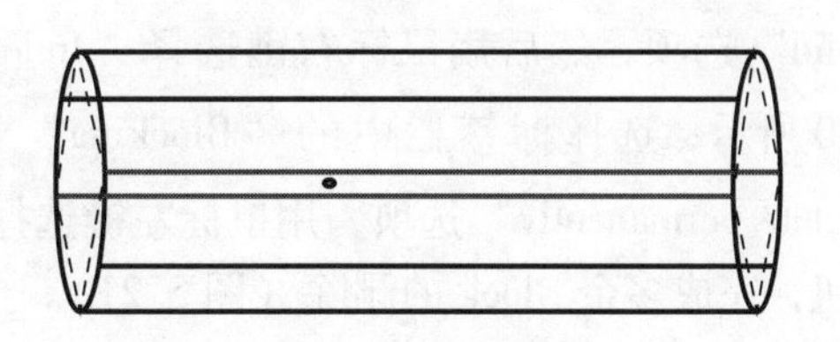

图 5.16　流场计算域整理 Block

第 2 步：创建 Ogrid Block。选择标签栏中的“Blocking”，单击划分 Block。如图 5.17 所示，在弹出的对话框中，单击按钮，然后单击“Select Face(s)”中的按钮，用鼠标左键选择圆柱远场两个端面，然后用鼠标中键确定，在“Offset”栏中填写“2.2”，单击“Apply”按钮，完成 Ogrid block 的创建。

第 3 步：划分 Ogrid Block。选择标签栏中的“Blocking”，单击按钮划分 Block，如图 5.18 所示，在弹出的对话框中，单击按钮，在“Split Method”下拉列表中选择“Prescribed point”选项，然后单击“Edge”中的按钮，分别选取“Edge”和“sphere”两个 Point，单击“Apply”按钮，划分结果如图 5.19 所示。

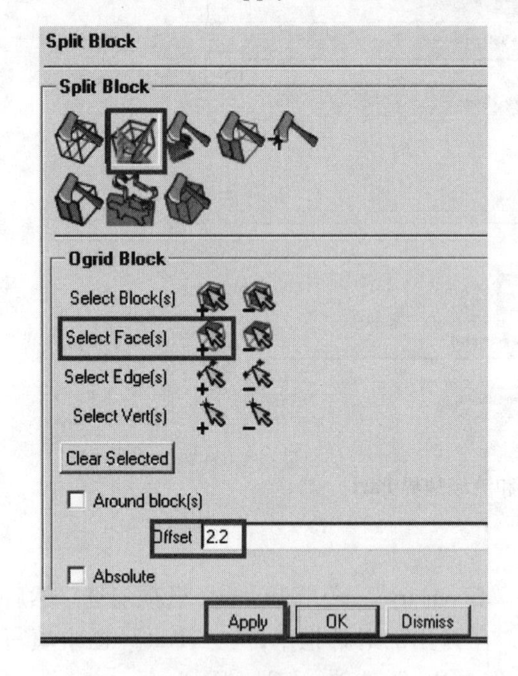

图 5.17　创建 Ogrid Block

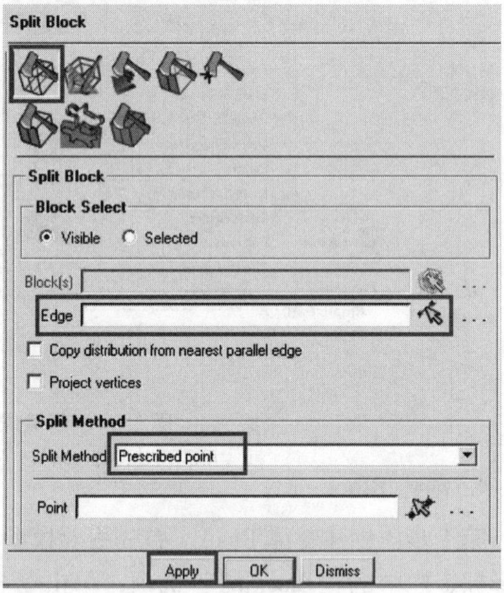

图 5.18　划分 Ogrid Block

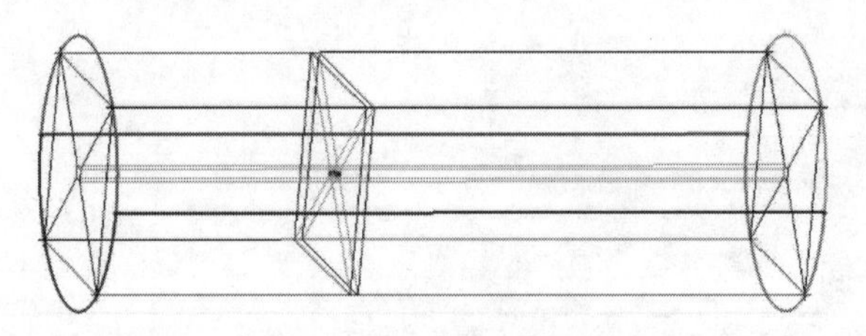

图 5.19　划分结果

第 4 步：删除 Block。选择模型树中的“Blocking”→“Blocks”选项，用鼠标右键选择“solid”选项，然后用鼠标右键选择“Index Control”选项，显示需要删除的 Block，如图 5.20 所示；选择标签栏中的“Blocking”选项，单击按钮，在弹出的对话框中勾选“Delete permanently”选项，用鼠标左键选择图中的 Block，用鼠标中键删除，单击“Reset”按钮，完成多余 Block 的删除（图 5.21）。

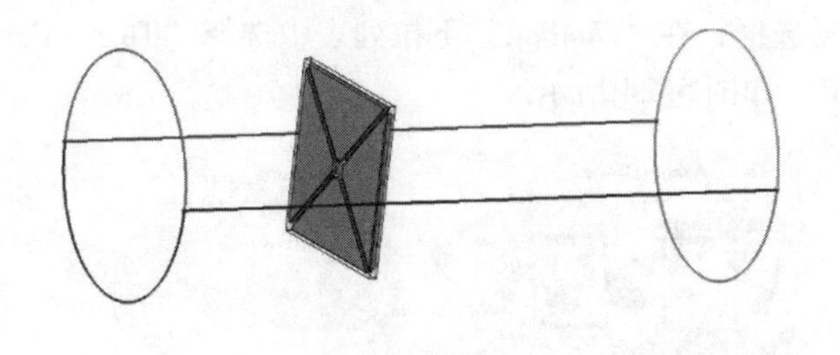

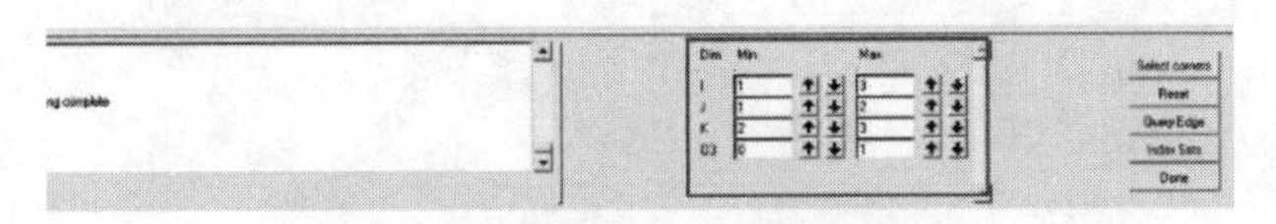

图 5.20 显示需要删除的 Block

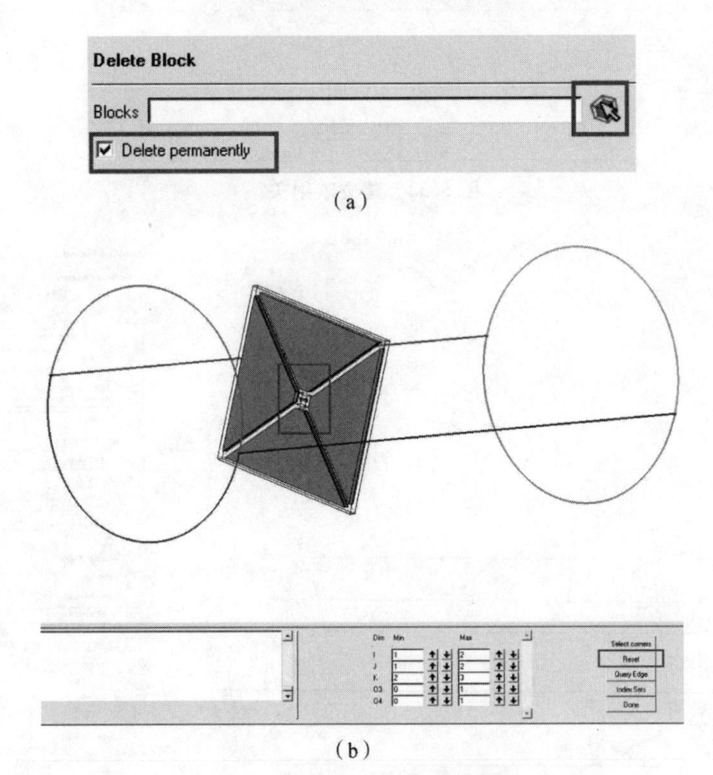

(a)

(b)

图 5.21 删除 Block 的结果

5. 建立映射关系

选择“Blocking”标签栏，单击按钮。如图 5.22 所示，选择选项建立空气域和 Block 之间的映射关系；选择选项建立球表面和 Block 之间的映射关系。

6. 定义网格节点数

第 1 步：选择“Blocking”标签栏，单击按钮进入设定节点数的操作，如图 5.23 所示。单击按钮定义 Edge 的节点参数。单击按钮选择 Edge_5 - 8，定义 Nodes = 44，在“Mesh law”下拉列表中选择“Exponential2”选项，定义 Spacing2 = 0.04，Ratio2 = 1.2，勾选“Copy Parameters”复选框，在“Method”下拉列表中选择“To All Parallel Edges”选项，单击“Apply”按钮确定，如图5.24所示。

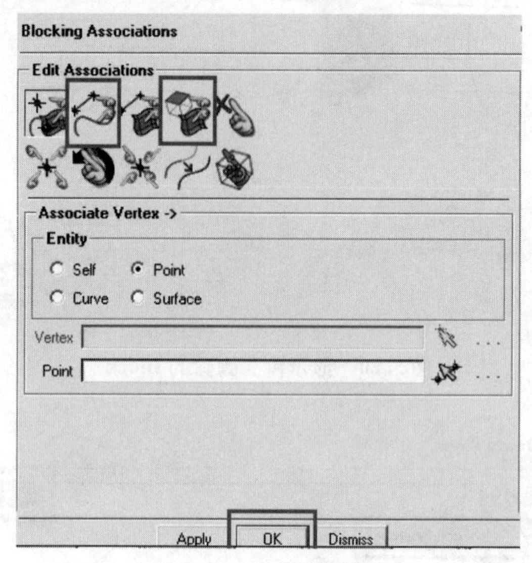

图5.22 建立映射关系

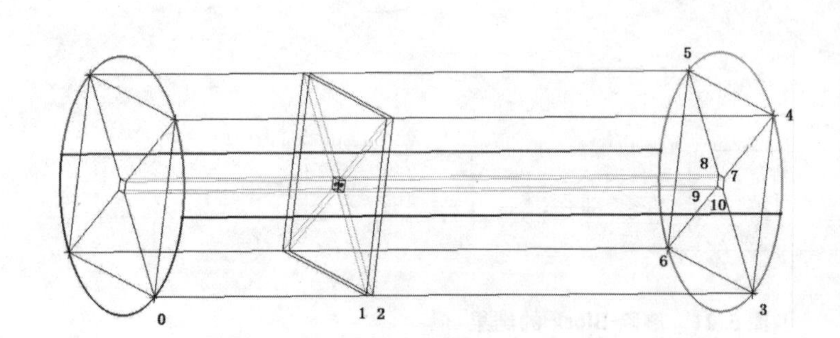

图5.23 节点编号

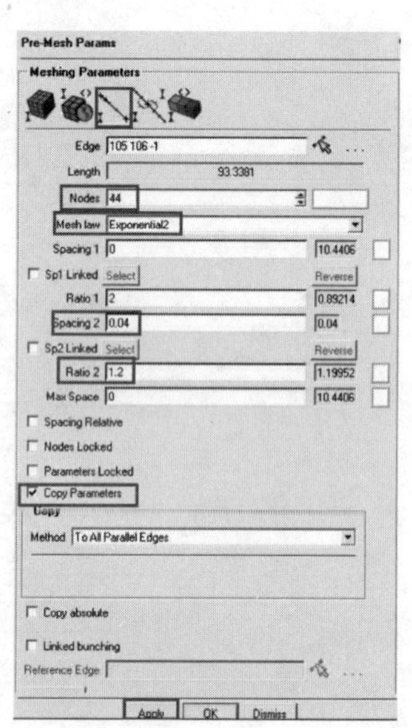

图5.24 定义Edge节点分布

第2步：使用第1步中的方法，按照表5.3中的参数定义其余Edge的节点分布。

表5.3 Edge节点分布参数

Edge	Mesh Law	Nodes	Spacing1	Ratio1	Spacing2	Ratio2
Edge_0-1	Exponential2	50	0	0	0.04	1.2
Edge_1-2	BiGeometric	20	0	0	0	0

续表

Edge	Mesh Law	Nodes	Spacing1	Ratio1	Spacing2	Ratio2
Edge_2 - 3	Exponential1	55	0.04	1.2	0	0
Edge_3 - 4	BiGeometric	20	0	0	0	0
Edge_4 - 5	BiGeometric	20	0	0	0	0

7. 生成网格

第1步：勾选模型树中的“Model”→“Geometry”→“Pre - Mesh”选项，生成网格如图5.25所示。

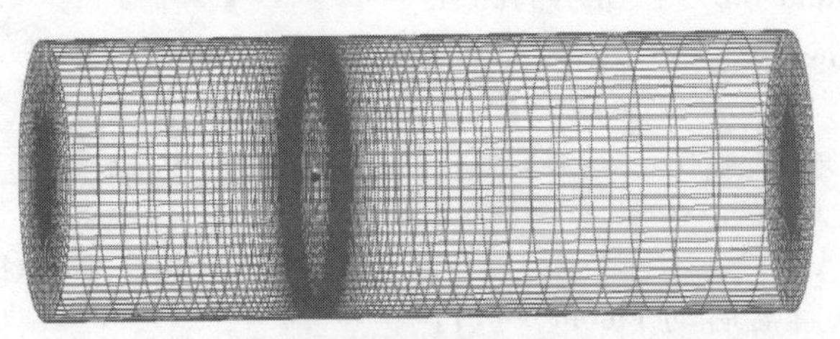

图5.25　网格划分结果

第2步：检查网格质量。选择“Blocking”标签栏，单击按钮检查网格质量，在“Criterion”下拉列表中分别选择“Determinant 2×2×2”和“Angle”作为网格质量的判定标准，其余采用默认设置，单击“Apply”按钮，网格质量如图5.26、图5.27所示，所有网格的Determinant 2×2×2值大于0.8，所有网格的Angle值大于35°，可以认为网格质量满足要求。

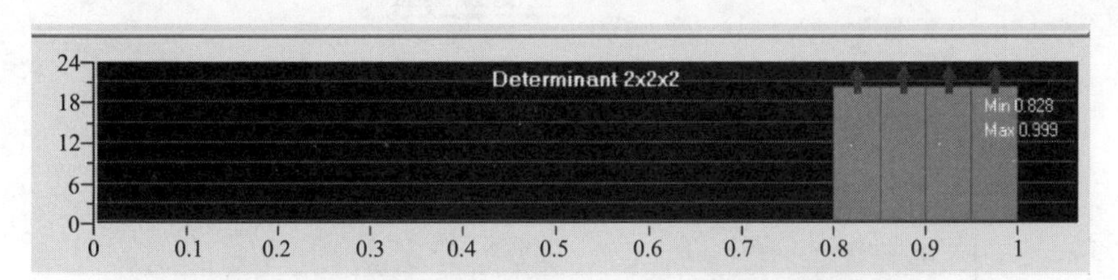

图5.26　以Determinant 2×2×2为标准的网格质量分布

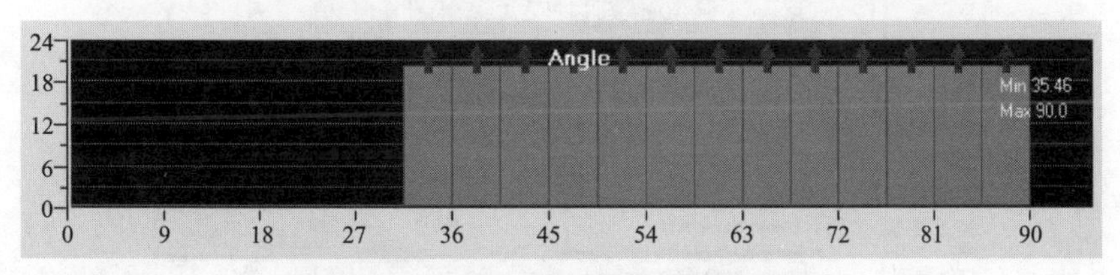

图5.27　以Angle为标准的网格质量分布

第3步：保存网格。用鼠标右键单击模型树中的“Model”→“Blocking”→“Pre - Mesh”选项，选择“Convert to Unstruct Mesh”选项，当信息窗口中提示“Current Coordinate system is global”时表明网格转换已经完成。选择“File”→“Mesh”→“Save Mesh As”选项，保存当前的网格文件为“6mmsphere. uns”。

第4步：选择求解器。在标签栏中选择“Output”选项，单击按钮选择求解器。在“Output - Solver”下拉列表中选择“ANSYS Fluent”选项，单击“Apply”按钮确定，如图

5.28 所示。

第 5 步：导出用于 Fluent 计算的网格文件。在标签栏中选择“Output”选项，单击按钮，保存 fbc 和 atr 文件为默认名，在弹出的对话框中单击“No”按钮，不保存当前项目文件，在随后弹出的窗口中选择第 3 步中保存的“6mmsphere. uns” 文件。随后弹出对话框，在“Grid Dimension”栏中选择“3D”选项，在“Output file”栏内将文件名改为“6mmsphere”，单击“Done”按钮导出网格。导出完成后可在“Output file”栏所示的路径下找到“6mmsphere. msh”文件。

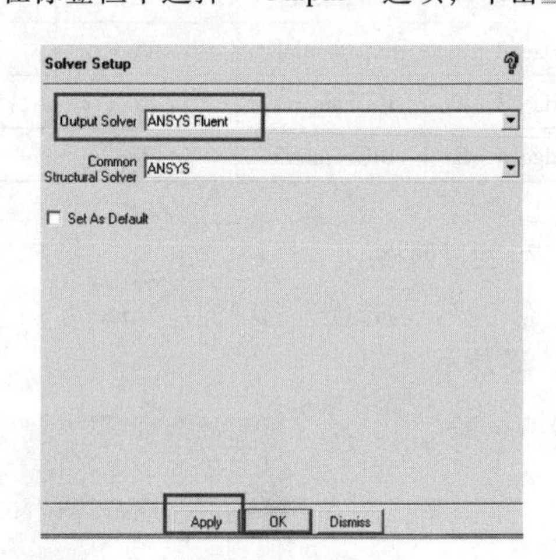

图 5.28　选择求解器

5.3.1.2　Fluent 求解

1. 导入模型

以 3D、双精度求解器启动 Fluent，执行“File”→“Read”→“Mesh”命令，在弹出的对话框中选择网格文件“6mmsphere. msh”，如图 5.29、图 5.30 所示。

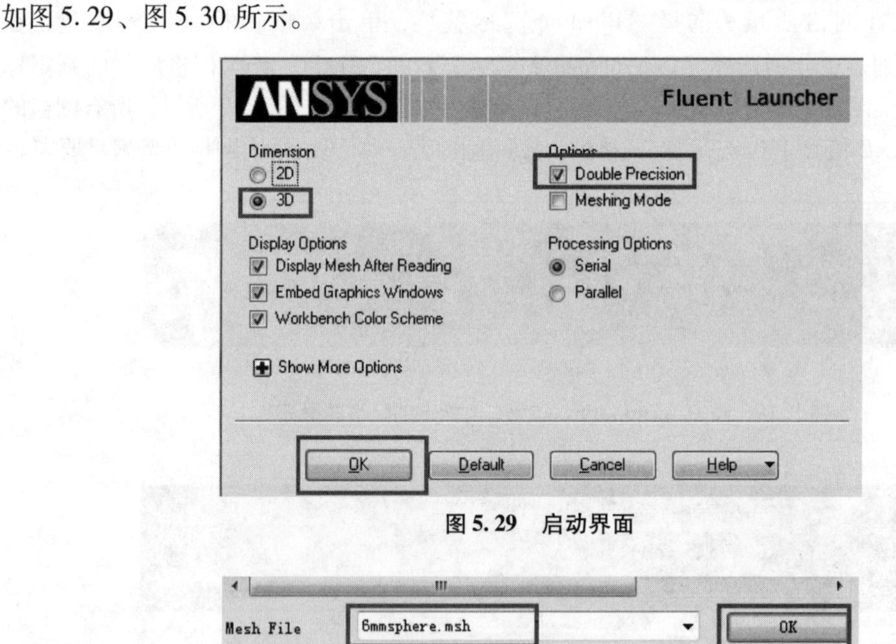

图 5.29　启动界面

图 5.30　读入网格文件

2. 检查网格

单击 General 节点，在右侧面板中通过 Scale、Check、Report Quality 来检查网格，模型尺寸可以通过缩放 Scale 到适当单位。默认的长度量纲为 m，在此案例中计算域的创建单位为 mm，需要缩小 1 000 倍，如图 5.31 所示。

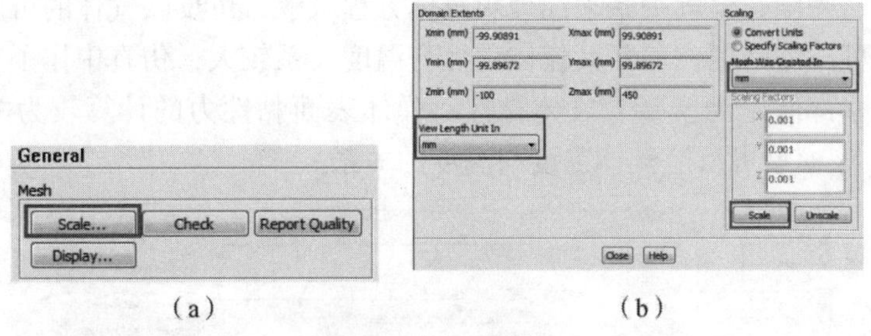

(a)　　　　　　　　　　　　(b)

图 5.31　检查网格

3. 设置求解器

执行“General”→“Solver”命令，设置求解器为“Density - Based”，对于高速可压缩气动特性计算，压力 - 速度耦合性较强，通常需要选择耦合式求解器“Density - Based”，如图 5.32 所示。

4. 物理模型

第 1 步：湍流模型设置：执行“Model”→“Viscous - lammar”→“Spalart - Allmaras”命令，如图 5.33 所示。湍流模型选取 Spalart - Allmaras 模型。该模型是比较简单的方程模型，只需求解湍流黏性的运输方程，常用于弹体、弹体的绕流流场的空气动力学特性问题，对有逆压梯度的边界层问题有很好的模拟效果。

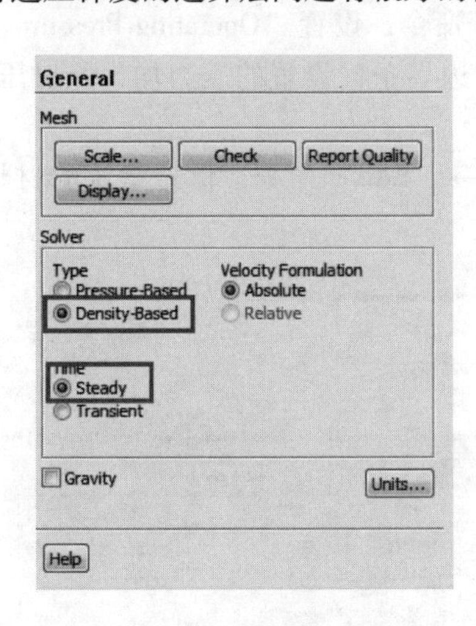

图 5.32　设置求解器

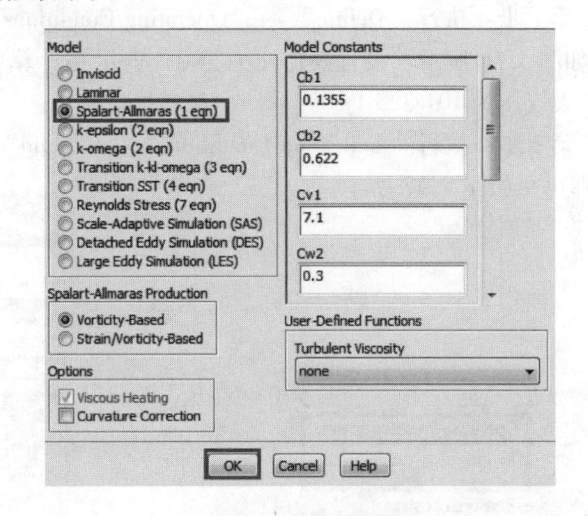

图 5.33　求解器设置

第 2 步：激活能量方程：执行“Model”→“Energy”→“On”命令，如图 5.34 所示。在高马赫运行状态下，球迎风面由于压力激增，温度会迅速上升，需要求解能量方程。

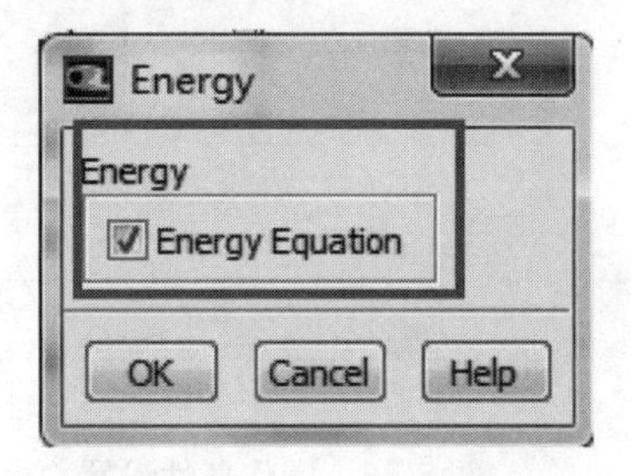

图 5.34　能量方程

5. 材料属性：执行“Material”→“fluid”→“air”→“Change/Create”，命令，如图 5.35 所示。

设置气体密度为“ideal - gas”，ideal - gas 为理想

气体类型，压力、密度、温度关系采用理想气体方程求解，可反映气体的可压缩性。弹体气动问题属于高速可压缩问题，通常其流体物性与温度关系较大，仿真中作了一定的简化，气体比热、热传导率都假定为常量。气体黏性对弹体表面黏性力的计算较为关键，黏性选择 sutherland 模型，该模型可反应气体黏度与温度的关系。

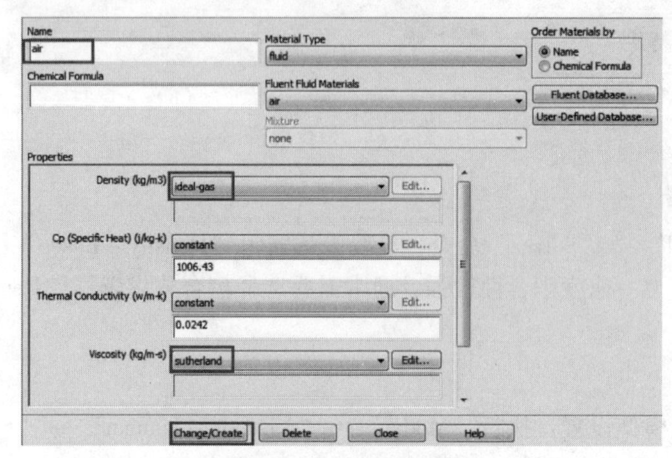

图 5.35　求解器设置

6. 边界条件

第 1 步：执行“Define”→“Operating Conditions”命令，设置“Operating Pressure”为 0，如图 5.36 所示。设置操作压力为 0，表示在计算中边界条件设置的压力均为绝对压力，标准大气压为 101 325 Pa。

第 2 步：执行“Cell Zone Conditions”→“fluid”→“Edit”命令，保持默认的材料为 air 即可，如图 5.37 所示。

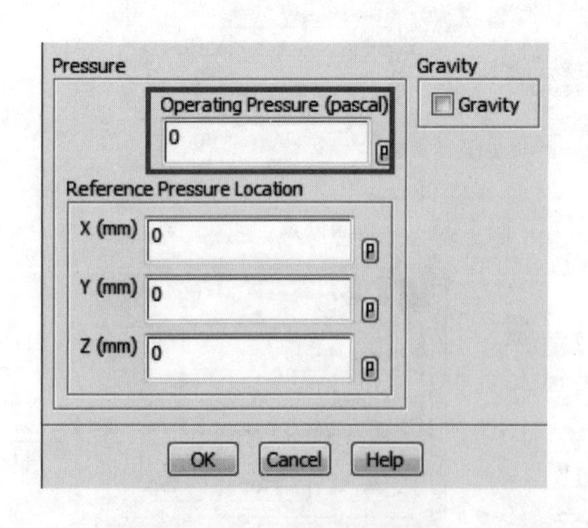

图 5.36　操作条件设置

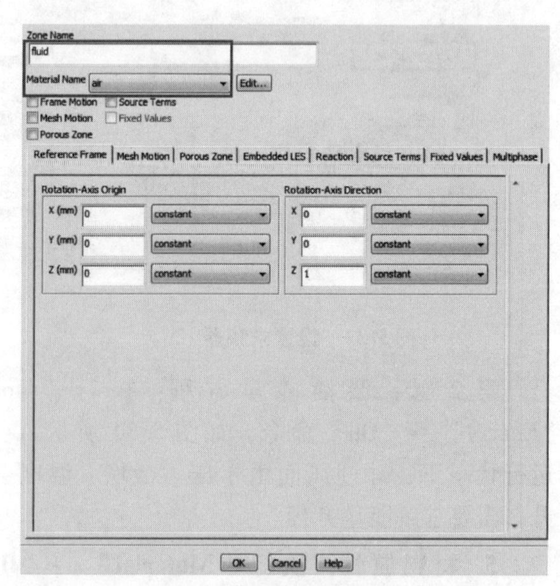

图 5.37　计算域材料设置

第 3 步：执行“Boundary Conditions”→“sphere”→“Type”→“wall”命令，如图

5.38（a）所示，即设置球边界为无滑移光滑绝热壁面边界条件；执行“Boundary Conditions”→“farfield”→“Type”→“pressure－far－field”命令，如图5.38（b）所示，即设置计算域边界为压力远场边界条件。单击“Edit”按钮，设置表压为101 325 Pa，马赫数为4，速度向量为直角坐标方式（Cartesian），向量为（0，0，1），湍流指定方式（Specification Method）为“Intensity and Diameter”，指定湍流黏度比（Turbulent Viscosity Ratio）为809，如图5.38（c）所示。切换至“Thermal”标签页，设置温度（Temperature）为288.15 K，如图5.38（d）所示。

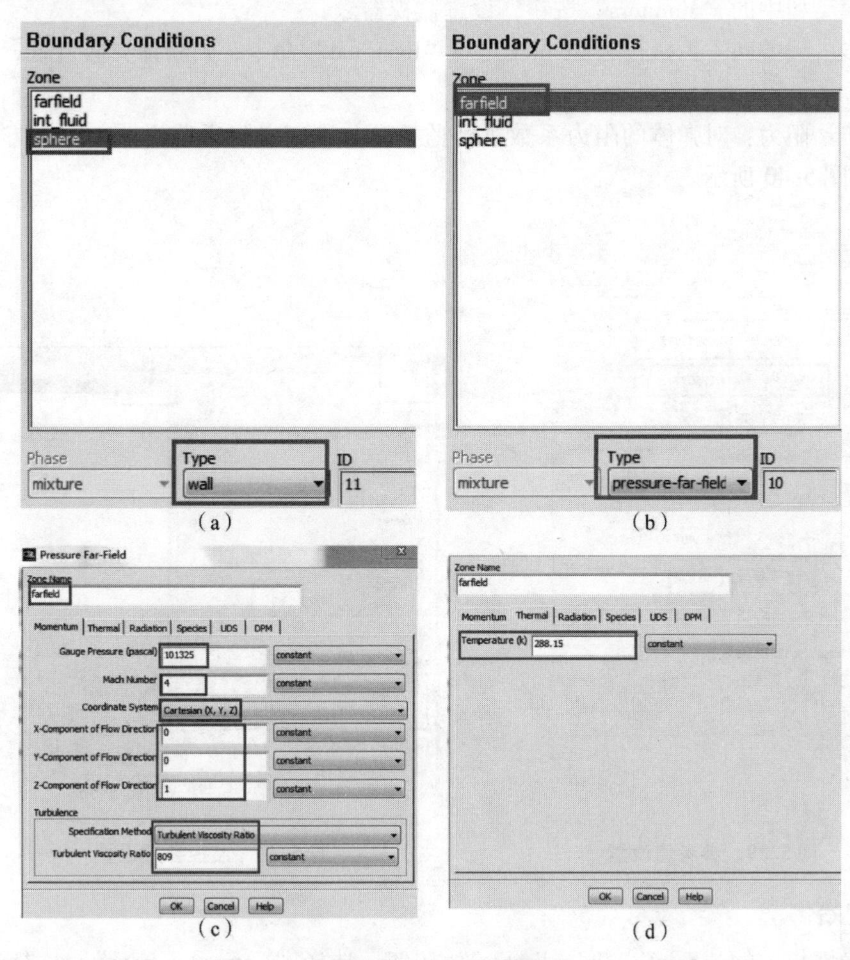

图5.38　边界条件设置

7. 参考值设置

单击模型树中的“Reference Values”按钮，设置参考值。参考值主要用于阻力系数的计算：$C_D = \dfrac{F_D}{0.5\rho v^2 S}$。迎风面积（Area）、密度（Density）、速度（Velocity）的值分别为0.000 028 27、1.225 032、1 360.628，如图5.39所示。

8. 求解设置

单击模型树中的“Solution Controls”按钮，采用默认参数计算。

9. 求解控制参数设置

求解控制参数主要用于控制计算的收敛性，主要通过物理量的亚松弛因子控制计算的稳定性。在初始计算时，一般先给定一个较小的库朗数，待计算稳定后可以逐步加大库朗数。球的结构比较简单，单击模型树中的“Solution Controls”按钮，采用默认参数计算即可。

10. 监控设置

单击模型树中的“Monitors”按钮，设置监视器。

第1步：残差因子：执行“Monitor”→“Residual”命令，判断计算收敛性，保持默认即可。

第2步：阻力：对弹体的阻力系数进行监控，分别定义阻力监视器，阻力方向为（0，0，1），如图5.40所示。

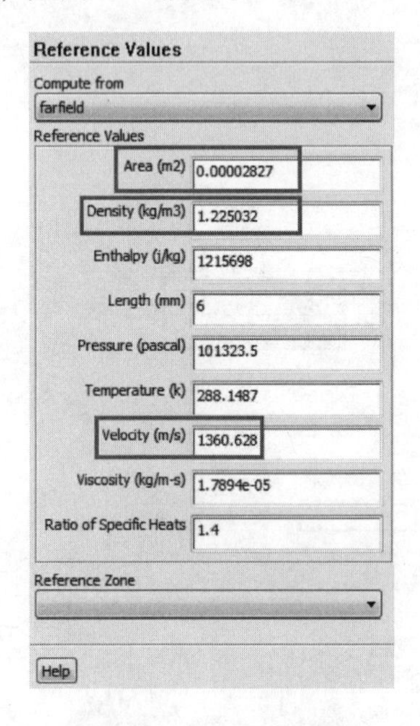

图5.39 参考值设置

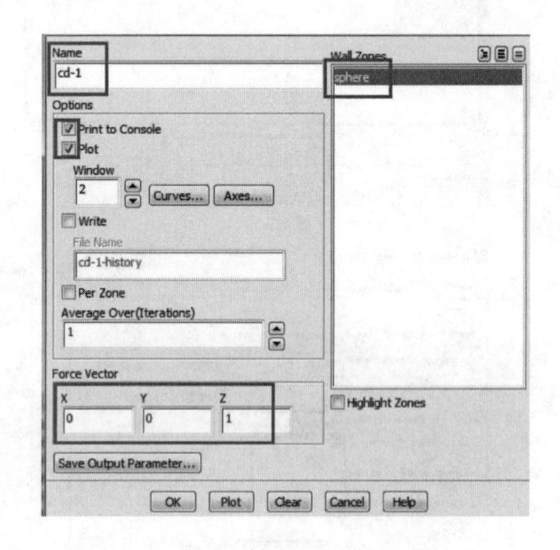

图5.40 监控参数设置

11. 初始化

单击模型树中的“Solution Initialization”按钮，选择“Computer from”→“farfield”选项，用压力远场设置的参数对整个流场进行初始化，如图5.41所示。

12. 自动保存

单击模型树中的“Calculations Activities”按钮，执行“Calculations Activities”→“Autosave”命令，设置每隔50步保存一次，如图5.42所示。在计算过程中可能出现初始状态下收敛，计算过程中出现不稳定的状况，设置自动保存中间计算结果，以防需要重新计算时可以从中间结果处继续计算。

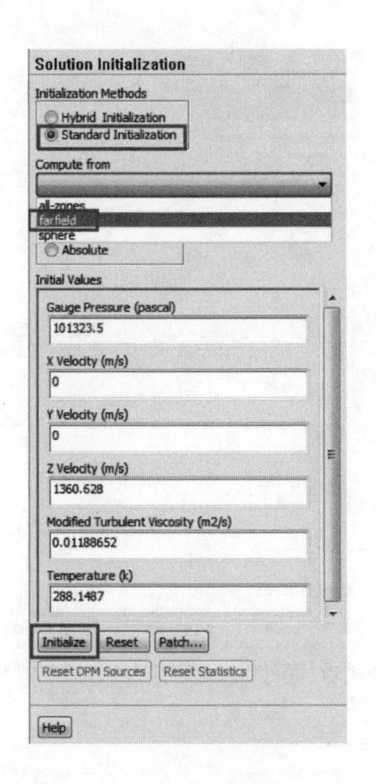

图5.41　初始化

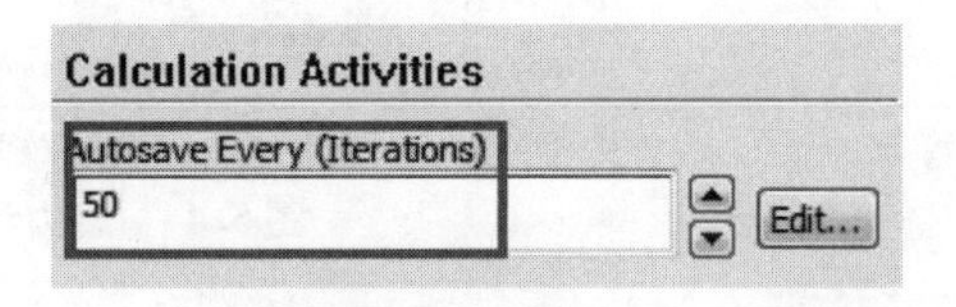

图5.42　自动保存

13. 求解计算

单击模型树中的“Run Calculation”按钮，设置“Number of Iterations”为500，单击“Calculate”按钮进行求解计算，如图5.43所示。

14. 结果分析

第1步：阻力计算。执行“Reports”→“Forces”命令，输入阻力方向角：（0，0，1），计算阻力，如图5.44所示。球的阻力系数为0.927 834 19。弹体的所受的压阻为29.452 934 N，黏性阻力为0.290 595 26 N。

第2步：压力分布。执行模型树中的“Graphics and Animations”→“Graphics”→“Contours”命令，创建一个面，用于压力场、速度场的查看。执行“Surface”→“Plane”命令，如图5.45所示，创建一个平行于球运动方向的面。

选择创建的plane－3面，单击“Display”按钮显示压力分布场，如图5.46所示。

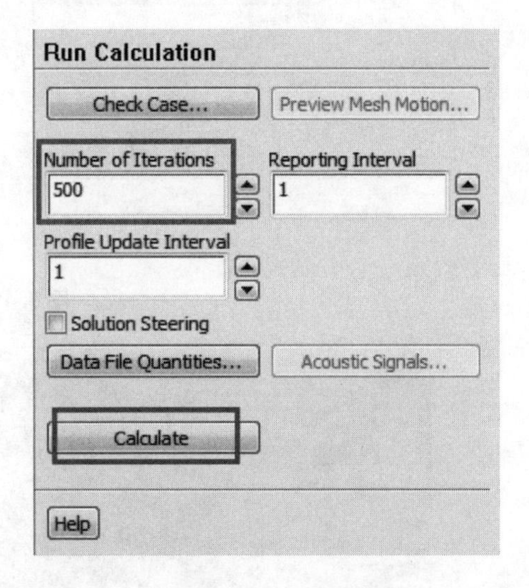

图5.43　求解计算

第3步：速度分布。执行“Graphics and Animations”→“Contours”→“Set up”命令，选择“Velocity－Mach number”选项，选择创建的plane－3面。单击“Display”按钮显示压力分布场，如图5.47、图5.48所示。

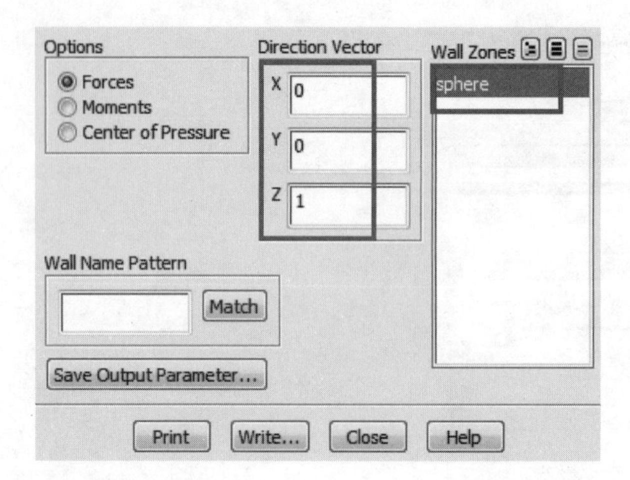


```
Forces - Direction Vector (0 0 1)
                          Forces (n)                                        Coefficients
Zone                      Pressure        Viscous         Total            Pressure        Viscous          Total
sphere                    29.452934       0.29059526      29.74353         0.91876922      0.0090649706     0.92783419
------------------------- --------------- --------------- ---------------  --------------- ---------------  ---------------
Net                       29.452934       0.29059526      29.74353         0.91876922      0.0090649706     0.92783419
```

图 5.44　阻力计算结果

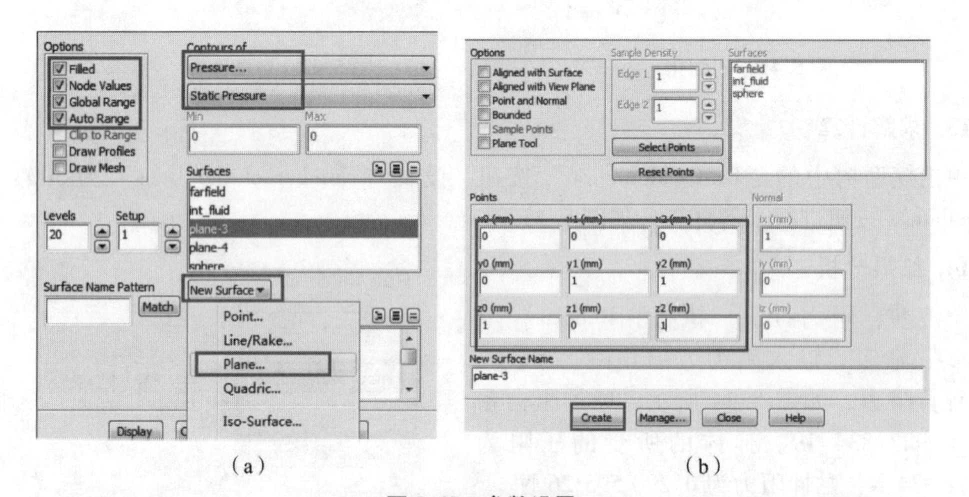

(a)　　　　　　　　　　　　(b)

图 5.45　参数设置

图 5.46　压力分布

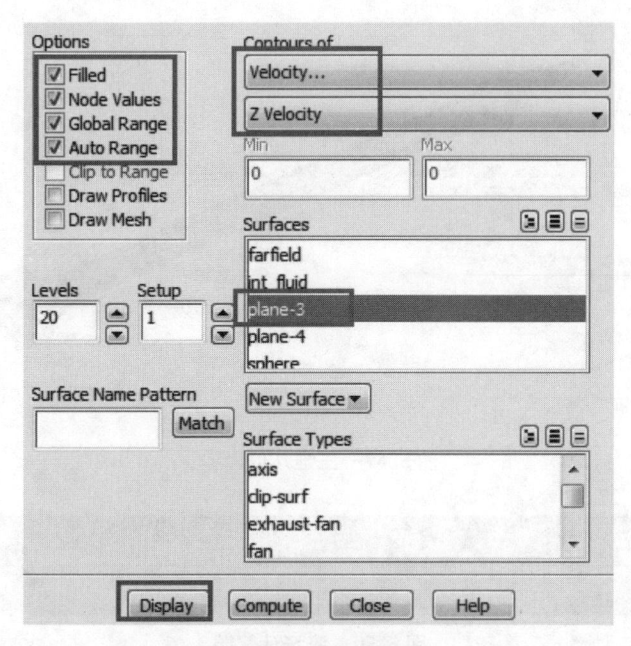

图 5.47　参数设置

图 5.48　速度分布

5.3.2　弹体飞行 Fluent 仿真实例

本节以某弹体为例，讲述弹体飞行过程中空气动力特性仿真计算过程。三维几何模型如图 5.49 所示，弹体特性计算与风洞测试过程类似，弹体处于静止状态，给定弹体外部一定来流速度，保证弹体与外流有一定的相对运动速度，以此模拟弹体的运动过程。建立一个围绕该箭弹的圆柱体流场计算域，弹体前部计算域为弹体长度的 3 倍，后部长度为弹体长度的 6 倍，计算域直径为弹体直径的 30 倍，该计算域基本可消除边界对仿真结果的影响。对计算域进行网格划分，给定弹体一定的网格边界层，越靠近弹体的区域网格节点，布置越需密集，反之逐渐稀疏。网格生成方法请读者自行参考相关书籍，本案例直接给出网格文件用于计算。流场计算域如图 5.50 所示。

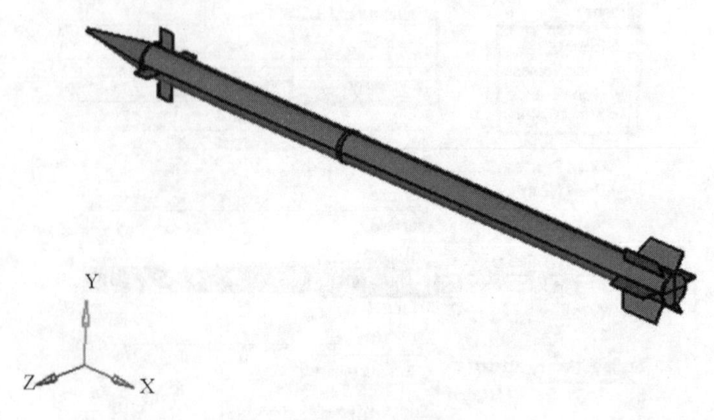

图 5.49　三维几何模型

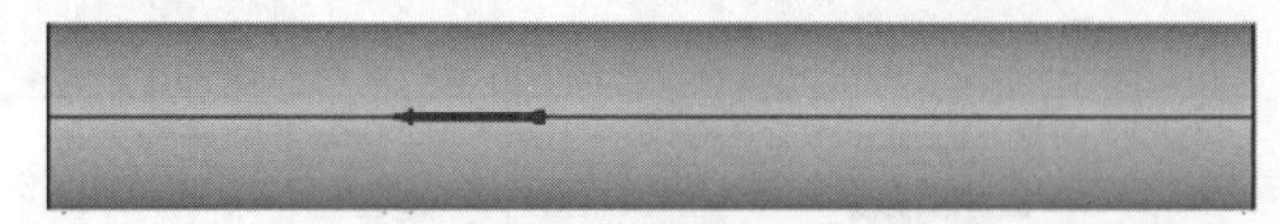

图 5.50　流场计算域

1. 导入模型

以3D、双精度求解器启动 Fluent，执行“File”→“Read”→“Mesh”命令，在弹出的对话框中选择网格文件“ex5_1. msh”，如图 5.51、图 5.52 所示。

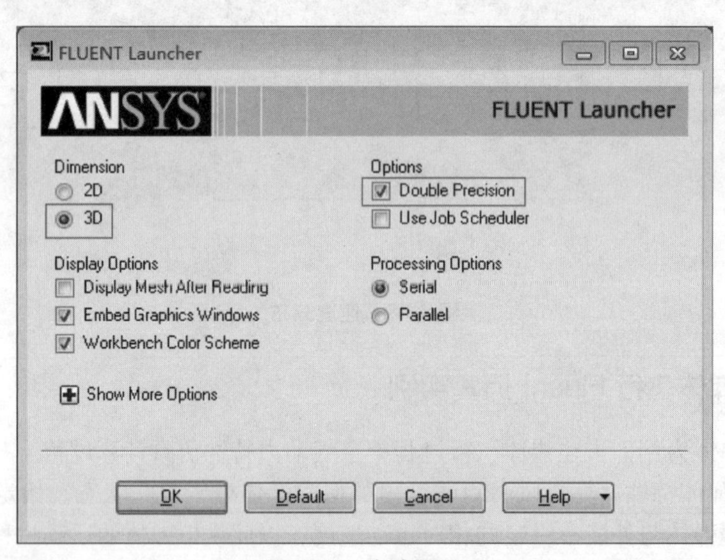

图 5.51　启动界面

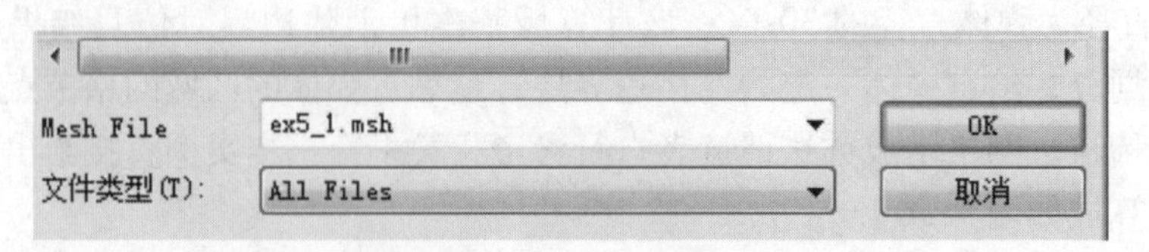

图 5.52　读入网格文件

2. 检查网格

单击 General 节点，在右侧面板中通过 Scale、Check、Report Quality 来检查网格，模型尺寸可以通过缩放 Scale 到适当单位，如图 5.53 所示。默认的长度量纲为 m，对于用 mm 单位创建的计算模型，需要缩小 1 000 倍。在此案例中计算域的创建单位为 m，与默认量纲一致，无须缩放。

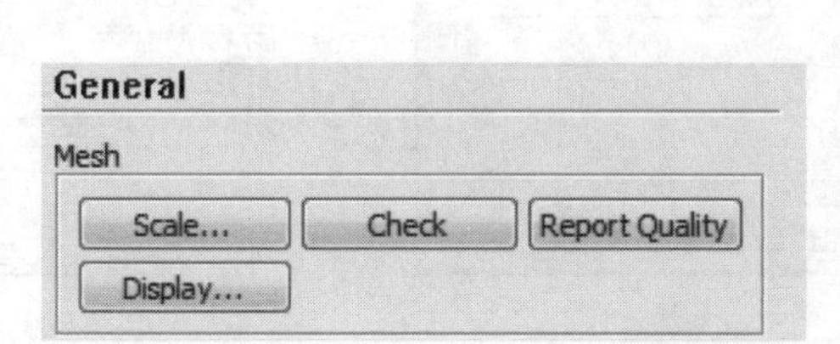

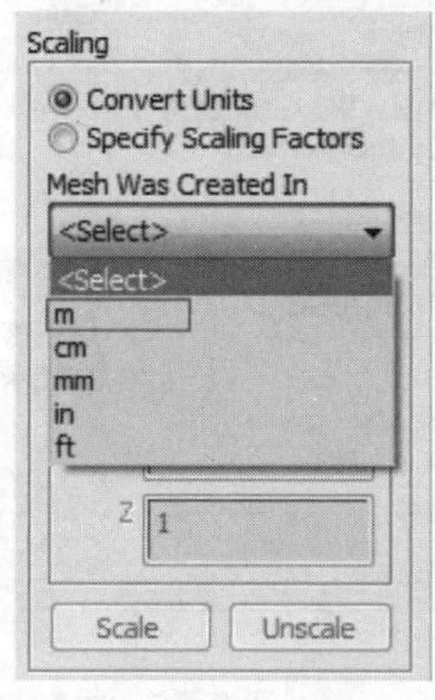

图 5.53　网格检查

3. 求解器设置

执行“General”→“Solver”命令，设置求解器为“Density – Based”，如图 5.54 所示，对于高速可压缩气动特性计算，压力 – 速度耦合性较强，通常需要选择耦合式求解器 Density – Based。

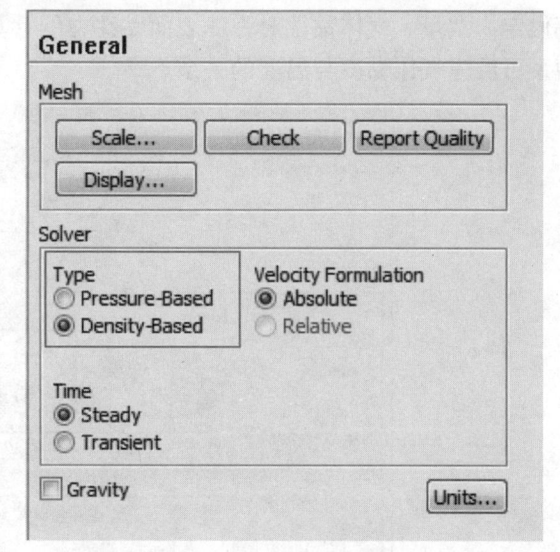

图 5.54　求解器设置

4. 物理模型

第 1 步：湍流模型：执行“Model”→“Viscous – Laminar”→“Spalart – Allmaras”命令。湍流模型选取“Spalart – Allmaras”模型，如图 5.55 所示。该模型是比较简的方程模型，只需求解湍流黏性的运输方程，常用于弹体、弹体的绕流流场的气动力学特性问题，对有逆压梯度的边界层问题有很好的模拟效果。

第 2 步：激活能量方程：执行“Model”→“Energy”→“On”命令，如图 5.56 所示。弹体在高马赫运行状态下，弹体尖端由于压力激增，温度会迅速上升，需要求解能量方程。

5. 材料属性

执行“Material”→“Fluid”→“air”→“Create/Edit”命令。

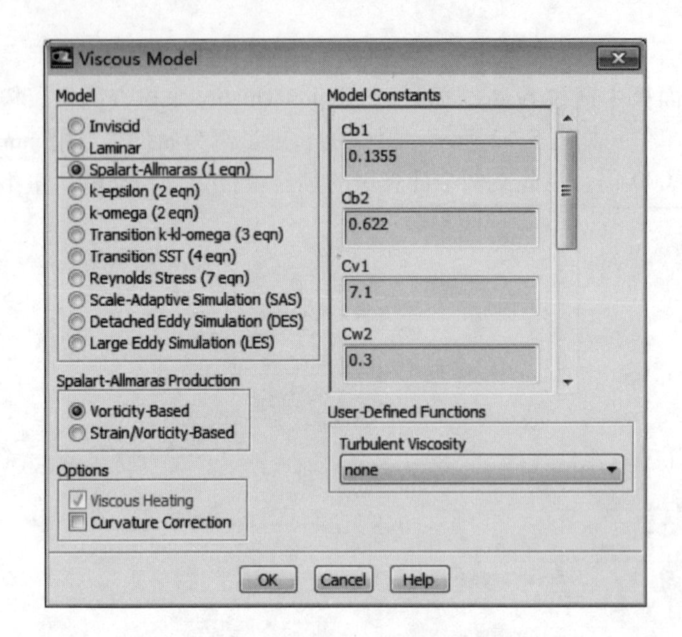

图 5.55　求解器设置

图 5.56　能量方程

设置气体密度为“ideal - gas”，如图 5.57 所示。ideal - gas 为理想气体类型，压力、密度、温度关系采用理想气体方程求解，可反映气体的可压缩性。弹体气动问题属于高速可压缩问题，通常其流体物性与温度关系较大，仿真中作了一定的简化，将气体比热、热传导率都假定为常量。气体黏性对弹体表面黏性力的计算较为关键，黏性选择 sutherland 模型，该模型可反应气体黏度与温度的关系。

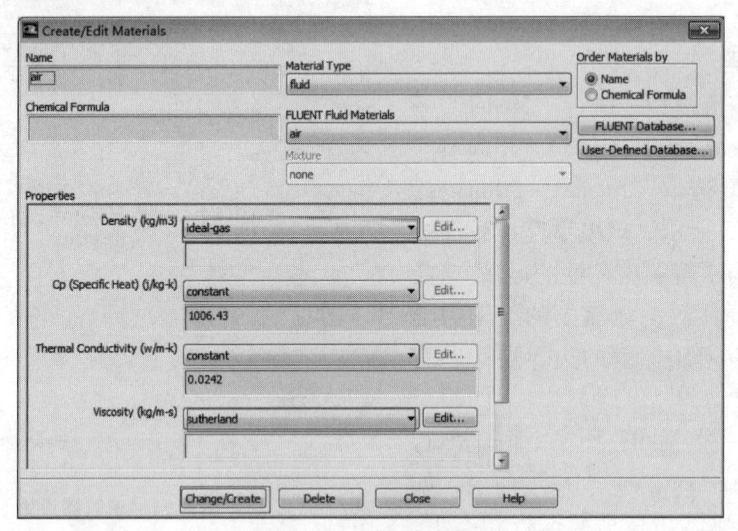

图 5.57　求解器设置

6. 边界条件

第 1 步：执行“Define” > “Operating Conditions”命令，设置“Operating Pressure”为 0，如图 5.58 所示。设置操作压力为 0 表示在计算中边界条件设置的压力均为绝对压力，标准大气压为 101 325 Pa。

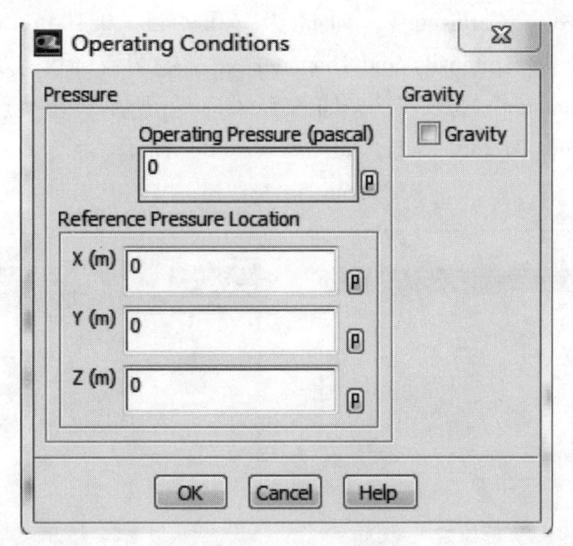

图 5.58　边界条件设置

第 2 步：执行“Cell Zone Conditions”→“fluid”→“Edit”命令，保持默认的材料为 air 即可，如图 5.59 所示。

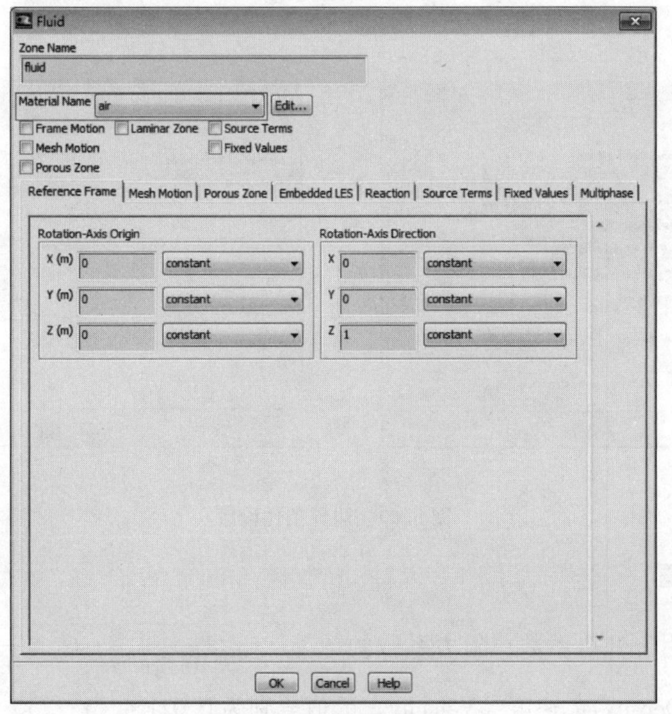

图 5.59　计算域材料设置

第 3 步：执行“Boundary Conditions”→“body”→“Type”→“wall”命令，即设置球边界为无滑移光滑绝热壁面边界条件，如图 5.60（a）所示；执行“Boundary Conditions”→“inlet”→“Type”→“pressure - far - field”命令，即设置计算域边界为压力远场边界条件，如图 5.60（b）所示；单击“Edit”按钮，设置表压为 101 325 Pa，马赫数为 4，速度

向量为直角坐标方式“Cartesian”，向量为（0.9945，0.1045，0），湍流指定方式（Specification Method）为“Intensity and Diameter”，指定湍流强度（Turbulent Intensity）为2.3%，“Hydraulic Diameter”为0.143，如图5.60（c）所示。切换至“Thermal”标签页，设置温度（Temperature）为288.15 K，如图5.60（d）所示。

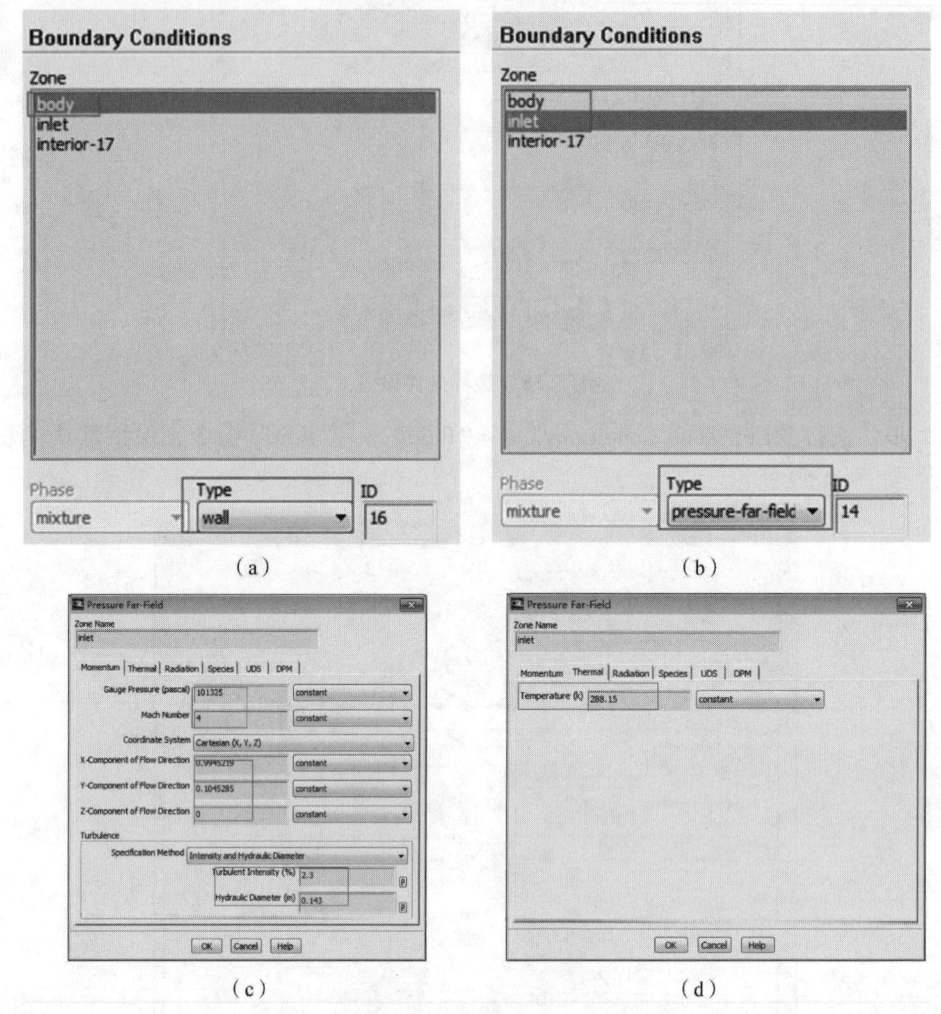

（a）（b）（c）（d）

图5.60 边界条件设置

7. 参考值设置

参考值主要用于升力系数、阻力系数的计算：$C_D = \dfrac{F_D}{0.5\rho v^2 S}$，$C_L = \dfrac{F_L}{0.5\rho v^2 S}$。迎风面积（Area）、密度（Density）、速度（Velocity）的值分别为0.021 4、1.225、1 360，如图5.61所示。

8. 求解设置

在“Solution Method”面板中设置方程迭代求解方法。选择隐式解法“Implicit”以及“AUSM”通量格式，AUSM对不连续激波提供更高精度的分辨率。Flow、Modified Turblent Viscosity节点差值格式均选择二阶迎风格式。本计算域的网格全部为六面体结构化网格，梯度差值选择“Green－Gauss Cell Based”，如图 5.62 所示。

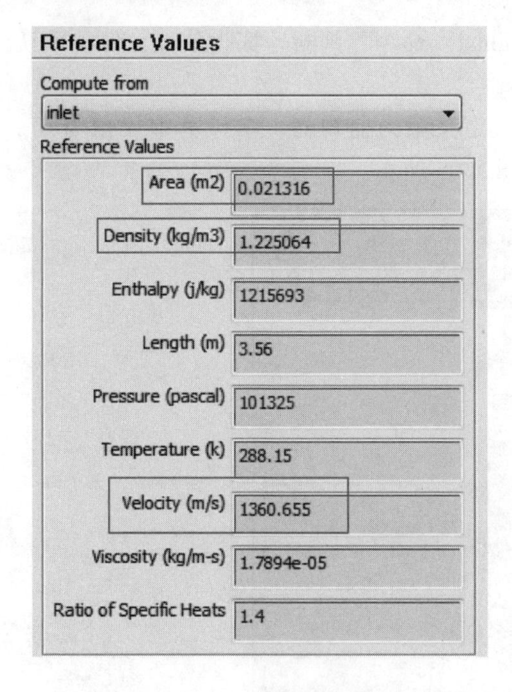

图 5.61　参考值设置

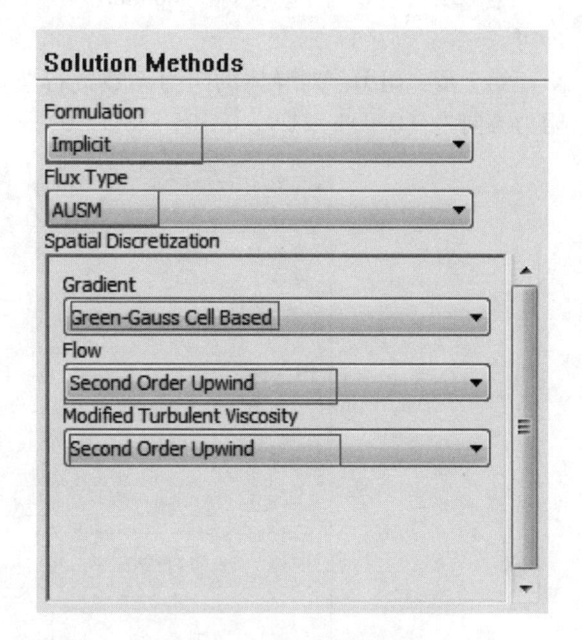

图 5.62　求解设置

9. 求解控制参数设置

求解控制参数主要用于控制计算的收敛性，主要通过物理量的亚松弛因子控制计算的稳定性。在初始计算时，一般先给定一个较小的库朗数，待计算稳定后可以逐步加大库朗数。求解控制参数设置如图 5.63 所示。

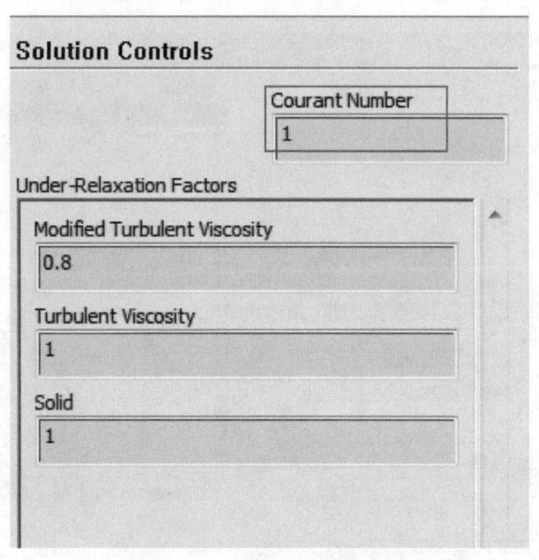

图 5.63　求解控制参数设置

10. 监控设置

第 1 步：残差因子。执行“Monitor”→“Residual”命令，判断计算收敛性，保持默认即可。

第 2 步：阻力。对弹体的阻力系数进行监控，定义阻力监视器，本计算中攻角为 6°，阻力方向为（0.994 521 9，0.104 528 5，0），如图 5.64 所示。

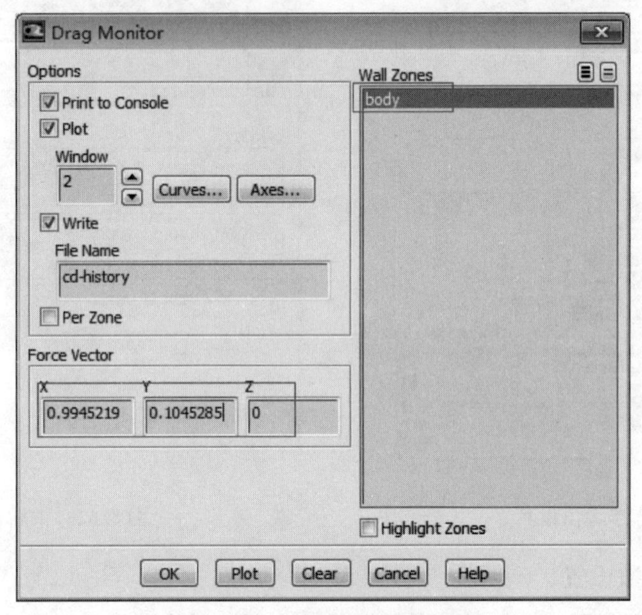

图 5.64　阻力监控参数设置

第 3 步：升力。对弹体的升力系数进行监控，定义升力监视器，本计算中攻角为 6°，升力方向为（0.104 528 5，0.994 521 9，0），如图 5.65 所示。

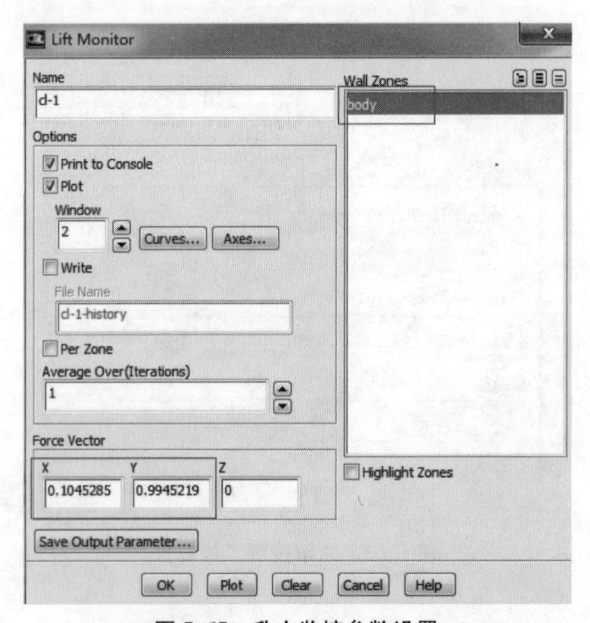

图 5.65　升力监控参数设置

11. 初始化

选择“Compute from”→“inlet”选项，用压力远场设置的参数对整个流场进行初始化，如图 5.66 所示。

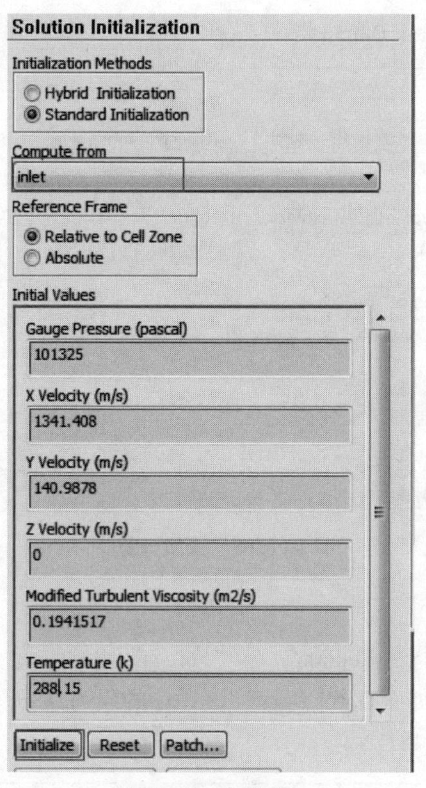

图 5.66　初始化

12. 自动保存

执行“Calculations Activities”→“Autosave”命令，设置每隔 500 步保存一次，如图 5.67 所示。在计算过程中可能出现初始状态下收敛，计算过程中出现不稳定的状况，设置自动保存中间计算结果，以防需要重新计算时可以从中间结果处继续计算。

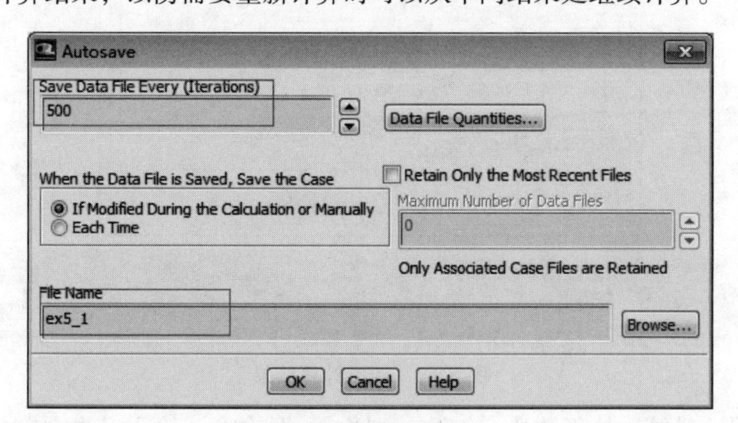

图 5.67　自动保存

13. 求解计算

单击模型树的“Run Calculation”按钮，设置“Number of Iterations”为2 000，进行求解计算，如图5.68所示。

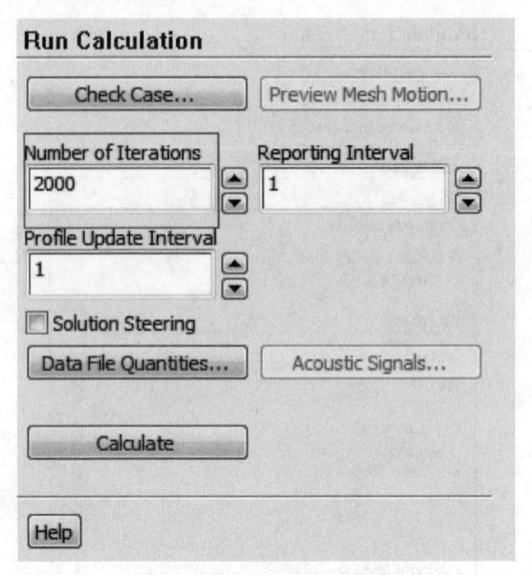

图5.68 求解计算

14. 结果分析

第1步：阻力计算。执行“Reports”→“Forces”命令，输入阻力方向角（0.994 521 9，0.104 528，0）计算阻力，如图5.69所示。该弹体的阻力系数为0.623。弹体的所受的压阻为12 650 N，黏性阻力为2 481 N。

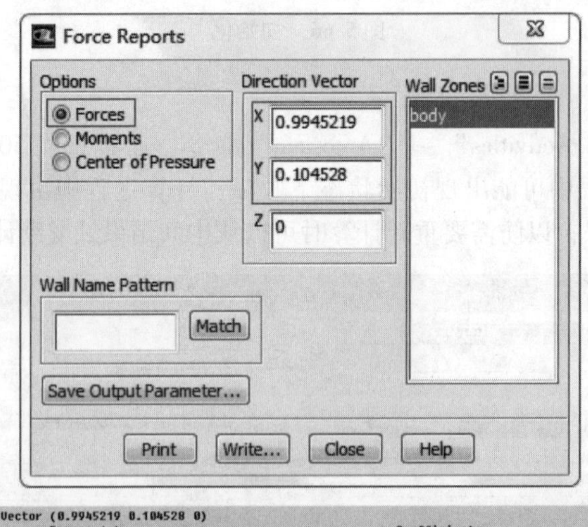

Forces - Direction Vector (0.9945219 0.104528 0)

Zone	Forces (n) Pressure	Viscous	Total	Coefficients Pressure	Viscous	Total
body	12649.935	2480.6616	15130.597	0.52125471	0.10221843	0.62347315
Net	12649.935	2480.6616	15130.597	0.52125471	0.10221843	0.62347315

图5.69 阻力计算结果

第2步：升力计算。执行“Reports”→“Forces”命令，输入升力方向角（0.104 528，0.994 522，0）计算升力，如图5.70所示。弹体所受升力为25 189 N，升力系数为1.037。

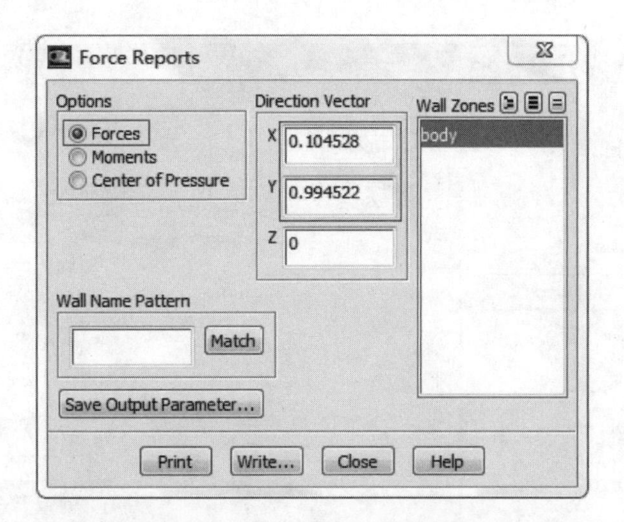

Forces - Direction Vector (0.104528 0.994522 0)

	Forces (n)			Coefficients		
Zone	Pressure	Viscous	Total	Pressure	Viscous	Total
body	24772.172	417.22132	25189.393	1.020765	0.017192071	1.0379571
Net	24772.172	417.22132	25189.393	1.020765	0.017192071	1.0379571

图 5.70　升力计算结果

第 3 步：外力对弹体质心的转动力矩计算。执行“Reports”→“Forces”命令，在“Moments”面板下输入质心坐标，分别提取外力对弹体质心的转动力矩，如图 5.71 所示。

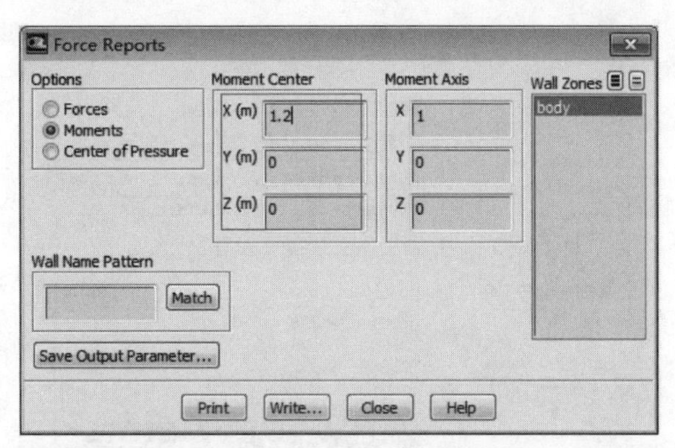

Moments - Moment Center (1.2 0 0) Moment Axis (1 0 0)

	Moments (n-m)			Coefficients		
Zone	Pressure	Viscous	Total	Pressure	Viscous	Total
body	-12.420591	0.2452793	-12.175311	-0.00014376526	2.8390471e-06	-0.00014092621
Net	-12.420591	0.2452793	-12.175311	-0.00014376526	2.8390471e-06	-0.00014092621

Moments - Moment Center (1.2 0 0) Moment Axis (0 1 0)

	Moments (n-m)			Coefficients		
Zone	Pressure	Viscous	Total	Pressure	Viscous	Total
body	-70.562467	-0.16981503	-70.732282	-0.00081674308	-1.9655669e-06	-0.00081870865
Net	-70.562467	-0.16981503	-70.732282	-0.00081674308	-1.9655669e-06	-0.00081870865

Moments - Moment Center (1.2 0 0) Moment Axis (0 0 1)

	Moments (n-m)			Coefficients		
Zone	Pressure	Viscous	Total	Pressure	Viscous	Total
body	18234.593	110.97804	18345.571	0.2110609	0.0012845433	0.21234544
Net	18234.593	110.97804	18345.571	0.2110609	0.0012845433	0.21234544

图 5.71　转动矩计算

第 4 步：压力分布。创建一个面用于压力场、速度场的查看。执行“Surface”→“Plane”命令，如图 5.72 所示，创建一个平行于弹体运动方向的面。

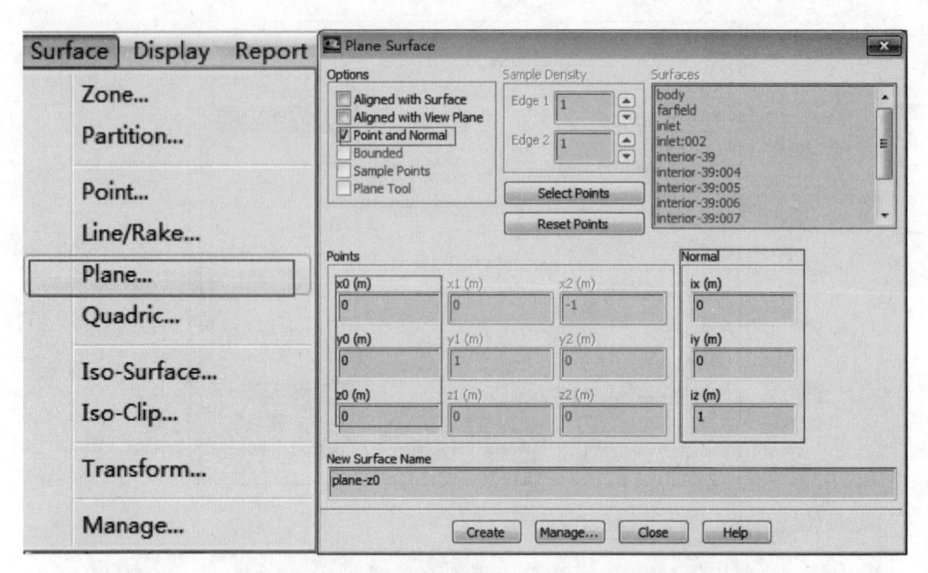

图 5.72　创建平面

执行“Graphics and Animations”→“Contours”→“Set up”命令，选择“Filled”→“Global Range”，选择“Pressure”→“Static Pressure”选项，选择创建的 plane－z0 面，如图 5.73 所示。单击“Display”按钮，显示压力分布场，如图 5.74 所示。

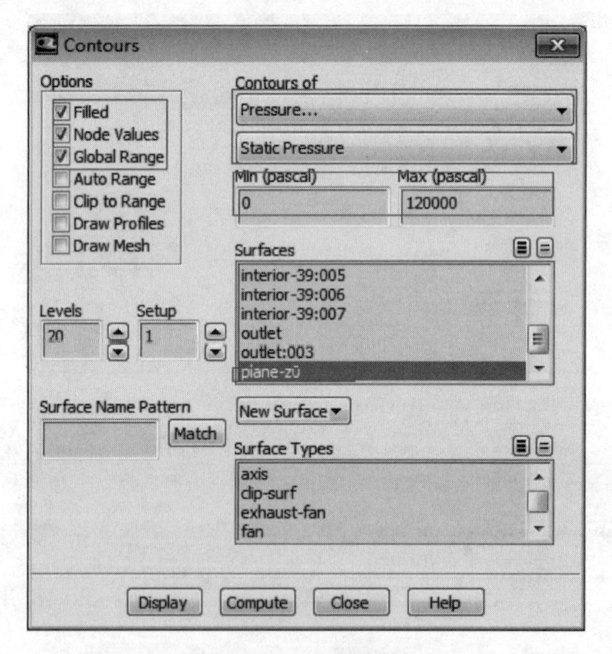

图 5.73　参数设置

第 5 步：速度分布。执行“Graphics and Animations”→“Contours”→“Set up”命令，选择“Velocity”→“Mach Number”选项，选择创建的 plane－z0 面，如图 5.75 所示。单击“Display”按钮显示速度分布场，如图 5.76 所示。

图 5.74　压力分布（见彩插）

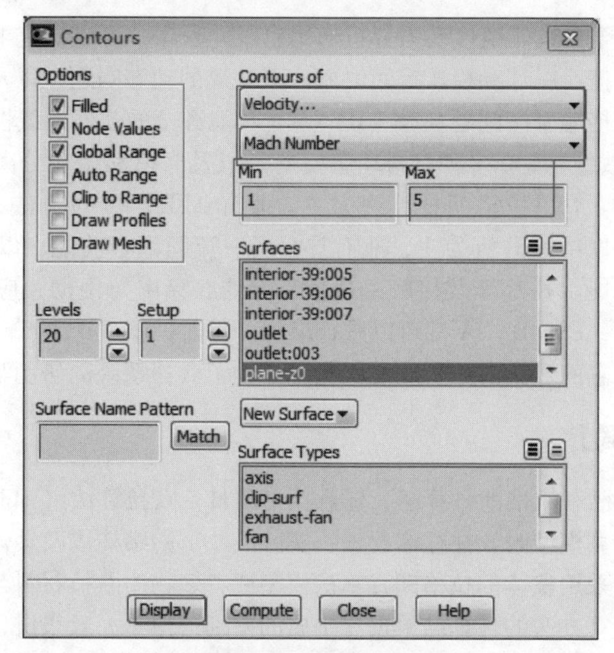

图 5.75　参数设计

图 5.76　速度分布场（见彩插）

第6章

高速侵彻分析基础理论、方法与实例

6.1 LS-DYNA 基础

LS-DYNA 是一个显式非线性动力分析通用有限元程序，可以快速求解各种二维和三维非弹性结构的高速碰撞、爆炸和模压等短时间、大变形的动态问题，以及大变形准静态问题和复杂的多重非线性接触碰撞问题。LS-DYNA 是功能齐全的几何非线性（大位移、大转动和大应变）、材料非线性（140 多种材料动态模型）以及摩擦和接触分离等界面状态非线性有限元数值计算软件。它以拉格朗日算法为主，兼有 ALE 和欧拉算法；以显式求解为主，兼有隐式求解功能；以结构分析为主，兼有热分析、流固耦合功能；以非线性动力分析为主，兼有静力分析功能。凡是涉及接触-碰撞、爆炸、穿甲与侵彻、应力波传播、金属加工、流固耦合等问题，LS-DYNA 都可以进行求解。目前，LS-DYNA 已经成为国际上公认的有限元分析软件。它的强大的分析功能大大地推动了武器系统的研制与开发。

6.1.1 算法简介

LS-DYNA 现今已有拉格朗日算法、任意拉格朗日-欧拉算法（ALE）和欧拉算法 3 种算法。在实际建立计算模型时，往往需要根据实际战斗部的结构以及爆炸作用的特点，确定建立模型的方式，即采用整体的拉格朗日算法模型或者多物质欧拉材料与拉格朗日结构相耦合的模型。这两种计算方法的计算结果没有本质的差别，但是一般来讲，拉格朗日模型的计算精度较高。

在整体的拉格朗日算法模型计算过程中，需要注意几个问题：首先需要定义所有可能存在的接触，其次就是调整计算网格的大小，特别是炸药和它直接接触的材料的计算网格的大小，保证两种材料的网格基本上大小匹配，使计算能顺利进行下去。

在战斗部数值模拟的时候，也要用到流-固耦合的算法，它不需要定义复杂的接触关系，而且计算稳定性能好。多物质欧拉材料与拉格朗日结构相耦合的算法常常用来计算爆轰气体产物和空气等物质与固体结构相互作用的耦合问题。

在实际建模的过程中，往往定义炸药、空气、尼龙等易流动物质为欧拉网格，它们的网格是相互连接的，同时节点共享，最初网格空间内部填充的是不同的材料，但是在随后的过程中，欧拉材料可以互相流动，占据所有的欧拉网格的区域空间，拉格朗日网格与欧拉网格互相交错，在计算初始互不影响。但是在建立模型的时候拉格朗日网格和欧拉网格不能共享节点，也就是说不能合并节点，否则会引起计算中断。

在战斗部三维数值模拟的过程中，为了提高求解的稳定性，尽量提高网格划分的质量，另外，战斗部模拟问题较为复杂，在实际处理时可以适当简化模型。

6.1.2　接触问题

在有限元分析中，接触问题的处理往往是衡量有限元软件分析能力的一个重要指标，LS-DYNA 有 40 多种接触类型供用户选择，具有强大的接触分析能力。之所以有这么多接触类型，一是由于有一些专门的接触类型用于专门应用，另一个是由于有一些老的接触类型一直保留，主要是为了使以前建立的有限元模型能一直使用。选择合适的接触类型和定义接触参数，对终点效应的仿真十分重要。

LS-DYNA 处理接触问题一般采用 3 种不同的接触算法：动力约束法、分配参数法和对称罚函数法（缺省的方法）。

1. 动力约束法

动力约束法是最早采用的接触算法，1976 年最先用于 DYNA2D 程序，后来用于 DYNA3D 程序。它的原理是：在每一时步修正构形前，检查从节点是否贯穿主表面，并调整时间步大小，使那些贯穿从节点都变贯穿主表面，对所有已经和主表面接触的从节点施加约束条件，保持从节点与主表面接触；另外，检查与表面接触的从节点所属单元是否存在受拉界面力，如有，则用释放条件使从节点脱离主表面。由于该算法比较复杂，目前仅用于固连接触，即只有约束条件，没有释放条件。

2. 分配参数法

该算法仅用于有相对滑动而没有分离的滑动处理，如炸药爆炸的气体对结构的压力作用。其原理是：将每个正在接触的从单元的一半质量分配到被接触的主表面面积上，同时由每个从单元的内应力确定作用在接受质量的主表面面积上的分布压力。在完成质量和压力分配后，程序修正主表面的加速度，然后对从节点的加速度和速度施加约束，保证从节点沿主表面运动。程序不允许从节点穿透主表面，从而避免反弹，该方法主要用于滑动接触方式。

3. 对称罚函数法

对称罚函数示意如图 6.1 所示。

对称罚函数法是 LS-DYNA 的缺省算法，从 1982 年开始用于 DYNA2D 程序，后扩充到 DYNA3D 程序。其原理是：每一时步先检查各从节点是否穿透主表面，没有穿透则不对该从节点作任何处理。如果穿透，则在该从节点与主表面间、主节点与从表面间引入一个较大的界面接触力，其大小与穿透深度、接触刚度成正比，称为罚函数值。其物理意义相当于在其中放置一系列法向弹簧，限制穿透。

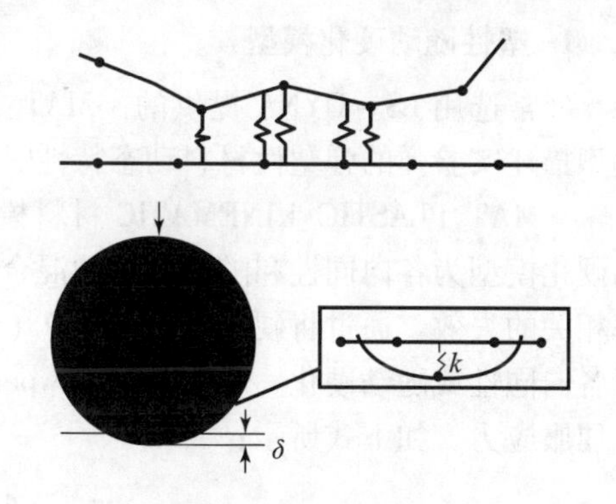

图 6.1　对称罚函数示意

接触力由以下公式计算：

$$F = k\delta \tag{6-1}$$

式中，k 为接触界面刚度（接触界面刚度由单元尺寸和材料特性确定）；δ 为穿透量。

该接触算法简单，很少激起网格的沙漏效应，没有噪声，动量守恒准确，不需要碰撞和释放条件，为 LS - DYNA 的缺省算法。

在本书进行的数值模拟中采用的是自动面面接触，这种接触模式采用对称罚函数法，接触刚度设置为 1 ~ 10，接触刚度不宜太大，也不宜太小，太小容易发生穿透，太大容易使问题失真，同时也会使计算中出现沙漏效应。

6.1.3 材料模型和状态方程

美国武器专家曾经说，当前计算结果中对物质特性描述的误差多于计算方面的误差，因此建立战斗部计算所需要的完备的材料状态方程和物质参数库至关重要。材料属性是材料的杨氏模量、泊松比、密度等。几乎所有 ANSYS/LS - DYNA 分析都需要输入弹性模量、泊松比的取值。

在 LS - DYNA 中可以使用近百种材料模型，但在 ANSYS/LS - DYNA 前处理器中能够直接定义的材料模型仅有 30 种左右，主要包括：

（1）线弹性材料（各向同性、正交各向异性、各向异性等）；

（2）非线性弹性模型（Blatz - Ko 橡胶模型、Mooney - Rivlin 橡胶模型、黏弹性模型等）；

（3）弹塑性模型（双线性随动硬化、双线性各向同性硬化、随动塑性等）；

（4）泡沫模型（低密度闭合多孔聚氨酯泡沫、低密度聚氨基甲酸乙酯泡沫、黏性泡沫、可压扁泡沫、正交异性可压扁蜂窝结构等）；

（5）复合材料等其他模型

对于战斗部结构中的钢材，考虑到其在高温、高压、高应变率下表现的材料的动态行为，在材料中有许多种不同的材料模型和状态方程可供选择。在这里介绍常用的金属本构关系塑性随动硬化模型和 HJC 本构模型，对 Johnson - Cook 本构模型不再作详细介绍。

1. 塑性随动硬化模型

经常选用 LS - DYNA 提供的 * MAT_PLASTIC_KINEMATIC（塑性随动硬化模型）材料模型描述实验弹的弹塑性材料动态特性。

* MAT_PLASTIC_KINEMATIC 材料模型可以用来描述弹塑性材料的动态特性。塑性随动硬化模型为各向同性和随动硬化的混合模型，与材料的应变率相关，进而可以考虑与应变率相关的失效。通过将硬化参数 β 在 0（仅随动硬化）和 1（仅各向同性硬化）间调整来选择各向同性或随动硬化。应变率用 Cowper - Symonds 模型来考虑，用与应变率有关的因数表示屈服应力，如下式所示：

$$\sigma_Y = \left[1 + \left(\frac{\dot{\varepsilon}}{C}\right)^{\frac{1}{P}}\right]\left(\sigma_0 + \beta E_p \varepsilon_p^{\text{eff}}\right) \tag{6-2}$$

式中，σ_0 为初始屈服应力；$\dot{\varepsilon}$ 为应变率；C、P 为 Cowper - Symonds 应变率参数；$\varepsilon_p^{\text{eff}}$ 为有效塑性应变；E_p 为塑性硬化模量，其表达式为

$$E_p = \frac{E_{\tan} - E}{E - E_{\tan}} \tag{6-3}$$

2. HJC 损伤本构模型

混凝土材料本构比较复杂，其屈服准则与失效条件等都不能用传统的弹塑性模型来描

述。混凝土模型是基于描述宏观现象水平的材料行为而建立的，由一组描述材料行为和状态的方程构成。

为了描述混凝土材料的断裂特性和非线性变形，Holmquist、Johnson 和 Cook 于 1993 年提出 HJC 损伤本构模型，考虑混凝土材料在大应变、高应变率和高压强条件下的特性。在 HJC 模型中材料的应力－应变关系表示为：

$$\sigma^* = [A(1-D) + Bp^{*N}][1 + C\ln\varepsilon^*] \tag{6-4}$$

式中，$\sigma^* = \sigma/f_c$，为正规等效应力（$\sigma^* < S_{\max}$，$S_{\max}$ 为混凝土承受的最大强度）；$p^* = p/f_c$ 为正规压力；$\dot{\varepsilon}^* = \dot{\varepsilon}/\dot{\varepsilon}_0$ 为无量纲化应变率；σ 为（实际）等效应力；p 为单元内的静压；f_c 为混凝土最大静水单轴抗压强度；$\dot{\varepsilon}$ 为应变率；$\dot{\varepsilon}_0$ 为参考应变率（$\dot{\varepsilon}_0 = 1.0\ \mathrm{s}^{-1}$）；$A$ 为正规黏性强度（材料常数）；B 为正规压力硬化系数；C 为应变率系数；N 为压力硬化指数；D 为损伤因子（$0 \leqslant D \leqslant 1$），由等效塑性应变和塑性体积应变累加得到，$D$ 的表达为

$$D = \sum \frac{\Delta\varepsilon_p + \Delta\mu_p}{\varepsilon_p^f + \mu_p^f} = \sum \frac{\Delta\varepsilon_p + \Delta\mu_p}{D_1(p^* + T^*)^{D_2}} \tag{6-5}$$

式中，$\Delta\varepsilon_p$ 为在一个积分步长内单元的等效塑性应变；$\Delta\mu_p$ 为在一个积分步长内单元的等效塑性体积应变；$\varepsilon_p^f + \mu_p^f = f(p)$，是在常压力 p 下的塑性应变，$f(p)$ 的具体表达式为

$$f(p) = D_1(p^* + T^*)^{D_2} \tag{6-6}$$

式中，$D_1(p^* + T^*)^{D_2} \geqslant \varepsilon_{f_{\min}}$；$\varepsilon_{f_{\min}}$ 为混凝土最小断裂应变；$T^* = T/f_c$ 是正规拉力，T 为混凝土最大静水抗拉强度，D_1、D_2 是材料常数。

混凝土材料本构在 LS－DYNA 中有 3 种计算模型，即脆性模型、连续损伤模型和 Johnson－Holmquist－Concrete 模型。其中，脆性损伤模型没有查找到相应的数据，也没有模型的详细理论根据，因此，很难从其他材料数据类推过来；对于连续损伤模型，因为计算损伤面，耗费的计算时间很长，随着计算网格奇异和裂纹的增多，特别是在较大压力作用下丧失其强度之后，其容易导致计算的不稳定与发散。

6.2　弹体高速侵彻分析过程中所关注的内容

第二次世界大战之后，在新技术革命浪潮的推进下，各个国家的军事工业都得到快速发展。随着精确制导技术和防御技术的发展，为了有效保护我方的战斗力，具有重要战略价值的军事重要部门（如指挥中心、通信设施以及导弹发射井等）大量向地下转移，其防护结构也越来越坚固。在当今大的战略形势下，进行空中目标打击已经成为作战的首选方案。从近些年的局部战争中可以看出，以精确制导武器进行远程纵深“外科手术”式的斩首行动已经成为现代战争的主要作战形式，采用这种作战方式不仅可以快速达到战争的目的，还可以提高作战效益。另外，要实现对地下目标的有效毁伤，必须使战斗部在目标内部或钻地后起爆。为了适应现代战争的特点，大部分国家都倾注很多精力研究各种新式武器，为此用于攻击地下多层防御工程的硬目标侵彻武器成为各国军事工业研究的重点。

引信结构作为硬目标侵彻武器达到高效毁伤目的的关键部件，决定着环境与目标识别以及起爆控制，这对于准确控制战斗部的起爆时间和位置有着非常重要的意义。安装于钻地武器（EPW）上的钻地引信已经成为高、精、尖武器系统发展最活跃和最敏感的技术领域，

各国都在争相研究。在钻地武器以中高速打击地面、混凝土或岩石目标或者其他坚硬的目标时，战斗部运动的平均加速度一般能够达到数万 g，复杂的工作环境要求钻地引信不仅能够识别不同特征的目标信号，还要能够抵抗穿过各种不同结构目标时产生的冲击。传统的应用计时起爆控制方式的侵彻引信结构因为不能识别目标特征，缺乏打击目标的灵活性，这对打击毁伤目标的效果有很大的影响。然而在侵彻的过程中，通过各种探测技术和敏感技术获得的物理场信号（尤其是侵彻加速度信号）最能反映目标的特征以及环境信息。为此，各个军事强国从 20 世纪 90 年代开始，进行了以高 g 加速度传感器识别硬目标侵彻环境信息的智能引信研究工作。

正确地揭示弹体的加速度信号产生机理以及组成成分是硬目标侵彻过程中引信动态特性研究的难点和关键因素。另外，智能引信能够准确引爆的另一重要因素是能够从实际测得的过载信号中客观并准确地将可识别环境的信息和目标特征提取出来。

1. 侵彻加速度信号产生机理的研究现状

弹体侵彻靶体目标时，过程相当复杂，作用在弹体上的各种振动信号非常丰富。实测的侵彻加速度信号中除弹体本身的刚体加速度信号外，不可避免地会叠加其他信号，而侵彻加速度信号研究主要关心的就是弹体本身的刚体加速度。对于弹体刚体加速度的定义，在侵彻体为刚体的情况下，侵彻体在撞击目标靶板时要承受很大的冲击力，按牛顿定律确定的与弹体结构力学性能无关的加速度，称为刚体加速度。

1997 年，SNL 在一次侵彻试验中，通过加速度测试存储系统记录实验弹内不同位置加速度数据，其实验弹直径为 95.2 mm，用 152 mm 滑膛炮发射，发射弹速为 280 m/s，在处理数据时，把这 2 个测试点的过载波形从高到低按一定的频率步长逐渐滤波，当滤波频率达到 1 kHz 时，2 条过载曲线没有差别，此时即认为所得波形为刚体侵彻加速度信号。

2007 年，ARA 的一次侵彻多层不同厚度的混凝土靶板混凝土试验中，如图 6.2（a）所示，滤波截止频率为 2 kHz。对于较薄的混凝土薄板（0.2 m），刚体加速度脉宽较小，并且基本为单峰值的脉冲波形，而当混凝土的厚度增加时（0.8 m），脉宽增加，并且脉冲不再是一个单峰值的脉冲波形，而是出现了两个脉冲，当混凝土的厚度达到 1.5 m 时，可以看出滤波后的侵彻加速度为 4 个脉冲，刚体加速度表现为顶端振荡、脉冲幅值减小的非规则的梯形，如图 6.2（b）所示。

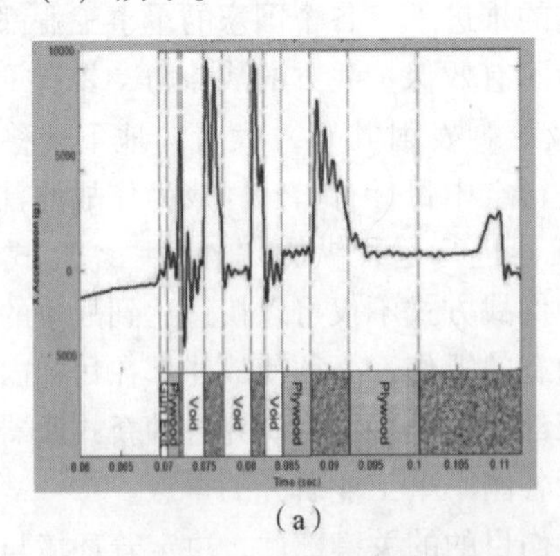

（a）

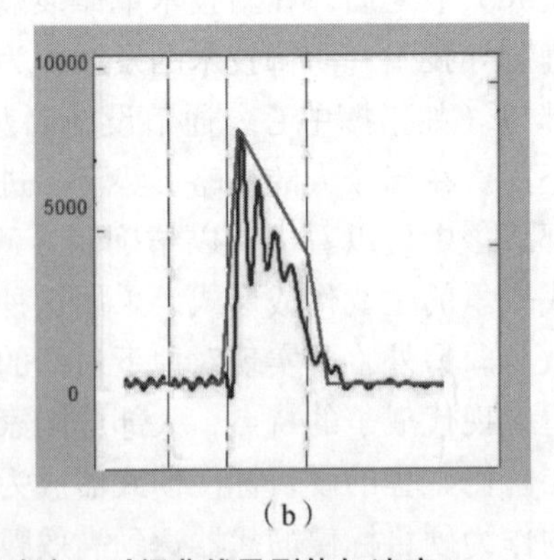

（b）

图 6.2　侵彻多层混凝土靶板加速度 – 时间曲线及刚体加速度

（a）加速度 – 时间曲线；（b）刚体加速度

对于动能弹体结构响应加速度，主要的研究集中在如何揭示动能弹体结构响应加速度的频率特性。通过有限元模态分析或谐响应分析的方法可以求解动能弹体结构在静态或者模拟侵彻状态时的固有频率和振型，对于实测的侵彻加速度信号则可以通过信号分解算法得出动能弹体结构响应部分。2009 年，王冰在应用 ANSYS 模态分析和谐响应分析方法对某侵彻弹进行仿真分析时，在模拟侵彻压力载荷下得到动能弹的位移共振频率，并指出该频率为动能弹的谐振频率。

2. 侵彻加速度信号组成研究的现状

对于硬目标侵彻加速度信号的成分组成，国内外的研究人员至今还没有明确和统一的结论，通过广泛的调研，对信号组成理论总结如下：

1997 年，Juan Pabio 提出侵彻加速度信号由以下四个部分组成：（1）刚体运动加速度，主要指动能弹体在抵抗目标施加的阻力作用时形成的加速度；（2）动能弹体的振动加速度干扰信号，有横向和纵向的干扰信号，这里只考虑其纵向的干扰信号；（3）加速度计的振动形成的高频干扰噪声；（4）动能弹体的移动路径和自旋误差带来的噪声。

2008 年，Lundgren 提出侵彻加速度信号由赫兹、千赫兹和兆赫兹量级的信号组成的，其中赫兹信号由刚体运动形成，这里的刚体运动指动能弹体在侵彻过程中遇到靶板目标后受到靶板给其的反向力的作用所产生的运动，当动能弹体斜侵彻目标时，轴向的刚体过载表现为一不规则的梯形，而横向的刚体应力表现为一低频的正弦波，综合起来的刚体应力为一不规则的正弦波；千赫兹量级信号是由动能弹体结构的振动模式、传感器的振动形成的；其余成分为高频噪声。从中可以分析出，Lundgren 认为侵彻加速度信号由刚体加速度信号、动能弹体结构响应和传感器结构响应及高频噪声组成。

2008 年，冯琳娜提出实测侵彻过载信号主要包含两种信号成分：一是动能弹体在侵彻目标介质过程中所遇到的侵彻阻力所形成的加速度信号，表现为整个侵彻过程的脉冲信号，由无限个小扰动的叠加形成，并以应力波的方式在动能弹体内传播；二是动能弹体在侵彻过程中所产生的动能弹体振动信号，包括动能弹体横向和纵向的振动信号。

从上述研究中可以发现，从不同的角度分析，侵彻加速度信号的组成有所差异，但基本的组成是确定的，即侵彻加速度信号包含刚体加速度和动能弹体结构响应加速度。其中，刚体加速度通过牛顿运动定律确定，与弹体的结构力学性能无关；动能弹体结构响应是在动能弹体侵彻目标靶板时，战斗部结构、引信结构在外界巨大的冲击载荷下产生的复杂结构响应。

6.3　高速侵彻分析基础理论

硬目标侵彻研究始于 18 世纪，但是实际应用于 20 世纪，尤其是在两次世界大战期间和战后，硬目标侵彻的研究更加全面和深入。其大致可以分三个时期：第一时期是第二次世界大战之前，因为缺少必要的理论基础，所以研究方法主要是试验和各种经验公式；第二时期是 20 世纪 40—50 年代，各种重要的理论基础开始发展起来，尤其着重分析靶板的破坏模式，不同分析理论根据不同破坏模式建立起来；第三时期为 20 世纪 60 年代初期至今，各种现代试验与测试技术的不断进步以及近似分析方法的研究为侵彻的发展研究奠定了较好的基础。

实验弹侵彻混凝土靶板的动态机理是非常复杂的，涉及冲击动力学、爆炸力学、塑性动力学和结构动力学等诸多学科。纵观硬目标侵彻研究的历史，研究方法有解析理论分析法、试验与经验公式法和数值仿真法。

1. 解析理论分析法

解析理论分析法是科学问题研究中最为有效和经济的手段，是一种以工程问题的数学建模为基础建立起来的近似研究方法，由其得到的解析解一般具有使用普遍的特性。建立工程的数学模型就是将工程问题用简单的数学模型来表示，但工程问题的基本物理性质仍保存于数学模型之中。目前经常使用并受到人们认可的侵彻分析理论和工程模型主要有空腔膨胀理论、微分面力法、正交层状模型和磨蚀杆模型等。

侵彻相关的理论分析方法主要有靶板材料的空腔膨胀理论、弹体结构响应与运动学计算等。弹体侵彻问题的数学模型的建立，源于20世纪50年代Bishop对弧形弹头准静态侵入问题的研究，利用Hill和Hopkin计算出的球形空腔在不可压弹塑性材料中的膨胀解析结果，模拟靶板的钢球侵彻问题。20世纪70年代，Ross、Hanagud和Norwood等人基于柱形空腔膨胀理论和球形空腔膨胀理论研究杆式弹体对土壤类目标的侵彻问题。20世纪80年代，SNL的研究人员在空腔膨胀理论的基础上，研究了弹体对陶瓷、岩石、土和混凝土等多种材料垂直侵彻的过程，进一步发展和完善了Hill的动态空腔膨胀理论，得出半经验公式——Forrestal公式。2004—2008年，Chen、Li等人对贯穿有限厚度靶板的侵彻模型进行了研究，在侵彻/贯穿模型中加入了第三个无量纲数（黏滞阻力项），初步讨论了无量纲数对侵彻/贯穿规律的影响。

国内对于侵彻过程的理论分析方法研究主要有：1996年，徐孝诚基于空腔膨胀理论，分析杆式弹对混凝土靶的侵彻问题，提出了用试验结果来确定混凝土材料特性参数的方法；2002年，徐建波等人对球形膨胀近似理论的结果和侵彻经验公式预估的结果进行了比较，进一步证明了球形空腔膨胀理论中，靶体应作为可压缩材料处理；2003年，吴祥云等人将弹体侵彻混凝土时的靶体阻力按照Poncelet阻力定律分为3部分，即静阻力、黏性阻力和运动阻力，通过经验方法确定侵彻阻力与侵彻深度方程中的常数，计算结果与试验相符；2006年，高世桥等人在考虑混凝土材料行为，空腔膨胀理论和应力波理论的基础上，引入极限密度模型和改进的Holmquist－Johnson模型，得到了弹体（弹重3.777 kg，弹长0.2 m，弹体直径为0.062 m，最高着靶速度为763 m/s）侵彻混凝土靶的法向膨胀理论；2008年、2009年，李志康、黄风雷等人在混凝土材料空腔膨胀理论方面进行了研究，对混凝土材料采用线性简化的HJC三段式状态方程来描述混凝土材料的压力－体积应变关系，并采用考虑拉伸破坏和剪切饱和的Mohr－Coulomb屈服准则描述混凝土材料的强度特征，给出混凝土材料的动态球形空腔膨胀理论。

2. 试验与经验公式法

试验研究是发现新的科学问题的十分必要的手段，研究成果最具有说服力，同时也能有效指导理论分析与数值仿真的研究方向。毋庸置疑，试验与经验公式法以试验为基础研究侵彻问题，通过多次动能弹侵彻试验，获取大量试验数据，并对试验数据进行分析，建立计算弹体的预估分析方法。国外早期研究弹体侵彻问题主要有两大学派：SNL（美国桑地亚国家实验室）和WES（美国陆军水道试验站）。SNL通过试验得到弹体对岩石和混凝土的最大侵彻深度经验公式（Young 公式）；WES 在侵彻岩石的基础上，归纳出弹体侵彻公式，随后又提出了可用于混凝土侵彻问题的改进型侵入公式（Bernard 公式）。2006 年，Forrestal 和 Frew 等人使用单通道加速度计（Single - Channel Acceleration Data Recorder）记录了弹体侵彻加速度历程曲线，验证侵彻理论模型的有效性，结果如图 6.3 所示。

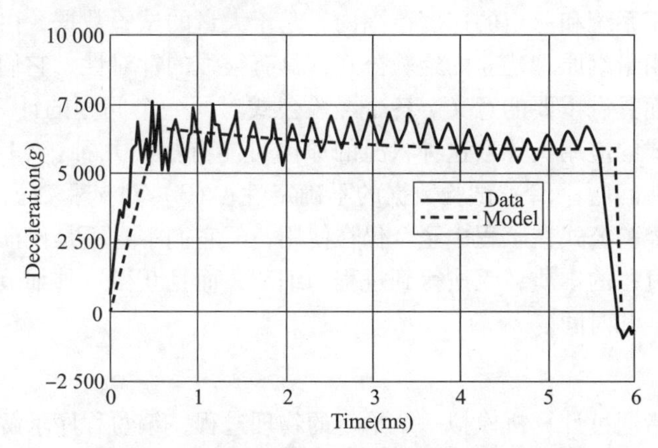

图 6.3 实测侵彻混凝土加速度与理论模型结果

国内对于侵地武器的试验研究工作相对落后，起步于 20 世纪 90 年代，但试验研究手段与国外试验研究方法无异。2001 年，北京理工大学蒋建伟等人采用火炮发射动能弹（弹直径为 50 mm，长 302 mm）对土壤和混凝土复合介质进行垂直侵彻试验，弹体着靶速度为 400 ~ 600 m/s，测得了动能弹的侵彻加速度时间历程曲线，进而对弹靶作用机理和侵彻规律进行了分析。2003 年，西北核技术研究所初哲等人采用 85 mm 滑膛炮作为发射装置，以 670 m/s 的着速撞击强度为 30 MPa 的混凝土靶板，弹内测试存储装置记录了侵彻加速度 - 时间历程曲线，所得最大过载约为 23 000 g，侵彻时间约为 5 ms。

在硬目标侵彻的早期研究中，描述侵深与动能弹初速及其他参数的关系一般采用经验公式。基于大量试验，前人得出了许多描述动能弹侵彻或贯穿混凝土的经验公式，下面简要地介绍这些侵彻经验公式。

1）Poncelet 公式

该公式由 J. V. Poncelet 于 1829 年提出，假定侵彻阻力由静抗力和动抗力组成，同时假定介质均匀，动能弹在介质内做直线运动，不考虑动能弹的旋转。

2）派洛第公式

派洛第公式的系数是由日本人经试验得到的，其最大侵彻深度与动能弹质量、动能弹直径、动能弹着速以及目标性质系数有关。

3）别列赞公式

别列赞公式是俄国于 1912 年在别列赞岛上进行大量射击试验后总结出的经验公式，由于公式比较简单，公式的系数在实际中又得到了修正，比较符合实际情况，因而得到较为广泛的应用。

4）NDRC 公式

1946 年，NDRC 提出了一种与试验结果非常吻合的不变形弹体侵彻理论，利用该理论不仅能计算侵彻深度，还能计算撞击历程中的力 - 时间、侵彻深底 - 时间等关系。

5）WES 公式

1977 年，根据混凝土和岩石的垂直侵彻试验结果，Bernard 提出了侵彻硬靶的经验公式，该公式考虑目标松散密度、岩石的无侧限抗压强度和岩石的质量百分数。

从以上对侵彻经验公式的介绍可见，每个经验公式的产生都是在特定的试验条件下获得的。在特定的弹 - 靶系统和一定的速度范围内，基于大量的试验数据，由试验数据回归、假设的阻力形式和应用量纲原理建立的经验公式，具有很强的针对性，它们在解决特定问题或指导进一步试验方面具有重要的意义。各个经验公式对同一个问题的计算结果也各不相同，这就限制了经验公式的应用。导致这种状况的原因可能有如下几种：（1）量纲问题，有些经验公式的量纲存在问题；（2）试验数据的不确定性；（3）对试验数据采用了不同的分析方法。尽管有许多经验公式在工程中至今仍在使用，但它们本身不是侵彻问题的答案。因为它们难以解释侵彻过程的本质，无法得到过程的细节，而且获得这种细节需要大量的昂贵试验，耗费大量的资金和时间。

3. 数值仿真法

数值仿真法是指通过计算机模拟一个给定的物理过程，编写程序求解数学物理方程的过程，该方法能够对整个过程进行全面的分析，找出各种变量的影响程度，以及选择不同参数进行计算，达到扩展试验数据的目的。因此，对高速冲击碰撞过程进行数值计算，会极大地帮助研究人员认识试验中出现的各种物理现象，验证对弹体撞击靶板材料所提出的各种假设，排除试验研究的不确定性，完成难以通过试验实现的物理过程计算，并获得十分详细的数据信息。相比于试验方法和理论解析方法，数值仿真法可以获得更为完整的物理过程，获取更多的物理量，因此在分析问题、预测、验证试验结果等方面都起到了很重要的作用。

动能弹体侵彻混凝土的试验研究成本非常高，因此数值模拟方法的优势十分明显。随着计算机软/硬件技术的高速发展，很多功能强大且日益完善的商用软件的使用率逐渐提高（如 LS - DYNA、AUTODYN 等）。1993 年，Holmquist、Johnson 和 Cook 等人在 EPIC - 3 混凝土本构模型的基础上，将材料的损伤和应变率效应引入其中，提出了适用于大变形、高应变率和高压力的混凝土本构模型，对 1992 年 Hanchak 等人的混凝土贯穿有限厚度混凝土靶板试验进行数值模拟，计算结果与试验结果吻合很好。1998 年，Johnson 等人用 HJC 本构模型模拟弹体侵彻半无限混凝土也得到了较好的结果。2001 年、2002 年，张凤国等人引入了混凝土断裂后重新受压的计算模型，改进了 HJC 本构模型，成功地模拟了弹体贯穿混凝土靶板过程的成坑与层裂现象。

6.4 基于高速侵彻的有限元分析方法与实例

随着有限元技术的较快发展，其仿真模拟多约束、大变形的复杂结构非线性动力学问题的能力越来越强，但是并不是能够处理任何复杂问题，也并不是模型建立越细致就越能反映真实系统。在已有的理论和计算技术的支持下，有时复杂模型导致的系统误差可能夸大局部结构的响应。另一方面，复杂模型虽然能够小程度地提高计算精度，但是会使计算的工作量变大，也会增加分析计算的复杂性。因此，在保证工程精度的前提下，适当地简化结构能简化分析计算，这是建立仿真模型的基本原则。

本案例主要进行实验弹以 900 m/s 的速度垂直侵彻抗拉强度为 20 MPa 的素混凝土靶板

的过程的数值模拟。采用 HyperMesh 进行模型的前处理，以 LS－DYNA 进行模型求解，LS－PrePost 进行计算结果的后处理。因为实验弹为轴对称结构，为了节省计算资源，采用四分之一模型进行分析。本案例所采用的单位制为 cm－g－μs。

初始条件：实验弹初速度为 900 m/s，沿靶板法阵方向，限定实验弹和混凝土靶板的初始应力和初始应变均为 0，只考虑实验弹的垂直侵彻，即攻角为 0°。

6.4.1　实验弹的三维物理模型简介

实验弹四分之一模型如图 6.4 所示，主要包括弹壳、炸药、传感器、聚氨酯、引信壳体、弹体后盖等部件。大概参数见表 6.1。

图 6.4　实验弹四分之一模型

表 6.1　参数

序号	参数名称	缩比弹
1	弹长/直径	72.8 cm/14 cm
2	质量	48.65 kg
3	靶板尺寸	R105 cm×100 cm
4	冲击速度	900 m/s

6.4.2　软件的选择

本章分析中采用 Altair HyperMesh 进行有限元模型的前处理，采用 LS－DYNA 作为求解器，采用 LS－PrePost 作为后处理软件。

1. 有限元模型的前处理

Altair HyperMesh 是一个高性能的通用有限元前、后处理器，支持在交互及可视化的环境下分析设计方案性能。其高级的建模功能，如丰富的网格控制和模型管理功能、网格变形工具、变厚度几何模型中的面自动化抽取功能等，能帮助用户高效处理复杂的几何和网格模型；增强的实体四面体网格划分和六面体网格划分功能降低了模型交互式控制的次数；网格批处理功能将人工几何清理和模型控制工作量降至最低。

2. 有限元分析程序

LS－DYNA 是一个显式非线性动力分析通用有限元程序，可以快速求解各种二维和三维非弹性结构的高速碰撞、爆炸和模压等短时间、大变形的动态问题，以及大变形准静态问题和复杂的多重非线性接触碰撞问题。它有众多的单元类型和材料模型，各类单元又有多种理论算法可供用户选择，并且提供了丰富易用的各种接触分析功能，具有强大的分析计算能力。对于庞大的计算模型，LS－DYNA 软件生成的结果文件是相当巨大的，如对于节点数为十万多个的模型，计算结果的一个记录点文件就比较大。大量结果文件使程序的读入和数据处理成为一件相当费时的工作，而且需要占用大量的内存和 CPU 时间。因此，选用快捷、功能强大的后处理软件也很重要。

3. 后处理软件

后处理软件 LS – PrePost 可为结果提供高质量的彩色云图以及动画，可以读取绘制侵彻过程中输出的包含接触界面力信息的二进制文件。指定信息可以在多个窗口中查询、显示或根据查询信息绘制曲线图。

6.4.3 有限元模型的建立

6.4.3.1 网格的剖分

有限元模型网格数量的多少将影响计算结果的精度和计算规模的大小，一般来讲，网格数量增加，计算精度会有所提高，但同时计算量也会增加，所以在确定网格数量时要两个因素综合考虑。在建立实验弹与混凝土靶板的侵彻有限元模型时，重点考虑以下几个方面的因素：

（1）在允许的范围内，忽略各结构上的倒角、退刀槽等对系统响应影响较小的微小特征，以减轻网格划分的负担。

（2）由于弹体运动速度较高，弹体与靶板作用的时间比较短，在靶板中只有在大约为两倍弹径的范围内具有较高的应力应变水平。超过两倍弹体直径范围的靶板材料对侵彻过程的影响不大，在划分靶板单元时对靶板的中心部分进行密集的网格剖分，使远离中心部分的网格比较稀疏，这样可以在不影响计算精度的条件下减小计算规模。

本书基于大型有限元计算平台 Altair Hyperworks 下的 HyperMesh，进行各部件单元的剖分，全部采用六面体进行划分，以弹壳为例进行网格剖分的过程讲解。

弹壳四分之一模型如图 6.5 所示，对其进行 8 节点六面体网格剖分。

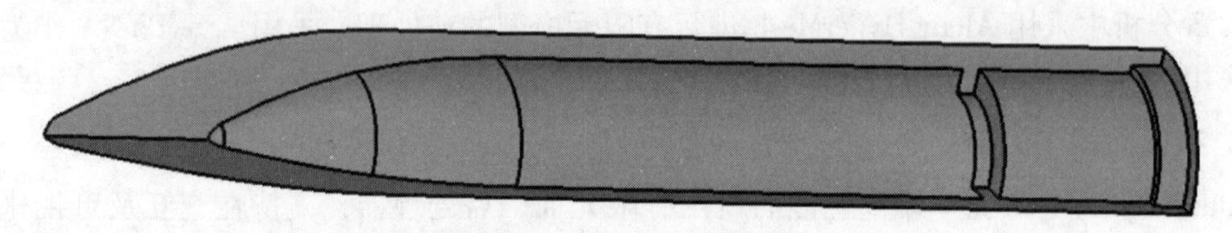

图 6.5　弹壳四分之一模型

选择“Geom”→“line”面板（如图 6.6 所示），通过圆心和半径创建图 6.8 所示的切割圆，然后在“Geom”→“solid edit”面板（如图 6.7 所示）中选择“trim with lines”形式进行弹壳的实体切割，选用“with sweep lines”方式进行，切割完成后的实体如图 6.8 所示。

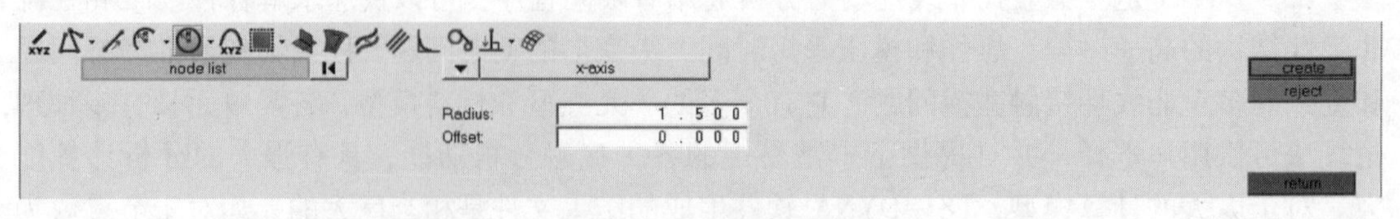

图 6.6　创建线面板

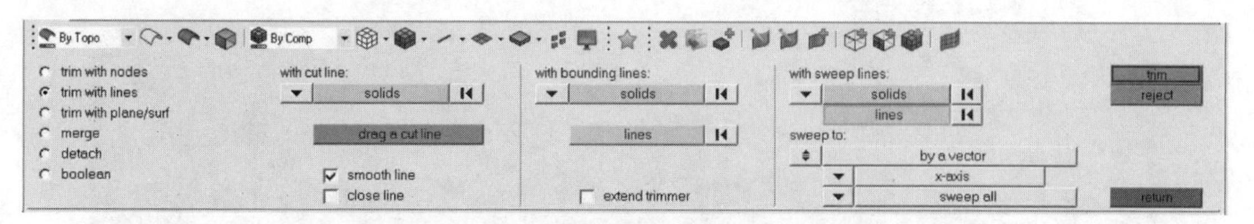

图 6. 7　实体编辑面板

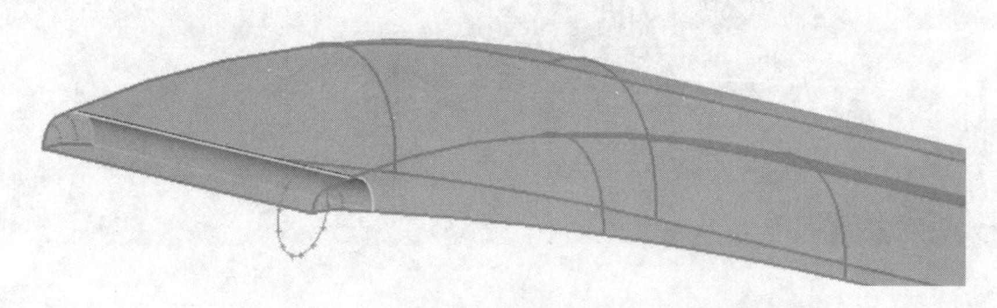

图 6. 8　创建完成的切割圆和切割完成后的实体

完成实体切割之后进行网格的剖分，进入“2D”→“automesh”面板（快捷键为 F12），如图 6. 9 所示，选择图 6. 10 所示的面，采用四边形进行二维单元剖分，设置单元尺寸为 0. 2。

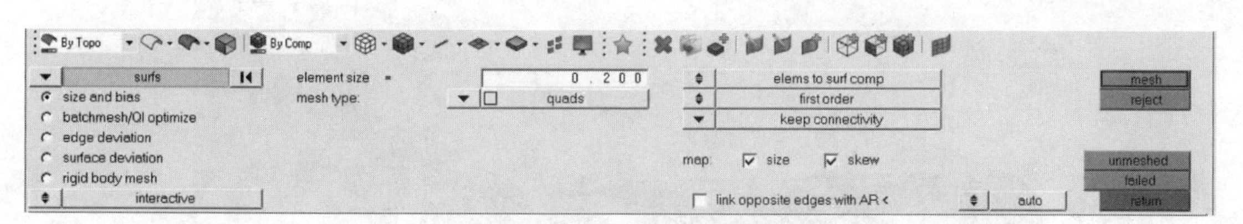

图 6. 9　“automesh”面板

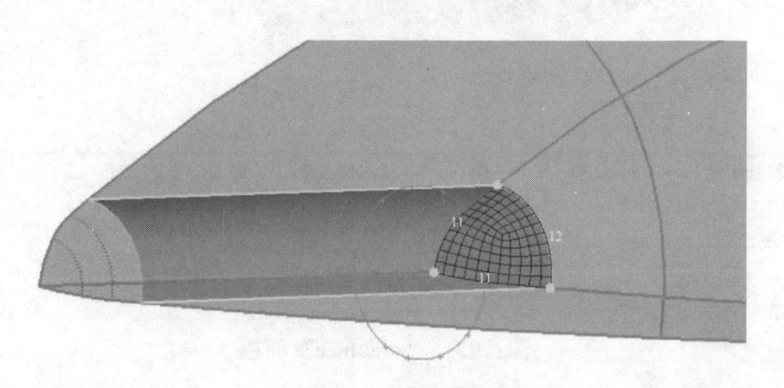

图 6. 10　二维单元剖分

基于已经完成的四边形单元，将其拉伸成为六面体单元，进入“3D”→“solid map”面板，选择“general”方式进行拉伸，具体设置如图 6. 11 所示，单击“mesh”按钮之后生成六面体单元，如图 6. 12 所示。此时六面体单元全部在名称为“solid map”的 component 之中，为了便于管理，将单元通过 organize 命令转移到弹壳所在的 component 中，面板如图 6. 13 所示。

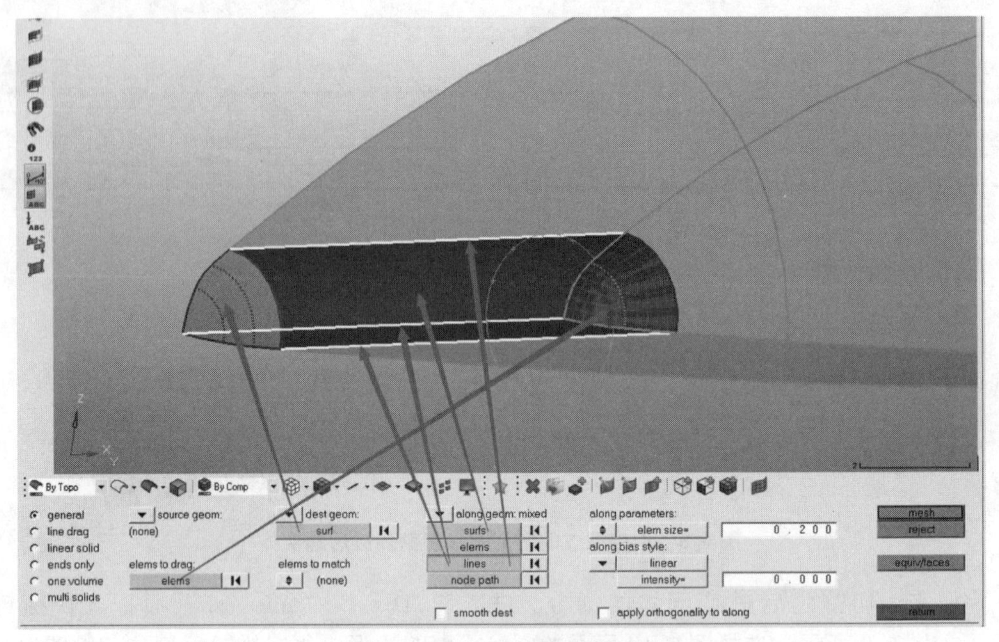

图 6. 11　六面体网格的生成

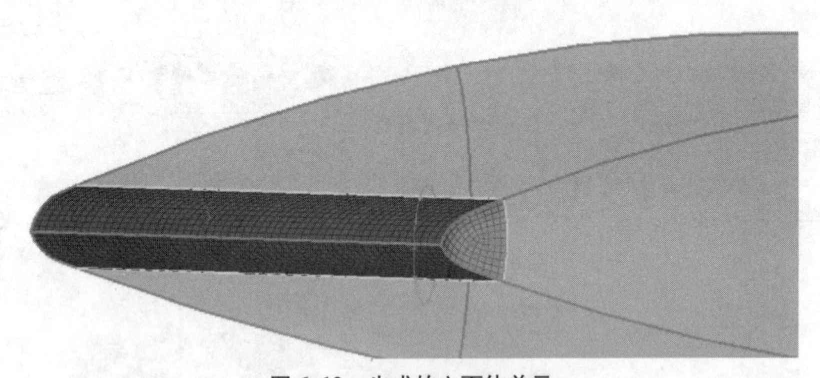

图 6. 12　生成的六面体单元

图 6. 13　“organize”面板

将弹壳的台阶部位进行面切割，进入“quick edit”面板（快捷键为 F11），如图 6. 14 所示，通过“split surf – line”形式进行面的切割，切割完成后如图 6. 15 所示。

split surf-node:	node	node		adjust/set density:	line(s)	line(s)	reject
split surf-line:	node	line		replace point:	point(s)	retain	
washer split:	line(s)	offset value:	0.100	add/remove point:	point(s)		
unsplit surf:	line(s)			add point on line:	line(s)	no. of points:	1
toggle edge:	line(s)	tolerance:	1e-08	release point:	point(s)		
filler surf:	line(s)	suppress edges		project point:	point(s)	line	
delete surf:	surf(s)			trim-intersect:	node	node	return

图 6. 14　quick edit 面板

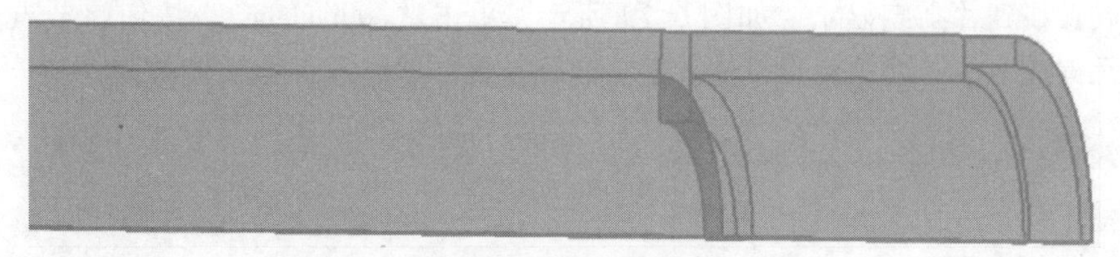

图6.15　切割后的面

对界面进行四边形单元划分，如图6.16所示，注意弹头与已经完成的实体单元相连接的部位要保证节点一致，这样才能保证结构的连续性。

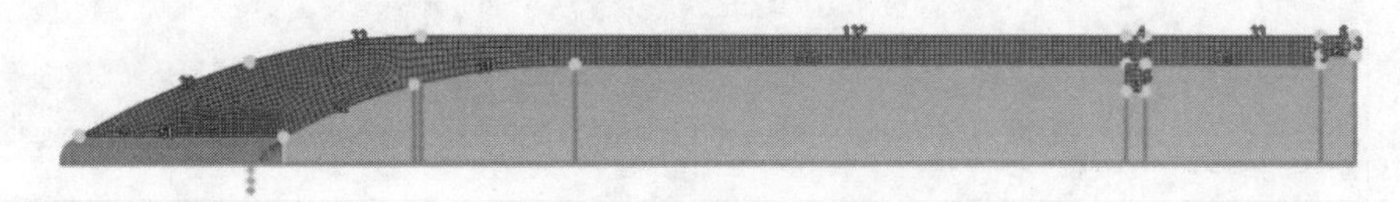

图6.16　剖分的四边形单元

进入“3D”→“spin”面板，如图6.17所示，选择“spin element”形式，通过绕圆柱轴线旋转90°的形式建立六面体单元，注意分布节点数应与弹头完成的实体单元节点一致，生成的六面体单元如图6.18所示。

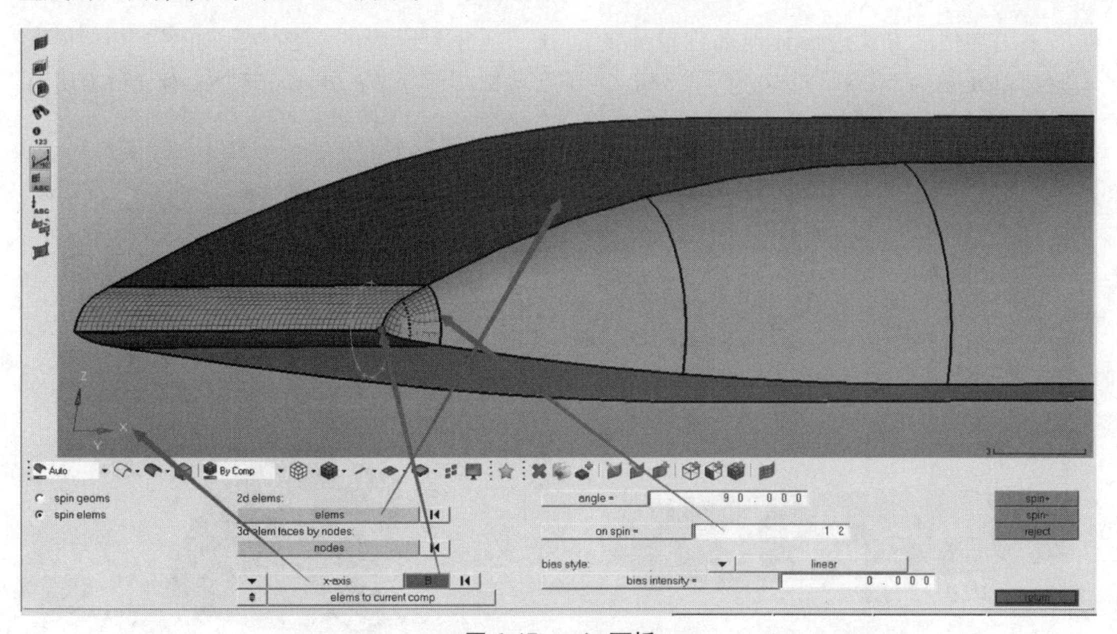

图6.17　spin面板

图6.18　旋转生成的实体单元

单元划分完成之后要进行节点合并，进入“tool”→“edges”面板（快捷键为“Shift + F3”），“elems”选择所有的弹壳单元，单击“preview equv”按钮之后可以看到距离在0.01

之内的节点被找到并高亮显示，如图 6. 19 所示，单击“equivalence”按钮将节点合并，此时所有单元构成一个连续的弹壳整体。然后将面单元删除，只保留实体单元。

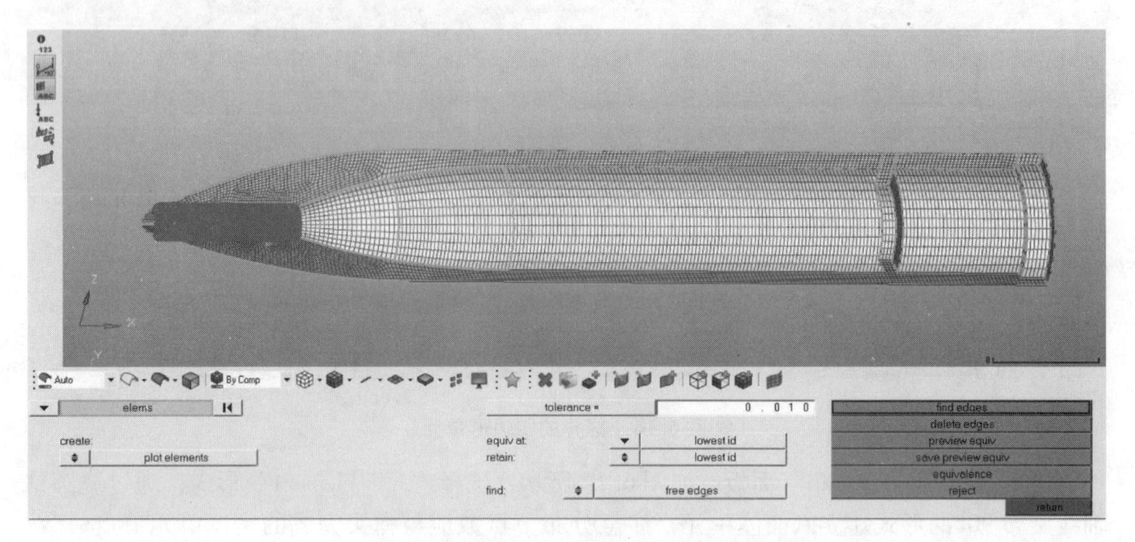

图 6. 19 “edges”面板进行节点合并

采用类似的方法进行其他部件单元的剖分，剖分完成后的部件单元如图 6. 20 所示。实验弹单元数为 65 313 个，有 78 350 个节点。靶板单元为 144 256 个，有 153 078 个节点。

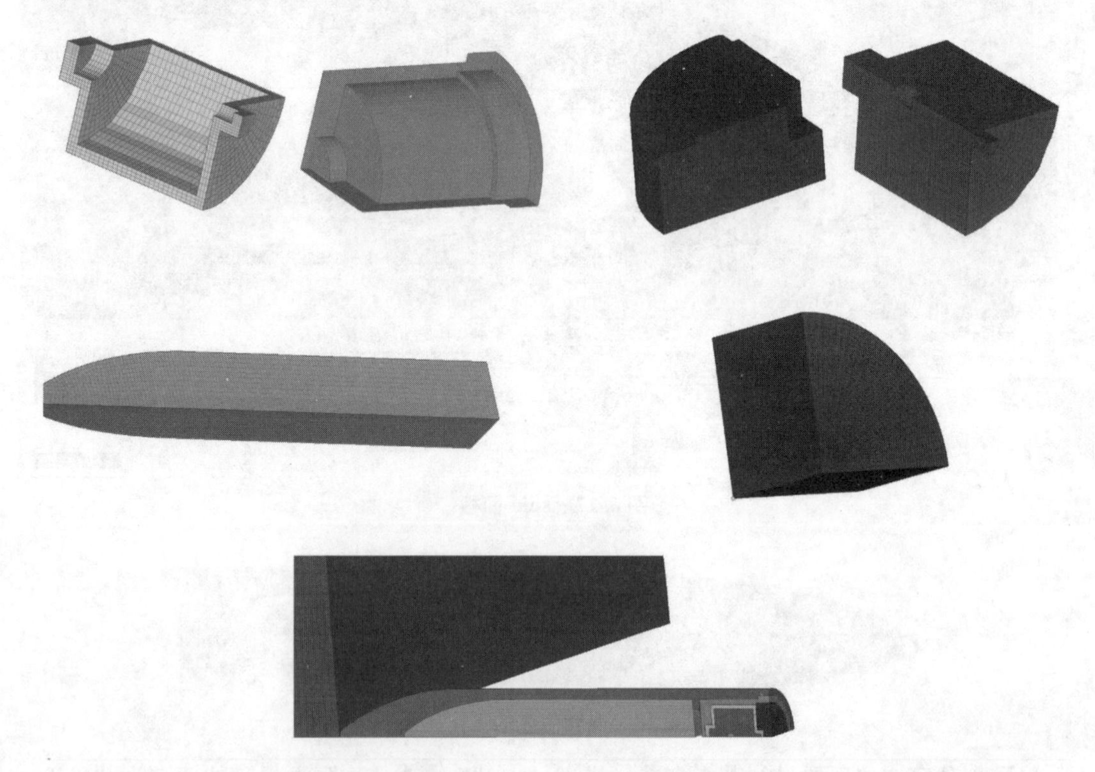

图 6. 20 各个部件的网格（部件依次为铝壳、弹壁、底托、聚氨酯、炸药和靶板，及装配体）

6.4.3.2 材料与单元属性设置

常用按钮如图6.21所示。

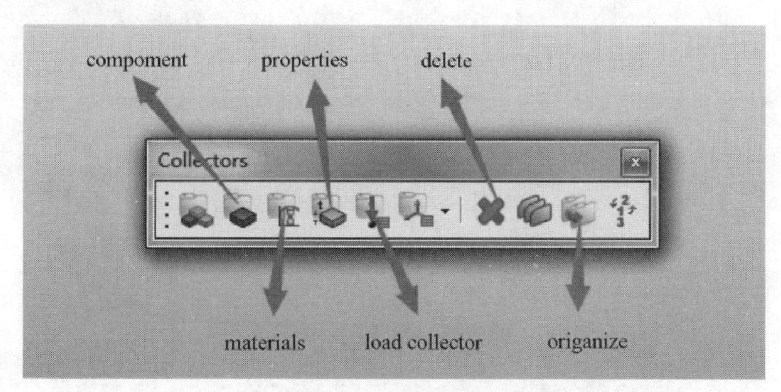

图6.21 常用按钮

1. 材料属性

进入“materials”面板创建材料，如图6.22所示，单击“create/edit”按钮之后进入材料参数设置页，如图6.23所示。

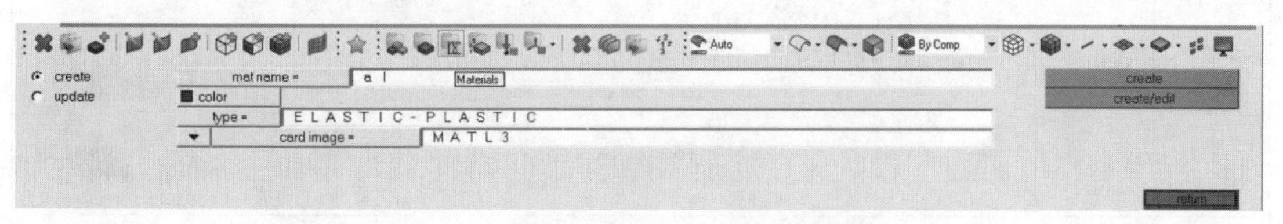

图6.22 进入“materials”面板创建材料

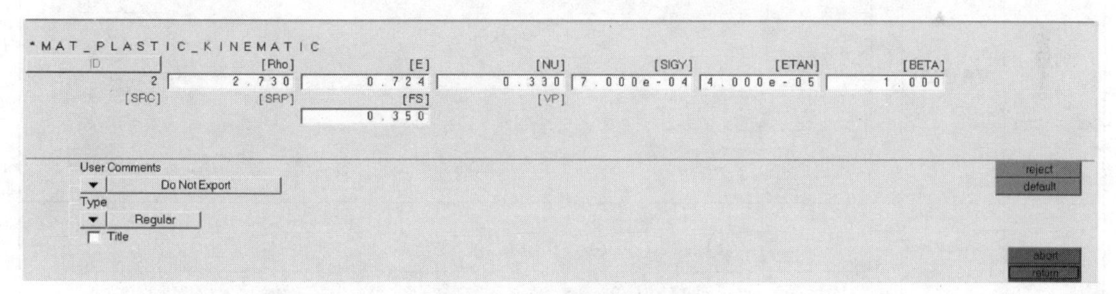

图6.23 材料参数设置页

重复以上步骤，建立模型中涉及的材料并设置对应的材料参数，见表6.2。

表6.2 材料参数

名称	属性	参数
聚氨酯材料	MATL1	*MAT_ELASTIC ID 3 [Rho] 0.743 [E] 0.724 [Nu] 0.330 [DA] [DB] [K] User Comments: Do Not Export Type: Regular Fluid_Option Title

续表

名称	属性	参数
炸药材料	MATL3	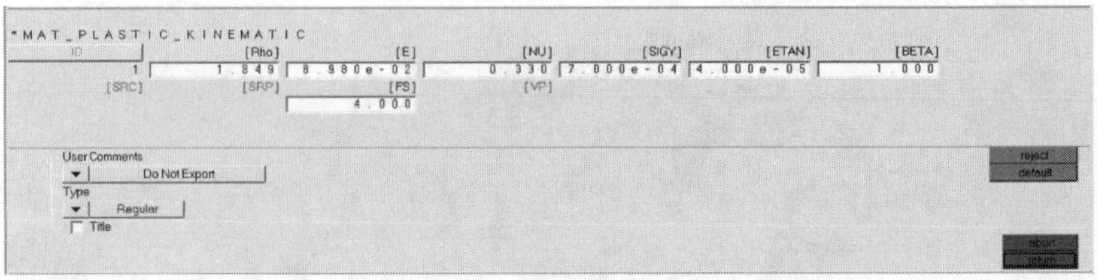 *MAT_PLASTIC_KINEMATIC ID [Rho] [E] [NU] [SIGY] [ETAN] [BETA] 1 1.849 8.980e-02 0.330 7.000e-04 4.000e-05 1.000 [SRC] [SRP] [FS] [VP] 4.000 User Comments Do Not Export Type Regular Title reject default abort return
铝	MATL3	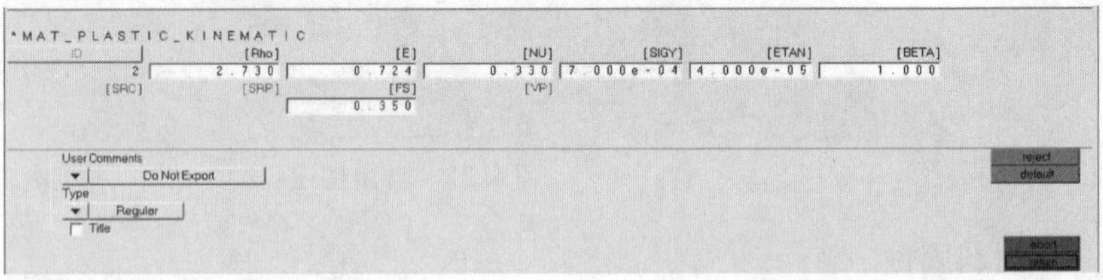 *MAT_PLASTIC_KINEMATIC ID [Rho] [E] [NU] [SIGY] [ETAN] [BETA] 2 2.730 0.724 0.330 7.000e-04 4.000e-05 1.000 [SRC] [SRP] [FS] [VP] 0.350 User Comments Do Not Export Type Regular Title reject default abort return
弹壁材料	MATL3	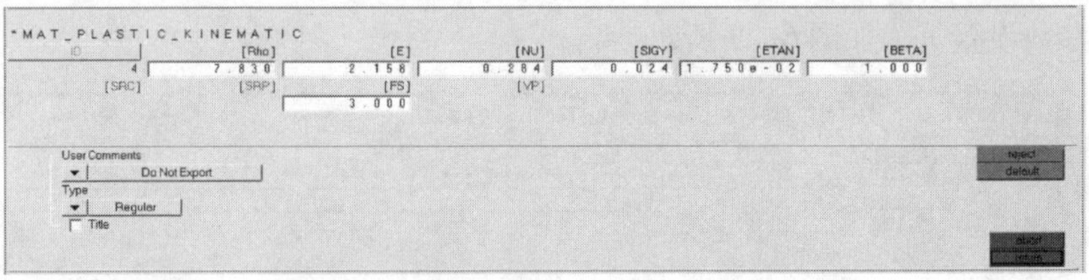 *MAT_PLASTIC_KINEMATIC ID [Rho] [E] [NU] [SIGY] [ETAN] [BETA] 4 7.830 2.158 0.284 0.024 1.750e-02 1.000 [SRC] [SRP] [FS] [VP] 3.000 User Comments Do Not Export Type Regular Title reject default abort return
刚体材料	MATL20	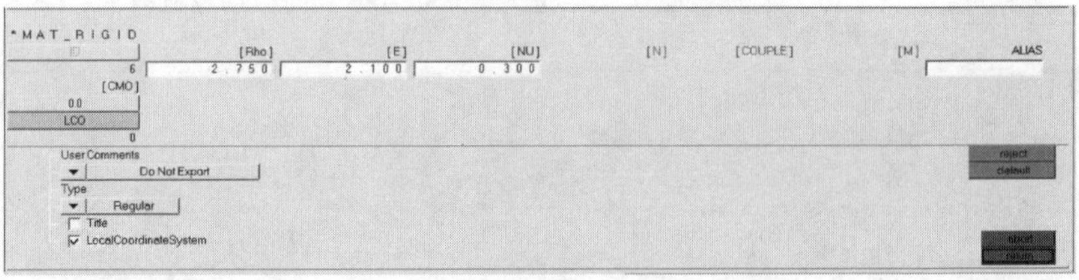 *MAT_RIGID ID [Rho] [E] [NU] [N] [COUPLE] [M] ALIAS 6 2.750 2.100 0.300 [CMO] 0.0 LCO 0 User Comments Do Not Export Type Regular Title LocalCoordinateSystem reject default abort return
靶板材料	MATL111	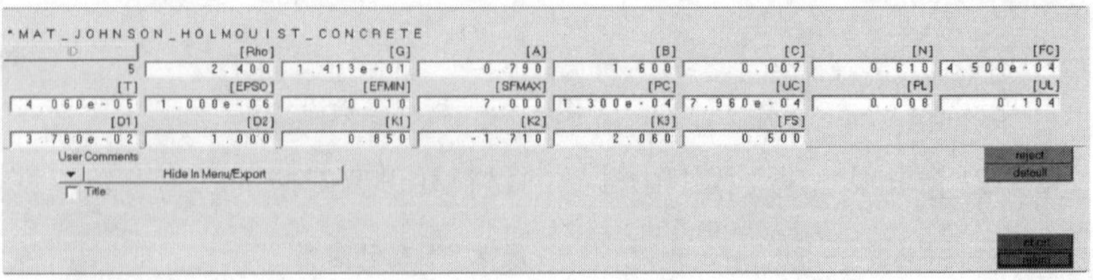 *MAT_JOHNSON_HOLMOUIST_CONCRETE ID [Rho] [G] [A] [B] [C] [N] [FC] 5 2.400 1.413e-01 0.790 1.600 0.007 0.610 4.500e-04 [T] [EPSO] [EFMIN] [SFMAX] [PC] [UC] [PL] [UL] 4.060e-05 1.000e-06 0.010 7.000 1.300e-04 7.960e-04 0.008 0.104 [D1] [D2] [K1] [K2] [K3] [FS] 3.760e-02 1.000 0.850 -1.710 2.060 0.500 User Comments Hide In Menu/Export Title reject default abort return

实验弹的材料参数见表6.3。

表6.3 实验弹的材料参数（单位为cm－g－μs）

密度	屈服强度	抗拉强度	杨氏模量	泊松比	硬化参数	失效应变
7.83	1.41	1.75	2.158	0.284	1.0	3.0

2. 单元属性

进入“properties”面板设置单元属性，如图 6. 24 所示，此模型中全为六面体单元，所以单元属性均为实体单元属性。

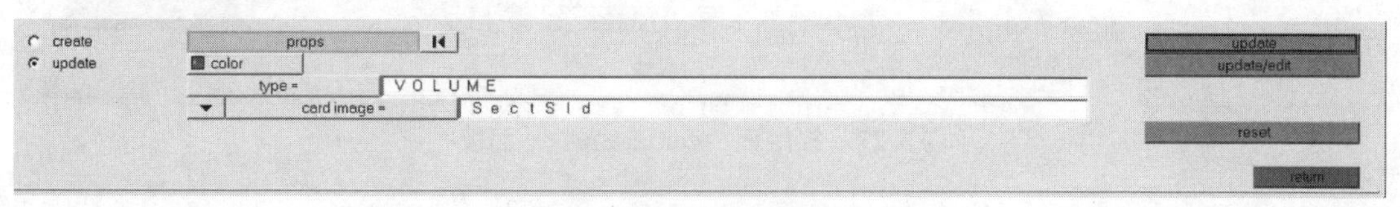

图 6. 24　单元属性定义

3. part 定义

进入“component”面板，进行部件、材料和单元属性的关联设置，定义为 part，如图 6. 25 所示，完成 8 个 component 对应 part 的定义。

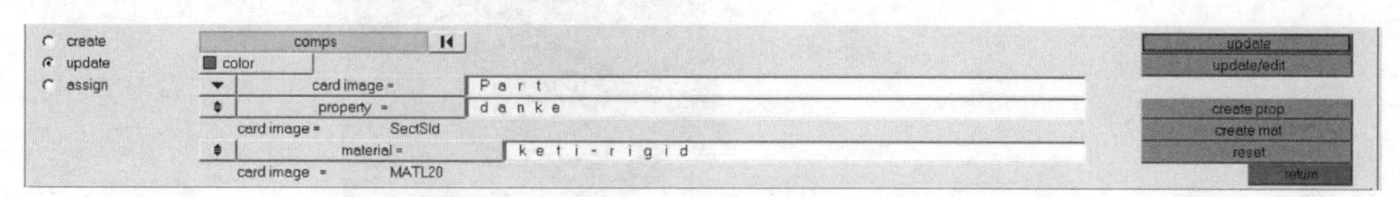

图 6. 25　part 定义

6. 4. 3. 3　连接与接触设置

部件之间的装配关系通过有限元软件中的连接来定义，如螺纹连接、螺栓、胶粘等关系。本案例中因为不考虑连接的失效，所以相邻部件之间均采用刚性连接，以弹壁和底托之间的刚性连接的建立为例子进行详细说明。

底托和弹壁的位置关系如图 6. 26 所示，二者通过螺纹进行连接，此处不考虑螺纹的失效，所以建立二者接触部位的刚性连接，即 tie 连接。

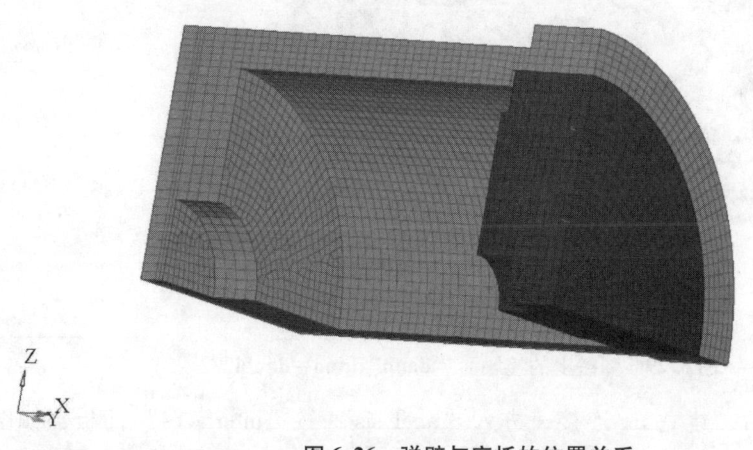

图 6. 26　弹壁与底托的位置关系

首先建立两个接触面，进入“analysis”→“contactsurfs”面板，先建立底托部件上的接触面，选择“solid faces”形式，如图 6. 27 所示，名称为“danbi_dituo - dituo”，“elems”选择底托部件所有单元，“nodes”选择接触面上同一单元内的三个节点，单击“create”按钮，接触面建立完成，如图 6.28 所示。

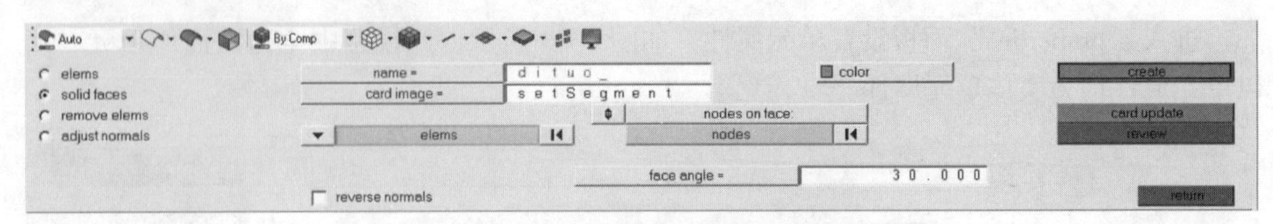

图 6.27　接触面“contactsurfs”面板

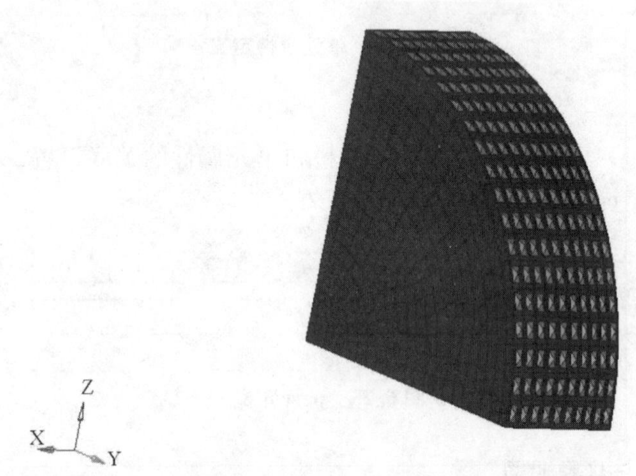

图 6.28　底托上的接触面“danbi_dituo – dituo”

以相同的方法建立弹壁的接触面“danbi_dituo – danbi”，如图 6.29 所示。

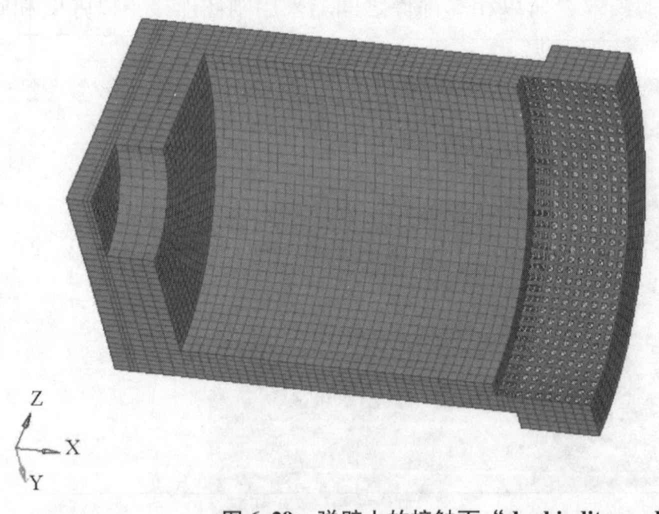

图 6.29　弹壁上的接触面“danbi_dituo – danbi”

接触面建立完成后，建立 tie 连接，进入“analysis”→“interfaces”面板，如图 6.30 所示，连接名称为“danbi_dituo”，类型为“surface to surface”，单击“create/edit”按钮，创建完成并弹出参数设置面板，如图 6.31 所示。选择“Tied”的连接类型，不考虑其失效，所以其他参数不进行设置。然后再回到“interfaces”面板下的“add”功能，如图 6.32 所示，在此添加两个建立的接触面“danbi_dituo – dituo”和“danbi_dituo – danbi”，分别单击

"update" 按钮，可以通过 review 状态检查设置是否正确，如图 6.33 所示。

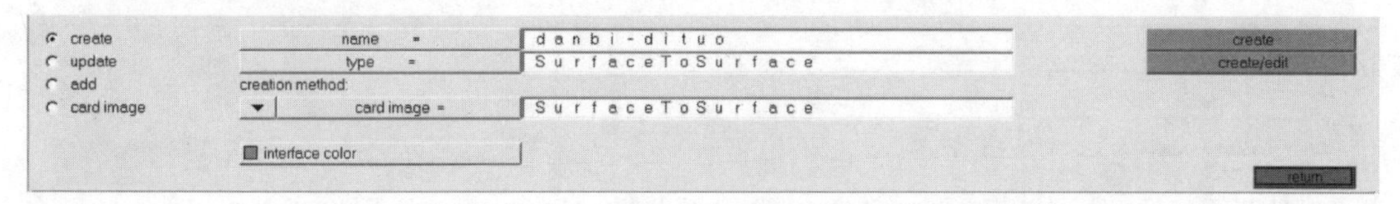

图 6.30　"interfaces" 面板下的 create 功能

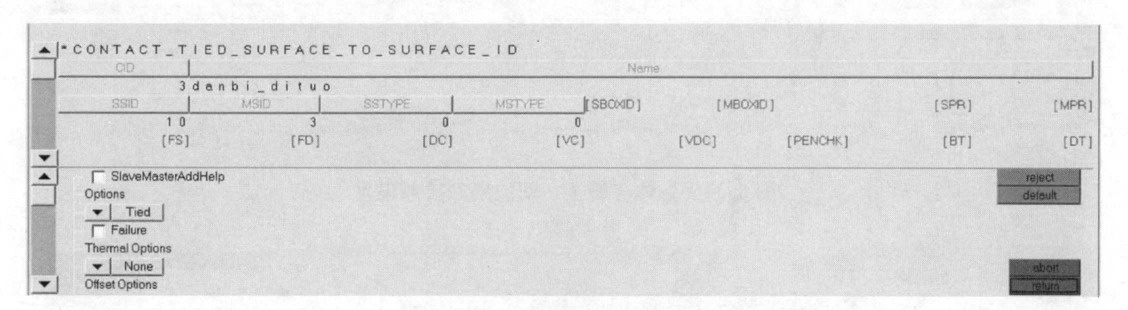

图 6.31　面面接触属性设置

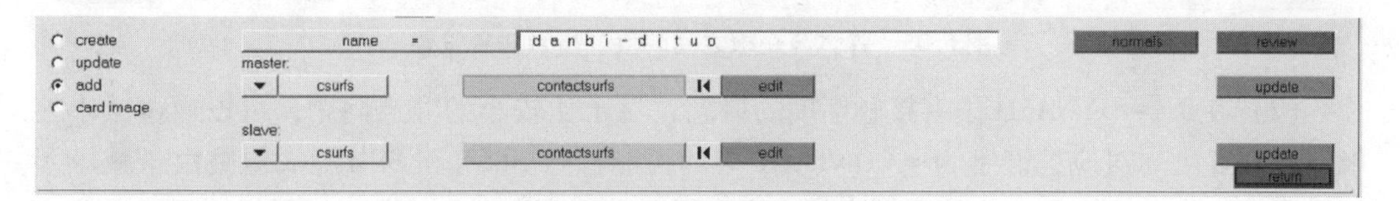

图 6.32　"interfaces" 面板下的 add 功能

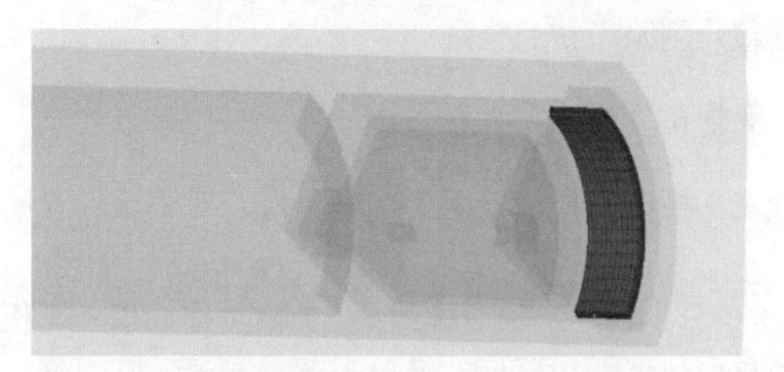

图 6.33　接触面 "danbi_dituo" 的 review 状态

重复以上步骤，完成弹壳与弹壁之间、弹壳与炸药之间、弹壁与铝壳之间、底托与铝壳之间、传感器与聚氨酯之间，以及聚氨酯与铝壳之间的连接。

实验弹与靶板之间的接触为面面侵蚀接触，侵蚀接触的关键字为 CONTACT_ERODING_SURFACE_TO_SURFACE，在此定义弹壳和靶板两个部件之间的接触，不需要进行接触面 "contactsurfs" 的定义。创建完弹体和靶板之间的面面接触之后，属性和参数设置如图 6.34 所示，在添加对象时，选择 "comps" 类型，"master" 选择弹壳，"slave" 选择靶板，如图 6.35 所示。

对于接触中的初始穿透问题，要较好地把握。采用 LS－DYNA3D 求解接触碰撞问题时，要求两物体不能有初始穿透，否则会得到错误结果。对于此问题应该：

（1）在建模过程中避免出现此问题，尽量保持接触对中的接触空隙。

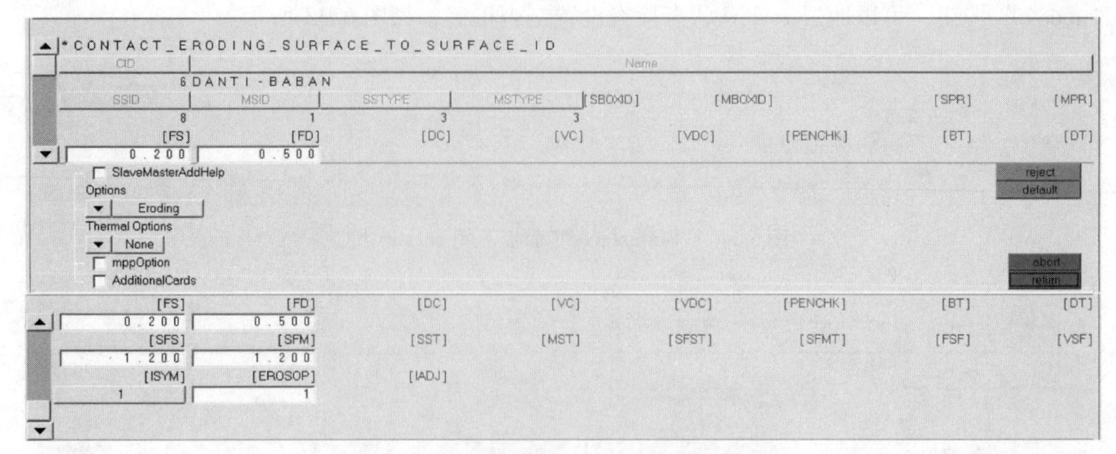

图 6.34　弹体与靶板之间的侵蚀接触设置

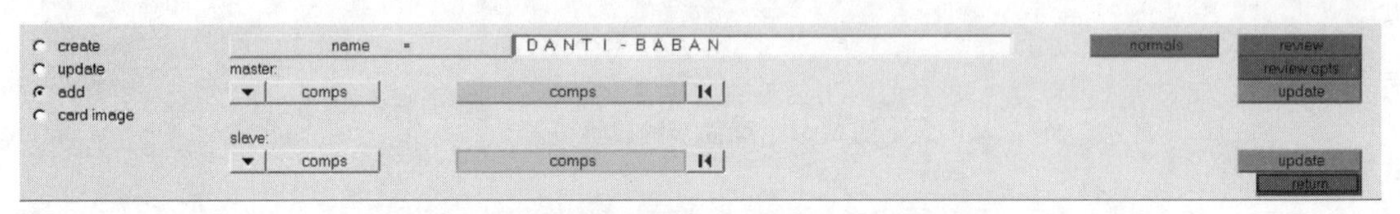

图 6.35　弹体与靶板之间的侵蚀接触对象设置

（2）在 LS-DYNA3D 中有接触厚度的概念，对于比较小的穿透问题，可以通过减小接触厚度来解决（对应关键字为 * CONTACT 中的控制参数 SFST 和 SFMT）。但是由于减小了接触厚度，为保持接触力的稳定，应相应增大罚函数刚度（控制参数为 SFS 和 SFM），此方法只适用于很小的初始穿透。本研究中在网格剖分完成之后，进行了初始穿透的检查，并对存在的初始穿透进行了调整，消除了初始穿透。

6.4.3.4　边界条件和载荷施加

本模型因为采用四分之一模型，要设置两个对称条件，对靶板设置固定约束条件，并对实验弹施加初速度载荷。

建立 4 个 load collector，分别包含 y 轴对称约束、z 轴对称约束、靶板固定约束和实验弹初速度载荷。在模型树的空白位置，用鼠标右键单击“create”→“load collector”按钮，输入名称“symy”“symz”“spc”和“vel”即可，在建立对应载荷的过程中，将对应名称的 load collector 设置为当前，通过鼠标右键选择“make current”选项来实现。

进入“analysis”→“constrains”面板，约束靶板边缘节点的六个自由度，如图 6.36 所示。在“constrains”面板下定义 y 轴的对称约束，即固定 y 轴对称面上节点的 2、4、6 三个自由度，同理定义 z 轴的对称约束，即固定 z 轴对称面上节点的 3、4、5 三个自由度，如图 6.37 所示。

设置实验弹所有节点的初始速度载荷，进入“analysis”→“velocities”面板，节点为实验弹所有节点，速度沿 x 轴负方向，大小为 0.09 cm/μs，“load types”为“initvel”，代表初始速度。如图 6.38 所示，单击“create”按钮完成初速度的创建，设置完成后如图 6.39 所示。

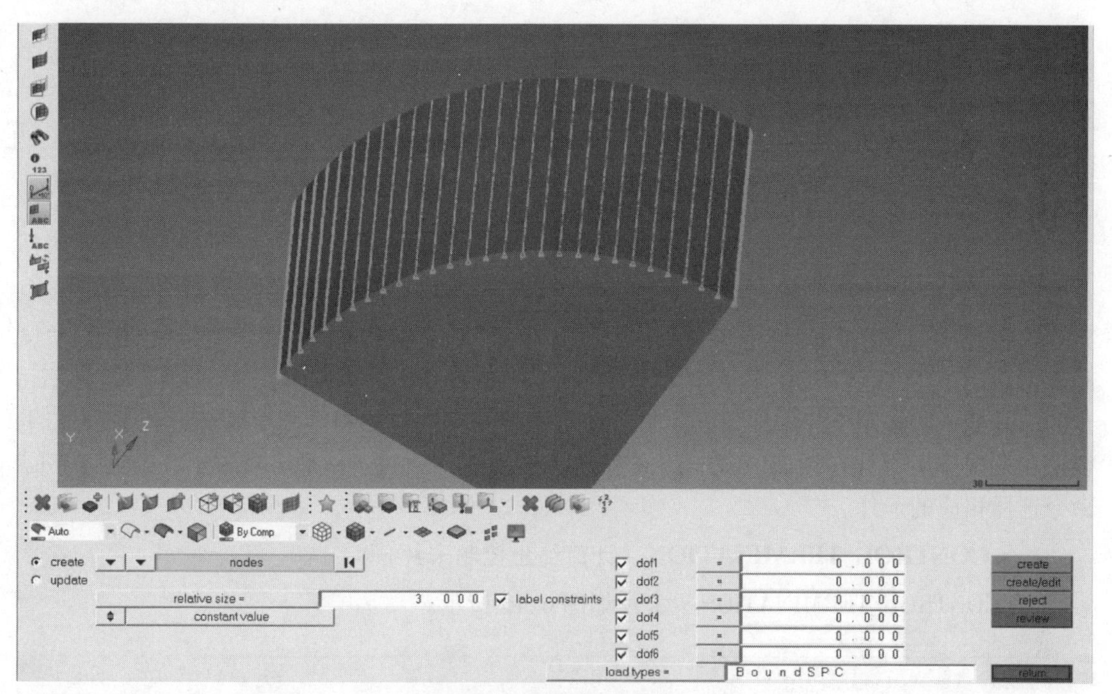

图 6.36　靶板的固定约束

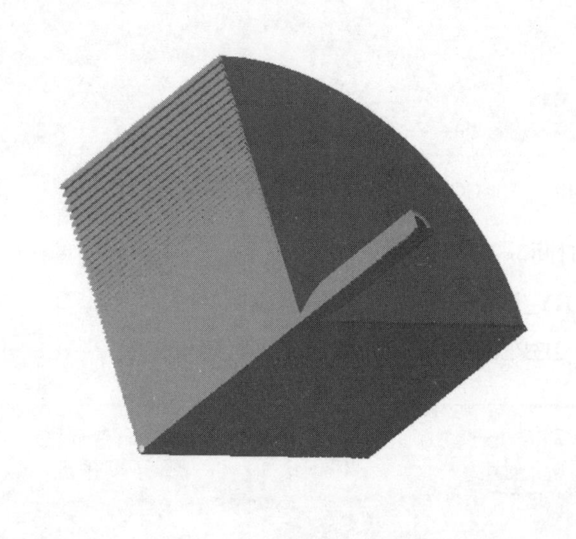

图 6.37　轴对称约束

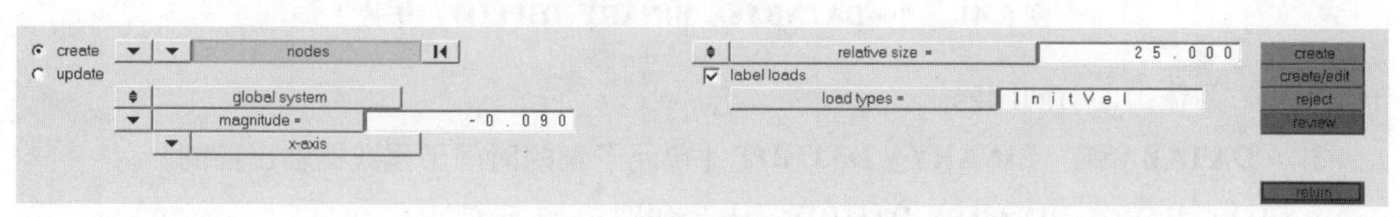

图 6.38　实验弹初速度的设置

图 6.39　实验弹初速度载荷（见彩插）

6.4.3.5　求解设置

求解设置主要是控制卡片的设置，包括求解控制和结果输出控制，其中“ * KEYWORD”“ * CONTROL_TERMINATION”“ * DATABASE_BINARY_D3PLOT”是必不可少的。其他一些控制卡片如沙漏能控制、时间步控制、接触控制等则对计算过程进行控制，以便在发现模型中存在错误时及时终止程序。控制卡片通过“analysis”→“control cards”命令选择相应的卡片。

1. * CONTROL_TERMINATION（计算终止控制卡片）

“ * CONTROL_TERMINATION”卡片如图 6.40 所示。

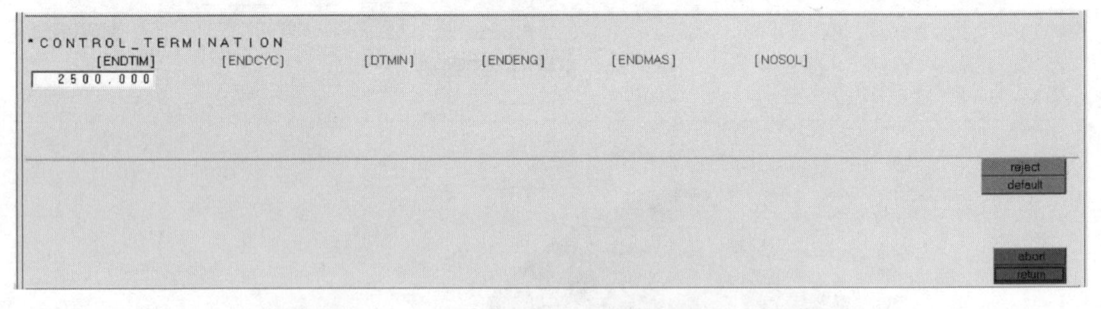

图 6.40　“ * CONTROL_TERMINATION”卡片

“ENDTIM”为强制终止时间。

2. * DATABASE_BINARY_D3PLOT（完全输出控制）

“ * DATABASE_BINARY_D3PLOT”卡片如图 6.41 所示。

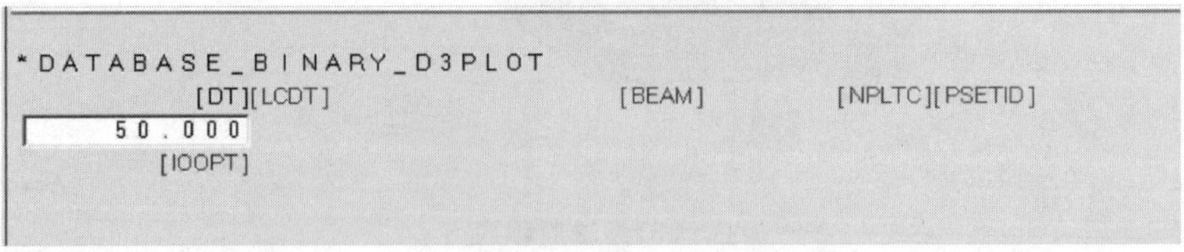

*DATABASE_BINARY_D3PLOT
[DT][LCDT]　[BEAM]　[NPLTC][PSETID]
50.000
[IOOPT]

图 6.41　“ * DATABASE_BINARY_D3PLOT”卡片

“DT”为输出的时间间隔。

3. * DATABASE_ BINARY_ D3THDT（单元子集的时间历程数据输出控制）

“ * DATABASE_ BINARY_ D3THDT”卡片如图 6.42 所示。

“DT”为输出的时间间隔。

*DATABASE_BINARY_D3THDT
[DT][LCDT]
10.000

图 6.42　“DATABASE_BINARY_D3THDT”卡片

4. ＊CONTROL_TIMESTEP（时间步长控制卡片）

“＊CONTROL_TIMESTEP”卡片如图 6.43 所示。

*CONTROL_TIMESTEP
[DTINIT] [TSSFAC] [ISDO] [TSLIMT] [DT2MS][LCTM] [ERODE] [MS1ST]
0.000 0.900

图 6.43　“CONTROL_TIMESTEP”卡片

计算所需时间步长时，要检查所有的单元。出于稳定性原因，用0.9（缺省）来确定最小时间步：$\Delta t = 0.9l/c$，特征长度 l 和波的传播速度 c 都与单元的类型有关。

“DTINIT”为初始时间步长，如为 0.0，由 LS－DYNA 自行决定初始步长。

“TSSFAC”为时间步长缩放系数，用于确定新的时间步长，默认为 0.9，当计算不稳定时，可以减小该值，但同时增加计算时间。

5. ＊CONTROL_CONTACT（接触控制）

“＊CONTROL_CONTACT”卡片如图 6.44 所示。

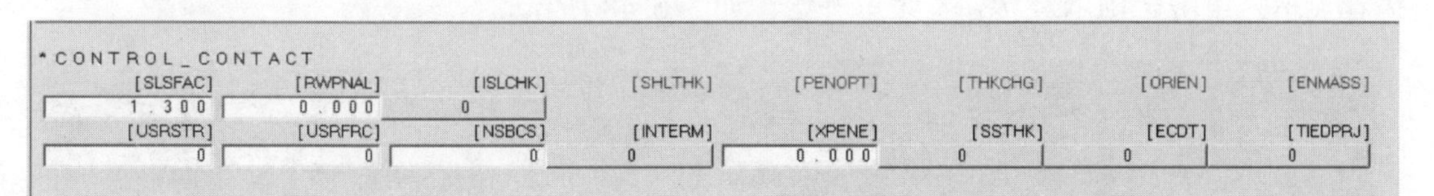

图 6.44　“CONTROL_CONTACT”卡片

“SLSFAC”为滑动接触惩罚系数，默认为 0.1。当发现穿透量过大时，可以调整该参数。

“RWPNAL”为刚体作用于固定刚性墙时，刚性墙罚函数因子系数，其为 0.0 时，不考虑刚体与刚性墙的作用；其大于 0 时，刚体作用于固定的刚性墙，建议选择 1.0。

6. ＊CONTROL_HOURGLASS（沙漏控制）

“＊CONTROL_HOURGLASS”卡片如图 6.45 所示。

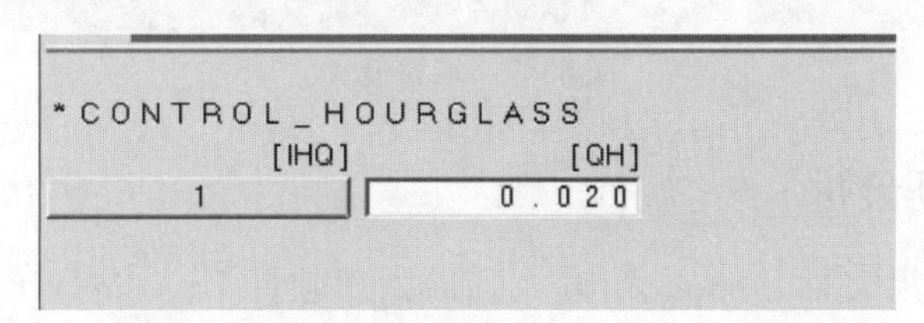

图 6.45　“CONTROL_HOURGLASS”卡片

LS－DYNA 对于全积分单元的最大困难是耗时过多，对于显式积分的每一时步，单元计算的机时占总机时的主要部分。采用节点高斯积分的单元计算可以极大地节省数据存储量和运算次数，但是单点高斯积分时单元变形的沙漏可能丢失，即它对单元应变能的计算没有影响，故又称零能模态，它可能导致在动力响应计算时沙漏模态不受控制，出现计算的数值振荡，从而使计算结果不可靠和不真实。为了避免这种情况的出现，LS－DYNA 程序采用沙漏粘性阻尼算法和人工体积粘性相结合的方法来综合对沙漏进行控制，并将沙漏能的计算纳入计算范围，以保证计算结果的有效性。这里对混凝土靶板中的拉格朗日单元网格进行沙漏控制。

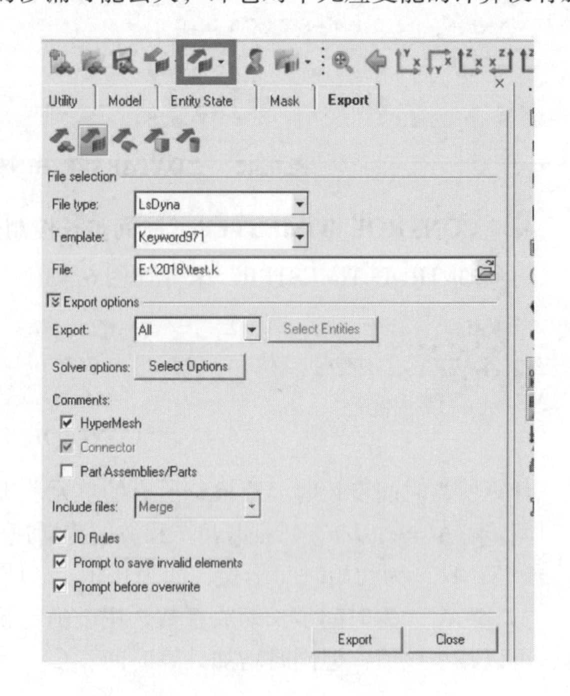

图 6.46　导出求解文件

6.4.4　有限元模型的求解

模型设置完成之后，通过“export”按钮导出求解文件，格式为“＊.k”，用于求解计算，如图 6.46 所示。

将模型文件提交到 ANSYS/LS－DYNA 进行求解，求解设置如图 6.47 所示，可以设定求解的 CPU 数量和提供的内存大小，单击“RUN”按钮，求解开始，如图 6.48 所示。

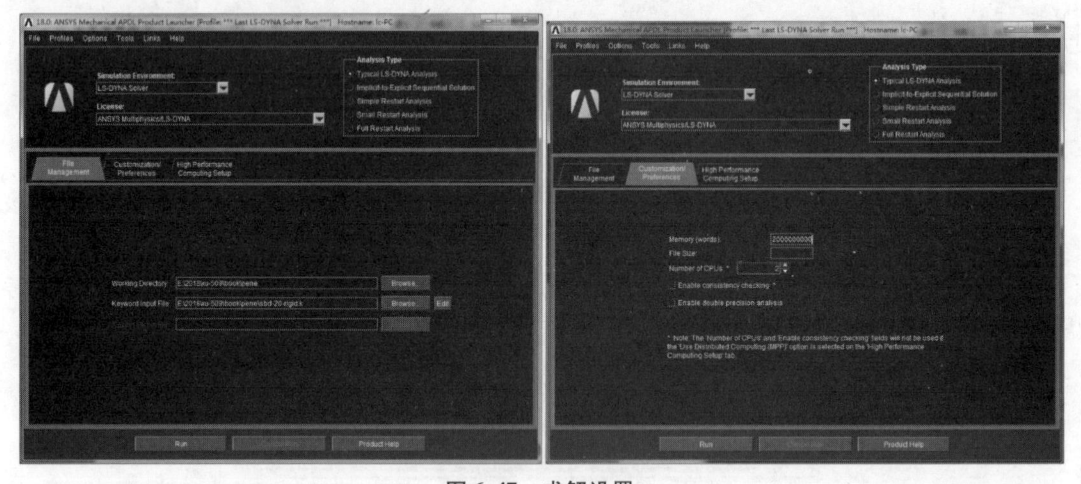

图 6.47　求解设置

6.4.5　后处理分析

将计算完成的结果文件“d3plot”读入到后处理软件 LS－PrePost 中，执行“File”→“open”→“LS－DYNA Binary Plot”命令，选择对应的“d3plot”文件，单击打开，模型如图 6.49 所示。执行“File”→“open”→“time history files”→“D3thdt”命令，将历史输出文件读入模型中。

```
D:\Program Files\ANSYS Inc\v180\CommonFiles\TCL\bin\winx64\wish.exe
 .   Further printing will be suppressed from screen only

Summary of warning messages for interface #    =            1
  number of warning messages                   =         4114

Summary of warning messages for interface #    =            2
  number of warning messages                   =          358

Summary of warning messages for interface #    =            3
  number of warning messages                   =          110

Summary of warning messages for interface #    =            4
  number of warning messages                   =          145

Summary of warning messages for interface #    =            5
  number of warning messages                   =          379
      1 t 0.0000E+00 dt 2.25E-02 flush i/o buffers            05/10/18 14:54:16

      1 t 0.0000E+00 dt 2.25E-02 write d3plot file            05/10/18 14:54:16

cpu time per zone cycle............       1077 nanoseconds
average cpu time per zone cycle....        587 nanoseconds
average clock time per zone cycle..        594 nanoseconds

estimated total cpu time           =     363438 sec (     100 hrs 57 mins)
estimated cpu time to complete     =     363404 sec (     100 hrs 56 mins)
estimated total clock time         =     367738 sec (     102 hrs  8 mins)
estimated clock time to complete   =     367704 sec (     102 hrs  8 mins)
termination time                   = 1.500E+04
```

图 6.48　求解开始窗口

图 6.49　打开的结果

6.4.5.1　动画显示

可以根据侵彻过程的仿真结果观察靶板的破坏过程和破坏形式。利用动画控制面板（如图 6.50 所示），进行计算结果的动画显示，不同时刻的侵彻结果如图 6.51 所示。

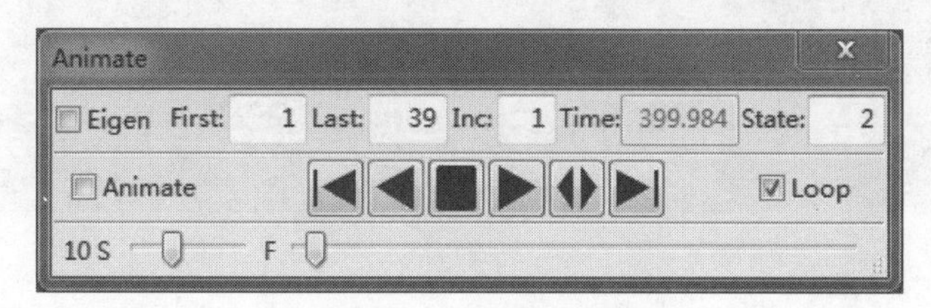

图 6.50　动画控制面板

6.4.5.2　加速度过载提取

如图 6.52 所示，进入“History”面板，提取传感器 part 的沿运动方向即 x 方向的刚体速度时间历程曲线（如图 6.53 所示）和加速度时间历程曲线（如图 6.54 所示），单击“Plot”按钮。

（a）

（b）

（c）

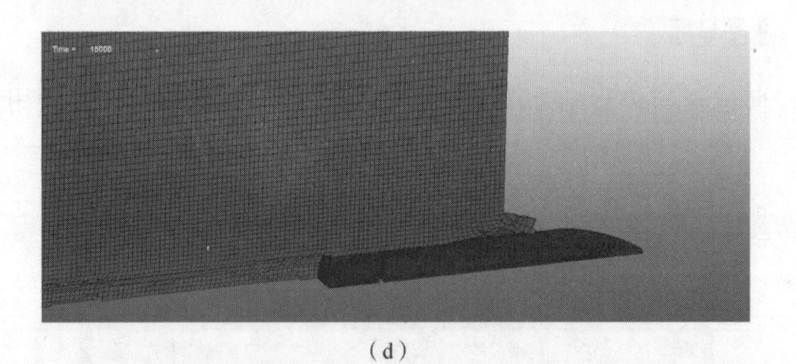

（d）

图 6.51　不同时刻的侵彻结果（见彩插）

（a）时间 $t=400$ ms 时的结果；（b）时间 $t=800$ ms 时的结果；
（c）时间 $t=1\ 600$ ms 时的结果；（d）时间 $t=15\ 000$ ms 时的结果

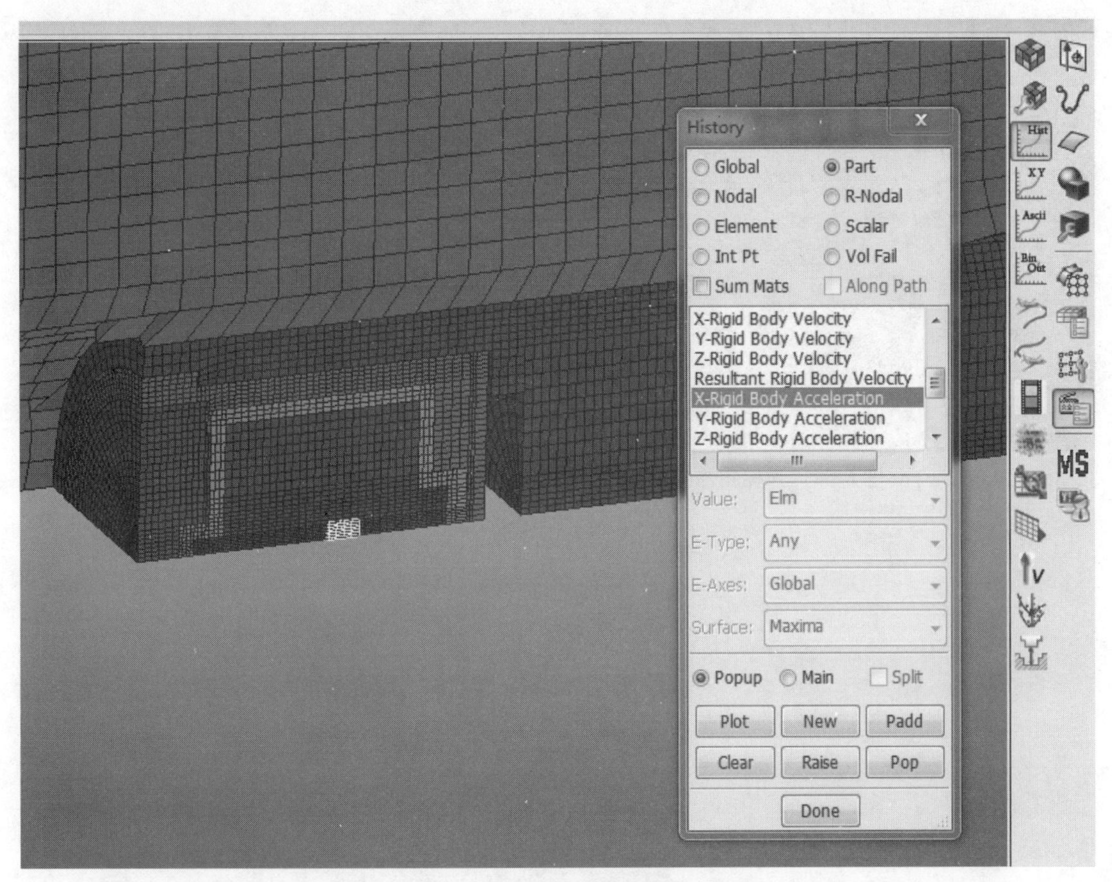

图 6.52　刚体加速度的提取方法

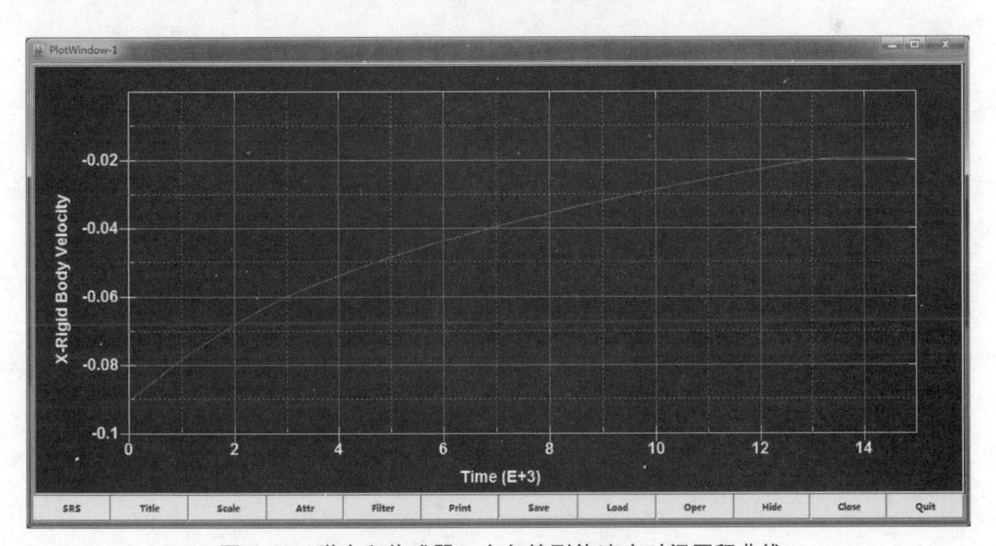

图 6.53　弹壳和传感器 x 方向的刚体速度时间历程曲线

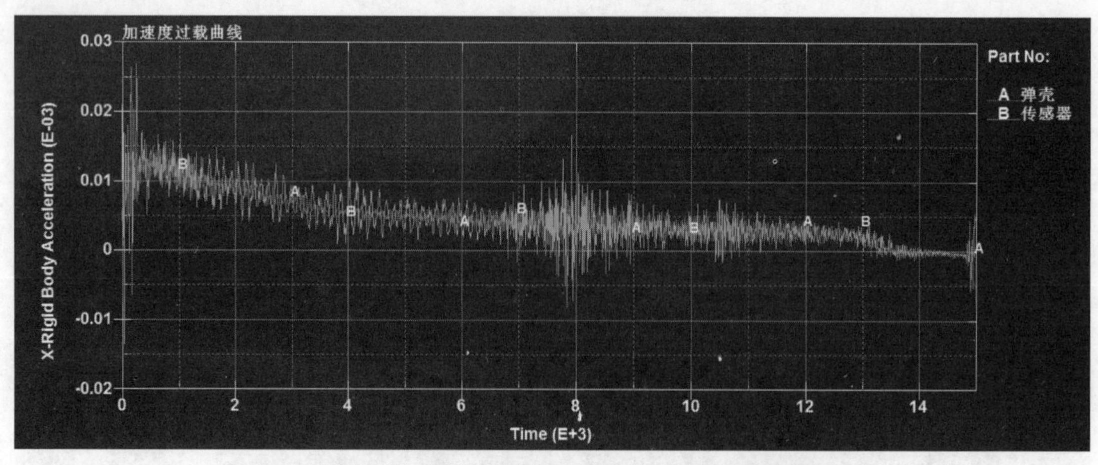

图 6.54　弹壳和传感器 x 方向的加速度时间历程曲线（见彩插）

第7章
武器系统模态分析基础理论与实例

7.1 结构振动动力学特性与模态分析的作用

20世纪80年代中期至20世纪90年代，模态分析在各个工程领域得到普及和深层次应用，在结构性能评价、结构动态修改和动态设计、故障诊断和状态检测以及声控分析等方面的研究异常活跃。例如，上海东方明珠电视塔的振动模态试验，为高塔的抗风抗地震安全性设计提供了技术依据；目前世界上跨度第一的斜拉索杨浦大桥的振动试验对大桥的抗风振动的安全性分析与故障诊断提供了技术依据；建立在模态分析技术上的桩基断裂检测技术已在高层建筑施工中广泛应用，提高了桩基的质量，确保了高层建筑的安全。随着有限元技术的发展，模态分析方法也日趋成熟，并且向着多场耦合和非线性的方向发展。模态分析技术目前已广泛应用于航空、航天、车辆、舰船等行业，结构固有频率、阻尼和振型等分析对复杂模型优化、结构修改、动态设计等有直接的现实意义。

由于振动现象的普遍存在，实验弹及其装配在内部的引信结构在工作过程中（包括实验弹的发射和侵彻两个过程），往往会受到各种外界激励的影响而可能产生共振，从而破坏其零件的机械结构和零件之间的装配关系。实验弹在侵彻硬目标时，受到剧烈的冲击作用而产生复杂的振动，此振动将直接在很大程度上影响引信的正常工作。

7.2 模态分析基础理论

模态是机械结构的固有振动特性，每个模态都具有特定的固有频率、阻尼比和模态振型。模态分析是研究结构动力学特性的一种近代方法，是系统辨别方法在工程振动领域中的应用。

模态分析是用来确定结构的固有振动特性的一种技术，振动特性包括：固有频率、振型、振型参与系数等。如果要进行谐响应分析和瞬态动力学分析，固有频率和振型是必要的。因此，模态分析是所有动态分析类型的最基础的内容。

振动模态是弹性结构固有的、整体的特性。如果通过模态分析方法得到机械结构在某一容易受到影响的频率范围内各阶主要模态的特性，就可能预言结构在此频段内受到内部或外部各种振源作用时的实际振动响应。模态分析假定结构是线性的，任何非线性特性都将被忽略。

多自由度系统的振动方程为：

$$M\ddot{X}+C\dot{X}+KX=F\sin\theta t \tag{7-1}$$

式中，K 为刚度矩阵；M 为质量矩阵；C 为阻尼矩阵；X 为位移列向量；$\dot{X}$ 为速度列向量；$\ddot{X}$ 为加速度列向量；θ 为激振力频率；F 为简谐载荷的幅值向量。

实际经验表明：阻尼对结构的自振频率和振型影响不大，所以在求解自振频率和振型时可以忽略不计，即 $C=0$，求解结构的固有频率时，$F=0$，所以方程可以简化为：

$$M\ddot{X}+KX=0 \tag{7-2}$$

当结构做自由振动时，各个节点作简谐运动，其位移可以表示为：

$$X=A\cos(\omega t+\varphi) \tag{7-3}$$

式中，A 为各个节点的振幅向量，即振型；ω 为与该振型相应的自振圆周频率；φ 为相位角。

将位移函数代入简化方程中，得到：

$$(K-\omega^2M)A=0 \tag{7-4}$$

因为各节点的振幅向量不全为 0，所以上式中括号内的矩阵的行列式必须为0，由此得到自振频率方程为：

$$(K-\omega^2M)=0 \tag{7-5}$$

假设结构离散后有 n 个自由度，则 K 和 M 都是 n 阶方阵，所以上式是 ω^2 的 n 次代数方程，由此解出结构的 n 次自振频率：ω_1，ω_2，ω_3，…，ω_n。其中 $\omega_1<\omega_2<\omega_3<\cdots<\omega_n$，再求解各节点在自由振动中的位移一般解：

$$X=A_1\cos(\omega_1t+\varphi_1)+A_2\cos(\omega_2t+\varphi_2)+\cdots+A_n\cos(\omega_nt+\varphi_n) \tag{7-6}$$

式中，A_i 是对应于自振频率 ω_i 的振型，其具体数值以及相位角 φ_i 的大小由结构的初始条件决定。

7.3 武器系统模态分析方法与实例

在有限元分析中，常用的模态提取方法有：兰索斯方法（Lanczos）、子空间法（Subspace）、快速动力法（Power Dynamics）、缩减法（Reduced）、非对称法（Unsymmetric）以及阻尼法（Damped）。使用何种提取方法主要取决于模型的大小和具体的应用场合。兰索斯方法适用于大型对称特征值求解问题，可以在大部分场合中应用。兰索斯方法使用稀疏矩阵来求解广义特征值，即通过一组向量来实现兰索斯递归。与其他模态提取方法相比较，兰索斯法在精度相当的前提下计算速度更快，所以在模型较大且具有对称特征值的工程中常用兰索斯方法提取多阶模态，另外此方法也适用于存在较差质量单元的有限元模型。

经过对以上方法的对比研究，本实例选择兰索斯方法提取实验弹的模态及振型，并且采用大型有限元分析软件平台 Altair Hyperworks 中的求解器 OptiStruct 进行提取。单位制为 mm－t－Mpa－s。

7.3.1 弹引系统的物理结构

该弹全长 31.263 cm，弹体直径为 6 cm。实验弹由弹体及引信结构组成，在建模时忽略了某些微小结构。实验弹弹体的三维结构如图7.1所示。

图7.1　实验弹弹体的三维结构

7.3.2　模态分析有限元实例

7.3.2.1　模型的几何清理和网格剖分

根据实验弹的物理模型，建立包括传感器的实验弹模态分析有限元模型。在建模时忽略了实验弹的某些细小的几何特征。采用六面体进行网格剖分，而且对于模态分析，是否为全弹模型对自振频率有很大影响，因此模态分析必须建立全弹模型。

网格剖分后的较复杂部件网格模型如图7.2所示，依次为弹壳、炸药、测试体壳体。

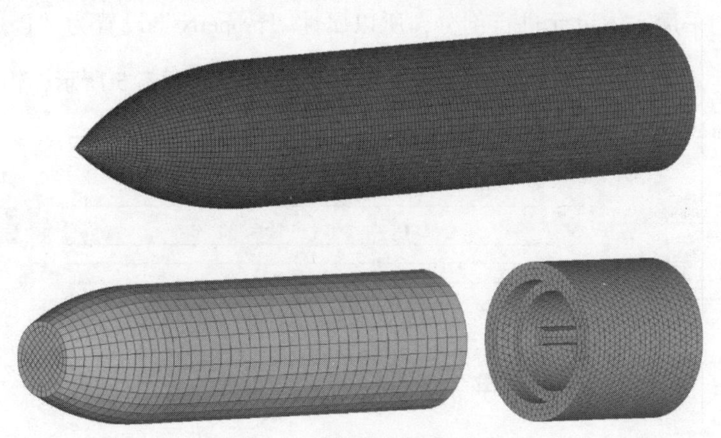

图7.2　模态分析网格模型

7.3.2.2　材料与属性设置

实验弹装配体中含有30CrMnSiNi2A（弹壳及顶盖等盖板）、炸药、测试体壳体等材料，其材料属性见表7.1。

表7.1　材料属性

材料	密度/(g·mm^{-3})	弹性模量/MPa	泊松比
30CrMnSiNi2A	7.83×10^{-3}	2.1×10^{5}	0.3
炸药	1.85×10^{-9}	8 980	0.3
测试体壳体	7.9×10^{-9}	2.1×10^{5}	0.3

单击按钮进入“material”面板，如图7.3所示，输入材料名称，选择材料属性以及对应的材料卡片，单击“create/edit”按钮创建材料并进入参数设置面板，如图7.4所示。

按照表 7.1 所示参数创建弹壳、炸药和测试体壳体材料。

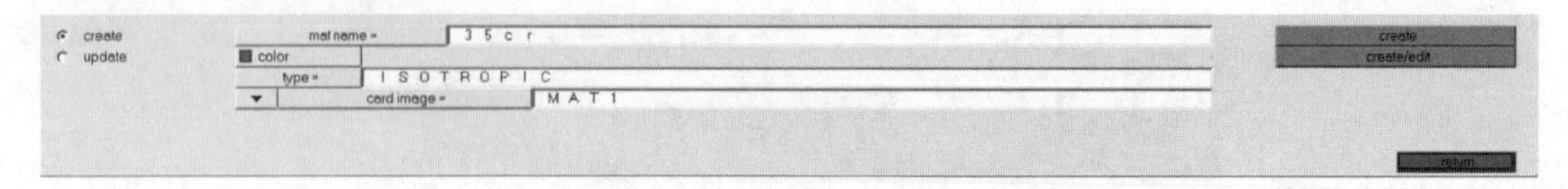

图 7.3　材料创建面板

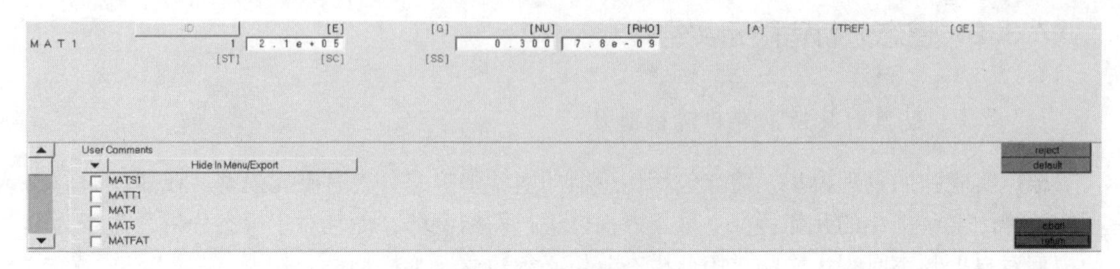

图 7.4　参数设置面板

各个部件均采用实体单元进行剖分，所以属性“property”设置为“PSOLID”，并赋予对应的材料属性。通过按钮进入“properties”面板，如图 7.5 所示，输入属性的名称、类型和对应材料，单击“create”按钮完成创建。

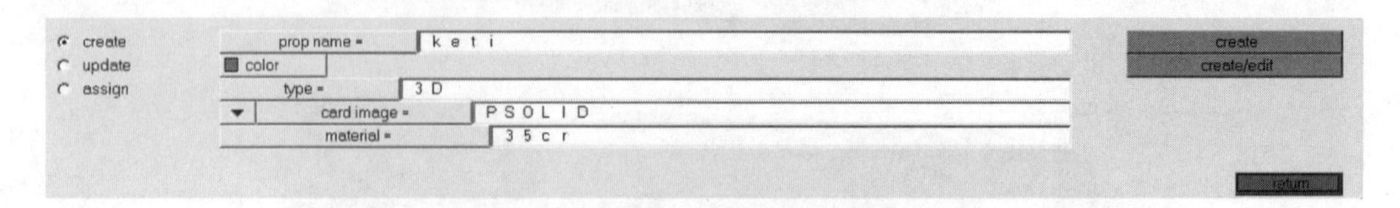

图 7.5　“properties”面板

通过按钮进入“components”面板，如图 7.6 所示，更新部件对应的单元属性和材料属性。

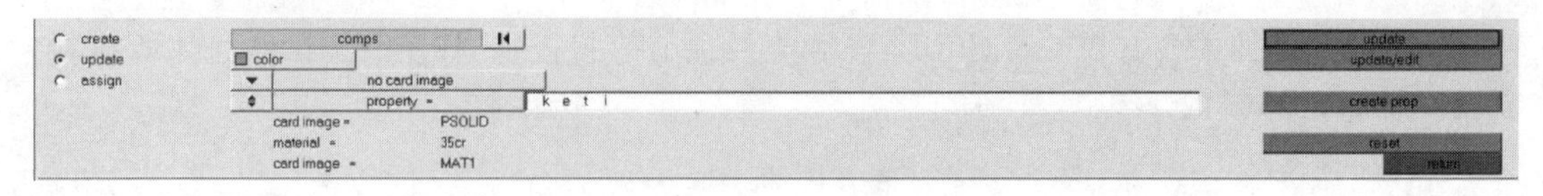

图 7.6　“components”面板

重复以上步骤，进行其他部件的单元属性和材料属性的设置及赋予。

7.3.2.3　连接与接触设置

在分析的过程中因为主要关心各个部件的振动状态和振动形式，不考虑零部件之间的连接失效问题，所以实验弹的弹壳与弹底之间采用刚性连接，其他内部结构之间也采用刚性连接。刚性连接的设置参考 6.4.3.3 节，这里不再赘述。

7.3.2.4　定义分析频率

单击按钮，进入“load collector”的创建面板，如图7.7所示，创建载荷集名称为“eigrl”，“card image”为“EIGRL”，单击“create/edit”按钮，进入分析频率设置面板，设置V1=0，V2=10 000，代表提取的频率范围为0~10 000 Hz。

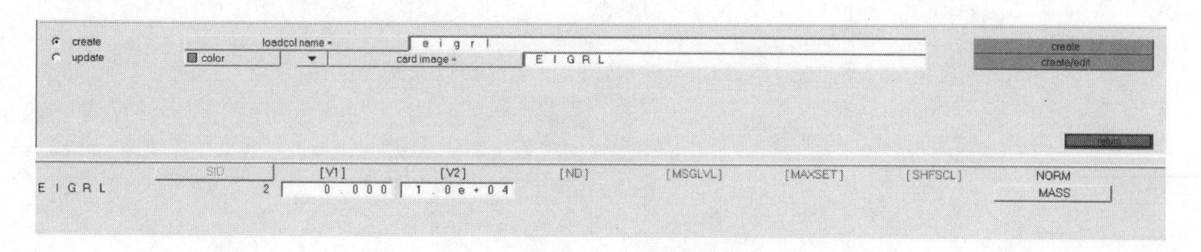

图7.7　EIGRL载荷集的创建

7.3.2.5　定义分析模式

进入“analysis”→“loadstep”面板，创建名称为“modal”、类型为“normal modes”（模态分析）的分析步，如图7.8所示。勾选“METHOD（STRUCT）”选项，并选择刚刚设定的“eigrl”的频率分析“load collector”。单击“create”按钮，创建完成。

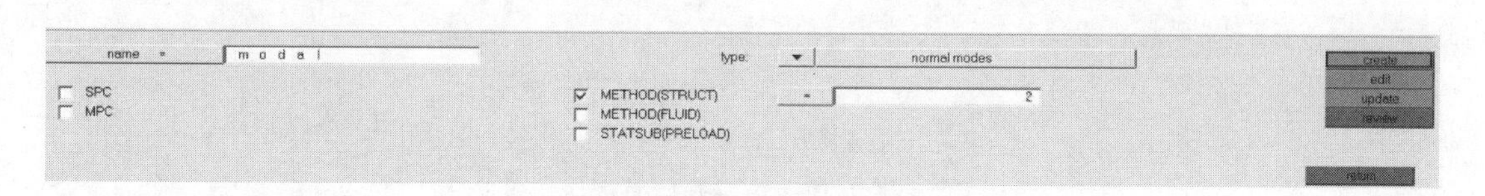

图7.8　定义模态分析步

7.3.2.6　分析求解

进入“analysis”→“OptiStruct”面板，进行分析设置，如图7.8所示，“save as”按钮用来设置文件的求解目录和求解文件的名称。可以设置模型内容、求解类型和计算提供的内存大小，单击“OptiStruct”按钮，求解开始，如图7.9所示。

7.3.2.7　模态分析结果后处理

用UltraEdit打开结果文件“modal. out”，看到图7.10所示的内容，其为对应的模态频率结果。因为弹体为自由模态分析，所以前六阶模态为x、y、z三个方向上的平动和转动自由度，频率值理论上应为0。实际前六阶模态频率不为0，说明计算存在误差。

打开后处理软件HyperView，单击按钮进入结果文件打开面板，如图7.11所示，打开“modal. h3d”的计算结果文件。

单击按钮，进入云图面板，如图7.13所示，选择对应的components，然后单击“Apply”按钮显示振型云图，通过图7.14所示的阶数选择，显示对应阶数的振型，对应振型见表7.2。

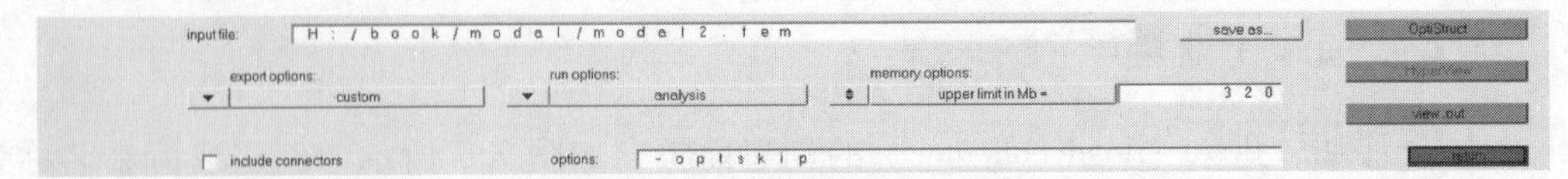

图 7.9 "OptiStruct" 面板

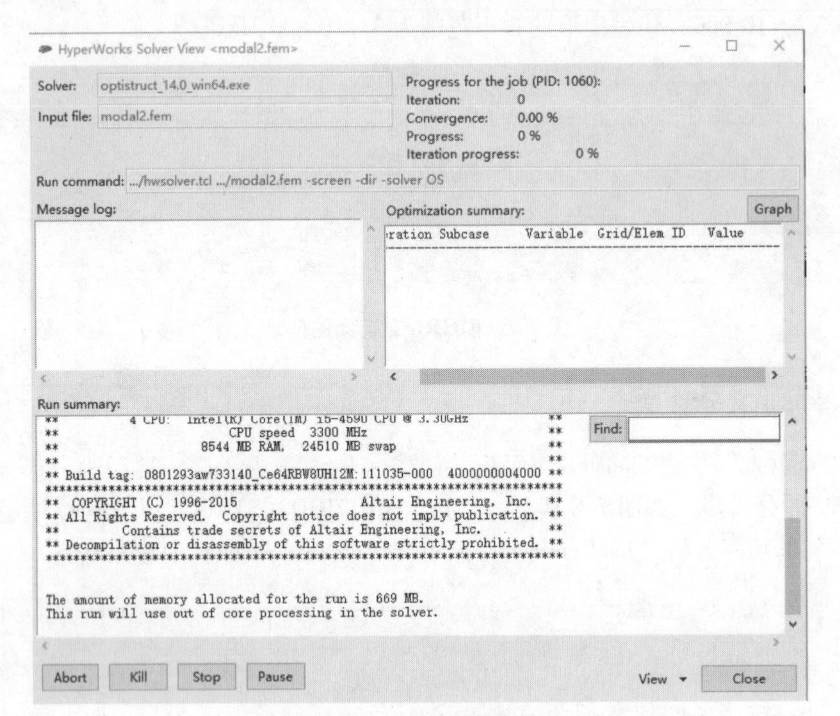

图 7.10 求解开始面板

Subcase	Mode	Frequency	Eigenvalue	Generalized Stiffness	Generalized Mass
1	1	1.304139E-01	6.714409E-01	6.714409E-01	1.000000E+00
1	2	1.468184E-01	8.509828E-01	8.509828E-01	1.000000E+00
1	3	1.568195E-01	9.708671E-01	9.708671E-01	1.000000E+00
1	4	2.240556E-01	1.981852E+00	1.981852E+00	1.000000E+00
1	5	2.466008E-01	2.400760E+00	2.400760E+00	1.000000E+00
1	6	2.666274E-01	2.806527E+00	2.806527E+00	1.000000E+00
1	7	2.869447E+03	3.250545E+08	3.250545E+08	1.000000E+00
1	8	2.870529E+03	3.252997E+08	3.252997E+08	1.000000E+00
1	9	5.131763E+03	1.039664E+09	1.039664E+09	1.000000E+00
1	10	6.089751E+03	1.464060E+09	1.464060E+09	1.000000E+00
1	11	6.651309E+03	1.746522E+09	1.746522E+09	1.000000E+00
1	12	6.652617E+03	1.747209E+09	1.747209E+09	1.000000E+00
1	13	6.835115E+03	1.844384E+09	1.844384E+09	1.000000E+00

图 7.11 模态分析频率结果

图 7.12 结果文件打开面板

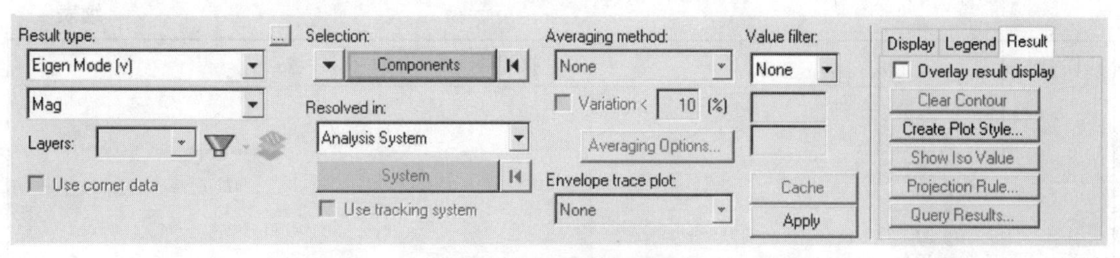

图 7.13　云图面板

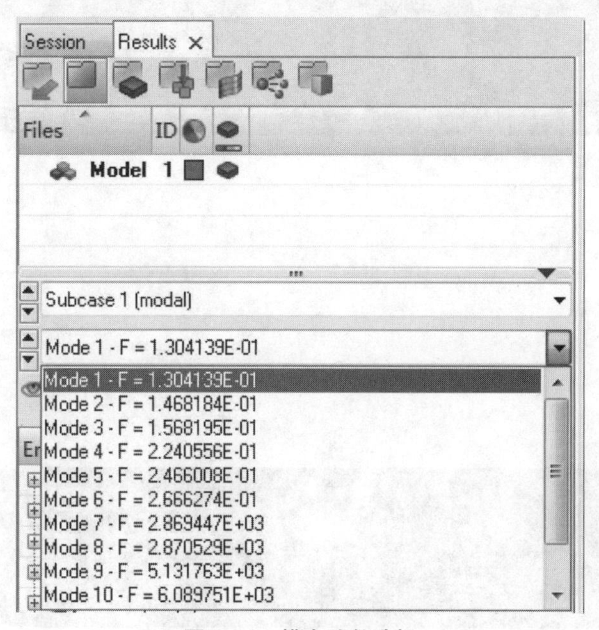

图 7.14　模态阶数选择

表 7.2　模态分析结果（见彩插）

<table>
<tr><td>阶数</td><td>振型图</td></tr>
<tr><td>1</td><td>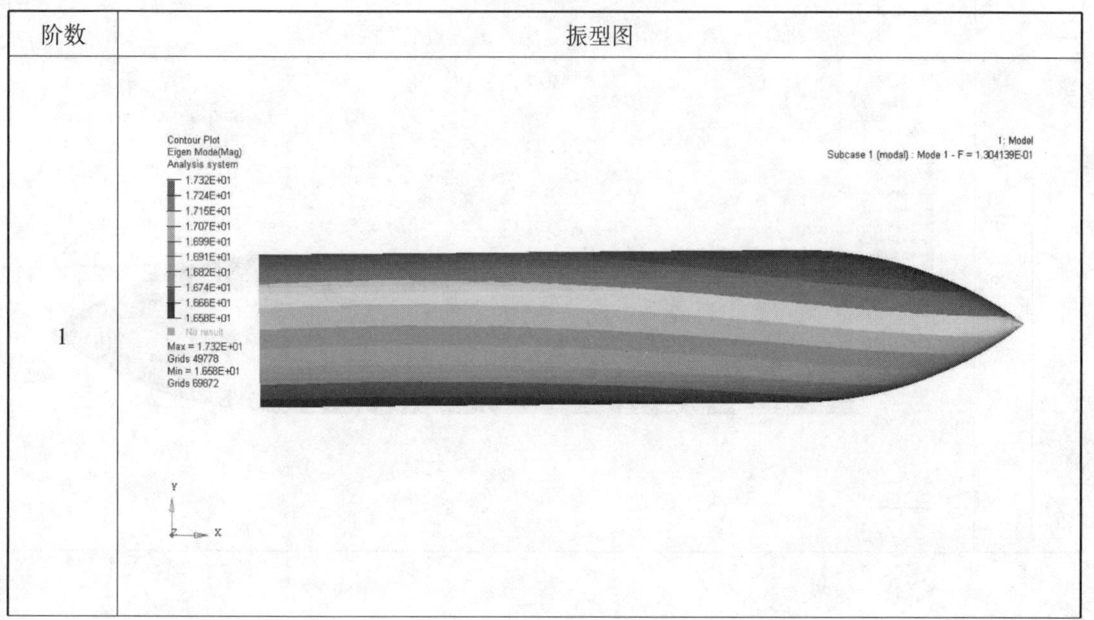
</td></tr>
</table>

续表

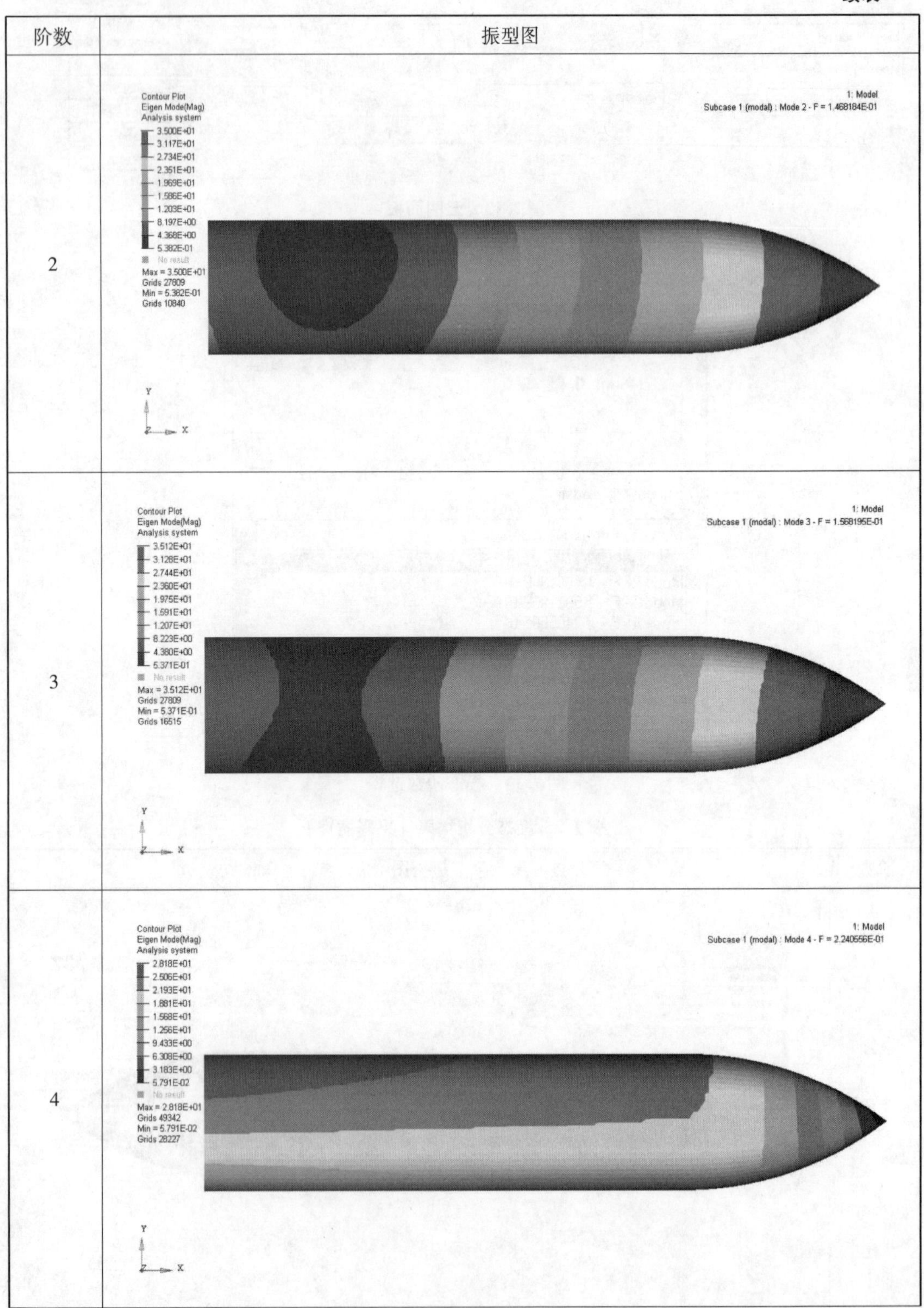

阶数
振型图
2
Contour Plot
Eigen Mode(Mag)
Analysis system
3.500E+01
3.117E+01
2.734E+01
2.351E+01
1.969E+01
1.586E+01
1.203E+01
8.197E+00
4.368E+00
5.382E-01
No result
Max = 3.500E+01
Grids 27809
Min = 5.382E-01
Grids 10840
1: Model
Subcase 1 (modal) : Mode 2 - F = 1.468184E-01
Y
Z
X
3
Contour Plot
Eigen Mode(Mag)
Analysis system
3.512E+01
3.128E+01
2.744E+01
2.360E+01
1.975E+01
1.591E+01
1.207E+01
8.223E+00
4.380E+00
5.371E-01
No result
Max = 3.512E+01
Grids 27809
Min = 5.371E-01
Grids 16515
1: Model
Subcase 1 (modal) : Mode 3 - F = 1.568195E-01
Y
Z
X
4
Contour Plot
Eigen Mode(Mag)
Analysis system
2.818E+01
2.506E+01
2.193E+01
1.881E+01
1.568E+01
1.256E+01
9.433E+00
6.308E+00
3.183E+00
5.791E-02
No result
Max = 2.818E+01
Grids 49342
Min = 5.791E-02
Grids 28227
1: Model
Subcase 1 (modal) : Mode 4 - F = 2.240556E-01
Y
Z
X

续表

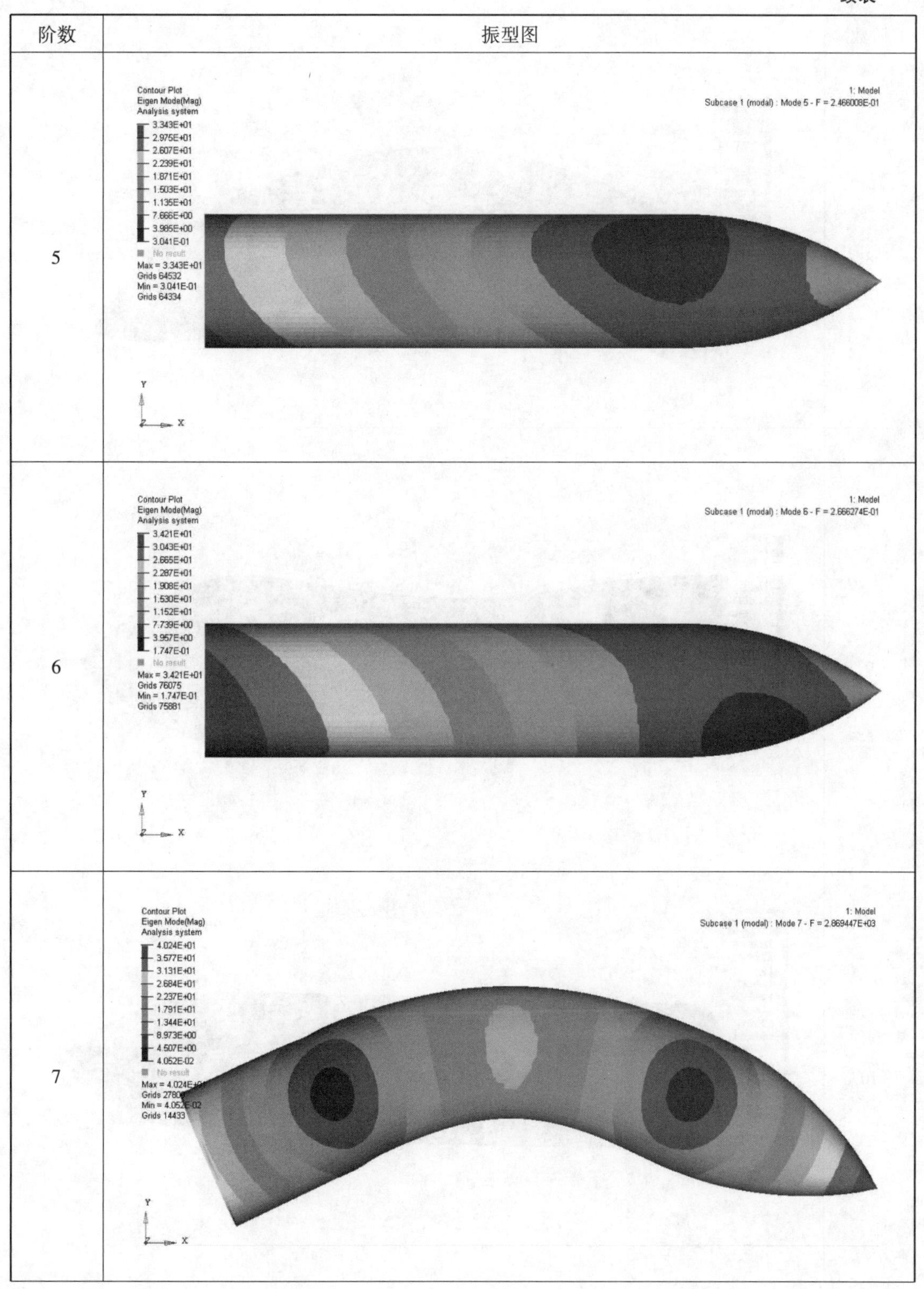

Contour Plot
Eigen Mode(Mag)
Analysis system
3.343E+01
2.975E+01
2.607E+01
2.239E+01
1.871E+01
1.503E+01
1.135E+01
7.666E+00
3.985E+00
3.041E-01
No result
Max = 3.343E+01
Grids 64532
Min = 3.041E-01
Grids 64334
1: Model
Subcase 1 (modal) : Mode 5 - F = 2.466008E-01
Y
Z
X
Contour Plot
Eigen Mode(Mag)
Analysis system
3.421E+01
3.043E+01
2.665E+01
2.287E+01
1.908E+01
1.530E+01
1.152E+01
7.739E+00
3.957E+00
1.747E-01
No result
Max = 3.421E+01
Grids 76075
Min = 1.747E-01
Grids 75881
1: Model
Subcase 1 (modal) : Mode 6 - F = 2.666274E-01
Y
Z
X
Contour Plot
Eigen Mode(Mag)
Analysis system
4.024E+01
3.577E+01
3.131E+01
2.684E+01
2.237E+01
1.791E+01
1.344E+01
8.973E+00
4.507E+00
4.052E-02
No result
Min = 4.052E-02
Grids 14433
1: Model
Subcase 1 (modal) : Mode 7 - F = 2.869447E+03
Y
Z
X

阶数	振型图
5	
6	
7	

续表

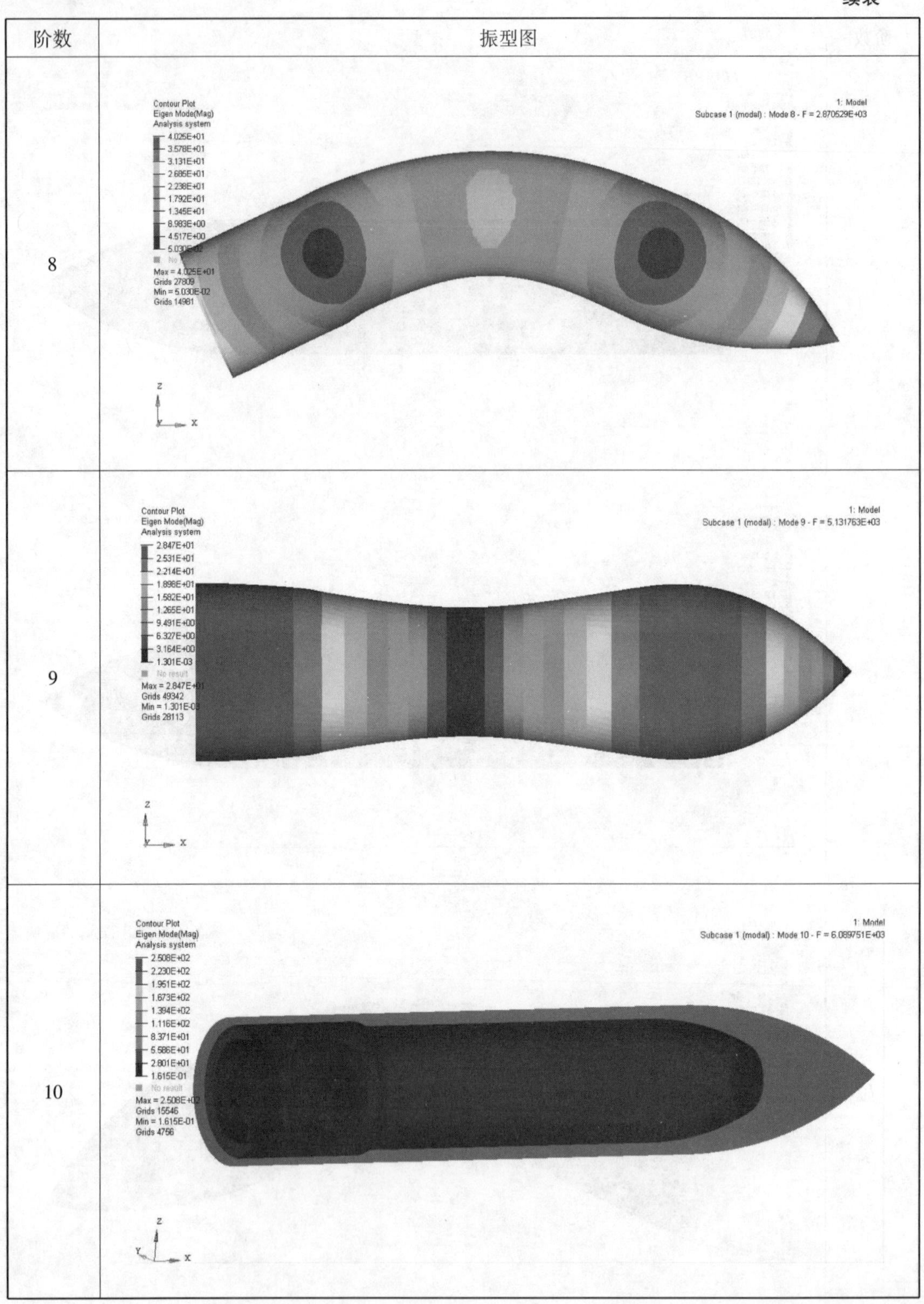

阶数
振型图
8
Contour Plot
Eigen Mode(Mag)
Analysis system
4.025E+01
3.578E+01
3.131E+01
2.685E+01
2.238E+01
1.792E+01
1.345E+01
8.983E+00
4.517E+00
5.030E-02
Max = 4.025E+01
Grids 27809
Min = 5.030E-02
Grids 14981
1: Model
Subcase 1 (modal) : Mode 8 - F = 2.870529E+03
z
x
9
Contour Plot
Eigen Mode(Mag)
Analysis system
2.847E+01
2.531E+01
2.214E+01
1.898E+01
1.582E+01
1.265E+01
9.491E+00
6.327E+00
3.164E+00
1.301E-03
No result
Max = 2.847E+01
Grids 49342
Min = 1.301E-03
Grids 28113
1: Model
Subcase 1 (modal) : Mode 9 - F = 5.131763E+03
z
x
10
Contour Plot
Eigen Mode(Mag)
Analysis system
2.508E+02
2.230E+02
1.951E+02
1.673E+02
1.394E+02
1.116E+02
8.371E+01
5.586E+01
2.801E+01
1.615E-01
No result
Max = 2.508E+02
Grids 15546
Min = 1.615E-01
Grids 4756
1: Model
Subcase 1 (modal) : Mode 10 - F = 6.089751E+03
z
y
x

第 8 章

爆炸效应分析理论基础、方法和实例

8.1 武器系统设计中爆炸效应研究的相关内容

许多常规武器设计、工程爆破、爆炸加工、工程防护、高压合成新材料和爆炸灾害的防护等工程分析问题，从理论上可以归结为以下几个内容：

（1）炸药在各种形式初始冲能作用下的起爆；

（2）爆轰的传播与控制；

（3）爆轰产物与运动；

（4）爆炸对薄层介质的驱动加速；

（5）爆炸加载下应力波的传播及材料的破坏；

（6）炸药在空气、混凝土、岩石和水中的爆炸；

（7）高速碰撞，弹丸、长杆及射流对目标的侵彻；

（8）爆炸加载下材料的化学反应及相变。

随着炸药在弹丸上的应用，终点弹道学研究的内容除了侵彻效应之外，还有弹丸与战斗部的爆炸效应。在早期这方面的研究主要以实验为主，存在周期长、浪费人力、物力及存在安全隐患等因素。

传统的战斗部设计，只能依靠实物试验和简单的理论指导，习惯上称之为“画、加、打”，这种设计过程代价大、周期长，往往要经过多轮研制才能定型，届时有可能已经成为落后的武器。此外，有些危险性试验难以甚至不可能创造试验环境及条件，因此传统的战斗部设计方法已经不可能满足现代战争对武器装备的需要。

具体到战斗部爆炸过程，由于其非常短暂，各种材料在高速、高压条件下的瞬时性态非常复杂，药型罩压垮及战斗部壳体刻槽断裂形成破片的物理过程都是难以描述的。长期以来，除了实验研究外，人们还总结出了一些经验公式，用于指导战斗部的设计过程，但沿用的经验公式过于笼统，局限性较大，人们不得不采用大量试验的方法来选定某些设计参数。若采用理论、计算模拟仿真和试验相结合的方案设计方法，就可以真正实现现代分析设计的理念，推进战斗部设计理论的发展。

目前，计算机已经成为高效、准确的设计工具和试验台，大量设计工作都可以通过建立各种模型来描述弹药系统的实际行为。对模型求解可预测弹药的性能、设计的合理性和最优性，演示各种作用载荷、威力、变形等运动学和动力学特性，而且可以多方案比较，满意后再进入具体的技术设计。例如在计算机上可模拟弹丸的爆炸、药型罩成形，以及侵彻的问题，这些都可以反复演示，进而发现问题，为一次性技术提供信息。当然，模拟和仿真设计模型，最后也必须通过实物试验进行检验，但是这种试验是建立在已有的科学依据上的，可以防止很多盲目性。而且计算机的数值仿真的过程并不存在安全隐患，可安全地解决战斗部设计中的问题，并能从微观角度出发具体分析相关问题，为工程实践提供有益帮助。

8.2 炸药状态方程及流固耦合算法原理

8.2.1 炸药状态方程简介

爆轰产物状态方程是用来描述爆轰产物压力、密度和温度的复杂函数。凝聚炸药爆轰产物处于高温高压状态，并且在爆轰瞬间各产物分子间还进行着复杂的化学动力学平衡过程，很难用试验方法确定其状态方程，目前主要是使用经验或半经验公式来进行描述。国内外的许多学者在大量深入研究的基础上，建立了基于不同理论模型的多种半经验半理论的状态方程，例如 BKW（Becker - Kistiakowsky - Wilson）状态方程、阿贝尔余容状态方程、LJD（Lennard - Jones - Devonshire）状态方程、维里方程、JWL 状态方程等。基于凝聚炸药的爆轰产物状态方程，在求解炸药的爆轰参数和爆轰产物组成时非常烦琐和复杂，随着电子计算机技术的发展，这一问题得到了解决。

1. 阿贝尔余容状态方程

阿贝尔余容状态方程的计算比 BKW 方程和 JWL 方程简单一些。阿贝尔余容状态方程的表达式为

$$p(W-\alpha)=RT \tag{8-1}$$

或

$$p=\frac{RT\rho}{1-\alpha\rho} \tag{8-2}$$

式中，p 为气体产物压力；W 是气体的比容，且有 $W=1/\rho$，ρ 为气体产物的密度；α 是考虑气体分子斥力的修正量，称为余容；R 是气体常数，表示 1 kg 炸药气体在一个大气压下，温度升高 1 ℃对外膨胀所做的功，单位为 J/(kg · K)，由下式确定：

$$R=\frac{R_0}{M} \tag{8-3}$$

式中，M 是气体的摩尔质量（或称平均相对分子质量）；R_0 是普适气体常数，$R_0=8.3145$ J/(mol · k)。

2. BKW 状态方程介绍

BKW 状态方程是 Kistiakowsky 和 Wilson 在 Becker 工作的基础上提出的。1922 年，Becker 改进了理想气体状态方程：

$$\frac{pV}{RT}=1+xe^{x} \tag{8-4}$$

式中，$x=k/V$，k 是爆轰产物余容，V 是 1 mol 爆轰产物的体积，R 是气体常数。

这种爆轰产物状态方程是把爆轰产物看作一种稠密气体，即在理想气体的基础上增加了产物分子余容的影响项 xe^{x}。

1941 年，Kistiakowsky 和 Wilson 对 x 采用了新的表达式：

$$x=\frac{k}{VT^{1/\alpha}} \tag{8-5}$$

此外，他们发现对于大多数炸药，能够用产物各组分分子余容的线性函数来近似表示的表达式如下：

$$k=\kappa\sum x_i k_i \tag{8-6}$$

式中，κ 是常数，x_i 是爆轰产物各组分的摩尔分数，k_i 是产物各组分的几何余容。为了扩大方程的适用范围，MacDougall 等人在公式的指数项上添加了一个常数 β，将此式改写为

$$\begin{cases}\dfrac{pV}{RT}=1+x\mathrm{e}^{\beta x}\\ x=\dfrac{k}{VT^{\alpha}}\end{cases} \tag{8-7}$$

式中 α、β 均是常数。

1956 年，Fickett 和 Cowam 为了防止温度趋于零时压力无限大，将式中的 T 改写为 $T+\theta$，其中 $\theta=400$ K，所以 BKW 状态方程的最终表达式为

$$\begin{cases}pV=nRT(1+x\mathrm{e}^{\beta x})\\ x=\kappa\sum\dfrac{x_i k_i}{V(T+\theta)^{\alpha}}\end{cases} \tag{8-8}$$

为了利用该状态方程进行炸药的爆轰性能参数，如爆速、爆压、CJ 等熵线以及爆轰产物的计算，需要知道状态方程中的几个常数。1963 年，Mader 应用 BKW 状态方程对 30 多种炸药的爆轰参数进行了计算。在计算中，通过与精确的试验数据进行比较，确定了 α、β、κ 和 θ 四个常数的值。这些试验数据包括密度为 1.8 g/cm^3 的黑索金（RDX）炸药的爆压、密度为 1.0 g/cm^3 和 1.8 g/cm^3 的 RDX 的爆速，以及密度为 1.0 g/cm^3 和 1.64 g/cm^3 TNT 的爆速。计算中发现一套参数很难满足上述 5 个数据，因此在计算中采用了两套参数：一套用来计算 RDX 及与 RDX 类似的炸药的爆轰参数，称为“适合 RDX 一类炸药的参数”，该类炸药的特点是炸药的爆轰产物中不生成或很少生成固体碳；另一套用来对爆轰产物中含有大量固体碳的 TNT 一类炸药的爆轰参数进行计算，称为“适合 TNT 的参数”。

3. JWL 状态方程

JWL 方程作为一种常用的炸药爆轰产物状态方程，由于是典型的动力学状态方程，不显含化学反应，能够较精确地描述爆轰产物的膨胀驱动做功过程。

1965 年，Lee 在 Jones 和 Wilkins 工作的基础上对爆轰产物的等熵线方程进行了修改，并对参数的选择进行了系统研究，给出了一系列炸药的 JWL 状态方程参数值。Lee 发现，在较大的压力范围内，更好的 C－J 等熵线方程的形式是

$$P=A\mathrm{e}^{-R_1V}+B\mathrm{e}^{-R_2V}+\frac{C}{V^{\omega+1}} \tag{8-9}$$

由热力学关系式

$$e_s=-\int p_s\mathrm{d}V \tag{8-10}$$

可得到等熵线上内能随相对比容 V 的变化为：

$$P = \frac{A}{R_1}\mathrm{e}^{-R_1V} + \frac{B}{R_2}\mathrm{e}^{-R_2V} + \frac{C}{\omega V^{\omega}} \tag{8-11}$$

将上述公式代入 Gruneisen 状态方程

$$p - p_s = \frac{\Gamma}{V}(e - e_s) \tag{8-12}$$

令 $\omega = \Gamma$，得到 JWL 状态方程的具体形式为

$$P = A\left(1 - \frac{\omega}{R_1V}\right)\mathrm{e}^{-R_1V} + B\left(1 - \frac{\omega}{R_2V}\right)\mathrm{e}^{-R_2V} + \frac{\omega E}{V} \tag{8-13}$$

式中，P 为爆轰压力；V 为爆轰产物的相对比容，$V = v/v_0$，为无量纲量，$v = 1/\rho$，是爆轰产物的比容，v_0 是爆轰产物的初始比容；e 为爆轰产物的比内能，由以下关系得出，炸药的绝对内能 $e_a = mc_vT$，单位为 J；初始比内能 $e_0 = \frac{e_a}{v_0} = \frac{mc_vT}{v_0} = \rho_0 mc_vT$，单位为 $\mathrm{J/cm^3}$ 或 Pa；A，B，R_1，R_2，ω 为所选炸药的性质常数，即待拟合参数。

早期的连续介质动力学计算机编码采用 JWL 状态方程计算爆轰产物的飞散，而目前几乎所有可以进行爆炸力学问题计算的大型通用有限元软件，如 LS – DYNA 、ABAQUS 、MSC. Dytran 、AUTODYN 等都在炸药材料模型中采用 JWL 状态方程，这使其在武器设计、工程爆破、爆炸加工等领域得到了更为广泛的应用。JWL 状态方程是由 Lee 于 1965 年在 Jones 和 Wilkins 工作的基础上提出的，该方程的未知参数需要通过 Kury 等人提出的圆筒试验及二维流体动力学程序来确定。

8. 2. 2 圆筒试验方法及 JWL 状态方程参数的获取

圆筒试验的试验装置示意如图 8. 1 所示，高速相机从狭缝扫描记录的是圆筒壁外表面的径向膨胀过程，通过对照片底片的处理获得圆筒壁的径向膨胀位移和时间的关系，得到的观测数据如图 8. 2 所示。然后采用含有 JWL 状态方程的二维流体动力学程序对圆筒试验进行数值模拟，不断修改 JWL 状态方程参数，直至数值模拟结果与圆筒试验结果符合，从而确定最终的 JWL 状态方程参数。以圆筒试验结果为基础来确定 JWL 参数的方法还有解析法和线性优化法。

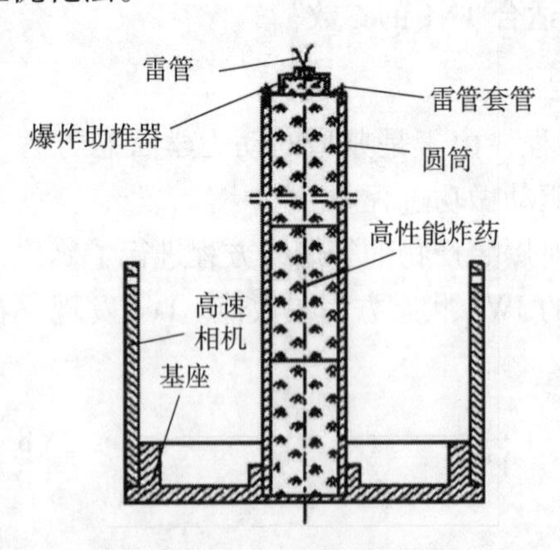

图 8. 1 圆筒试验的试验装置示意

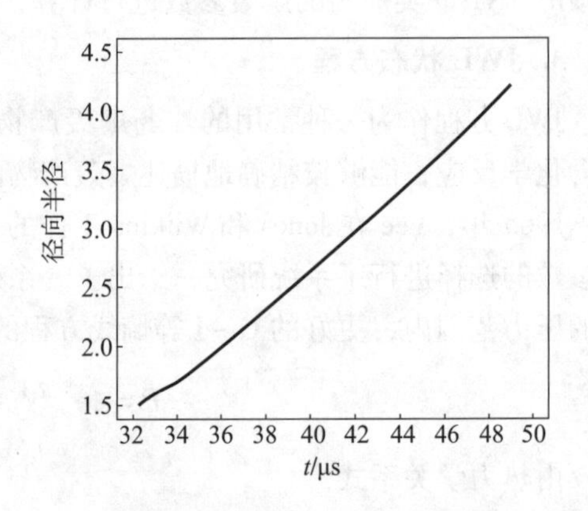

图 8. 2 圆筒试验径向半径和时间的关系

JWL 方程包括三项，试验和计算表明，这三项的作用不同：第一项对高压段起控制作

用，在中压段第二项逐步起到重要作用，低压段前两项的作用较小，而第三项明显重要，即状态方程参数控制了爆轰产物的高、中、低压三个阶段。

8.2.3　流固耦合算法原理

流体运动方程的描述，按照所采用的坐标系可以分为拉格朗日算法和欧拉算法两大类。拉格朗日算法在物质域内求解流体运动方程，坐标系固定在物质上并跟随物质一起运动和变形，因此也被称为物质描述；欧拉算法在空间域内求解流体运动方程，坐标系固定在空间不动，物质在计算网格之间流动，因此也称为空间描述。

LS－DYNA 中采用任意拉格朗日－欧拉算法（ALE）来描述流体运动。该方法在拉格朗日坐标和欧拉坐标之外引入一个可以任意运动的参考坐标系，计算域基于参考域，可以在空间中以任意形式运动。采用 ALE 算法的网格同时具有欧拉网格和拉格朗日网格的优点，网格可以随物质一起运动，也可以固定在空间中不动，甚至可以在一个方向上随物质运动，而在另一个方向上固定不动。

1. ALE 描述

任意拉格朗日－欧拉方法描述下的物质导数为：

$$\frac{\mathrm{d}f(X,t)}{\mathrm{d}t}=\frac{\partial f(\xi,t)}{\partial t}+(v_i-w_i)\frac{\partial f(x,t)}{\partial x_i} \tag{8-14}$$

式中，f 为物理量，v_i 为质点 X 的速度，w_i 为参考点 ξ 的速度，也即计算网格运动速度。当 $w_i=0$ 时，计算网格在空间中固定不动，退化为欧拉描述；当 $w_i=v_i$ 时，计算网格随同物体一起运动，退化为拉格朗日描述；当 $w_i\neq v_i\neq 0$ 时，计算网格在空间中独立运动，对应于一般的 ALE 描述。

由于爆炸产物和空气的粘性很小，而且爆炸流场运动被视为绝热等熵运动，一般都采用无粘性可压缩流体运动方程来描述爆炸流场。通过式（8－14）将欧拉方法描述的无粘性可压缩流体力学方程变换得到 ALE 算法描述的控制方程：

$$\begin{aligned}
&\frac{\partial\rho}{\partial t}+(v_i-w_i)\frac{\partial\rho}{x_i}+\rho\frac{\partial v_i}{\partial x_i}=0\\
&\rho\frac{\partial v_j}{\partial t}+\rho(v_i-w_i)\frac{\partial v_i}{\partial x_i}=-\frac{\partial p}{\partial x_j}\\
&\rho\frac{\partial E}{\partial t}+\rho(v_i-w_i)\frac{\partial E}{\partial x_i}=-\rho\frac{\partial v_i}{\partial x_i}
\end{aligned} \tag{8-15}$$

上式结合空气和爆炸产物的状态方程可以构成封闭的控制方程组。

2. 网格运动

ALE 算法引入了运动网格，通过在移动边界法向上采用拉格朗日算法，可以很简单地描述边界运动，解决了欧拉算法中移动边界描述困难的问题，给计算带来了很大的方便，但计算过程中需要确定网格的位置。

LS－DYNA 程序中提供了简单平均算法、体积加权算法、等参算法、等势算法以及混合算法等用于 ALE 运动网格位置的确定。但由于爆炸流场计算过程中，爆炸产物和空气界面间存在很大的压力和密度梯度，采用以上任何一种算法都会产生异常小的界面网格，从而导致计算无法正常进行。因此爆炸流场计算中一般仅在边界上采用物质描述，使边界节点速度与界面法向运动速度相等，对于除边界节点外的网格要关闭程序中的网格运动算法，使内部网格退化为空间描述。

当需要考虑壳体影响时，壳体和流场边界可通过共用节点联结，壳体为爆炸流场提供运动边界条件，爆炸流场为壳体施加压力载荷条件，在每一个时间步分步求解即可实现爆炸流场和壳体结构的流固耦合；而当采用刚性壁面假设之后，ALE 算法进一步退化为纯粹的欧拉算法。

3. 界面捕捉

炸药爆炸后，爆炸容器内存在爆炸气体产物和空气两种物质，这两种气体的流场都可以通过上述无粘性可压缩方程描述，但计算过程中需要区分两种不同介质，并捕捉两种物质的界面。LS - DYNA 中通过定义物质组号来区分不同介质，采用杨氏流体体积法（Yong's VOF）来捕捉两种物质的运动界面，具体过程是：采用多物质单元划分爆炸流场计算域，一个单元中允许同时存在多种物质；先假设界面沿单元边界，根据与节点相邻的所有单元中存在的物质计算各个节点上的物质体积分数；由同一单元网格各节点的物质体积分数梯度确定界面的法向，并构造该单元内界面；计算每个时间步内通过四周流到相邻单元的流体体积，修改网格单元和相邻单元中的流体体积分数；由各个边界单元内界面组成整个物质界面。

4. 求解方式

欧拉算法和 ALE 算法描述的运动方程的求解一般有两种方式：全耦合求解和算子分裂法，前者是在整个计算域同时求解运动方程，后者将每个时间步分为拉格朗日阶段和对流阶段依次计算。全耦合求解一个计算单元只能存在一种物质，不适合求解多物质问题。

LS - DYNA 程序中采用算子分裂法求解。在拉格朗日阶段采用有限元方法计算由外力和内部应力产生的速度、压力和内能变化以及现时密度，单元采用单点积分并通过沙漏粘性控制零能模式，引入人工粘性以捕捉冲击波，时间推进采用二阶精度的中心差分法；求得这些参数后再进行界面捕捉，构造多物质内界面。在对流阶段采用有限体积法计算通过单元边界的质量、动量和能量通量，通量的计算可以采用一阶精度的迎风算法或者二阶精度的 Van Leer 对流算法；该阶段时间步不发生变化，保持与拉格朗日阶段一致。爆炸流场计算一般采用 Van Leer 对流算法，因为这种算法不仅具有二阶精度，而且具备总变差递减（TVD）性质。图 8.3 显示的是流固耦合分析。

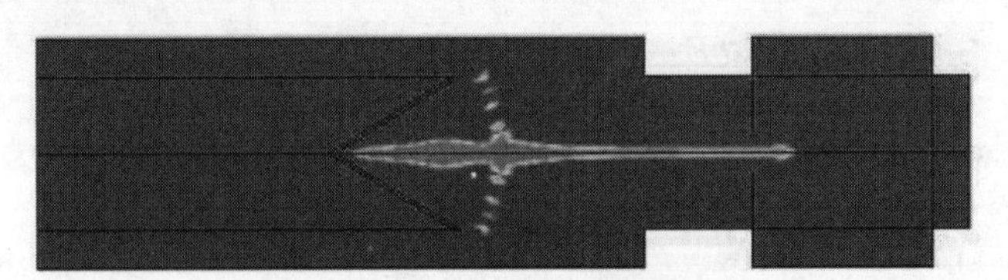

图 8.3　ALE 射流侵彻靶板

8.3　爆炸效应有限元分析方法与实例

炸药的起爆和爆炸过程是一种快速的化学反应过程，对于该过程的描述，主要存在 CJ 模型和 ZND 模型两种。LS - DYNA 中包含两种炸药爆轰模型：高能燃烧模型和点火生成模型，前者属于 CJ 模型，后者属于 ZND 模型。点火生成模型需要输入炸药反应率方程参数和未反应炸药的 JWL 方程参数。

8.3.1　爆炸效应有限元分析方法

在建立爆炸计算模型的过程中，网格划分、材料模型和材料参数的选取、边界条件的定义等是保证计算结果准确性的关键。下面分别进行介绍。

1. 网格划分应注意的问题

在有限元计算中排除其他因素的影响。网格划分的疏密和划分方式，直接影响计算精度以及计算能否顺利进行。网格划分的整体密度影响模型规模的大小，特别是在三维问题中，网格大小对计算规模的影响更为突出，因此在大规模问题的计算中，选择经济节省的网格非常重要。而局部网格的疏密，直接影响所关心模型相应部分的结果精确程度。网格排列的走向或过渡方式会影响计算结果物理量的时间历程/发展规律，因此在建模过程中应尽量避免网格尺寸大小的突变。一些最简单的实体，比如圆柱、球体等，就有许多不同的六面体网格划分方式，应选择网格大小过渡均匀的划分方式。

在 DYNA 程序中运用显式格式积分运动方程，时间步长是受最小网格尺寸控制的。随着网格畸变的增加，计算时间步长逐渐减小，并趋于零，使计算时间无法承受，从这方面讲，在建模过程中应尽量采用均匀网格划分，从而保持计算最初较大时间步，提高计算速度。

除了上述的注意要点外，网格划分过程中还应注意的问题包括以下几点：

（1）对于可能发生接触的主从实体部分，网格大小应尽量匹配，以防止由程序判断是否穿透发生困难所引起的实体接触关系错误。

（2）对于薄尺寸结构，若用三维实体单元划分，为了保持计算精度，沿厚度方向上，最少应划分两层单元。

（3）圆柱体或轴对称的中心处，避免用楔形网格划分，以避免引起大的初始计算误差（如用三维欧拉方法计算射流形成问题）。

（4）对所关注部位处的网格应划分稠密一些，而对它周围的网格可以采取尺寸大小过渡处理，比如在侵彻问题中，对于接触点区域网格划分的处理。

2. 材料模型和材料参数

在战斗部的数值模拟计算中，常遇到的战斗部结构材料有炸药、各种钢材、铜、铝合金材料等，通常还有战斗部的爆炸作用介质，如空气、水、土壤等。对于炸药材料，采用高能炸药材料模型和 JWL 状态方程描述，炸药材料模型采用“*MAT_HIGH_EXPLOSIVE_BURN”，并利用 JWL 状态方程进行爆轰压力计算：

$$P=A\left(1-\frac{\omega}{R_1V}\right)\mathrm{e}^{-R_1V}+B\left(1-\frac{\omega}{R_2V}\right)\mathrm{e}^{-R_2V}+\frac{\omega E}{V} \tag{8-16}$$

以某奥克托金（HMX）为主装药的混合炸药为例，其具体输入参数为：密度$\rho=1.84\ \mathrm{g/cm^3}$，爆速$D=8\ 800\ \mathrm{m/s}$，C－J 压力$P_{\mathrm{C-J}}=0.37\ \mathrm{mbar}$，$A=8.524\ \mathrm{Mbar}$，$R_1=4.6$，$R_2=1.30$，$B=0.180\ 2\ \mathrm{mbar}$，$\omega=0.38$，$E_0=0.102\ \mathrm{mbar}$。

对于战斗部结构中的钢材、尼龙、聚乙烯、铝合金材料等，考虑它们在高温、高压、高应变率下表现的材料动态行为，在程序中有多种材料模型和状态方程可供选择。在程序中常用以下材料模型和状态方程描述它们的动态响应特性：

（1）考虑应变率效应的弹塑性材料模型；

（2）流体弹塑性材料模型和 Gruneisen 状态方程；

（3）Stenberg 材料模型和 Gruneisen 状态方程；

（4）Johnson - cook 材料模型和 Gruneisen 状态方程；

（5）带损伤的复合材料模型等。

DYNA 爆炸类计算中涉及材料和状态方程的关键字如下：

（1）材料模型：

①＊MAT_HIGH_EXPLOSIVE_BURN（炸药材料）；

②＊MAT_ELASTIC_PLASTIC_HYDRO（推进剂）；

③＊MAT_NULL（空气、水等材料）；

④＊MAT_OPTION（结构材料）；

（2）状态方程：

①＊EOS_JWL（各种炸药）；

②＊EOS_IGNITION_AND_GROWTH_OF_REACTION_IN_HE（推进剂燃烧）；

③＊EOS_JWLB（各种炸药）；

④＊EOS_SACK_TUESDAY（炸药材料）；

⑤＊EOS_OPTION（结构材料的状态方程）；

⑥＊EOS_LINEAR_POLYNOMIAL（空气）；

⑦＊EOS_GRUNEISEN（水、油等）。

3. 边界条件的定义

计算模型中关于模型边界的处理对计算结果的准确性影响极大，在实际计算中，由于计算能力的限制，往往只能建立有限尺寸的计算模型，因此必须考虑边界条件对计算结果的影响。

用拉格朗日单元建模时，单元网格的边界就是实际材料边界，材料边界是自由面。当计算模型与实际模型完全一致时，不存在边界条件的问题。当遇到较大模型时，可以建立有限大小模型简化较大模型，并在简化模型的边界节点上施加压力非反射边界条件，以此避免应力波在自由面的反射对计算结果的影响。

4. 流固耦合方法实现

通过＊ALE_MULTI_MATERIAL_GROUP 关键字将空气和炸药材料绑定在一个单元算法里。对于岩石与炸药、空气之间的相互作用采用流固耦合的方法，流固耦合通常有两种方法，一种是共节点，一种是通过＊constrained_lagrange_in_solid 来实现，本书采用第二种方法。

流固耦合分析相关关键字如下：

（1）单元算法定义：

①＊SECTION_SOLID；

②＊SECTION_SOLID_ALE；

③＊INITIAL_VOID_OPTIONS。

(2) 多物质单元定义:

*ALE_MULTI_MATERIAL_GROUP;

(3) 多物质材料 ALE 网格控制:

① *ALE_REFERENCE_SYSTEM_CURVE;

② *ALE_REFERENCE_SYSTEM_GROUP;

③ *ALE_REFERENCE_SYSTEM_NODE;

④ *ALE_REFERENCE_SYSTEM_SWITCH。

(4) 流固耦合定义:

*CONSTRAINED_LAGRANGE_IN_SOLID。

(5) ALE 算法控制:

① *CONTROL_ALE;

② *ALE_SMOOTHING。

8.3.2　爆炸效应实例

建立的装药、预制破片与空气场模型如图 8.4 所示。

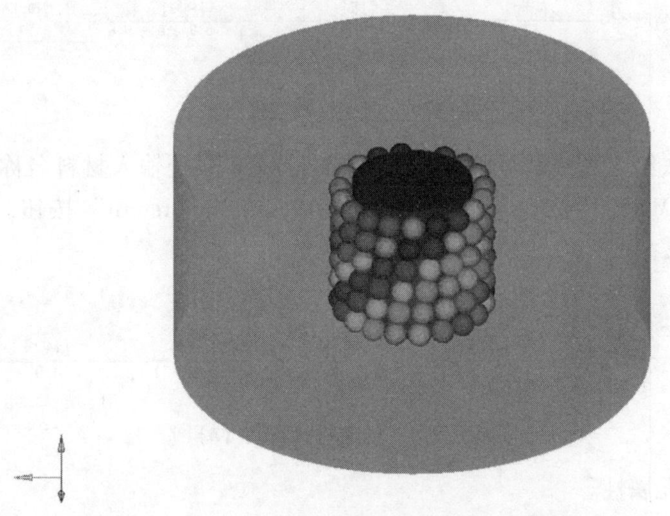

图 8.4　装药、预制破片与空气场模型（见彩插）

模型中存在刚性球型破片、炸药和空气域的网格，以及球形破片的材料、属性及相关 part 设置。此案例中，需要进行的设置如下:

(1) 炸药、空气的材料、属性及 part;

(2) 设置炸药、空气及破片之间的流固耦合接触;

(3) 设置起爆点;

(4) 计算控制卡片;

(5) 求解计算;

(6) 结果提取及查看。

具体步骤如下:

(1) 打开 HyperMesh 软件，导入“11. k”模型。

（2）创建材料属性。

给炸药模型赋予材料，单击图 8.5 中被框选的按钮，新建材料。

图 8.5　新建材料

输入材料名称“explosive”，在“card image”处选择“MATL8”，即 * MAT_HIGH_EXPLOSIVE_BURN，单击“creat/edit”按钮，如图 8.6 所示。

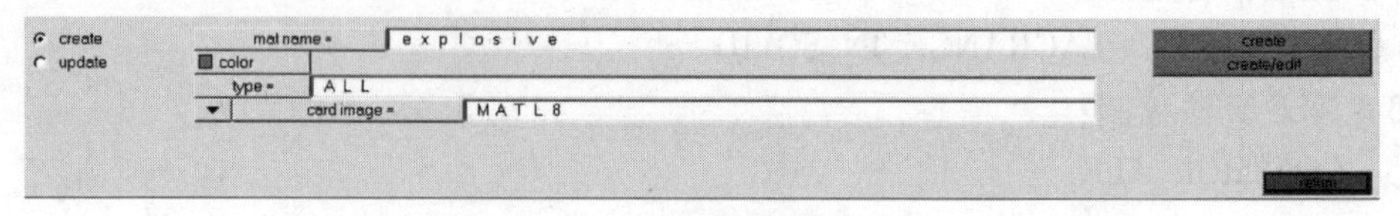

图 8.6　创建材料属性（1）

输入材料参数，完成后单击“return”按钮，出现图 8.7 所示界面。

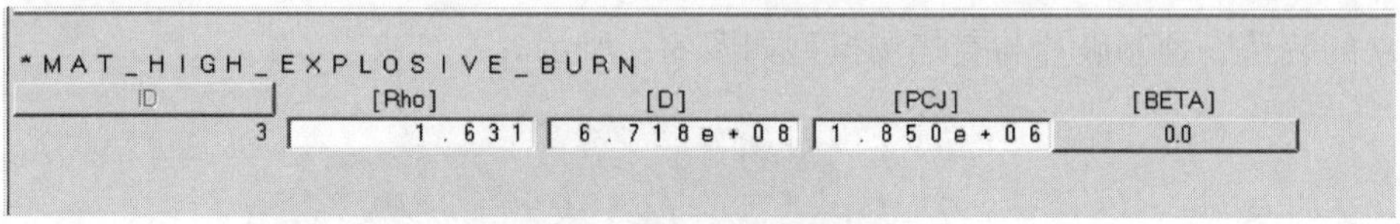

*MAT_HIGH_EXPLOSIVE_BURN

ID	[Rho]	[D]	[PCJ]	[BETA]
3	1.631	6.718e+08	1.850e+06	0.0

图 8.7　创建材料属性（2）

用同样的方法给空气域赋予材料，在“mat name =”处输入材料名称“air”，在“card image”处选择“MATL9”，输入材料参数，完成后单击“return”按钮，出现图 8.8 所示界面。

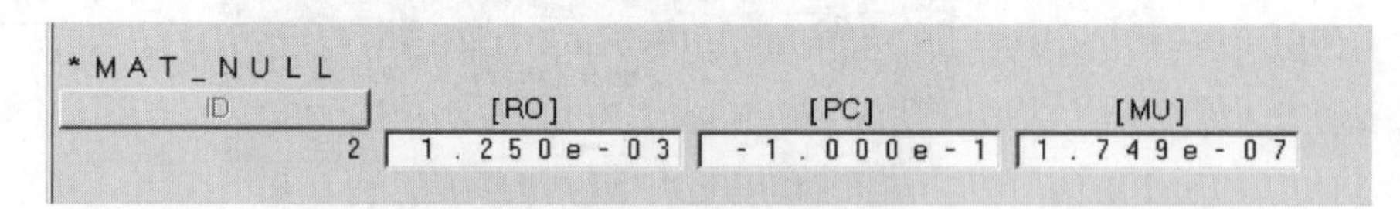

图 8.8　创建材料属性（3）

（3）创建单元属性。

给炸药模型赋予单元属性，单击图 8.9 中被框选的按钮，新建属性。

图 8.9　新建属性

输入属性名称“explosive”，在“card image”处选择“SectSld”，即 solid 单元，单击“creat/edit”按钮，如图 8.10 所示；

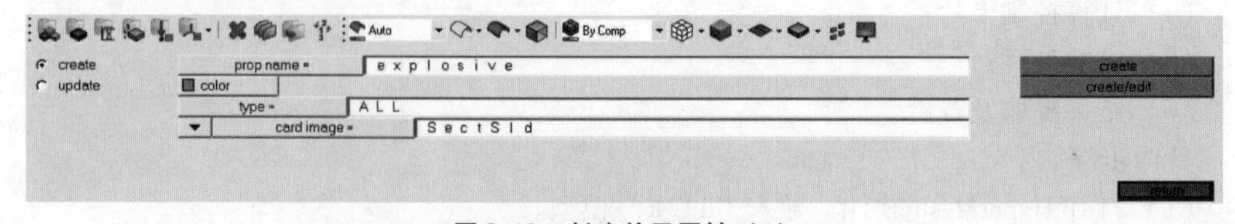

图 8.10　创建单元属性（1）

在“Option”处选择“ALE”，ELFORM 算法选“11”，完成 * SECTION_SOLID_ALE 设置，如图 8.11 所示。

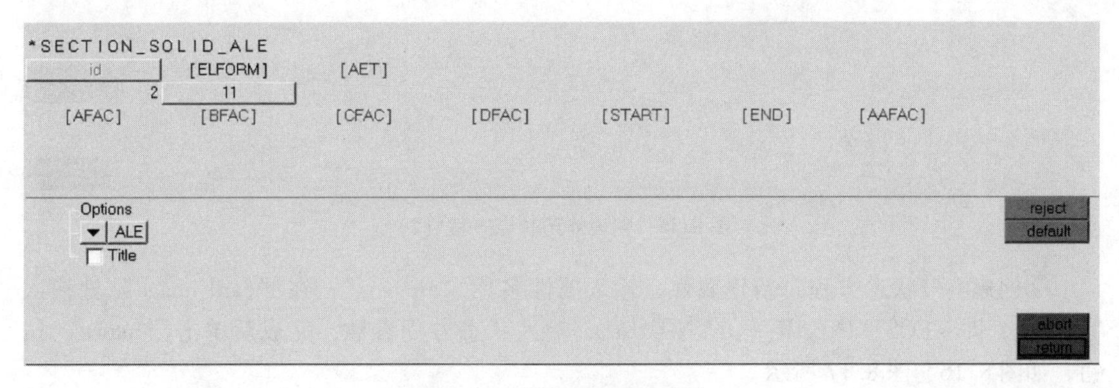

图 8.11　创建单元属性（2）

用同样的方法设置空气单元属性，输入属性名称“air”，如图 8.12、图 8.13 所示。

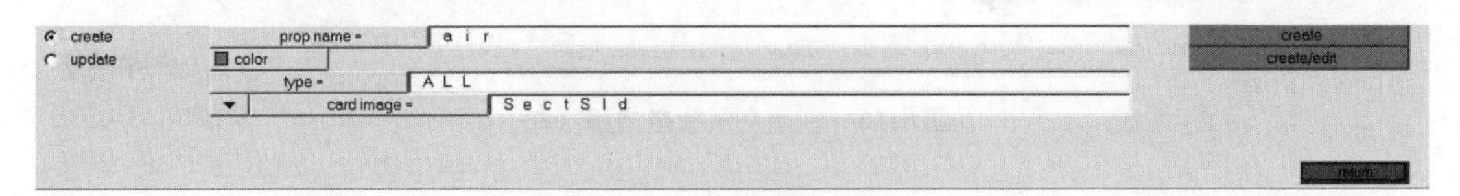

图 8.12　创建单元属性（3）

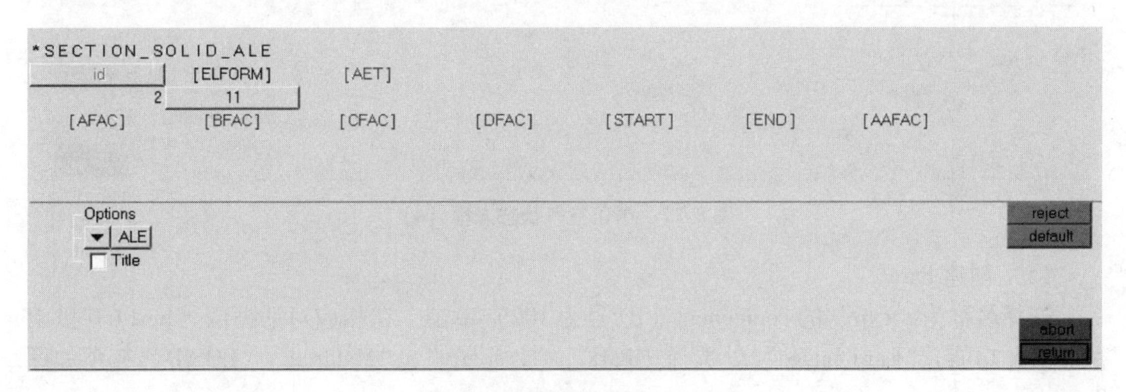

图 8.13 创建单元属性（4）

（4）创建炸药和空气的状态方程。

①创建炸药状态方程：新建属性，输入属性名称“exp_eos”；在“card image”处输入“EOS2”，即 * EOS_JWL；输入状态方程参数，完成后单击“return”按钮，如图 8.14、图 8.15 所示。

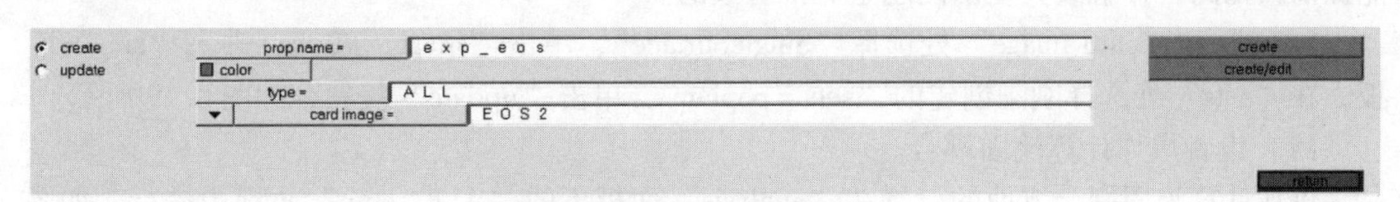

图 8.14　创建炸药状态方程（1）

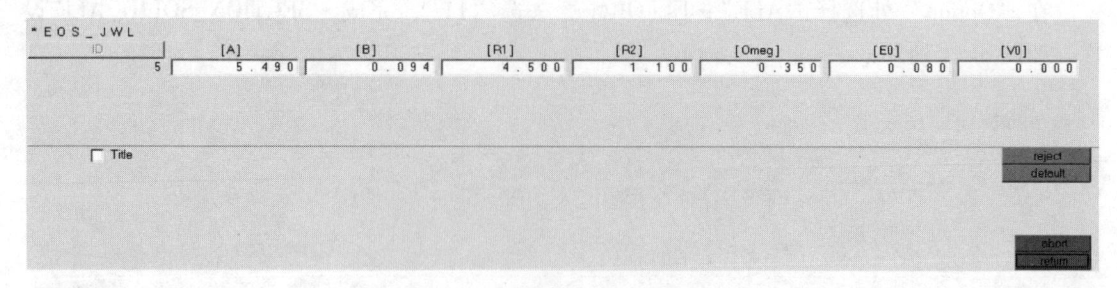

图 8.15　创建炸药状态方程（2）

②创建空气状态方程：新建属性，输入属性名称“air_eos”；在“card image”处输入“EOS1”，即＊EOS_LINEAR_POLYNOMIAL；输入状态方程参数，完成后单击“return”按钮，如图 8.16、图 8.17 所示。

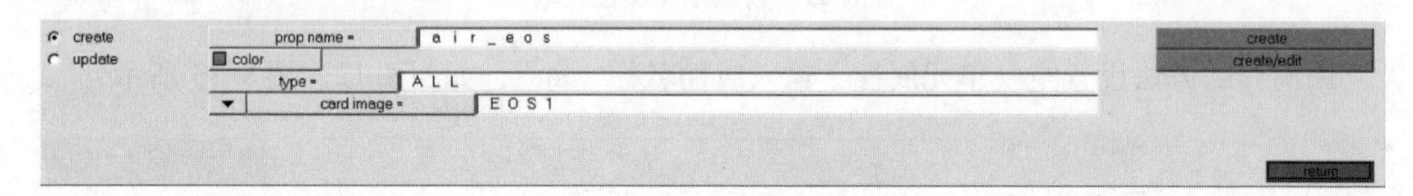

图 8.16　创建空气状态方程（3）

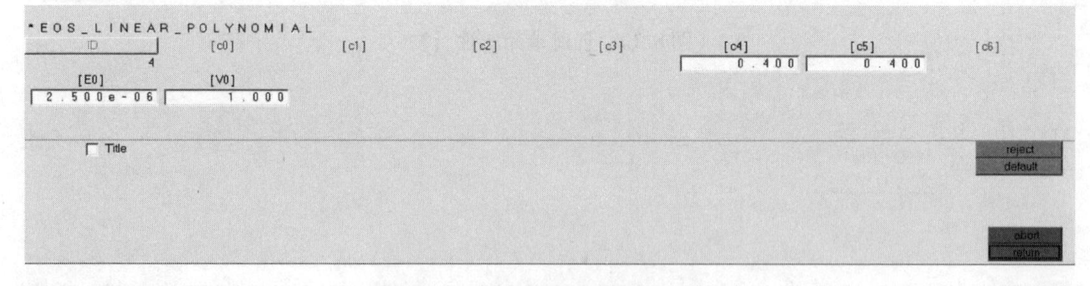

图 8.17　创建空气状态方程（4）

（5）创建 Part。

选择名称为“exp”的 component（ID 号为 100）单击，在相应对话框内（hm14.0 以上版本有此功能）“Card Image”处选择“Part”，“Property”、“Matarial”“EOSID”三项如图 8.18 所示。

同理，设置空气（air）的 Part 卡片。

（6）创建接触。

在此模型中，因破片数量较多，在爆炸飞散过程中，破片之间会发生相互撞击，由于包括了所有的破片外部表面，因此不需要定义接触和目标表面。单面接触对于处理接触区域不能提前预知的自接触或大变形问题是非常有效的。

“type”和“card image”处选择“SingleSurface”，单击“creat”按钮；进入“add”面板，在“sets”处选择刚刚创建的“sets = popian”，单击“update”按钮，如图 8.19 所示。

（7）设置爆炸计算流固耦合。

爆炸计算流固耦合方面的设置在“analysis”面板下的“ALE setup”页面中进行，如图 8.20 所示。

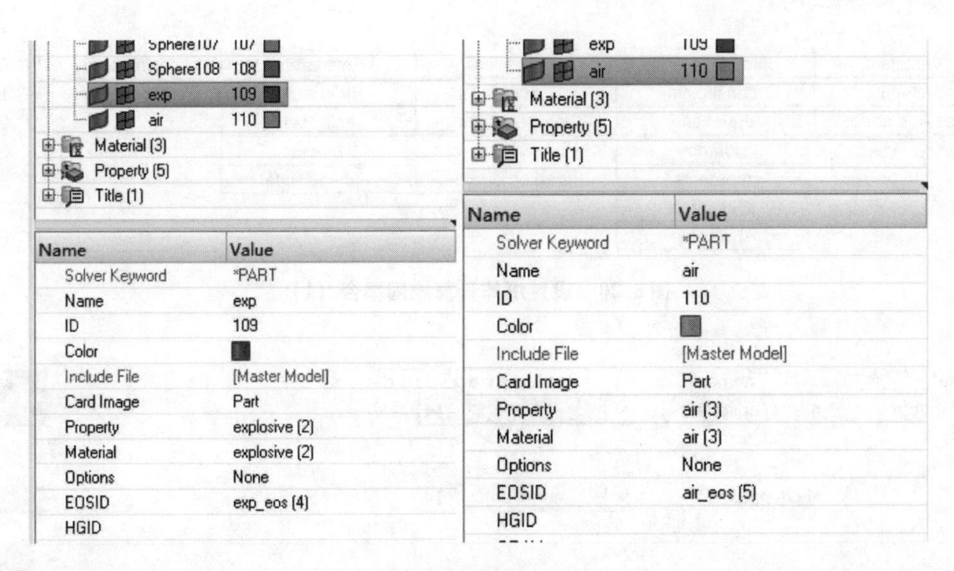

图 8.18　创建 Part

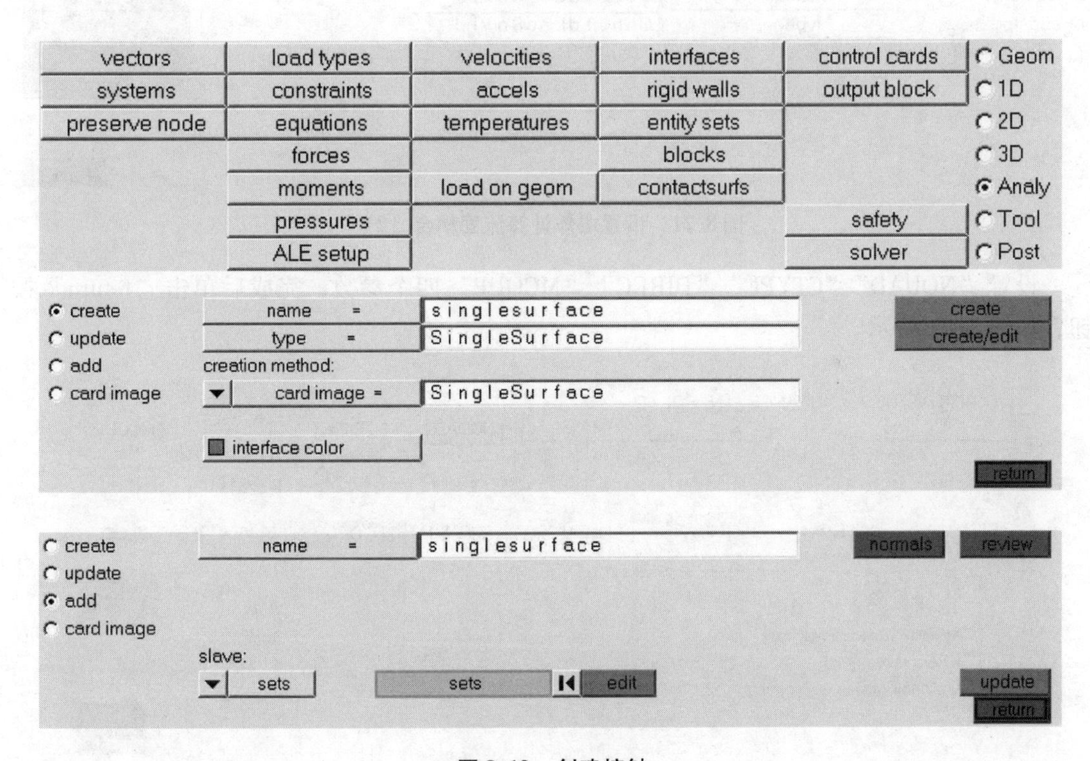

图 8.19　创建接触

流固耦合接触设置，即“ * CONSTRAINED_LAGRANGE_IN_SOLID”卡片的设置。name = ConstdLagSolid，type = ConstdLagSolid，单击“add/update”按钮，在“master options”处选择欧拉单元，此处为炸药和空气，即“exp”和“air”两个 component，单击“update”按钮；在“slave options”处将下拉三角处的选项类型改为“comp set”，选择“sets = popian”，单击“update”按钮；设置完成后单击“edit”按钮，进行接触参数设置，如图 8.21 所示。

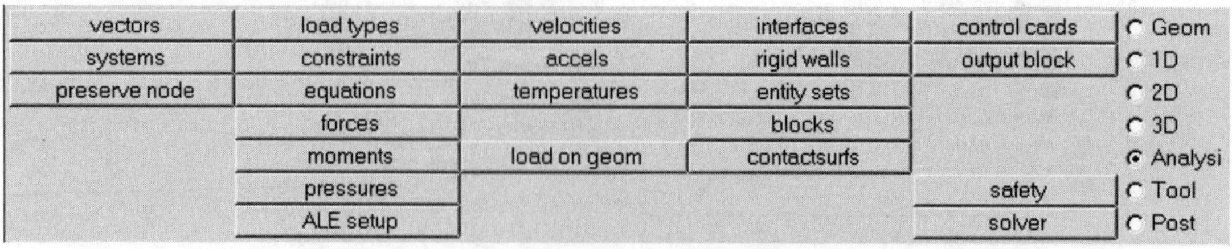

图 8.20　设置爆炸计算流固耦合（1）

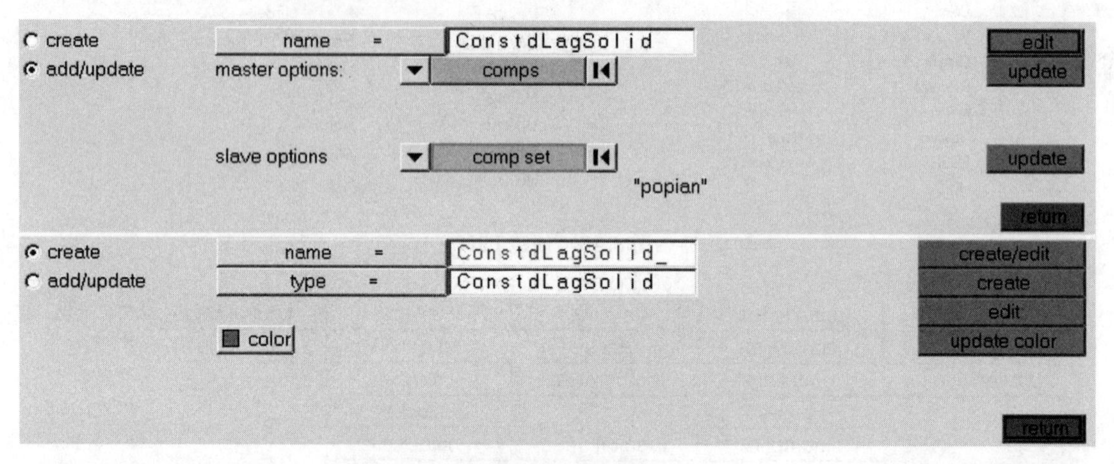

图 8.21　设置爆炸计算流固耦合（2）

设置“NQUAD”“CTYPE”“DIREC”“MCOUP”四个参数，完成后单击“return”按钮，如图 8.22 所示。

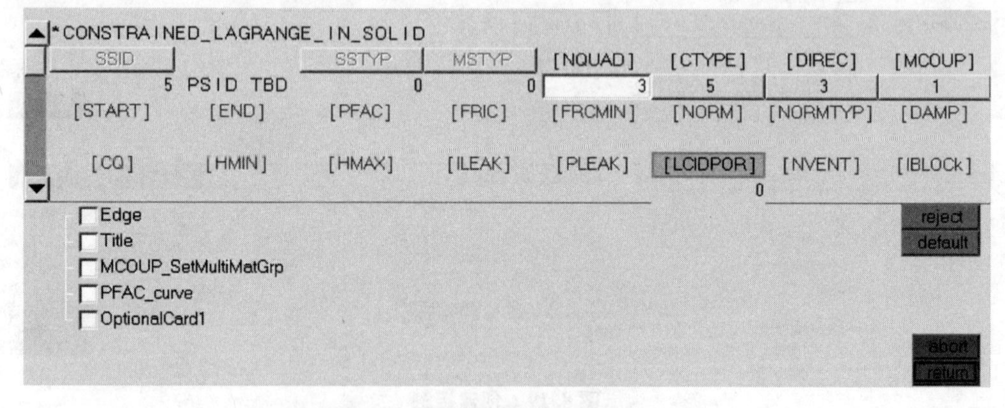

图 8.22　设置爆炸计算流固耦合（3）

（8）设置多物质材料流固耦合方法，即设置“＊ALE_MULTI_MATERIAL_GROUP”卡片。

此卡片在“entity sets”里面设置，新建 set，card image = ALE_MMG，在“comps”处选择“exp”，单击“creat”按钮，如图 8.23 所示。

图 8.23　设置多物质材料流固耦合方法

(9) 设置起爆点：即设置“＊INITIAL_DETONATION”卡片。

新建 load collector，loadcol name = initialdet，card image = InitialDet，单击“create/edit”按钮，并进行如下参数设置，PID 选择 exp（ID = 109），并设置起爆点坐标（X Y Z）=（7.105e－15，－4.746e－0，－5.218e－0），如图 8.24 所示。

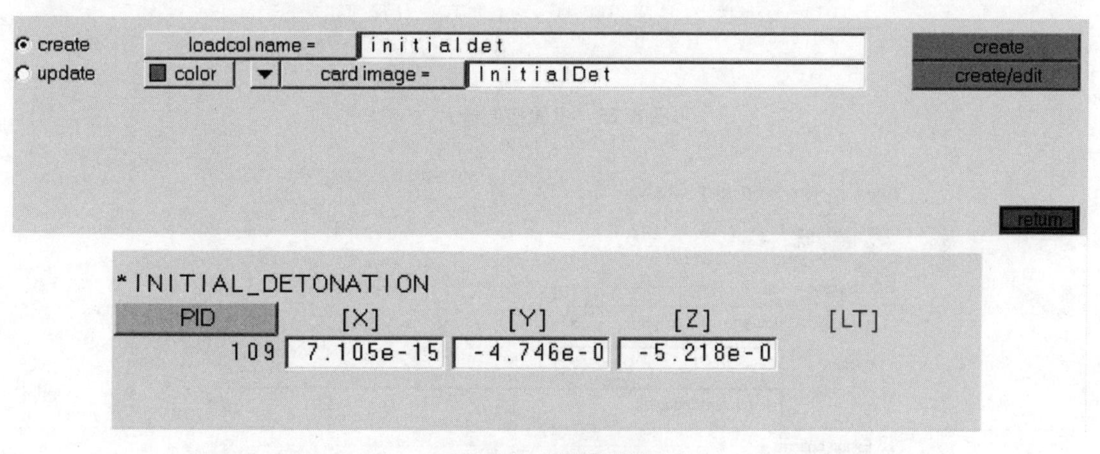

图 8.24　设置起爆点

(10) 设置控制卡片（control card）。

通过“analysis”面板下设置控制卡片（control cards），如图 8.25 所示。

(11) 建模工作完成，导出 K 文件，进行求解计算。在“File”处选择计算目录，在“Export”处选择“All”，即输出所有模型，单击“Export”按钮输出，如图 8.26 所示。

打开 DYNA 计算程序，按照图 8.27 进行设置，在“Working Directory”处选择计算文件夹，在“Keyword Input File”处选择刚刚导出的 K 文件，单击“Run”按钮，开始计算。

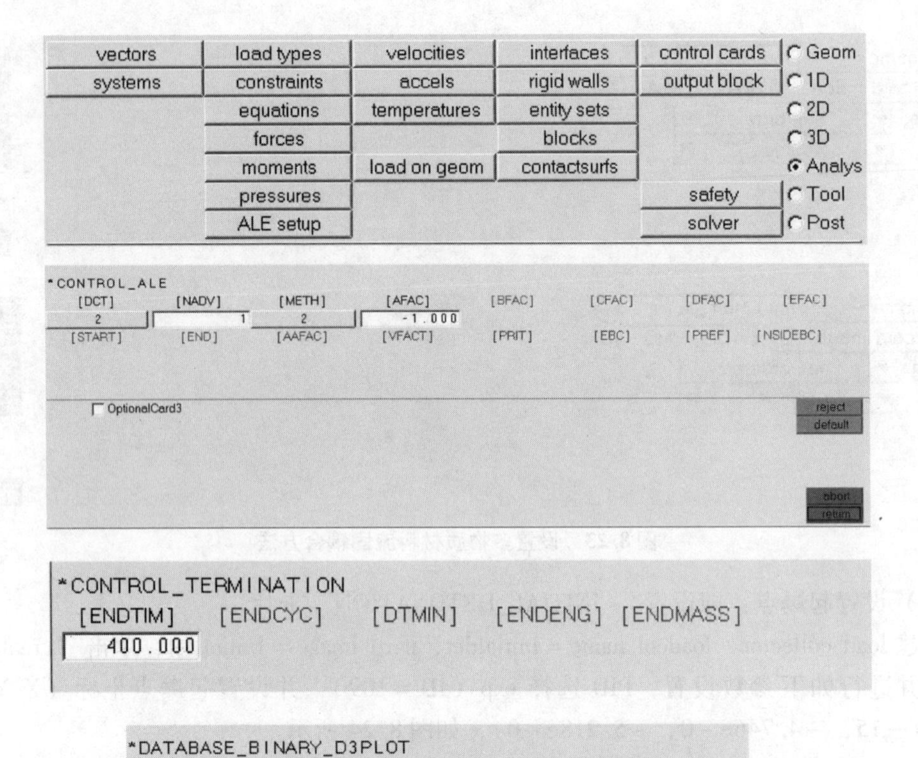

图 8.25 设置控制卡片

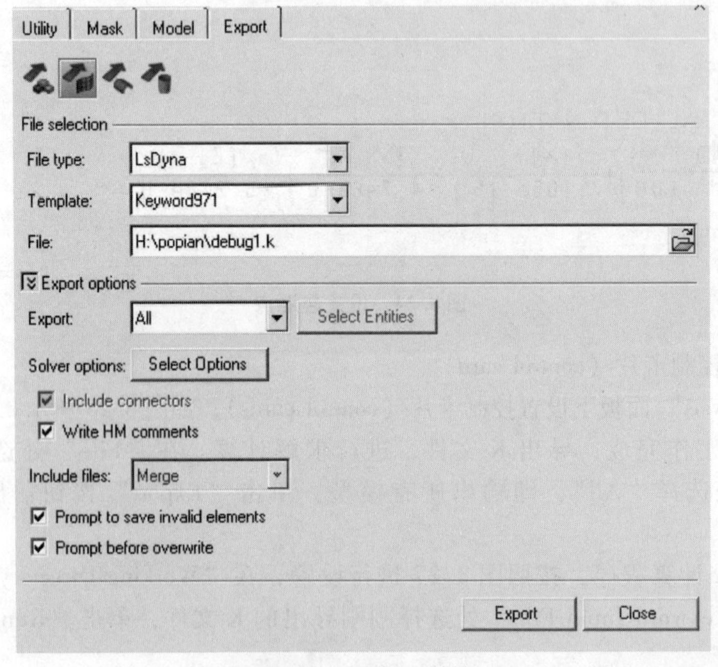

图 8.26 导出 K 文件

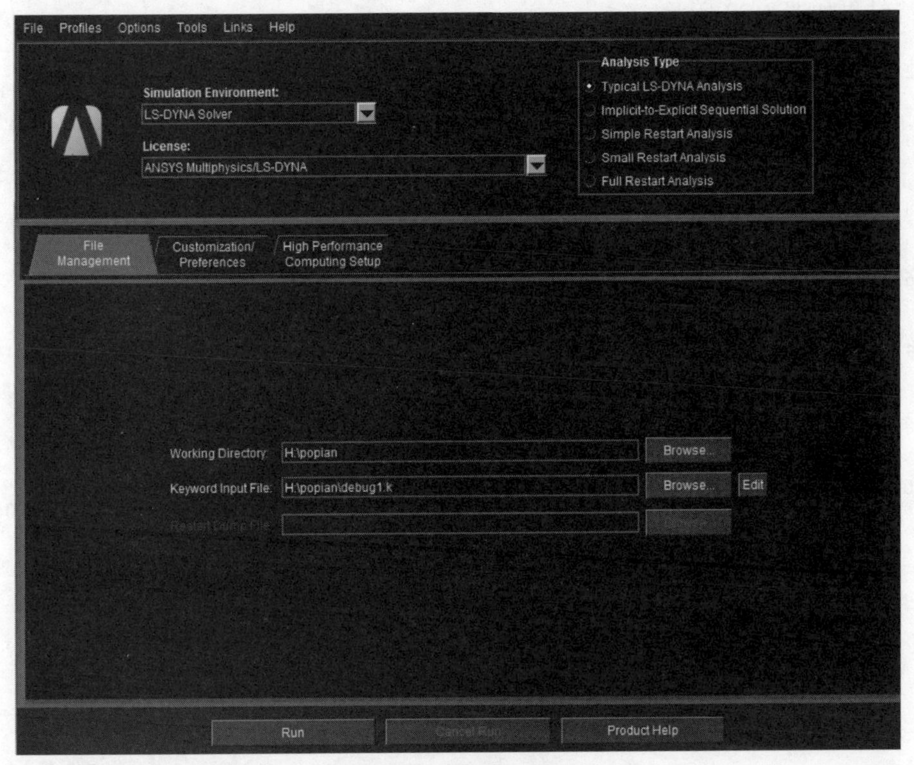

图 8.27　进行求解计算

（12）模型后处理。

在 LS - PrePost 后处理软件中，打开计算结果文件 d3plot，选择轴向一排球形破片，输出破片的速度 - 时间曲线。

模型中的预制破片细节如图 8.28 所示。

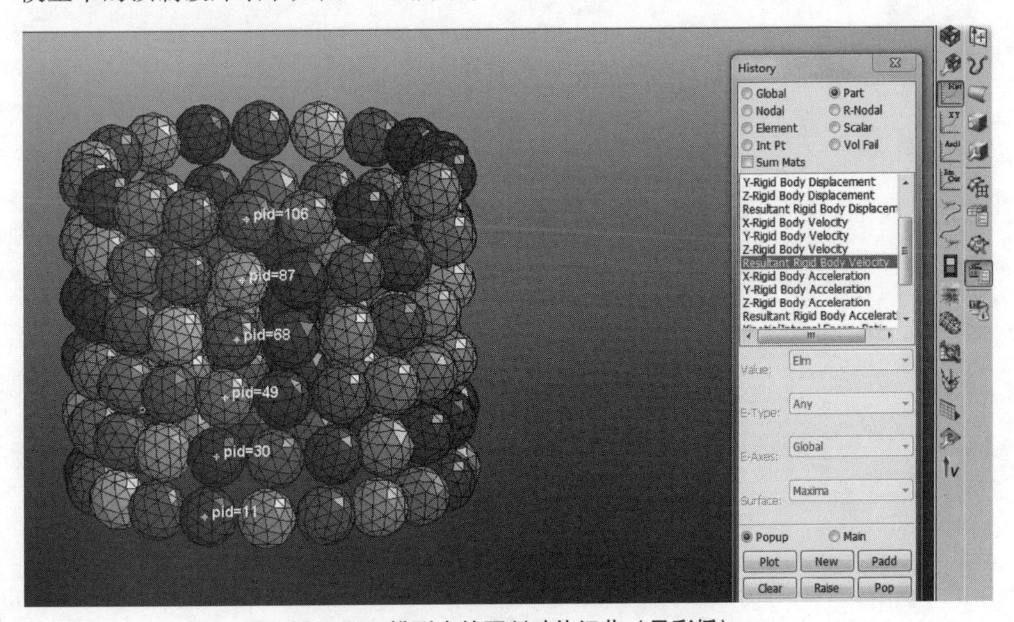

图 8.28　模型中的预制破片细节（见彩插）

最终结果如图 8.29 所示。

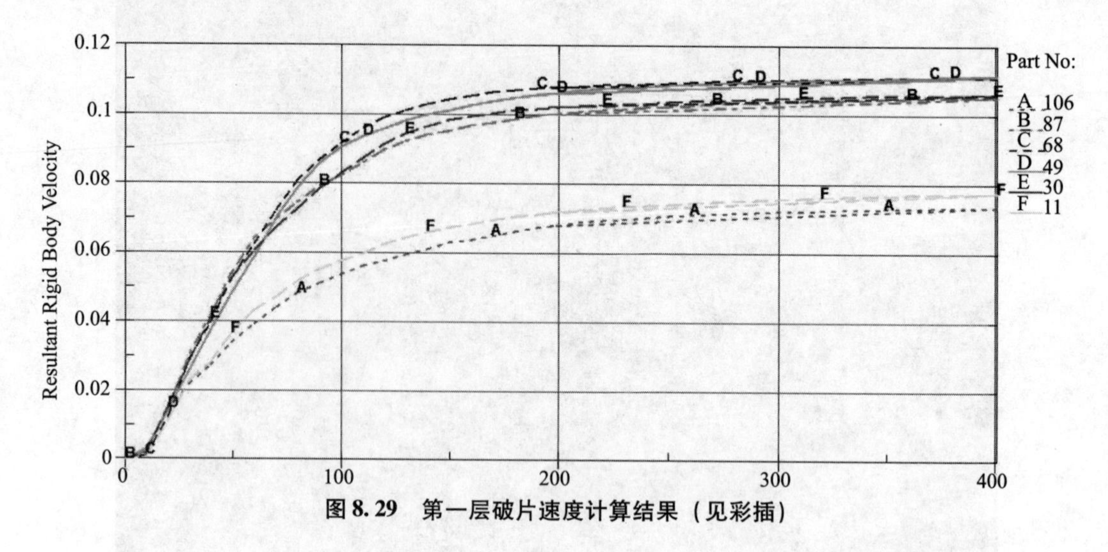

图 8.29　第一层破片速度计算结果（见彩插）

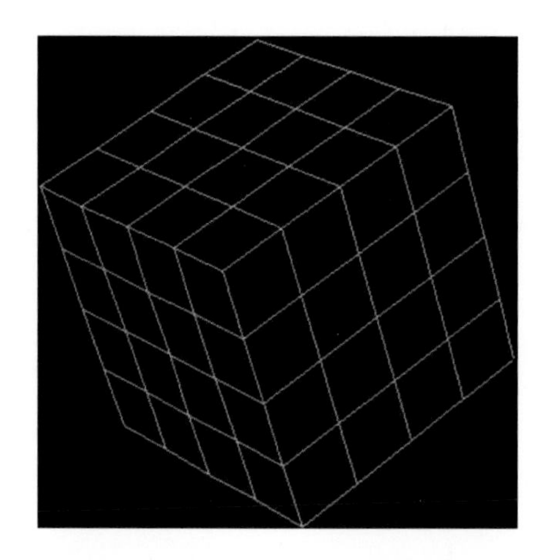

图 3.21　block 命令所产生的块体

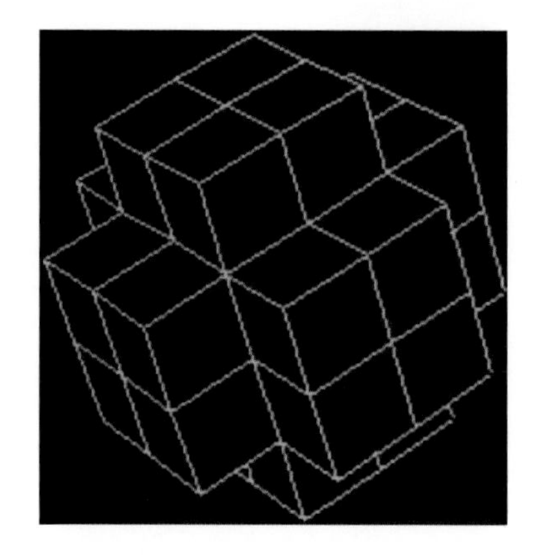

图 3.22　dei 命令所删除的区域

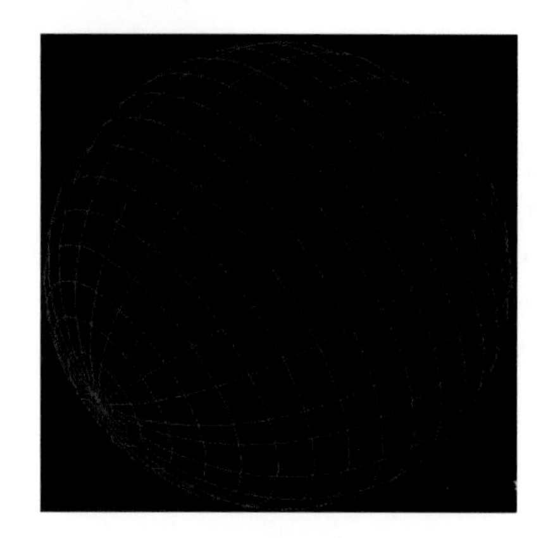

图 3.23　添加辅助面命令生成的球形区域

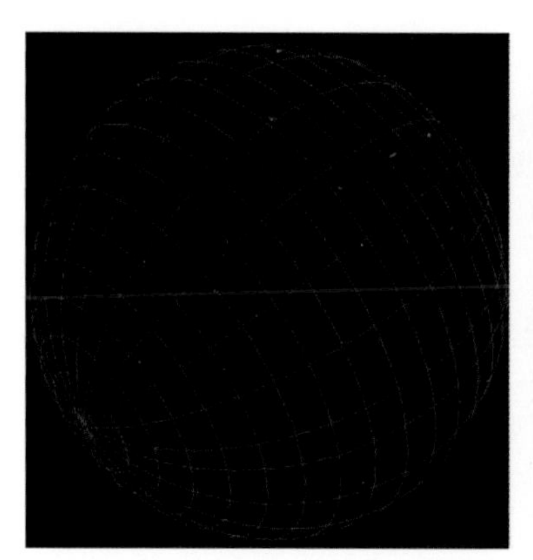

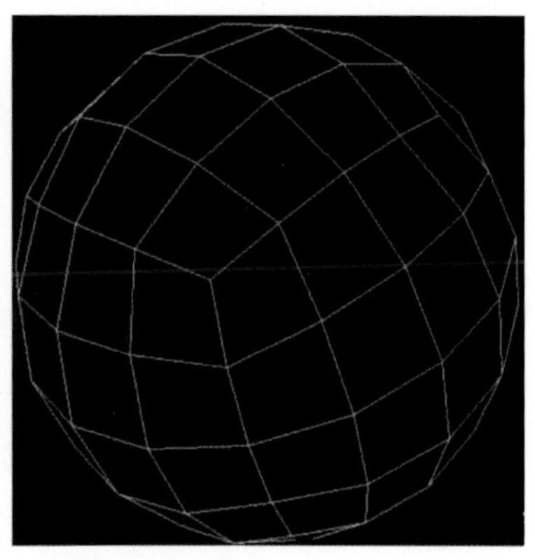

图 3.24　整个体的外表面投影到辅助球面 1 上

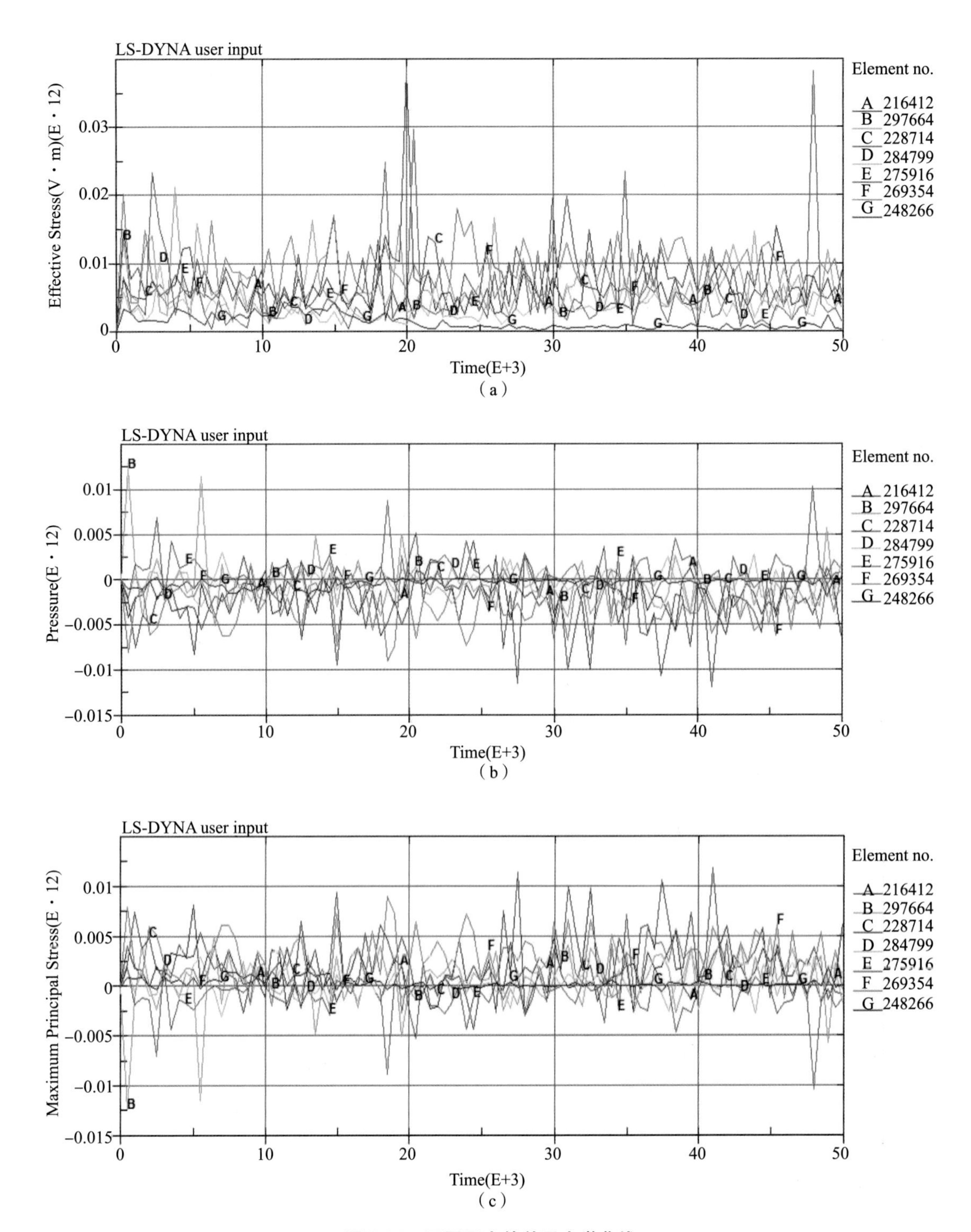

图 4.84 不同固定件单元力学曲线

(a) 等效应力曲线；(b) 压力曲线；(c) 最大主应力曲线

图 5.74 压力分布

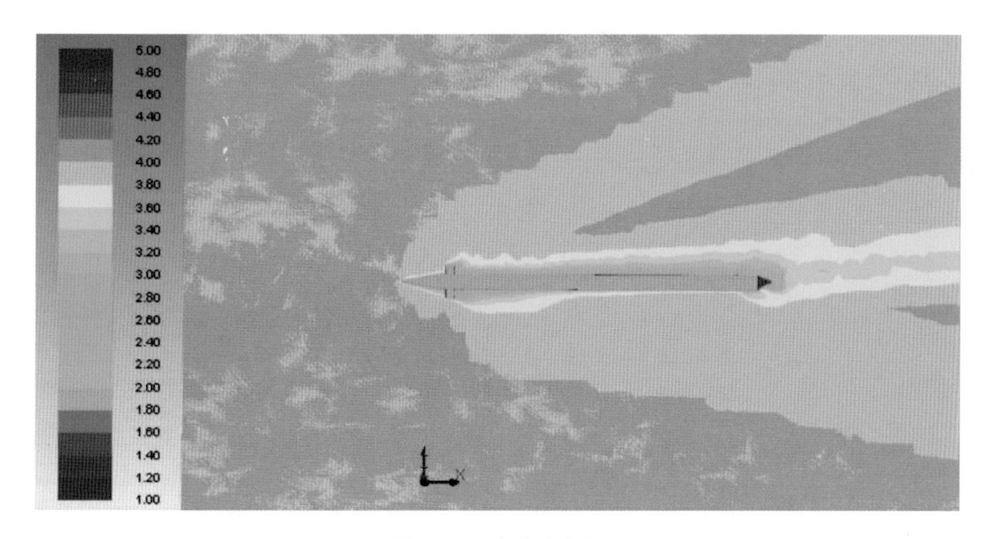

图 5.76 速度分布场

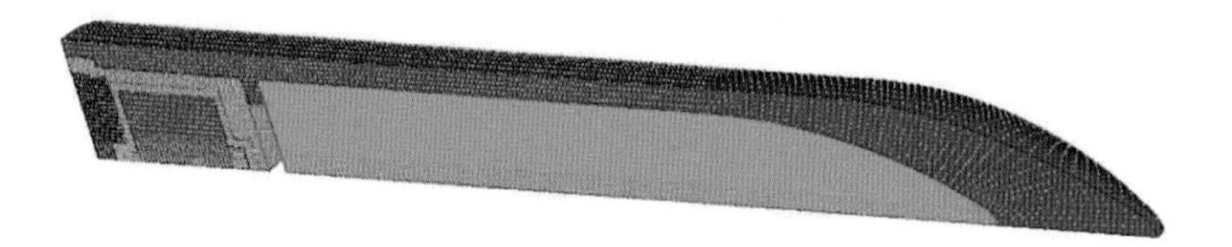

图 6.39 实验弹初速度载荷

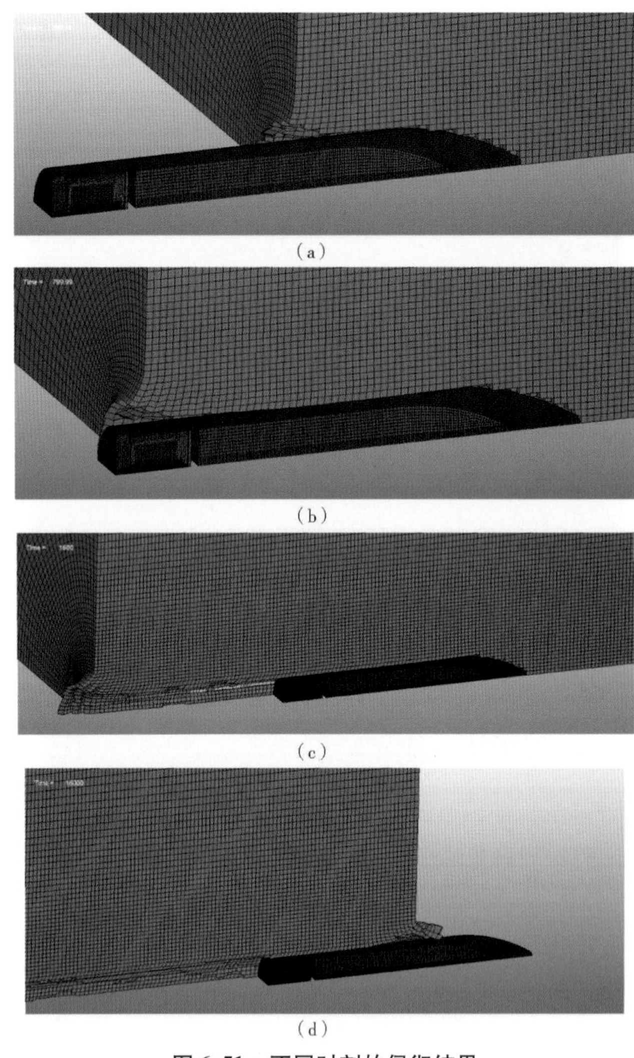

图 6.51　不同时刻的侵彻结果

(a) 时间 $t=400$ ms 时的结果；(b) 时间 $t=800$ ms 时的结果；
(c) 时间 $t=1\ 600$ ms 时的结果；(d) 时间 $t=15\ 000$ ms 时的结果

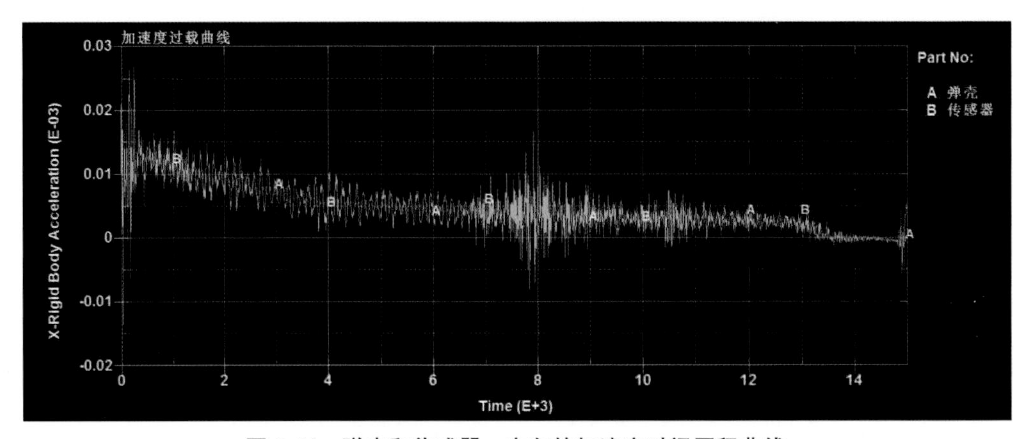

图 6.54　弹壳和传感器 x 方向的加速度时间历程曲线

表 7.2　模态分析结果

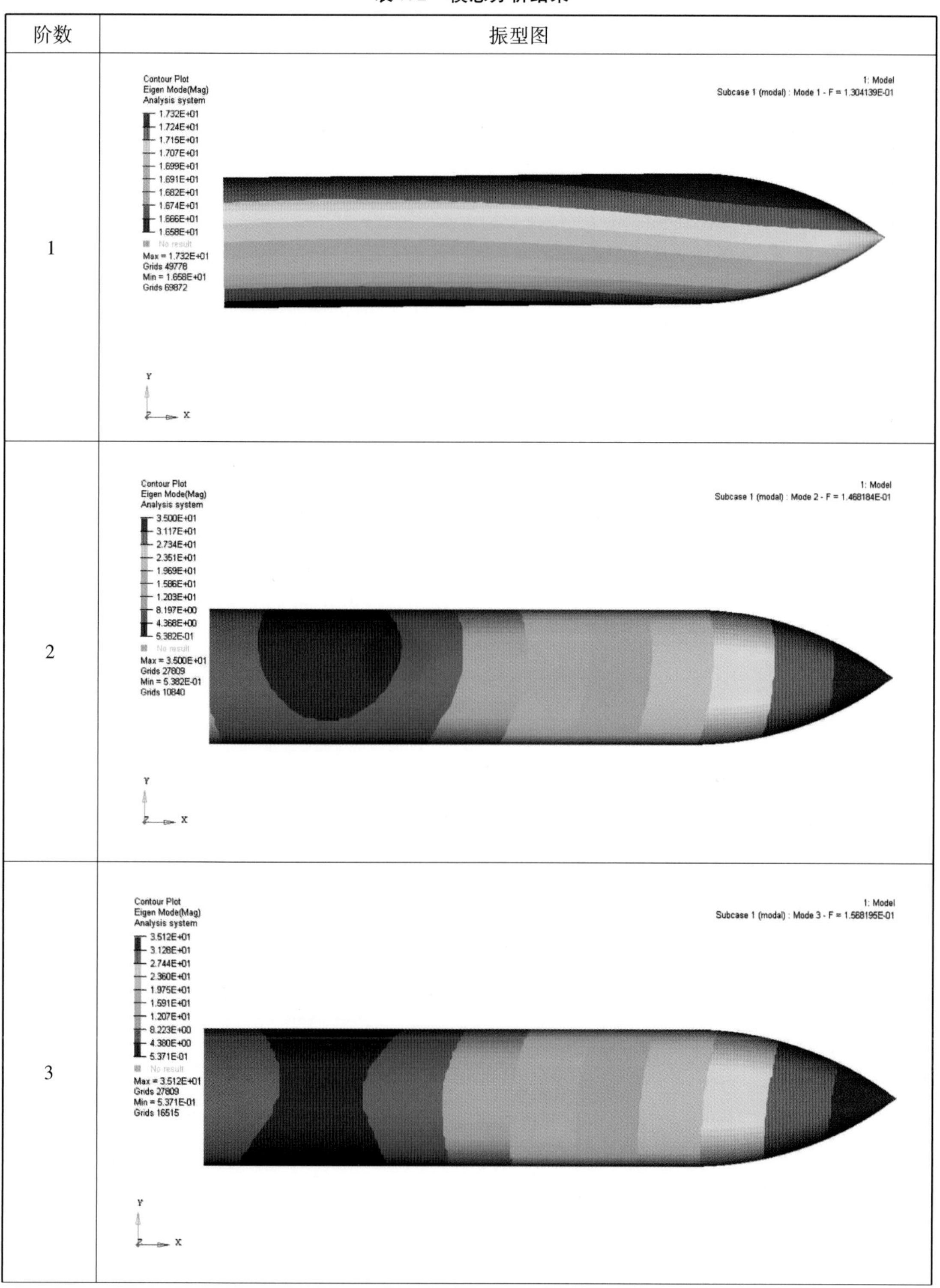
阶数
振型图
1
Contour Plot
Eigen Mode(Mag)
Analysis system
1.732E+01
1.724E+01
1.715E+01
1.707E+01
1.699E+01
1.691E+01
1.682E+01
1.674E+01
1.666E+01
1.658E+01
No result
Max = 1.732E+01
Grids 49778
Min = 1.658E+01
Grids 69872
1: Model
Subcase 1 (modal) : Mode 1 - F = 1.304139E-01
Y
Z
X
2
Contour Plot
Eigen Mode(Mag)
Analysis system
3.500E+01
3.117E+01
2.734E+01
2.351E+01
1.969E+01
1.586E+01
1.203E+01
8.197E+00
4.368E+00
5.382E-01
No result
Max = 3.500E+01
Grids 27809
Min = 5.382E-01
Grids 10840
1: Model
Subcase 1 (modal) : Mode 2 - F = 1.468184E-01
Y
Z
X
3
Contour Plot
Eigen Mode(Mag)
Analysis system
3.512E+01
3.128E+01
2.744E+01
2.360E+01
1.975E+01
1.591E+01
1.207E+01
8.223E+00
4.380E+00
5.371E-01
No result
Max = 3.512E+01
Grids 27809
Min = 5.371E-01
Grids 16515
1: Model
Subcase 1 (modal) : Mode 3 - F = 1.568195E-01
Y
Z
X

续表

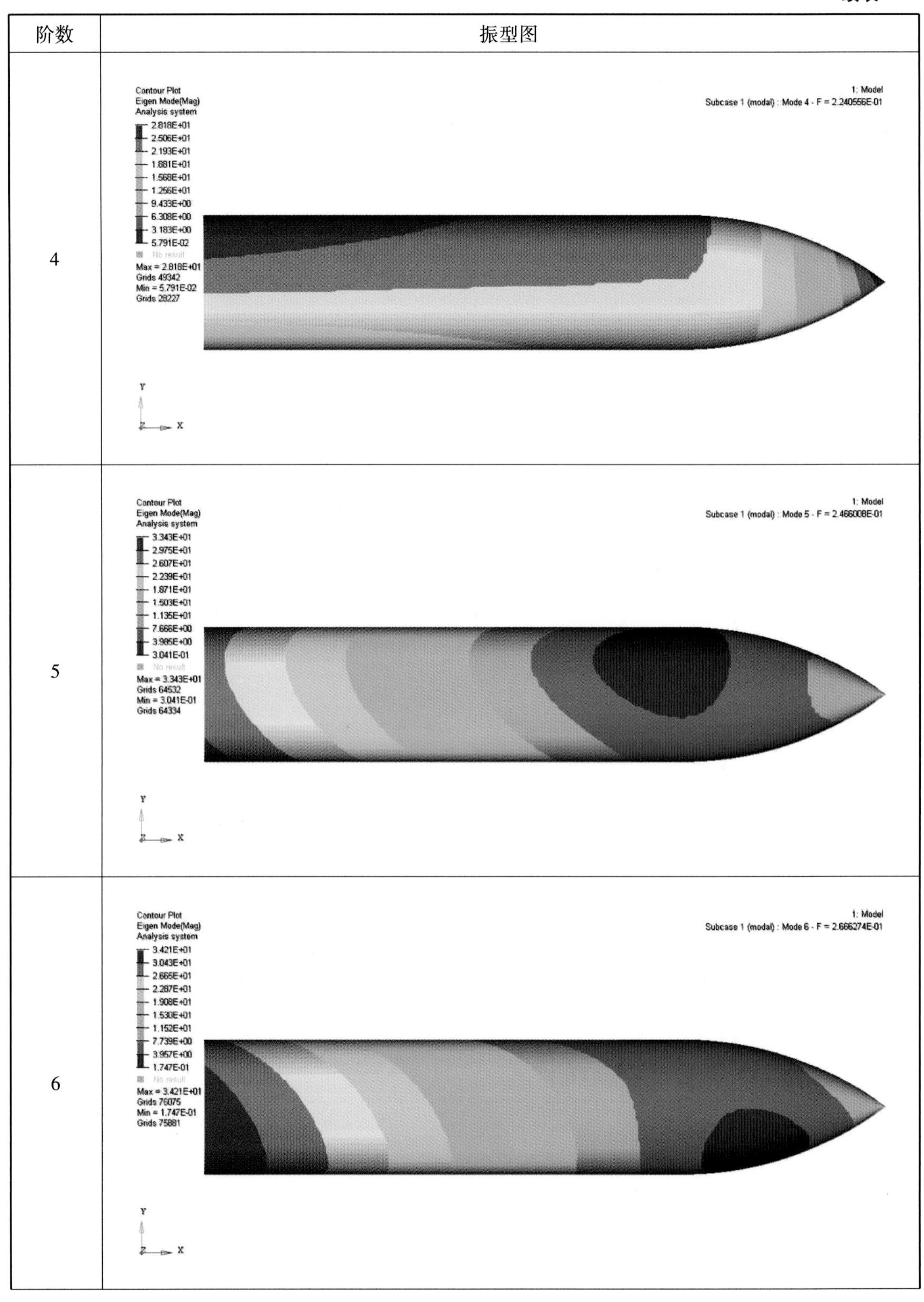
阶数
振型图
4
Contour Plot
Eigen Mode(Mag)
Analysis system
2.818E+01
2.506E+01
2.193E+01
1.881E+01
1.568E+01
1.256E+01
9.433E+00
6.308E+00
3.183E+00
5.791E-02
No result
Max = 2.818E+01
Grids 49342
Min = 5.791E-02
Grids 28227
1: Model
Subcase 1 (modal) : Mode 4 - F = 2.240556E-01
Y
Z
X
5
Contour Plot
Eigen Mode(Mag)
Analysis system
3.343E+01
2.975E+01
2.607E+01
2.239E+01
1.871E+01
1.503E+01
1.135E+01
7.666E+00
3.985E+00
3.041E-01
No result
Max = 3.343E+01
Grids 64532
Min = 3.041E-01
Grids 64334
1: Model
Subcase 1 (modal) : Mode 5 - F = 2.466008E-01
Y
Z
X
6
Contour Plot
Eigen Mode(Mag)
Analysis system
3.421E+01
3.043E+01
2.665E+01
2.287E+01
1.908E+01
1.530E+01
1.152E+01
7.739E+00
3.957E+00
1.747E-01
No result
Max = 3.421E+01
Grids 76075
Min = 1.747E-01
Grids 75881
1: Model
Subcase 1 (modal) : Mode 6 - F = 2.666274E-01
Y
Z
X

续表

阶数	振型图
7	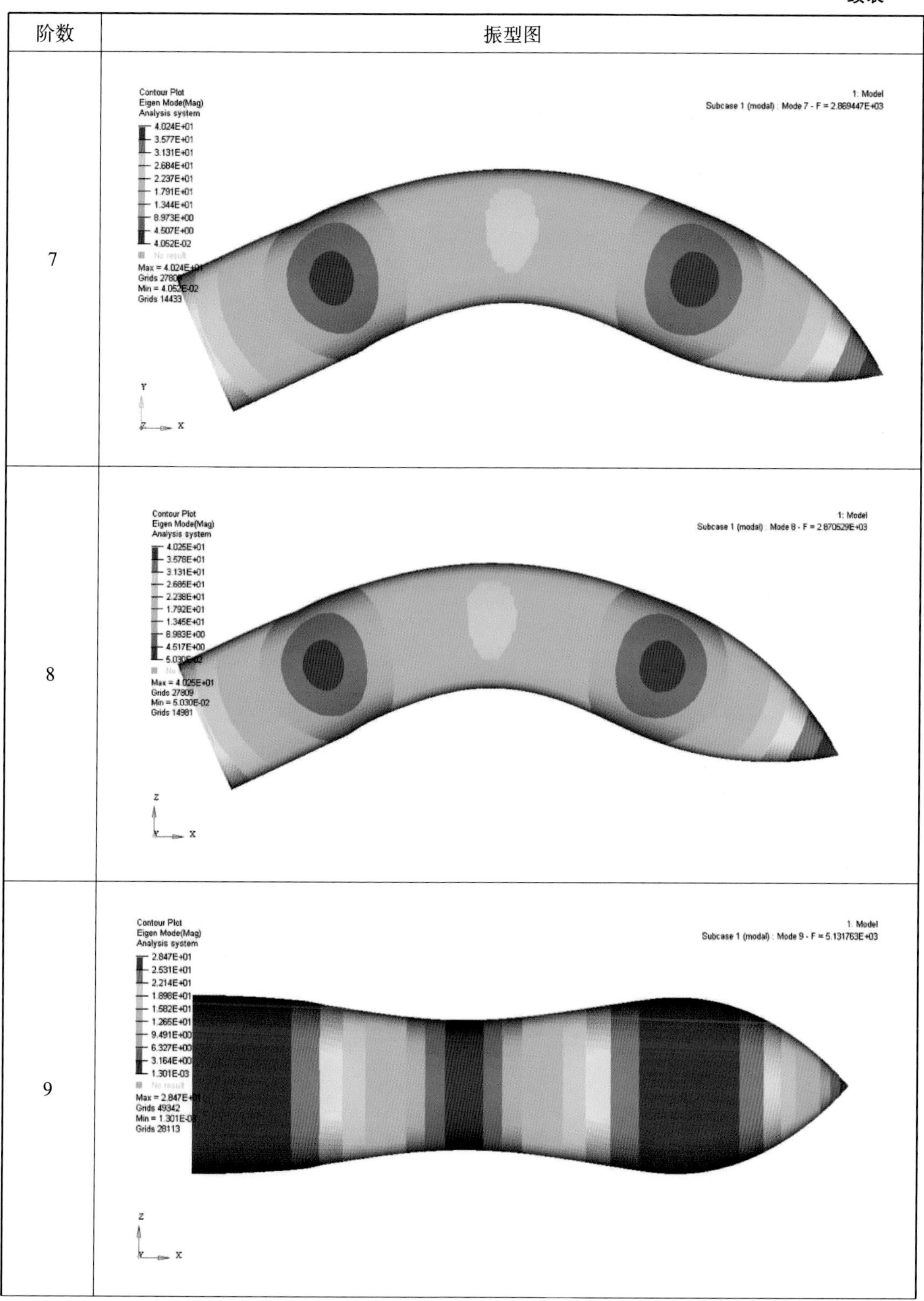
8	
9	

Contour Plot
Eigen Mode(Mag)
Analysis system
4.024E+01
3.577E+01
3.131E+01
2.684E+01
2.237E+01
1.791E+01
1.344E+01
8.973E+00
4.507E+00
4.052E-02
No result
Max = 4.024E+01
Min = 4.052E-02
Grids 14433
1: Model
Subcase 1 (modal) : Mode 7 - F = 2.869447E+03
Y
X
Contour Plot
Eigen Mode(Mag)
Analysis system
4.025E+01
3.578E+01
3.131E+01
2.685E+01
2.238E+01
1.792E+01
1.345E+01
8.983E+00
4.517E+00
Max = 4.025E+01
Grids 27809
Min = 5.030E-02
Grids 14981
1: Model
Subcase 1 (modal) : Mode 8 - F = 2.870529E+03
Z
X
Contour Plot
Eigen Mode(Mag)
Analysis system
2.847E+01
2.531E+01
2.214E+01
1.898E+01
1.582E+01
1.265E+01
9.491E+00
6.327E+00
3.164E+00
1.301E-03
No result
Max = 2.847E+01
Grids 49342
Grids 28113
1: Model
Subcase 1 (modal) : Mode 9 - F = 5.131763E+03
Z
X

续表

阶数	振型图
10	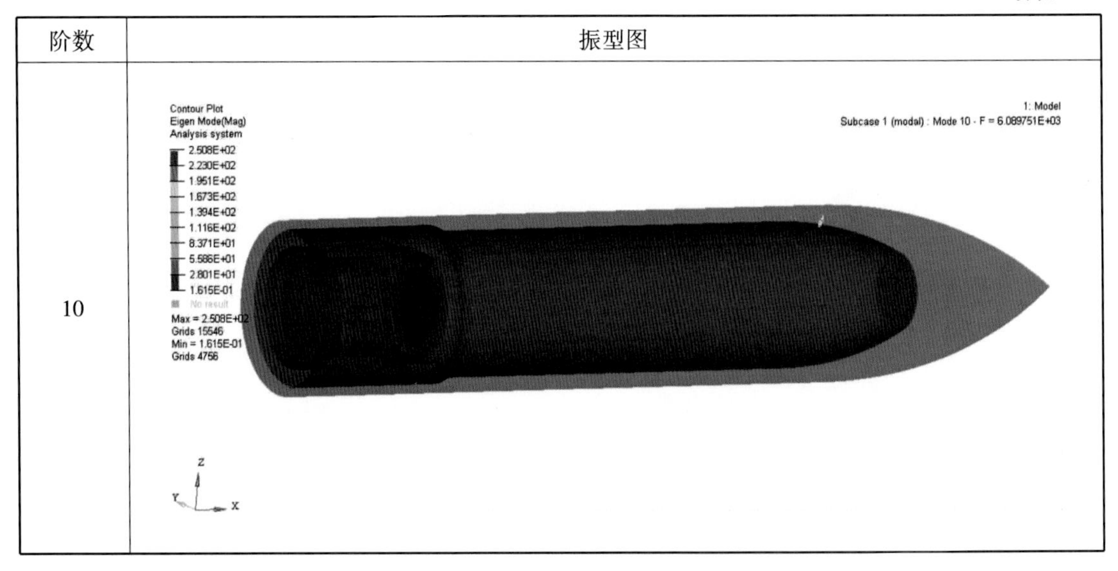

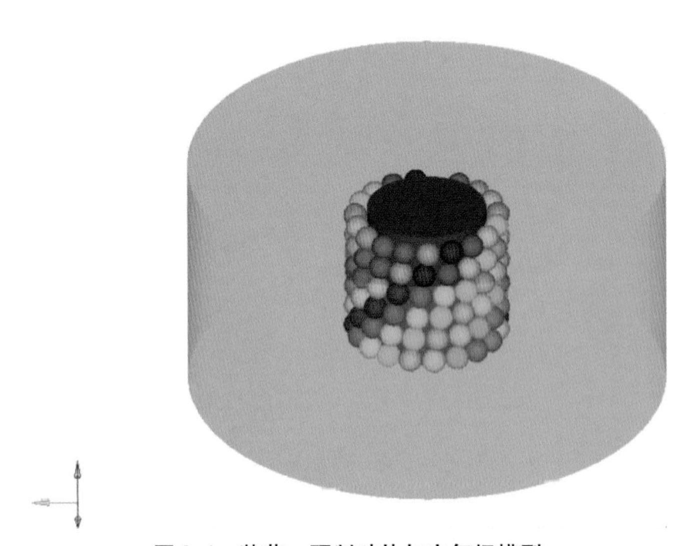

图 8.4　装药、预制破片与空气场模型

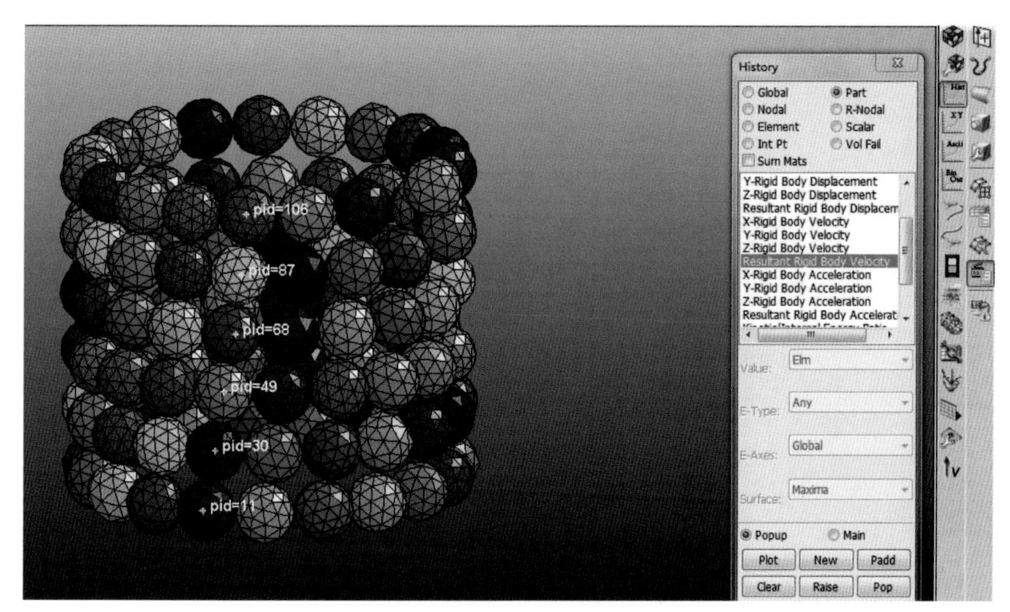

图 8.28　模型中的预制破片细节

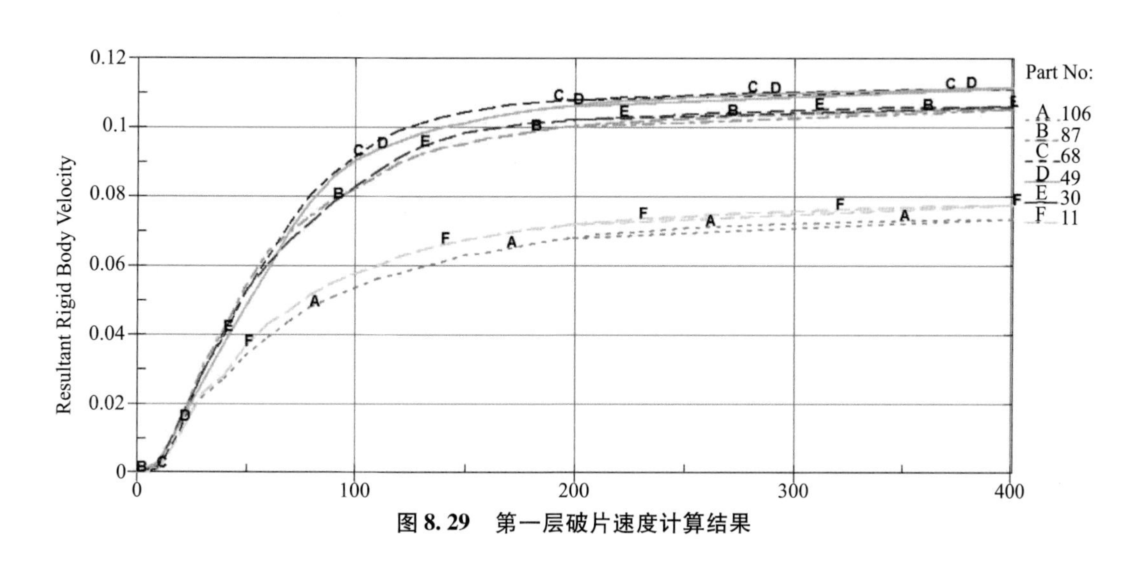

图 8.29　第一层破片速度计算结果